국방환경과 군사혁신의 미래

# 국방환경과 군사혁신의 미래

2024년 2월 20일 초판 인쇄
2024년 2월 23일 초판 발행

지은이 | 이종호 외 12인
교정교열 | 정난진
펴낸이 | 이찬규
펴낸곳 | 북코리아
등록번호 | 제03-01240호
전화 | 02-704-7840
팩스 | 02-704-7848
이메일 | ibookorea@naver.com
홈페이지 | www.북코리아.kr
주소 | 13209 경기도 성남시 중원구 사기막골로 45번길 14
　　　우림2차 A동 1007호
ISBN | 978-89-6324-686-4 (93390)

값 25,000원

# 국방환경과
# 군사혁신의 미래

**4차 산업혁명 시대
국가의 생존과
번영을 위한
올바른 한국
국방혁신의 방향 모색**

이종호·서천규·황의룡·
박헌규·이창인·신치범·
이상승·안용운·이기진·
김명렬·박종현·최용성·
이병두

북코리아

# 서문

　임진왜란이 발발하기 1년 전인 1591년 2월 서애 유성룡의 천거로 이순신 장군은 전라좌수사로 부임했다. 그는 일본의 침공에 대비하여 전력 보강과 훈련을 강화했으며, 일본군 제1군이 부산진성 앞 해안에 상륙하여 공격하던 1592년 4월 12일, 그날 『난중일기』에 거북선의 화포 발사 실험을 했다고 기록했다. 다가오는 전쟁에 대비하여 혁신적인 군사력 정비를 완료했던 이순신 장군이 해상통제권을 확보했기에 일본군의 육·해로 병진전략은 실패했다. 조선은 병참기지 역할을 하는 호남을 지켜냈고, 전세를 역전시킬 수 있었다.

　그러나 임진왜란이 종결되고, 전쟁의 피해복구에 어려움을 겪던 조선은 남방의 위협에 더하여 북방의 새로운 위협에 대비해야 하는 상황이 되었다. 명청 교체기의 위태로운 상황에서 반정으로 정권을 탈취한 인조를 비롯한 서인 세력은 정통성 확보를 우선시하고, 불만세력이던 이괄의 반란을 진압하는 과정에서 북방위협에 대비한 제1선 전력이었던 평안도 군사력이 소멸되어버렸다. 조선군은 청군이 중원 대륙에서 대규모 기병집단의 돌진전법으로 큰 성공을 거두었다는 것을 알았음에도 혁신적인 대비책을 준비하지 못하고 산성 위주의 방어책으로 대응하다가 전쟁에 패하고, 결국 청의 속국으로 전락했다.

　역사적으로 많은 나라가 자국의 생존과 개혁에 성공하기 위해 노력했다. 그러나 국방혁신에 성공한 나라는 드물다는 현실을 직시할 필요가 있다.

6.25전쟁 초기 너무나 미약한 군사력으로 낙동강 방어선까지 밀려버린 우리 나라는 미국을 비롯한 UN군의 참전과 지원으로 이 나라와 국민을 지켜낼 수 있었다. 이승만 대통령의 용단으로 세계 패권국 미국과 한미동맹을 맺고, 6.25전쟁에 참전했던 주력들의 노력으로 자유민주주의라는 울타리 안에서 나라의 산업화를 달성하고 부국강병의 신화를 만들어냈다.

　　현재 러시아-우크라이나 전쟁의 지속과 이스라엘-하마스 전쟁으로 세계 안보와 경제의 불안정이 심화되고 있는 가운데 안보전문가들은 또 다른 전쟁 우려 지역으로 대만해협과 한반도를 꼽고 있다. 중국은 시진핑의 장기 집권 안착으로 대만해협의 위기가 고조되고 있다. 중·러의 협력과 최근의 러시아·북한의 협력은 미국, 영국, EU 등 서방측의 동맹을 강화하고 동북아에서 한·미·일의 안보 파트너십을 심화시키고 있다.

　　미·중 패권경쟁이 더욱 고조되고 있는 가운데 경제안보 강화와 대중국 디커플링으로 나타나고 있다. 최근에는 중국으로부터 탈동조화 차원의 디커플링이 아니라 위험회피 차원의 디리스킹(de-risking)전략으로 변화를 시도하고 있다. 2023년 11월 15일 샌프란시스코에서 거의 1년 만에 미·중 정상회담을 개최하여 양국 간 갈등과 대립을 해소하고 대만해협과 남중국해에서의 안정 문제, 러시아-우크라이나 전쟁과 이스라엘-하마스 전쟁의 확산을 막기 위한 논의를 진행했다.

　　북한의 핵무기 고도화는 한반도 안보상황을 더욱 위중하게 만들고 있다. 최근 북한은 핵무력 법제화를 통해 선제불사용 원칙을 폐기하고, 선제공격을 공식화했다. 이를 위한 핵무기 사용 5대 조건을 발표하면서 공격적 핵무기 사용을 시사하고 있다. 북한과 러시아는 2023년 9월 12일 정상회담을 통해 북한이 비축하고 있는 대량의 탄약을 러시아에 이관하고, 러시아로부터는 군사정찰위성 개발 기술과 식량 지원을 합의한 것으로 추정하고 있다. 두 달 후인 11월 21일 북한이 3차 군사정찰위성 발사를 성공시키면서 그 가능성을 더욱 높이고 있다. 우리 정부가 북한의 도발에 대응하여 9.19 군사합의 1조 3항의 효력을 정지하자, 북한은 군사합의 파기를 선언함으로써 우리 군은 현재 합의 이전에 시행하던 군사분계선

공중감시정찰 활동을 복원하고 있다.

이처럼 국가안보가 중차대한 현실을 볼 때 미래전에 대비한 국방혁신은 시급하다. 미래전은 데이터·지능화 기반 전쟁, 초연결지능화 네트워크 중심전, 5차원 전투공간 등의 양상으로 전개될 것으로 예측하고 있다. 우리 군은 미래 전장의 새로운 게임체인저로 첫째는 인공지능(AI)의 발전, 둘째는 유·무인 복합전투체계 발전으로 보고 있다. 우리의 주변국들도 AI와 유·무인 복합전투체계를 발전시키는 추세다.

미국은 합동AI센터를 운용하고 있으며, 수천 대의 로봇으로 구성된 '로봇전투단' 창설을 추진하고 있다. 중국은 2030년까지 AI 핵심산업에 1조 위안, 연관산업에 10조 위안을 투자할 계획이고, AI 기반 자율기동, 무인정찰, 드론 군집비행, 지능형 지휘통제 등의 개발에 중점을 두고 있다. 러시아-우크라이나 전쟁에서는 유·무인 복합전투체계가 기동과 화력의 열세를 만회하는 새로운 게임체인저로 등장하고 있다. 스위치블레이드-300, 바이락타르 TB2, 샤헤드-136, 원격조종 주행차량, 무인공격정 등이 실제 전장에서 운용되고 있고, 첨단 민간시스템의 군사적 활용으로 전투효과를 극대화하고 있다.

향후 2040년까지 AI 기반의 유·무인 복합전투체계의 군사화 수준은 전 전장 기능별로 상당 부분 충족될 것으로 전망되고 있으며, 다양한 무기체계의 전력화가 실현될 경우 미래 전장은 비선형 전 전장 융합작전이 수행될 것으로 예측된다. 따라서 향후 우리 군은 비선형 전전장 융합작전을 수행하기 위해 유인체계와 무인체계를 최적화하여 실시간 편조가 용이한 유연한 부대구조로 변환해나가야 한다. 즉, AI 기반의 드론봇 전투체계 기술개발과 전력화에 모든 노력을 쏟아야 할 필요가 있다.

한반도를 둘러싼 안보환경이 더욱 적대적으로 변화되기 전에 국가의 생존을 위한 국방혁신을 강력히 추진하여 AI 기반의 드론봇 전투체계 기술개발과 전력화에 성공해야 한다. 대내적으로는 국가안보 문제에 대한 국민적 공감대를 형성하고, 대북정책적 차원에서는 북한 체제의 결정적 변화를 유도해내어 상생의 기반을 구축해야 한다. 대외정책적 차원에서는 동북아 4대 강국과 갈등을 극복하고 선린외교를 통해 지지와 협력을 얻어내는 것이 필수라고 할 수 있다. 작금의 동아시아 지역국제체제의 특성과 같이 강대국 간 경쟁과 협력이 교차하고 있는 시대에는 우리가 어떠한 국가전략을 구사하느냐에 따라 도전과 기회를 동시에 맞이할 수 있다고 본다. 이것의 핵심적 기반은 상대적으로 우세한 군사력의 확보 여부다.

4차 산업혁명 시대를 맞이하여 타국에 비해 상대적으로 우세한 군사력을 확보하기 위해서는 '국방혁신'이 성공해야 한다. 국방혁신이 성공한다는 의미는 규모가 비대한 군대를 보유한다는 것이 아니라 작지만 스마트한 군대를 육성함으로써 전쟁수행 능력 면에서 주변국과 비교할 때 질적으로 우위에 있는 군대를 보유한다는 것이다.

이를 위해 세계 각국의 국방혁신 실태, 특히 선진국의 국방혁신 실패와 성공 과정을 비교·분석하고 현대전의 변화와 한반도에서의 전장 실상에 맞는 스마트한 군대를 육성하기 위한 '국방혁신'을 추진해나가야 한다.

건양대학교 군사학과 교수와 박사과정 졸업생들이 그동안 연구해온 것을 군사학 연구에 매진하고 계시는 학자와 전문가들에게 전해드리고자 한 권의 졸저로 엮었다. 후학 지도에 긴요하게 활용하시고 많은 질책과 권고를 겸허히 받고자 한다.


건양대학교 반야산 자락의 연구실에서

白沙 李鍾浩

# 차례

제1부

# 동아시아 패권경쟁과
# 군사혁신의 전략적 요구

# 제1장
# 동아시아 패권경쟁과 한반도 안보환경 변화

이종호

## 1. 서론

현재 세계는 신냉전적 다극질서로 전환되고 있다. 러시아-우크라이나 전쟁과 이스라엘-하마스 전쟁은 21세기 세계질서와 동아시아의 신냉전적 질서 형성을 촉진하고 있는 가장 큰 요인이라고 할 수 있다.

특히 러시아-우크라이나 전쟁은 한반도와 접경국인 러시아가 침공을 시작한 전쟁이고, 미국과 중국이 깊숙이 개입하고 있으며, 서구 유럽과 미국이 우크라이나를 전폭적으로 지원함으로써 러시아와 대립하고, 중국과 러시아가 연대해나가는 국제질서의 신냉전적 진영 대립구도의 재편을 촉진하고 있다.

미국은 중국의 부상을 저지하기 위해 대서양동맹 복원, 민주주의 연대 강화, 다자주의 협력체 구상, 대만 관계 재설정 등을 추진하며 전략적 명확성(Strategy Clarity)을 강화하고 있다. 중국은 오랫동안 대립했던 러시아와 전략적 협력관계를 복원하면서 글로벌 거버넌스를 이용하여 회원국들과 함께 미국에 대항하는 반패권주의 연대를 구축하고 있다.

존 미어샤이머(John J. Mearsheimer) 교수가 "강대국은 평화를 유지하기 위해 노력하는 것이 아니라 세계 속에서 자국의 힘의 비중을 극대화하기 위해 노력하는 것이다. 미국의 세계대전 참전은 적국이 지역적 패권을 획득하는 것을 저지하기 위한 것이고, 평화란 이러한 행동의 유리한 결과일 뿐이다"[1]라고 한 것처럼 미국은 동아시아에서 중국의 지역적 패권 획득을 저지하기 위해 노력하고 있다.

역사상 세계적 패권 또는 지역적 패권을 장악했던 많은 국가의 기반은 경쟁적인 강대국보다 우월한 군사력이었다. 서양의 역사에서 명멸했던 로마, 스페인, 영국, 그리고 동양의 당, 한, 명, 청 등 당대의 패권국들이 상대적으로 강력한 군사력을 보유하지 않았다면 그들의 패권 유지는 불가능했을 것이다. 그러나 군사력의 규모가 크다고 해서 다른 경쟁국보다 강하거나 승리의 개연성이 있다고 할 수 없다. 우리는 역사적으로 군사력뿐만 아니라 인구수, 경제력 등 총체적 국력의 규모가 적었음에도 결정적 전쟁에서 승리하고 이를 기반으로 하여 결국 패권을 장악한 사례를 무수히 목도하고 있다.

동아시아 지역 국제질서는 '미국 주도·중국 부상의 역학구도', '역내 국가 간의 경제적 상호의존 증대와 정치적 갈등 잔존'이라는 특징을 보인다.

군사적·경제적 강대국들이 밀집되어 협력과 대립구도가 공존하는 동아시아 지역에서 우리와 군사적으로 대치하고 있는 북한은 여전히 핵·미사일 등 대량살상무기 개발은 물론 변함없는 대남전략을 추진하고 있어 우리의 안보는 물론 동아시아의 평화에도 위협적인 존재가 되고 있다.

'아시아 패러독스(Asia Paradox)'로 인해 동아시아 역내 협력은 어려울 뿐만 아니라 급변하는 국제정세와 맞물려 지역 안보위협을 더욱 가중시킬 수도 있는 것이 현실이다. 동아시아 국가 간 신뢰 부족으로 사소한 충돌이 있을 때마다 불신이 더욱 증폭되는 소위 '눈덩이 효과(snowball effect)'가 반복되는 악순환이 계속되고 있다.

---

1   John J. Mearsheimer, *The Tragedy of Great Power Politics* (New York: W. W. Norton & Company Inc., 2001), pp. 361-364.

러시아-우크라이나 전쟁과 이스라엘-하마스 전쟁은 동아시아에서 미·중 패권경쟁이 확장되는 견인차 역할을 하고 있다. 즉 중국과 러시아, 북한의 연대가 심화되고, 한·미·일의 전략적 협력관계가 강화되면서 미·중 간의 패권경쟁이 진영대결로 증폭되고 있다. 이는 북·중·러 대 한·미·일의 냉전적 구도가 강화되고, 한반도 안보의 구조적 제약은 지정학적인 리스크가 커지는 방향으로 작용한다는 의미가 된다.

이렇게 변화하는 동아시아 지역 국제질서 속에서 위협의 실체를 규명하고 현명하게 대처하기 위해서는 변화의 본질을 이해해야 한다.


## 2. 국제체제 변화 이론과 동아시아 패권경쟁

동아시아 질서의 변환기마다 한반도를 중심으로 발생했던 혼란과 위기 그리고 전쟁의 본질을 이해하기 위해서는 국제체제 변화 이론과 동아시아의 역사적 실체를 동시에 규명해야 한다.

21세기의 세계질서는 격변의 시대라고 할 수 있을 만큼 모든 면에서 변화하고 있으며, 그 동인은 냉전의 종식이다. 냉전이 종식된 충격에 대해 프랜시스 후쿠야마는 '역사의 종말'이라고 이름을 붙였다. 그러나 헤겔이 『법철학』에서 말한 것처럼 후쿠야마도 인류의 역사가 합리적인 욕망과 인정에 의해 일관된 방향으로 나아가고 있으며, 자유민주주의가 인간이 안고 있는 문제에 대한 최선의 해결책임에도 다른 한편으로 '우월욕망'[2]으로 인한 전쟁 발생 가능성을 우려한다. 이와 같이 탈냉전 이후 낙관론보다는 전쟁의 위험을 경고하는 학자들이 늘어나고 있다. 새뮤얼 헌팅턴은 그의 저서 『문명의 충돌』에서 "세계정치는 문화와 문명의 패

---

**2**  우월욕망(megalothymia): 제국주의, 즉 어느 사회에 대한 다른 사회의 힘에 의한 지배와 같이 우월자로서 인정받고자 하는 귀족주의적인 지배자의 욕망

선을 따라 재편성되고 있다. 현재 서구문명권과 라틴아메리카, 아프리카, 이슬람, 힌두, 불교, 정교 그리고 중화문명권과 일본 등 9개의 문명권으로 구분할 수 있다. 즉, 국제체제는 서구를 넘어서 다문명체제로 확대되고 있다"고 주장한다.[3]

그중에서도 중화문명권과 일본으로 구성된 동아시아는 전통적으로 중국을 중심으로 화이(華夷)질서가 유지되어왔다. 그러나 19세기 서구 열강의 근대 세계체제에 편입되는 과정에서 전통적인 동아시아 지역 국제질서는 붕괴되었다. 특히 중국이 아편전쟁 이후 한 세기 동안 서구 열강에게서 받은 수모와 치욕의 경험은 지난 100여 년간 중국의 지식인들과 정책결정자들의 인식체계에 지대한 영향을 미쳐왔다. 그러나 중국은 덩샤오핑(鄧小平)의 개혁개방정책 추진 이후 12%를 상회하는 고성장을 지속적으로 유지해왔고, 드디어 2010년 GDP가 일본을 초월하여 세계 2위의 경제대국을 달성함으로써 능력과 의지, 인식의 세 가지 측면에서 세계적인 강대국화, 동아시아 지역 패권에 대한 강렬한 의지를 구체화하고 있다.

특히 시진핑은 2012년 집권 이후 '중국몽'을 표방하며, 건국 100주년인 2049년까지 중화민족의 위대한 부흥을 통해 미국을 넘어서서 세계 최강국을 달성하고자 하는 국가전략을 추진하고 있다.

동아시아 지역질서의 변화를 돌이켜보면 17세기는 한족인 명 중심의 지역질서가 만주족인 청 중심의 질서로 교체되었던 것이고, 19세기는 청국 중심의 조공체제가 무너지고 만국공법적 질서를 수용해야 했던 시기다. 그리고 21세기는 냉전질서가 무너지고 신자유주의적 질서를 수용해야 하는 대변혁의 시기라는 점에서 각 시기는 서로 닮았다. 역사의식을 통해 동아시아 지역질서 변동의 순환론적인 현상에 대한 문제의식을 갖게 된다.

동아시아 지역 국제질서의 변화를 이해하기 위해서는 여러 가지 접근방법이 있겠으나 시공간적으로 통시적인 관점에서 이를 분석할 수 있는 비교역사적 접근방법과 국제체제의 구조와 그 변화에 중점을 두고 국제문제를 바라보는 장주기

---

**3**  새뮤얼 헌팅턴, 이희재 역, 『문명의 충돌』, 서울: 조율아트, 2006, pp. 45-67.

이론 그리고 패권전쟁 이론 등이 적실성이 있다고 보인다.

　비교역사적 접근방법(Comparative Historical Approach)은 사회변동의 거대한 구조와 폭넓은 과정을 설명하기 위해 찰스 틸리(Chales Tilly)가 제시한 구체적이며 역사적인 분석방법이다.[4] 그는 레이하르트 벤딕스(Reihard Bendix), 테다 스카치폴(Theda Skocpol), 배링턴 무어(Barrington Moore, Jr.), 스타인 로칸(Stein Rokkan)의 저작들을 통해 개별화 비교방법, 보편화 비교방법, 변이발견 비교방법, 포괄화 비교방법 등 네 가지를 제시하고 있다.

　찰스 틸리의 역사에 근거한 대규모 비교는 설명대상을 확정해주고, 그것들을 시간과 공간의 맥락에서 설명할 수 있게 해주며, 때로는 그 같은 구조와 과정에 대한 우리의 이해를 증진시켜준다. 특히 이 장에서 분석하고자 하는 동아시아의 역사적 과정에서 나타나고 있는 패권전쟁을 비교분석하기 위해서는 보편화 비교와 변이발견 비교를 적용하는 것이 적실성이 있다.

　보편화 비교는 원인과 결과의 동일한 계기나 국면이 전적으로 다른 환경에서도 재현될 수 있으며, 무엇이 그 환경에 개입하여 유사점과 차이점에 영향을 미쳤는지를 규명하는 데 도움을 준다. 또한 변이발견 비교는 사회구조와 과정이 결코 동일한 형태로 반복되지는 않지만 공통의 인과성 원리로 적용되며, 그 규칙성과 일반적 경향을 확인해줄 수 있기 때문이다.

　장주기(long cycle) 국제정치 이론이란 "역사의 주기적 변동과 세계체제라는 전체론적 분석단위에 입각하여 국제관계를 이해하려는 이론적 흐름"이다.

　장주기 이론은 현실주의, 자유주의, 마르크스주의 국제정치 이론 전통 중에서 세계체제의 구조적 변화에 더 많은 관심을 보여온 이론들로서 이 분야의 세계적 권위자인 월러스타인(Immanuel Wallerstein)이나 모델스키(George Modelski), 오르간스키(A. F. K. Organski) 그리고 길핀(Robert Gilpin) 등의 주장을 통해 널리 알려져왔다.

　장주기 이론은 국제정치의 구조적 변화를 역사적인 관점에서 분석하는 데 유

---

4　찰스 틸리, 안치민·박형신 역, 『비교역사 사회학』, 서울: 일신사, 1999.

용하다. 즉, 장주기 이론은 시간적·공간적 측면에서 관찰범위를 확대하여 국제질서의 변동을 설명하고 미래를 예측하는 데 매우 적실성이 있다. 시간적인 측면에서 장주기 이론은 특정한 시기만을 정태적으로 분석하기보다 역사의 동태적 변화에 주목하여 국제관계의 현상을 통시적으로 조망할 수 있다.

공간적인 측면에서 장주기 이론은 '행위자'라는 개념으로서의 국가라는 차원을 넘어서 행위자를 제약하는 구조로서의 세계체제를 국제관계의 분석단위로 설정하고 있다. 장주기 이론 중에서 대표적인 이론을 몇 가지 제시하고자 한다.

첫째, 월러스타인의 세계체제론(World System Theory)이다.[5] 월러스타인은 중심부와 주변부 그리고 반주변부라는 경제구조를 통해 세계적 수준에서 국제질서의 변화를 다루고 있다.

둘째, 모델스키의 세계 지도력 장주기 이론(World Leadership Cycle Theory)이다. 모델스키는 세계체제의 역사적 진행 과정을 정치적 측면에 중점을 두어 거시적이고 동태적인 시각에서 접근하고 있다.

셋째, 오르간스키의 세력전이 이론(Power Transition Theory)이다.[6] 오르간스키는 역사적·구조적 관점에서 국력의 변화가 야기하는 국제관계의 변동 과정에 주목하여 국제질서의 본질을 파악하려고 시도한다.

넷째, 로버트 길핀의 패권안정 이론이다.

위에서 제시한 국제체제의 변화 이론은 모두 세계적 수준의 체제를 분석수준으로 상정한 이론이므로 동아시아라는 지리적으로 한정된 지역의 현상을 적절하게 설명하기 위해서는 지역 국제체제론적인 관점에서 접근해나갈 필요가 있다.

국제체제의 하위체제로서 지역체제는 정치, 경제, 문화 등 한 분야가 핵심적

---

**5** Terence K. Hopkins, Immanuel Wallerstein, *World-System. Analysis: Theory and Methodology* (Beverly Hills: Sage Publications, 1983).

**6** Jacek Kugler and A. F. K. Organski, "The Power Transition: A Retropective and Prospective Evaluation," *Manus I. Midlarsky, ed., Handbook of War Studies* (Boston: Unwin Hyman, 1989), pp. 175-177.

인 역할을 할 수도 있어 세계적 국제체제가 갖고 있는 구조의 일방적 반영물이 아니며, 지역적 특징과 결합하면서 위계구조가 다르게 형상화될 수 있다.

이러한 측면에서 동아시아 지역질서 변화를 야기했던 주요한 사건들의 의미와 이러한 사건들을 국제체제의 변화 이론 중에서도 동아시아 지역 국제체제를 적실성 있게 설명할 수 있는 장주기 이론의 순환적 주기를 기본 틀로 하고 비교역사적 분석방법을 적용하여 동아시아 지역 국제체제의 변화와 패권전쟁을 분석해볼 수 있다.

비교역사적 관점에서 동아시아 패권을 효과적으로 설명할 수 있는 이론적 틀은 길핀의 패권전쟁 이론이다.[7]

이 이론은 패권전쟁에 관해 예측하지는 못해도 과거 사례에 관해 그 과정을 설명하고 이해하는 데 유용하며, 역동적인 국제정치의 실체에 가장 가까이 접근할 수 있는 개념적 틀을 제공해준다.

아래의 〈그림 1-1〉은 불균등한 성장에 의한 국제체제 내 패권의 변화를 잘 보여주고 있다.

이론의 핵심은 국가 간 힘의 '불균등한 성장'이 국제체제 변화의 원천을 이루고 이것이 패권전쟁의 핵심요인이라는 것이다.

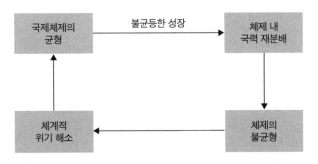

**〈그림 1-1〉 국제체제 변화 도표**

출처: Rebert Gilpin, *War and Change in World Politics*, 1981. p. 12.

---

**7**     Robert Gilpin, *War and Change in World Politics* (Cambridge: Cambridge University Press, 1981) 참조.

이때의 '불균등한 성장'은 다시 도전 국가의 급격한 성장과 패권국가의 완만한 성장 또는 정체로 구분할 수 있는데, 도전 국가의 급격한 성장에 영향을 주는 요소는 정치체제 및 제도, 경제 및 군사 등 국력 요소, 그리고 영토 및 인구의 확장 등이 있다. 특히 영토정복은 인구증가와 직결되며, 인구증가는 경제적 확대 요구의 원인이 되므로 성장의 중요한 메커니즘이다. 결국 도전국의 영토 증가는 패권국에 손실이 되는 영합적(零合的, zerosum) 성격 때문에 체제변화에 중요한 변수로 작용한다.

경제 및 군사 등 국력 요소, 그리고 정치체제 및 제도 요소는 시대와 상황에 맞는 상대적 발전성 또는 적합성이 성장 요인이다. 도전 국가는 인구증가로 인한 압박, 그리고 경제적 필요로 인해 국가의 생존을 위한 대외 팽창적인 정책을 추구하게 된다. 또한 도전 국가의 군사기술적·경제적 발전은 권력 성장에 유리하게 작용하며, 정치체제적 성장은 주변 국가들에 패권을 행사할 수 있는 능력을 갖추게 함으로써 궁극적으로 패권국가에 도전한다.

길핀은 패권전쟁 이론에서 "국제관계는 순수한 무정부상태가 아니라 위계가 구조화된 무정부상태(ordered anarchy)이며, 국가의 행위는 이익과 합리성에 기초해 있다"고 주장했다. 특히 국제체제 내 힘의 분포변화가 패권전쟁의 강력한 추동요인이라고 하면서 체제변화를 4단계로 구분하고 있다.

즉, 패권국가와 그에 따른 위계질서가 유지되는 '국제체제의 균형' 단계는 시간이 흐르면서 패권국의 하위에 있던 강대국이 그 국가의 위계에 맞지 않게 불균등적으로 성장하여 패권국과 갈등을 일으킨다. 이어서 '체제 내 국력의 재분배' 단계를 거쳐 패권을 유지 또는 획득하기 위한 경쟁과 그들이 규합한 동맹체계들로 양극화되는 '체제의 불균형' 단계가 된다. 이때부터 작은 사건이라도 위기를 유발할 수 있고 대규모 갈등으로 발전할 수 있는데, 이런 갈등이 '체제적 위기 해소' 단계에서 어떻게 해결되는가에 따라 새로운 패권국과 국제체제 내 위계구조가 결정되며, 이후 다시 균형된 체제로 나아가면서 패권 주기의 한 흐름이 완성된다.

동아시아 지역 국제체제의 장기적 변동에 주목해볼 때 대표적인 패권전쟁 사례는 17세기 청나라의 패권전쟁과 19세기 일본의 패권전쟁을 들 수 있다.

　동아시아 지역질서 변화를 야기했던 이 사건들의 의미와 이러한 사건들을 연계성 있게 설명할 수 있는 장주기 이론의 순환적 주기를 기본 틀로 적용하는 것은 유용성이 있다. 그러나 경제력, 기술력, 제도 등 단일변수를 활용한 분석은 이론적 간결성을 높일 수 있지만 역사적 상이성, 지역체제의 속성 그리고 동아시아의 독특한 정체성 등을 적실성 있게 설명하는 데는 한계가 있다.

　따라서 역사적 · 지역적으로 상이한 변화 현상을 통시적으로 설명함은 물론 지역체제의 속성을 더욱 개방적으로 정의할 수 있는 여러 변수의 절충적 적용이 불가피하다. 이러한 것들을 고려해볼 때 지역질서 변화의 핵심요인은 첫째로 정치제도 개혁, 경제체제 혁신, 동맹 등 국력증강의 핵심적인 요인으로서의 정치제도와 경제체제 변환, 둘째로 군사력 수준을 판단할 수 있는 무기체계 발전, 군사조직 개편, 작전운용 능력 향상 등 군사혁신, 셋째로 대외팽창적 요인, 국가 성장의 동력원 그리고 사회변동의 원인이 되는 영토, 인구, 정체성 등으로 도출할 수 있다.

　이러한 지역질서 변화의 세 가지 핵심요인이 동아시아 지역 국제체제의 변화단계별로 어떻게 지역질서의 불안정을 야기하고 패권전쟁으로 이어지는지를 설명할 수 있으며, 명이 쇠퇴하고 청이 부상하는 과정, 또 청이 쇠퇴하고 일본이 부상하는 과정을 분석하여 동아시아 지역 국제체제 변화의 본질적인 요인을 도출할 수 있을 것이다.

　동아시아 국제체제 변화는 4단계가 순환하면서 변화한다고 가정할 수 있다. 즉, 패권국가와 그에 따른 위계질서가 유지되는 '국제체제의 안정기'는 시간이 흐르면서 패권국의 하위에 있던 강대국이 불균형적으로 성장하여 패권국과 갈등을 일으킨다. 이어서 '체제 내 불안정기'를 거쳐 패권을 유지 또는 획득하기 위한 경쟁과 그들이 규합한 동맹체제들로 양극화되는 '체제의 전환기'가 된다. 이때 국제체제를 변화시킬 수 있는 위기는 역사적 사건으로 발전할 수 있는데, 이러한 역사적 사건을 어떻게 해결하는가에 따라 패권전쟁이 발생하여 새로운 패권국과 국제체제 내 위계구조가 결정되며, 이후 다시 안정된 체제로 나아가면서 패권 주기가 완성된다.

청나라의 패권 과정은 누르하치가 여진족을 통합한 1592년 임진왜란 시기부터 청이 중국을 완전히 통일한 1683년까지 92년 동안을 4단계로 구분한다.

국제체제의 안정기는 당시 패권국 명나라와 적극적인 동맹관계를 맺고 있던 조선, 그리고 분열되어 있던 몽골족, 마지막으로 동북쪽의 후금으로 구성되어 있었다. 당시 몽골족은 국가의 형태를 갖추진 못했으나 명나라의 입장에서 볼 때 대외적으로 가장 큰 위협은 몽골 방면이었다.

이 안정기는 1619년 명나라의 예방전쟁이었던 사르흐 전투에서 누르하치가 결정적인 승리를 달성함으로써 체제 내 불안정기로 전환되었으며, 1636년 청 태종이 황제에 등극했을 때는 이미 몽골을 병합하여 체제 내 양극화가 이루어졌다. 1637년 병자호란의 결과 국제체제는 청나라, 몽골, 조선의 동맹과 명나라의 고립 관계로 재편됨으로써 동아시아는 체제의 전환기가 되었다. 결국 이자성의 난이라는 불씨를 시작으로 패권전쟁이 발생하여 명나라는 멸망(1644년)하고 청나라가 대륙을 통일(1683년)함으로써 체제적 위기는 해소되었다.

일본의 패권 과정은 1868년 메이지유신으로 사회진화론적 세계관에 입각한 문명개화, 부국강병이라는 시대정신(Zeitgeist)에 몰입하여 근대일본제국으로 거듭나기 시작한 이후부터 살펴본다.[8] 조선에 대한 일련의 폭력적 개입, 청일전쟁, 러일전쟁 그리고 제1차 세계대전 참전으로 1918년 승전국의 반열에 오르기까지 50년의 기간을 4단계로 구분한다.

국제체제의 안정기는 그때까지 일본이 국내 정비에 몰두하고 있었고 러시아는 만·한 지역에 대한 전략적 의도가 생성되지 않음으로써 전통적인 중화질서가 유지되고 있었다.

1868년 일본이 메이지유신으로 중앙집권적 근대국가로 탈바꿈함으로써 동

---

**8**　강상규,『19세기 동아시아의 패러다임 변환과 제국 일본』, 서울: 논형, 2007, p. 107.

아시아 지역의 전통적 질서가 체제 내 불안정기로 변화하기 시작했으며, 일본의 근대화에 따른 급격한 성장과 패권국 청의 말기적 혼란 등 지역 내 국가들의 불균형 성장은 1885년 톈진(天津)조약을 기점으로 체제의 전환기가 되었다.

이때부터 일본의 경제력과 군사력의 성장에 위협을 느낀 청과 일본의 양극화가 이루어진다. 국제체제의 전환기는 조선에서 발생한 '동학농민전쟁'이라는 역사적 사건을 기화로 청·일 간의 패권전쟁으로 발전하게 되었다.

1894년 청일전쟁에서 일본이 승전국이 됨으로써 중국을 중심으로 한 동아시아 지역의 전통적인 중화질서는 소멸하고 일본이 지역적 강국으로 인정받는 새로운 지역질서가 구축되기 시작했으나 일본의 성장에 위협을 느낀 열강들의 삼국간섭, 러시아의 극동 진출 등으로 러시아와 일본의 갈등이 증폭했다. 결국 1904년부터 1905년까지 2년간 러·일 간에 패권전쟁과 조선에서의 반일 적대감정에 의한 의병전쟁, 그리고 이어진 제1차 세계대전에서 일본이 승전국이 되어 지역적 패권국으로 인정받음으로써 체제적 위기는 해소되었다.

21세기 현재 동아시아는 패권전쟁 이론 관점에서 국제체제의 안정기를 지나 불안정기로 접어들었다고 평가할 수 있다. 그 핵심요인은 중국이 정치제도 및 경제체제의 전환을 통해 G2의 경제성장 달성, 국방혁신을 통해 강력한 군사력 건설, 국민의 정체성 확립으로 중국몽을 추구함에 따라 그동안 협력관계를 유지해온 미국과 패권경쟁에 들어섰기 때문이다. 특히 러시아-우크라이나 전쟁과 이스라엘-하마스 전쟁은 동아시아에서 미·중 패권경쟁이 심화하는 요인이 되고 있다.

# 3. 중국의 재등장과 미·중 패권경쟁

## 1) 동아시아의 전략적 상황인식

현재 우리가 처한 시대적 상황과 동아시아 국제질서의 변화를 보면서 제2차 세계대전 직전의 유럽을 연상하게 된다.

제1차 세계대전 종결 이후 전쟁의 목표였던 새로운 세계질서의 구축은 실패했다. 왜냐하면 전쟁 후반기에 미국이 민족자결주의 원칙과 국제연맹 결성을 주창하면서 전쟁에 개입함으로써 '독일의 종말'을 결의했던 '삼국협상'의 전쟁목표는 무산되었다. 결국 승전국이 패전국의 힘을 약화시켜 승전국에 의한 일방적 평화를 오래 유지할 수 없었다. 전후 독일의 국력은 축소되었으나 잠재력은 살아남았으며, 소련은 스탈린의 독재체제가 구축되면서 정치·이념적 타자이면서 고립자로서 별도의 노선을 취했다. 이와 동시에 소련과 독일의 세력 약화에 힘입어 핀란드, 발트해 연안의 국가들, 폴란드, 루마니아 등의 중소국가들에 의해 정치·사상적 완충지대가 조성되면서 세계는 양분되기에 이르렀다. 세계는 자본주의 선발국이자 승전국인 영국, 프랑스, 미국과 자본주의 후발국인 독일, 이탈리아, 일본으로 진영화되어 불균형상태를 보이게 되었다.

최근의 동아시아 질서와 제1차 세계대전 이후 유럽의 상황은 여러 가지 면에서 유사성을 보인다. 즉 러시아는 체제 변환 및 세력 약화 이후 푸틴의 독재체제가 구축되면서 서방과는 대립적인 별도의 노선을 취하고 있고, 한국을 비롯하여 필리핀, 베트남, 인도네시아, 싱가포르 등 아세안의 신흥 국가군이 성장하면서 역내·외에서 영향력을 발휘하고 있다. 동시에 자본주의 후발국인 중국은 경제력과 국방력의 약진에 발맞추어 2023년 10월 시진핑의 3연임 독재체제를 구축하고 새로운 동아시아 질서를 주도하는 신중화주의적 패권 도전을 시사하고 있다.

러시아-우크라이나 전쟁과 이스라엘-하마스 전쟁은 동아시아에서 전쟁을 지지하는 입장에 따라 민주주의 국가인 한국, 미국, 일본과 권위주의 국가인 중국, 러시아, 북한이 진영화되어 대립하는 요인이 되고 있으며, 지역 국제질서를 냉전적 안보 불균형상태로 변화시키고 있다. 동아시아의 진영 간 대립적 국제질서는 한반도 안보의 갈등구조를 더욱 고착시키는 방향으로 작용하고 있다.

남북한은 대화와 협력보다 불신과 대결의 대치상태에서 벗어나지 못하고 있다. 물론 1973년 남북 간의 대화가 시작된 이래 약 50년간 상호 간에 많은 교류가 있었고 평화를 위한 진전도 있었다. 그러나 평화 정착을 위한 제도적 장치를 구축하는 데는 실패했다. 왜냐하면 남북 간 대결의 배경에는 동아시아 질서를 규정하는 주변 4강국의 전략적 태세, 그리고 각국의 이해와 득실이 여러 가지로 얽혀있기 때문이다.

중국과 러시아는 유라시아의 두 강대국으로서 오랫동안 상호 영향력 확대에 대한 견제와 갈등관계를 유지해왔으나 미국의 세계 유일 패권에 대항해서는 공고한 협력관계를 구축해가고 있다. 특히 석유, 석탄 및 천연가스 등 에너지 협력을 강화하고 있는데, 이는 중국이 미국과의 패권경쟁 과정에서 가장 중요한 에너지 원자재를 안정적으로 확보하고 미국에 함께 대응할 협력국가가 필요하기 때문이다. 또한 러시아가 서방의 경제제재를 넘어서고 국제적 고립을 탈피하기 위해서는 중국과 동반자 관계를 유지할 필요가 있다.

러시아-우크라이나 전쟁 이후 중·러 협력관계는 더욱 공고화되는 추세다. BRICS, 글로벌 사우스(Global South) 국가들과의 관계를 강화하고 있으며, 특히 상하이협력기구(SCO) 정상회의를 통해서는 러시아의 유라시아 역내 위상과 영향력 확대와 더불어 중국의 '일대일로(一帶一路)' 전략의 확장 가능성을 키워주고 있으며, 양국은 전략안보협의를 통해 핵심 이익과 관련된 대외정책에서 전략적 동반자 관계를 유지하기로 합의했다. 중·러 관계에서 힘의 중심이 점차 중국 쪽으로 기울어지고 있는 가운데 중국의 대만 통일 문제에서도 러시아는 중국을 지지하고, 한반도 문제에서도 중국과 공동 대응하고 있다.

동아시아 질서는 구조적으로 미국과 중국의 세력균형이 형성되어 있다고 할 수 있으나 국가 간의 동학적인 측면에서는 중국과 동아시아 국가 간에 세력불균형이 조성되고 있다. 미국을 비롯한 전 세계가 글로벌 경기 둔화 및 인플레이션 상승 등으로 경제의 불확실성이 지속되는 가운데 중국은 많은 우려에도 불구하고 2023년 국가성장률 5.2%를 달성할 정도로 세계 경제 성장의 견인차 역할을 하고 있다.

중국이 경제성장과 함께 군사력을 증강하여 태평양 진출을 시도하면서 동중국해와 남중국해에서의 영토·자원 분쟁이 격화되고 있다. 최근에는 중국이 접근차단(anti-access)과 지역거부(area-denial) 전략을 강화하여 방위권역 내에서 분쟁발생 시 미국의 군사력 전개를 방해·저지하면서 자국의 군사목표를 손쉽게 달성할 수 있으리라고 예측하는 전문가들이 나타나고 있다. 2022년 8월 낸시 펠로시 미 하원의장의 대만 방문 직후 중국은 강력히 반발하면서 대만 주변 해역에서 둥펑(DF) 계열 미사일 11발을 발사하는 훈련을 강행하고, 군사 소통 채널과 기후 변화 등 8개 항의 대화와 협력을 단절하며 대만해협의 긴장을 고조시켰다. 또한 10월 시진핑 주석은 3연임이 확정된 제20차 중국공산당대회에서 "대만 통일은 반드시 실현될 것"이라고 강조하면서 미국에 강경 대응했다.

2023년 3월 모스크바에서 열린 중·러 정상회담에서 시진핑과 푸틴은 공동성명을 통해 우크라이나, 중동과 대만 문제에 상호 긴밀한 협력과 공조를 약속하고, 한반도 문제에서는 북한의 정당하고 합리적인 우려에 호응하며, 지지한다는 입장을 보였다.

즉 중·러는 미국이 주도하는 단일 패권에 대응하여 전략적 경제-안보 협력을 공고히 하고, 다극화된 국제질서를 추진하며, 유라시아 지역 정치경제 공동체 구축을 적극 추진하기로 합의했다.

그리고 11월 샌프란시스코에서 개최된 APEC 기간 중 성사된 바이든과 시진핑의 우드사이드 정상회담(Woodside Summit)에서 바이든은 '하나의 중국' 원칙을 언급하며 중국과의 평화공존을 추진하겠다고 하면서 대중국 정책의 근본적인 변화를 시사함에 따라 시진핑은 "중국은 결국 통일될 것이고, 반드시 통일할 것이다"라고 직설적으로 강조하면서도 미국 주도의 자유-국제질서를 인정하고 도전하지 않을 것이라는 점을 확인시켜주었다.[9]

이처럼 북·중·러의 전략적 협력이 한층 가속화되는 것에 대응하여 미국은 한·미·일 협력체제 구축을 위해 노력하고 있다. 2023년 8월 미국 캠프데이비드에서 열린 한·미·일 3국 정상회담을 통해 한·미·일 협력의 제도화에 시동을 걸었다. 3국은 북한의 핵·미사일, 인권 문제 그리고 인도·태평양 지역의 안보위협에 공동 대응하고, 글로벌 공급망과 첨단기술 등 경제안보 분야에서도 협력을 강화해나가기로 합의했다. 한·미·일의 협력이 제도화된다면 미국의 대중국 견제 및 동아시아 패권경쟁은 새로운 전환점이 될 수 있을 것이다.

## 2) 중국의 군사력 증강과 동아시아에 미치는 영향

중국은 2021년 7월 1일 공산당 창당 100주년 경축행사를 베이징 톈안먼 광장에서 무력시위와 함께 개최했다. 시진핑은 기념사에서 "앞으로의 시대에 중국이 세계를 이끄는 것은 필연적 운명이다. 중국의 굴기에 도전하는 세력은 머리가 깨져 피를 흘릴 것이다"라고 호언했다. 필연적 운명론을 내세운 것은 세계 패권국 미국을 겨냥한 발언으로 보인다. 이어서 그는 "우리는 중국 특색 사회주의를 유지할 것이며, 국가 방어를 위해 무기 현대화를 가속화해야 한다"라며 군사 굴기도 강조했다.

중국군의 군사력 현대화는 1949년 10월 1일 중화인민공화국 정부가 수립되고, 과거 유격전을 수행하던 군에서 정규전을 수행하는 군대로 변화를 추진하면서부터 시작되었다. 특히 1950년 6.25전쟁에 참전하면서 중국군의 전술이 인해전술이라는 오명을 받았는데, 이때 미국이 보여준 최신무기의 위력과 연합군의

---

9    정재흥·이동민, 「새로운 국제질서 출현 시기의 중-러 간 전략적 경제-안보 협력 본격화 및 한계」, 『세종정책브리프』 17 , 성남: 세종연구소, 2023, pp. 469-498.

전쟁수행 능력으로 중국군은 많은 희생을 체험하고, 무기체계의 중요성과 현대화의 필요성을 인식하게 되었다. 1954년 펑더화이(彭德懷)가 국방장관에 취임하면서 6.25전쟁 참전의 희생을 교훈 삼아 "중국군의 정규화 및 현대화"라는 군사 원칙을 발표했지만, 인적·물적 자원의 부족과 경제적 뒷받침 부족으로 현대화 계획은 이뤄지지 못했다.

1969년에는 중국 동부 국경에서 소련과 무장 충돌이 발생했지만, 소련에 맞서 대항할 만한 능력을 갖추지 못해 고전을 면치 못했다. 이때 중국군은 현대화에 대한 필요성을 절실히 느끼게 되었다. 1979년 2월 중국은 베트남의 캄보디아 침공을 응징한다는 명분으로 중월전쟁을 일으켰으나 전투 결과를 집계해보니 베트남군의 피해보다 중국군의 피해가 훨씬 컸다. 이를 계기로 중국군은 군제부터 편성 및 장비에 이르기까지 전면적인 무기체계의 현대화를 추진하게 되었다. 1990년 걸프전 당시 전 세계 모든 국가가 미군을 비롯한 다국적군의 첨단무기 전쟁을 보면서 자국 군대의 무기체계 현대화를 모색했는데, 중국도 이때 강력하게 추진하는 결정적 계기가 되었다.

시진핑은 2017년 제19차 공산당대회에서 2050년까지 중국몽(夢), 강군몽(夢)을 달성하여 중국 특색의 사회주의 강대국을 완성하는 비전을 제시했다. 강군몽이란 중국몽을 달성하는 발판으로 2050년까지 세계 일류 군대를 만드는 로드맵이다.

중국군은 정보화를 국방 현대화 건설 방향으로 설정하고 해·공군 및 제2포병을 중점 건설하여 정보화 조건하 국지전 승리에 주력한다는 안보전략을 실현하기 위해 "적극방어 군사전략"을 도입했다. 적극방어전략의 원칙은 방어, 자위, 후발제인(後發制人)으로, 여기서 후발제인이란 군사적 선제공격을 하지 않는 것이 아니라 정치적·전략적 차원의 이익 침해도 전략적 선제공격으로 간주하여 무력 대응을 하겠다는 의미가 내포되어 있다. 즉, 선제타격과 예방전쟁의 가능성도 포함되어 있다. 적극방어전략은 수동적 개념이 아니라 신속히 공격으로 전환하는 공세적 개념을 내포하고 있는 전략으로 시진핑 체제에서 더욱 공세적으로 발전시

키고 있다.[10]

중국군은 시진핑의 강군몽 비전을 실현하기 위해 본격적인 군대개혁을 추진하고 있다. 개혁의 중점은 지휘체계와 부대구조의 개선, A2/AD전략, 핵억제력, 군사력 투사를 보장하는 데 두면서 우주전, 전자전, 사이버전 수행 능력을 보강하는 데 주력하고 있다. 분야별로 좀 더 자세하게 알아보면 다음과 같다.

첫째, 상부 군 지휘체계를 일원화했다. 즉 중앙군사위원회에서 영도관리체계(군정)와 작전지휘체계(군령)를 통합하여 행사하도록 했는데, 영도관리체계는 중앙군사위원회-5대 군종(육·해·공군, 로켓군, 전략지원군)-예하부대로 했고, 작전지휘체계는 7개의 군구를 5개의 전구로 개편하면서 중앙군사위원회-전구-예하부대로 했다.

둘째, 육군은 지역방위 개념에서 전역작전 개념으로 전환하면서 정밀작전, 입체작전, 전역작전, 다기능작전을 수행할 수 있도록 개편했다. 부대구조는 18개의 집단군을 13개로 감축하고, 지휘체계를 군(군단)-여단-대대로 개편하여 임무 및 상황에 따라 편조하여 운용할 수 있도록 했다. 집단군은 기동여단 6개, 지원여단 6개로 편성하여 독립작전이 가능하도록 개편했다.

셋째, 해군은 해외 원정작전 능력을 갖춘 기동함대를 육성하여 공격우위로 전환하는 중이다. 특히 전략적 억제와 반격, 해상기동작전, 해상합동작전 등 다양한 역할에 맞는 기동전단을 확보하며, 현대화를 추진하고 있다.

2025년까지 항공모함 3척, 순양함 및 구축함 52척, 프리깃함 및 코르벳함 120척, 탄도미사일탑재핵추진잠수함(SSBN) 6척, 공격형핵추진잠수함(SSN) 10척, 디젤추진잠수함 47척 규모로 증강될 것으로 예측하고 있다. 이렇게 되었을 때 중국 해군은 서태평양과 인도양 지역에서 해양권익을 보호하고 해전과 원정작전 역량을 보강하면서 A2/AD전략을 수행할 수 있을 것으로 보인다.

넷째, 공군은 영공방공 및 공중우세 전략을 수행하기 위해 조기경보, 방공, 미

---

**10**　이홍석, 「중국 강군몽(夢) 추진 동향과 전략」, 『중소연구』 44(2), 2020 여름, pp. 45-79.

사일방어 그리고 전략수송 능력을 보강하고 있다. 공군 비행사단 예하의 연대를 여단으로 개편했고, 공수군단을 5개 여단과 1개 강습여단으로 개편하여 긴급대응 능력을 보강했다. 전투기는 제4세대 수준의 전력을 600여 대 수준으로 확보하고, 제5세대 전력인 J-20, FC-31을 개발하고 있다. 더 나아가 핵 탑재가 가능한 H-20 스텔스 전략폭격기를 2025년까지 개발을 완료할 예정이다.

다섯째, 로켓군은 핵억제 및 반격 능력을 발휘하는 데 핵심전력이다. 약 3천기에 달하는 미사일과 500여 대의 발사차량을 보유하고 있고, 약 350발의 핵탄두를 보유하고 있는 것으로 추정된다. 핵반격 및 해상의 항공모함 타격이 가능한 DF-26 중거리탄도미사일, 사거리 10,000km로 10개의 개별 유도탄두를 장착한 극초음속 DF-5C, 사거리 11,000km에 6개의 개별 유도탄두가 탑재된 DF-31AG 등을 배치하고 있다.

여섯째, 우주공간을 새로운 전장 영역으로 인식하여 장거리 정밀무기와 C4ISR 체계의 사용을 거부하는 데 중요한 역할을 할 것으로 전망하고 있다. 이에 따라 전략지원부대를 창설하여 국제공역인 우주와 사이버 영역에 대한 군사적 능력을 보강하고 있다.

중국은 2019년 발간한 국방백서에서 "중국 특색 강군의 길을 유지하고 인류 운명공동체 건설에 공헌하겠다"는 내용의 국방정책 골자를 발표하면서 향후 동아시아에서 중국 주도의 새로운 질서를 구축하겠다는 의도를 드러내고 있다. 또 이를 뒷받침할 강력한 군사력을 건설하고 있다.

중국의 국가전략에서 '인류 운명공동체'라는 개념은 정치, 안보와 경제 그리고 문화까지 포함하여 인류사회가 지향해야 할 발전 방향을 가리키고 있다. 정치 측면에서는 냉전 시대의 유물인 동맹체제를 허물고, 대화를 통한 대립의 해소, 국제적 동반자 관계를 구축하는 것이다. 안보 측면에서는 서구식 군사적 대결을 회피하고 대화를 기반으로 한 정치적 해결을 하는 것이다. 경제적 측면에서는 자유시장경제보다는 사회주의시장경제가 더 나은 경제모델이 될 수 있다는 것이다. 문화적 측면에서는 서구문화의 영향을 극복하고 다양성을 인정하면서 조화와 존중의 정신을 바탕으로 서로 다른 문화를 포용하자는 것이다.

즉 인류 운명공동체 개념은 중국 국가전략의 핵심 개념으로서 미국 주도의 패권주의, 일방주의에 맞서 중국의 주권과 이익을 지키는 것뿐만 아니라 미국이 구축한 국제질서를 해체하고, 중국이 동아시아 지역을 통합하여 글로벌 리더십을 행사하려는 것이다. 중국이 인류 운명공동체 개념을 국가전략의 방향으로 정립하고 군사력 증강을 통해 이를 구현하는 과정에서 미국과 동맹국들의 대응을 불러일으킬 수 있으며, 특히 대만 문제, 남중국해 문제 등으로 동아시아에서 대립적 갈등을 격화시킬 수 있다.

### 3) 미·중 패권경쟁과 동아시아 질서의 변화

중국은 2001년 미국의 적극적인 지원으로 세계무역기구(WTO)에 가입할 수 있었다. 당시 빌 클린턴 미국 대통령은 중국의 WTO 가입이 미국 국익에 도움이 될 것이라고 주장했다. 국제경제 질서에 합류한 중국은 이후 매년 10%대의 경제성장률을 기록하여 2001년 GDP 세계 6위에서 2010년 세계 2위의 경제대국으로 도약했다.

WTO 가입 초기 중국은 세계무역체제의 순응자(price taker)로 출발했으나 10년 만에 세계 제2위 경제대국, 무역대국으로 성장하여 WTO의 핵심 이해상관자(stake-holder)로 발전했다. 특히 글로벌 금융위기가 진행되던 2008년에도 9.6%, 2009년에는 9.2%의 고도 성장률을 기록하고, 베이징 올림픽까지 치르면서 미국의 경기침체, 유로존의 재정위기를 극복하는 버팀목 역할을 했다고 평가받을 정도였다.[11]

그러나 글로벌 금융위기로 미국과 서방세계가 흔들리면서 중국의 대외정책

---

**11**   김병섭, 「중국의 WTO 가입 10주년과 세계경제에 대한 영향」, 『주요국제문제분석』 43, 외교안보연구원, 2012, pp. 2-11.

에 변화가 감지되었고 미·중 관계는 신뢰와 협력관계에서 전략적 경쟁관계로 변화되어갔다. 2012년 시진핑이 1기 집권을 시작하면서 중국 특색의 사회주의 국가건설을 통해 중화민족의 위대한 부흥을 이루겠다는 중국몽(夢)을 선언했다. 중국몽은 시진핑의 통치이념으로서 국가 부강, 민족 진흥, 인민 행복의 세 가지 목표를 실현함으로써 중국이 미국과 같이 21세기 세계를 주도하는 강국이 되겠다는 의미다.

2013년 시진핑의 제안으로 일대일로(一帶一路) 프로젝트가 시작되었다. 일대일로는 중국과 중앙아시아, 유럽을 연결하는 과거 실크로드를 하나의 경제벨트로 연결하는 '일대(One Belt)', 동지나해에서부터 인도양을 거쳐 유럽과 아프리카로 이어지는 새로운 해상 실크로드를 하나의 길로 연결하는 '일로(One Road)'를 합친 개념이다. 일대일로 프로젝트는 각국과 협력하여 함께 번영을 이룸과 동시에 중국몽도 실현하겠다는 중국판 마셜플랜이라고 할 수 있다.

미국은 지정학적 급변 양상을 보이는 동아시아에서 중국의 재등장에 대응하고, 이에 병행하여 약 70년간 작동되어온 샌프란시스코 체제를 유지해야 할 전략적 접근방법을 강구해야 했다.

2011년 말부터 2012년 오바마 행정부는 재균형(Rebalancing)전략 혹은 아시아 회귀전략(pivot strategy to Asia)을 채택했다. 재균형의 의미는 중국의 부상에 따라 미국의 세계전략을 추진함에 있어 그 중심이 유럽에서 동아시아로 전환할 수밖에 없다는 것이고, 미 군사력의 재배치, 동맹국들과의 역할 재조정 등을 모색해야 한다는 것이다. 재균형전략의 핵심은 이 지역의 5개 동맹국인 한국, 일본, 호주, 필리핀, 태국과 안보협력을 강화해나가되 가장 중시하는 것은 미·일 동맹의 강화다. 이를 통해 미국의 핵심적 이익인 동아시아 지역에서 중국의 위협으로부터 동맹국의 안보를 유지하고, 북한의 핵무기 시스템으로부터 미국 본토를 방위하며, 개방적이면서도 자유로운 국제무역 체제를 확보하는 것이다.[12]

---

**12** 이수형, 「미국의 재균형(Rebalancing) 전략의 한반도 시사점」, 『KINU 통일플러스』 1(2), 통일연구원,

미국은 2012년 국방전략지침(DSG)에서 국방의 우선순위를 대테러전에서 중국의 적극방어전략 및 반접근/지역거부(A2/AD)전략에 대응하는 것으로 전환했으며, 당시 미 국방장관 페너티는 전투함의 60%를 태평양으로 배치하겠다는 계획을 밝혔다.

중국 시진핑은 2017년 제19차 공산당대회 보고에서 상호존중, 공평정의, 협력원원에 입각한 신형 국제관계를 구축하고, 인류 운명공동체를 제시하면서 국제사회에서 영향력 확대를 도모했다.

특히 중국은 미국이 주도하는 UN, WTO 등에 적극적으로 참여함과 동시에 동아시아정상회의(EAS), 중국·아프리카 협력포럼(FOCAC), 상하이 협력기구(SCO), 아시아교류 및 신뢰구축회의(CICA), 브릭스(BRICS) 정상회의 등 미국이 참여하지 않는 글로벌 거버넌스를 통해 "아시아 국가 중심의 안보협력", "친중 항미 국제관계"를 조성하기 위해 노력했다.

중국은 2017년 4월 제2항모인 산둥(山東)호를 진수하고, 전략탄도미사일탑재핵잠수함(SSBN) 등을 추가 실전 배치하여 해군력 증강을 통한 원해호위(遠海護衛) 해상전략을 실현해나가고 있다. 중국 해군은 서태평양, 인도양까지 확장된 제2도련선에 진출하여 합동훈련을 통해 원해호위 작전 능력을 보임으로써 미국과 해양에서의 패권경쟁을 시작했다.

미국이 오바마 정부에서 트럼프 정부로 교체되면서도 대중국 정책의 근간인 재균형전략은 인도·태평양전략으로 더욱 강화되었다. 즉, 트럼프의 미국 우선주의(America First)가 강조되면서 중국이 미국의 글로벌 패권국 지위를 위협하는 유일한 국가로 평가받게 되었다.

미국을 다시 위대하게 만들어가자는 미국 우선주의와 중화민족의 위대한 부흥이라는 중국의 꿈이 충돌하면서 동아시아는 미·중 패권경쟁의 본격적인 무대가 되어가고 있다. 미·중 간 갈등은 국제 정치경제체제의 구조적 문제이기 때문

---

2015, pp. 74-77.

에 경쟁 과정에서 세계 및 동아시아 지역체제의 불안정성이 더욱 높아지고 있다.

2021년 출범한 미국의 바이든 행정부는 국력의 한계를 인정하고 동맹과 민주주의 국가 간의 연대를 강화하여 변화하는 세계의 지정학적 도전에 대응하고 있다. 바이든은 "미국이 돌아왔다"고 선언하며 동맹의 현존하는 도전은 중국과의 패권경쟁과 러시아의 위협을 상정했다.

바이든 행정부는 쿼드(QUAD), 중국의 해양진출에 대응하는 오커스(AUKUS), 인도·태평양지역에서 중국을 글로벌 공급망에서 배제하고 새로운 통상체제를 구축하기 위한 인도태평양경제프레임워크(IPEF), 중국의 반도체 굴기에 대항하는 칩4동맹(CHIP4), 미국·영국·일본·호주·뉴질랜드와 함께 남태평양 지역에 사회기반시설을 지원하는 블루퍼시픽파트너스(PBP), 중국의 일대일로에 대응하는 글로벌인프라스트럭처파트너십(GIP) 등 다자주의 협력체를 구성하고 있다. 이는 미국이 동맹국들과 공유하고 있는 자유민주주의의 가치, 첨단기술, 안보 및 경제 등을 기반으로 한 대중국 동맹강화 프로젝트라고 할 수 있다.

2022년 2월 발발한 러시아-우크라이나 전쟁과 2023년 10월 발생한 이스라엘-하마스 전쟁은 전 세계 안보환경을 순식간에 변화시키고 있다. 가장 심각한 것은 이 두 개의 전쟁이 서서히 미·중 패권경쟁의 대용물이 되어가고 있다는 사실이다.

특히 러시아-우크라이나 전쟁은 미국과 유럽 국가들이 단결하는 계기가 되었고, 유럽 및 일본 등 범서방 국가들은 러시아와 경제관계를 축소하면서 중국도 잠재적 위협으로 간주하기 시작했다. 반면에 시진핑과 푸틴의 정상회담, 김정은과 푸틴의 정상회담 등을 통해 북·중·러 3국이 연대감을 과시함으로써 동아시아에서 진영 간 대립은 더욱 심화되고 있다. 이스라엘-하마스 전쟁은 이러한 진영 간 대립을 더욱 증폭시키는 촉매제가 되었다고 볼 수 있다.

오히려 전쟁이 장기화되는 징후가 보이면서 중국의 대만 침공 위협이 증폭되고 있다. 더 나아가 2024년에 계획되어 있는 주요 국가들의 선거가 맞물리면서 선거 결과의 후폭풍이 현재 진행되고 있는 두 개의 전쟁에 더하여 양안전쟁, 중동

전쟁, 한반도 분쟁 등으로 확대될 가능성에 대한 우려가 커지고 있다.

특히 북·중·러의 연대가 강화되면서 한반도 안보의 불안정성은 확대되고 있다. 김정은은 2023년 12월 노동당 중앙위원회 전원회의에서 "북남관계는 더 이상 동족관계가 아닌 적대적인 두 국가관계, 전쟁 중에 있는 두 교전국 관계로 고착되었다. 유사시 핵무력을 포함한 모든 물리적 수단과 역량을 동원한 남조선 전 영토를 평정하기 위한 대사변 준비에 박차를 가해나가야 한다"며 그동안의 남북 교류와 협력 과정을 부정하고 극한 대립을 예고했다.[13] 북한은 9.19 군사합의를 사실상 파기선언하고 2024년 1월 초부터 서해 북방한계선(NLL) 인근 해상에서 포탄 사격훈련을 재개하며 도발적인 군사행동을 함으로써 한반도의 안정과 평화를 다시 위협하고 있다.

## 4. 북한의 핵전략과 한반도 안보위협

### 1) 김정은 정권 등장과 한반도의 안보위협 분석

북한은 김정은 체제가 등장한 이후 대내적으로는 공포정치가 계속 유지되고 있으며, 대남 정책은 더욱 강경해지고 있다.

특히 2019년 트럼프와 김정은의 하노이회담 합의가 결렬된 이후 2020년 북한이 개성의 남북공동연락사무소를 폭파함으로써 남북관계는 파국을 맞이했다. 국제사회의 우려와 경고 속에서도 핵개발을 지속하고 탄도미사일 발사 및 SLBM의 실험 그리고 전술핵 개발까지 대내외에 과시하고 있다.

남북관계의 긴장 국면은 1991년 이전으로 회귀했다는 평가마저 나오는 현 상황에서 한반도의 안정과 평화를 구축해야 한다는 당위성은 더욱 절실해지고 있

---

13 『조선일보』, 2023년 12월 30일자.

다. 하지만 동아시아의 대결적 정치·군사 정세와 북한의 핵 문제로 인해 쉽사리 돌파구가 보이지 않고 있다.

현재 격화되고 있는 러시아-우크라이나 전쟁과 이스라엘-하마스 전쟁은 동아시아에서 미·중 패권경쟁이 확장되는 요인이 되고 있다. 즉 중국과 러시아, 북한의 연대가 심화되고, 한·미·일의 전략적 협력관계가 강화되면서 미·중 간의 패권경쟁이 진영대결로 전환되고 있다.

이처럼 최근 한반도 주변의 4대 강국은 글로벌 및 지역적 차원에서 경쟁과 협력의 외교정책이 교차되고 있으나 대북 차원에서 북한의 핵 문제는 해결의 실마리가 보이지 않는다.

북한의 핵능력은 지속적으로 증강되고 있는데, 이를 저지하기 위한 우리의 노력은 답보상태다.

그리고 우리가 아무런 조치를 취하지 않는 동안 북한은 2006년 10월 최초로 핵실험을 실시한 이래 핵무기를 개발하는 속도를 높여가고 있다. 또한 북한은 소형화·경량화·다종화를 추구하고 있으며, 이동식 발사대(TEL) 증강, 잠수함발사탄도미사일(SLBM) 개발 등 투발수단도 다양화하여 사실상의 핵보유국(de-facto nuclear weapons state)으로 부상하고 있다.

북한 핵 문제 해결에서 레버리지로 작용할 수 있는 중국은 북한의 핵실험과 미사일 발사시험에 대한 국제 제재조치에 소극적인 모습을 보이며 '한반도 비핵화'만 외치고 있다. 중국은 미국이 북한의 비핵화는 뒷전이고 북한의 핵 문제를 핑계 삼아서 실질적으로 중국을 견제·봉쇄하고 있다고 인식하고 있으며, 중국은 북한의 비핵화를 통한 체제 불안정보다는 적절한 지원을 통한 북한 정권의 안정에 비중을 두고 있는 것으로 판단된다.

대화와 협상도 필요하지만, 그것만으로 북핵 문제를 해결할 수는 없다. 이제는 대화나 협상 노력과는 별도의 전략과 대비방안을 모색하여 북핵을 억제하고 그에 상응한 능력을 확보하는 것이 무엇보다 중요하다.

김정은 정권이 등장한 이후 한반도의 전략환경과 북한의 위협을 고려해볼 때 전쟁전략과 핵전략의 측면에서 가장 우선적으로 검토해봐야 할 사항은 다음과 같다. 첫째, 북한의 핵무장과 군사전략 변화와 관련하여 현재 북한의 핵전략은 최소 억제전략을 추구하고 있으며, 북한은 생존성을 강화하면서 미 본토 타격 능력 확보를 통해 억제력을 더욱 제고시킬 것이다. 북한은 평시에 한미 양국에 핵 공갈 수단으로 남한을 강제할 수 있고, 전시에는 미·일의 한반도 증원 및 지원을 방해하며, 한미 연합군의 북한 반격을 차단하기 위해 핵을 사용하거나 핵사용을 위협할 수 있다.

둘째, 북한은 현재 세계 3위의 화학무기 보유국이다. 보유량은 2,500~5,000여 톤으로 평시 생산 능력은 연간 5,000톤, 전시에는 12,000톤 규모이고 북한 전역 7곳의 지하저장고에 분산시켜놓고 있다. 또한 생물학 무기의 투발수단에 대해서는 아직 포탄이나 미사일에 탑재할 수 있을 만큼의 기술수준으로는 발전시키지 못했다는 것이 중론이다.

셋째, 북한은 비대칭 전력으로 장사정포 250~300여 문이 수도권을 사정권에 두고 있으며, 20만여 명 규모의 특수전 부대 중에서 사단급 이상 경보병 부대는 산악침투 기동과 기동부대에 의한 도로 위주의 배합전을, 11군단은 제2전선 형성을 통한 전후방 동시 전장화를 추구할 것이다. 북한은 제한적인 전자전 수행 능력을 보유하고 있다. GPS Jammer와 전자기 펄스(EMP) 기술수준이 이미 상당한 것으로 보이며, 해킹 능력 수준이 미 중앙정보국(CIA)에 버금가는 것으로 추측하고 있다.

현재 북한이 보유한 해군 함정들은 대개 연안 전투용 소규모 함정들이다. 약 70여 척의 북한 잠수함 전력은 한국의 주요 항만 시설을 마비시키거나 석유 수송로를 위협할 것이다. 북한의 소형 경비정들은 대함 미사일을 장비하고 있으므로 한국의 대형 수상함 등에 큰 위협이 되고 있다.

넷째, 위에서 제기한 북한 군사위협의 복합화와 관련하여 비대칭의 WMD 등 핵 및 대규모 재래식 전력과 비정형의 테러리즘과 사이버전, 그리고 정찰위성 및 무인기 등 첨단전력의 활용, 정치심리전 등 북한의 복합전 수행 능력은 탁월한 것으로 평가할 수 있다. 따라서 북한의 핵 프로그램에 대응하기 위한 국가 전략적 측면에서의 검토가 본격적으로 이루어져야 할 것이다.

다섯째, 북한은 핵무력 법제화를 통해 선제불사용 원칙을 폐기하고, 선제공격을 공식화했다. 이를 위한 핵무기 사용 5대 조건을 발표하면서 공격적 핵무기 사용을 시사하고 있다.

'북한이 국지도발이나 전면전 도발 시 핵무기를 사용할 경우 등 다양한 상황에서 북한이 어떤 요인들의 영향을 받아 어떤 결정을 내릴 것인가?' 등과 같은 전략적 문제에 대해 실효성 있는 대응전략을 시급히 마련해야 할 것이다.

## 2) 김정은 정권의 군사전략

그렇다면 북한이 추구하는 전쟁 수행방식, 즉 군사전략은 어떻게 접근할 것인가? 이에 대한 전망으로는 앞에서 논의한 바와 같이 당연히 기존 재래식 무기 위주의 정규전 같은 대칭전, 그리고 비대칭전의 특성을 최대한 활용할 것으로 예상된다. 우리의 입장에서 보면 매우 다양한 수준의 비대칭전이면서 복합전에 해당한다.

첫째, 정규전 같은 대칭전, 또는 낮은 수준의 비대칭전으로, 북한은 한국전쟁 이후 대남전략 수행 차원에서 재래식 군사력을 크게 강화했다. 2020년도를 기준으로 지상군은 9개의 정규 군단, 2개의 기계화 군단, 평양방어사령부, 국경사령부 등 총 15개 군단급 부대로 편성되어 있고, 해군은 2개 함대사와 13개 전대 40여 개 기지로 구성되어 있으며, 공군은 4개 비행사단, 2개 전술수송여단, 2개 공군저격여단 등으로 구성되어 있다.

북한의 정규병력은 총 119만 명이고,[14] 이와 같은 정규전 부대를 이용하여 전쟁을 수행할 것이다. 마찬가지로 우리도 평시에는 전쟁을 억지하지만 유사시

---

**14** 이와 관련된 사항은 『국방백서 2022』 참고.

승리하기 위해 이에 상응하는 정규전 부대를 활용함은 당연하다.

둘째, 비정규전 같은 높은 수준의 비대칭전으로, 1990년대 이후부터는 남북한의 경제력 차이가 크게 발생함에 따라 남한은 북한과의 군사력 균형을 더욱더 탈피하기 위해 군사 선진국 같은 첨단무기 위주의 전쟁전략을 채택한 반면, 북한은 경제력이 극히 열세하기 때문에 이를 극복하기 위해 첨단무기 경쟁보다 비정규전 같은 비대칭전으로 접근하고 있는 것으로 분석되었다.

이러한 현상은 미래에도 더욱 심화될 것으로 보인다. 더 세부적으로 북한의 전쟁 수행방식을 예상한다면 2010년 3월 26일 천안함 피격사건과 같이 예측불허의 방식을 적용한 매우 높은 수준의 비대칭전이 주가 될 것이다. 세부 수행방법을 목표·수단·방법·의지 측면에서 전망하면 다음과 같다.

목표 측면에서는 과거 한국전쟁에서 북한이 남한 전 지역을 석권하려고 했던 것과 달리 수도권 지역, 또는 어느 특정지역을 확보하려는 제한전 성격이 채택될 수도 있다. 이는 미군의 한반도 증원과 연계하여 상황에 따라 적용될 것이다.

수단 측면에서 북한은 오래전부터 핵 및 탄도미사일, 화생무기, 드론 등 무인기를 지속적으로 개발했고, 또한 각 군의 특수전 능력을 지속적으로 강화해왔다. 더욱이 사이버 공간 침투를 위해 사이버 전력을 대거 양성하는 등 저비용의 전력 개발에 크게 치중한 것으로 알려지고 있다. 이 외에도 천안함 피격 시 사용했던 수단을 고려해보면 우리가 미처 생각하지 못하는 특수 수단을 상당수 개발했을 것으로 추정된다.

방법적인 면에서는 기동부대를 먼저 투입하는 것보다 사이버전, 특수전부대, 남한 내 친북세력 등을 이용하여 남한지역의 혼란을 유도함으로써 지휘통제 수단 및 기동부대를 최대한 마비시키고, 미사일을 이용한 화력전, 여건이 성숙되면 기동전을 전개할 것이다. 우리가 전혀 대비할 여유가 없을 정도로 속전속결 방식이 적용될 것이다. 필요시에는 핵무기 사용도 배제할 수 없다. 공격 방향은 지상보다는 공중·해상·사이버공간 및 지하공간을 많이 이용할 것이고, 기 구축된 지하터널을 이용할 수도 있다. 과거 땅굴을 이용하여 침공하려 한 시도를 고려해볼 때

도시지역의 지하공동구 등 지하전투도 예상할 수 있다. 그리고 최근 연평도 포격 도발을 상기해보면 북한이 추구하는 방법은 예측불허다. 그야말로 높은 수준의 비대칭전이 될 것이다.

의지 측면에서는 철저한 사상 무장을 바탕으로 다양한 형태의 사상전 및 지구전이 예상된다. 예를 들면 일본의 가미카제 특공대 같은 전술 구사, 그리고 북한지역에서의 전투 시에는 월맹군이 사용했던 갱도 위주의 지구전 및 비정규전이 예상된다. 이러한 모든 것은 군사전략·작전술·전술적으로 다양하게 나타날 것이다.

마지막으로, 제4세대 전쟁유형 특징이 크게 적용될 것이며 세부적으로는 다음과 같다. 첫째, 북한은 한반도 공산화라는 목적을 달성하기 위해 여건 조성 차원에서 남한 내 지하조직 및 친북단체들을 이용하여 남남갈등 증폭과 반정부 투쟁, 미군 철수 등을 선동하여 국론 분열 및 미국과의 갈등을 조장하려 할 것이다.

둘째, 북한은 오래전부터 양성한 사이버 전사를 최대한 활용하여 평상시에도 남한의 네트워크 시스템 혼란을 유도하기 위해 국내 전산망에 대한 해킹 및 마비를 시도하려 할 것이다.

셋째, 그들의 혁명역량을 강화하기 위해 요인 납치 및 테러 등을 통해 정치 및 군사 지도자의 의지를 약화시키려 할 것이다.

넷째, 만약 아군이 북측으로 진격 시에는 장기전을 통해 아군의 공세의지를 차단하려 할 것이다. 이 경우는 베트남전, 이라크전, 아프가니스탄전의 사례를 최대한 적용하여 대응할 것으로 예상된다.

결국 현재 및 미래 한반도에서의 전쟁 양상은 과거 한국전쟁 같은 정규부대 위주의 전쟁은 발생하지 않을 것이며, 핵 및 탄도미사일을 포함한 비대칭전이면서도 복합전이 전개될 것이다. 그렇다고 이라크전에서와 같이 미군의 첨단무기 위주의 일방적인 전쟁으로 전개되지도 않을 것이다. 당연히 정규전과 비정규전 및 4세대 전쟁이 동시 복합적으로 이루어지는 하이브리드전 형태의 전쟁이 진행될 것으로 예상된다.

### 3) 북한의 핵무기 운용전략과 우리의 대응방안

북한의 핵능력은 "핵 보유국 지위 확보"라는 목표를 달성하기 위해 지금까지 지속적으로 강화해왔다. 북한의 핵능력은 크게 핵개발 인프라와 핵개발 능력으로 구분하여 평가해야 한다.

북한의 핵 운용전략은 구체적으로 표명된 것은 없으나 중국이나 파키스탄의 예를 통해 유추 해석할 수 있으며, 또한 2022년 9월 채택한 핵무력 법령을 살펴볼 때 북한의 핵무기 운용전략은 대내외적으로는 국가의 생존을 위한 전쟁억제(확증보복)전략을 기본으로 하되 비대칭 확전 개념도 포함하고 있으며, 작전적 수준에서 핵전수행 능력 과시를 위한 거부적 억제전략을 수행할 수도 있다.[15]

그러나 냉전 시기 나토(NATO)군과 바르샤바(WARSAW)군의 군사전략에 비춰볼 때 전술핵무기의 선제사용이 기본이라는 사실을 상기할 필요가 있다.

그래서 소련은 나토군이 전술핵무기를 사용할 수 없도록 OMG전법을 개발하여 공세주력을 조기에 신속히 진출시켜 피아가 혼재되게 하는 방법을 고안해냈다.

핵무기는 절대무기로서 북한은 이를 정치·전략적 차원에서, 또 군사전략적 차원에서 공히 사용할 수 있다.

북한이 핵무기를 운용할 경우를 전략적 관점에서 접근해보면 다음과 같다. 첫째, 평시에 우리나라에 대한 공갈, 압박 수단, 둘째, 국지도발 상황 발생 시 강압 전략 차원에서 활용, 셋째, 전면전 상황에서 전술핵무기 운용 또는 전략핵무기 운용, 넷째, 북한 내 급변사태 발생 시 정권붕괴 위기를 모면하기 위해 사용하는 것 등을 상정할 수 있다.

어떠한 경우에도 북한은 절대무기인 핵무기를 고도의 정치·군사적 목적 달성에 공히 이용할 것으로 보인다. 따라서 핵무기 사용방식은 수사적 위협방식, 시

---

**15** 홍현익, 「우크라이나 전쟁 이후 한국의 국가전략 환경변화와 정책 제언」, 성남: 세종연구소, 2023, p. 41-43.

위적 사용방식, 전장에서 전술적 또는 전략적 운용방식 등을 복합적으로 활용할 것으로 판단된다.

수사적 위협방식은 주로 평시 및 국지도발 시 우리나라 국민의 안보 불안감을 증폭시키기 위해 시도할 것이며, 한미 연합작전 태세를 억제 또는 강압하기 위해 활용할 것이다.

시위적 사용방식은 국지도발이나 전면전 상황에서 핵무기를 대량으로 사용할 수 있다는 의지를 보이면서 한미 연합군의 정치·군사적 행동을 강압하기 위해 시도될 것이다.

전장에서 전술적·전략적 사용방식은 전면전 전반에 걸쳐 사용될 수 있는 북한의 전략적 선택이다. 그러나 핵무기는 전자기폭탄(EMP), 저폭발력 핵무기 등 다양하게 개발되고 있으므로 정치·전략적 목적에 따라 다양하게 운용될 여지가 있다.

그동안 북한의 핵 위협에 대응하는 우리의 대북 핵억제전략에는 너무나 많은 제한사항이 내포되어 있었다. 물론 가장 좋은 방안은 북한과 같이 핵위협 능력을 보유하여 상호확증파괴에 의한 공포의 균형을 유지하는 것이라고 할 수 있겠지만, 아직은 현실화되고 있지 않다.

미국의 부시 대통령은 2001년 핵전력 3대 축을 기존의 핵전력 중심에서 재래식 전력과 미사일방어체계 등을 포함한 새로운 3대 축으로 설정했다. 이는 핵무기 사용에 더욱 신중을 기하겠다는 정책적 의지를 보이는 것이었지만, 그와 동시에 현대 무기체계 발전에 따라 재래식 전력의 정밀성과 파괴력이 증대했다는 것을 의미한다.

현재 우리나라는 북한의 핵위협에 대비하여 재래식 억제전력을 구축하고 미국의 확장억제 보장전력과 함께 효과적으로 억제할 수 있는 체제를 발전시키려고 한다.

그래서 발전시키고 있는 것이 거부적 억제를 이행할 수 있는 킬체인과 미사일방어체제다. 그러나 문제는 북한의 핵무기 사용을 조기에 파악할 수 있는 조기경보체제 구축이 쉽지 않다는 사실과 식별했을 때 신속한 지휘통제체제를 가동하여 조기에 정확한 결심을 할 수 있는 시스템을 구축하는 것이다.

따라서 현 상황에서는 미사일방어체제와 킬체인 구축에 미국과 정보를 공유하고 미군의 전역미사일작전통제소 등과 긴밀한 협력체제를 강화하는 방법 등을 통해 우리의 부족한 부분을 채워야 할 것이다.

특히 2023년 4월 한미정상회담에서 채택한 워싱턴 선언에 따라 창설된 한미 '핵협의그룹(NCG)'은 확장억제를 강화하는 한미 간 고위급 상설협의체다. 이는 북대서양조약기구(NATO)의 핵기획그룹(NPG)을 모델로 하여 구상했다.

한미 당국은 7월 NCG를 출범시켜 첫 번째 회의를 개최했으며, 동시에 미 해군의 오하이오급 핵추진탄도유도탄잠수함(SSBN) 켄터키함을 부산작전기지에 입항시켰다.

향후 NCG의 실행력을 대외적으로 입증하고 확장억제 메커니즘을 완벽하게 구축해야 한다. 더불어 한·미·일 3국 간의 협조 및 연동체제를 구축하는 방안도 강구해야 할 것이다. 또한 중·장거리 요격미사일을 자체적으로 개발하여 우리의 독자적인 미사일방어 능력을 강화해야 한다.

또한 북한의 핵능력과 핵운용전략 분석을 바탕으로 한미동맹 기반하에 확장억제전략 실효성 극대화를 위한 한미 일체형 확장억제체제를 구축하고, 한미연합연습 간 핵작전 시나리오를 포함한 훈련을 시행하며, 주한미군에 전술핵무기 재배치, 북한 체제 붕괴 유도전략, 우리의 독자적 핵무장 방안 등 다양한 방책을 주도면밀하게 발전시켜나가야 한다.

# 5. 동아시아 지역 국제질서 변화의 본질과 그 함의

경쟁하는 국가 간에 상대국의 의도와 능력 중에서 중요한 것은 능력이다. 아무리 거대한 전략적 담론을 제시한다고 해도 수행 능력과 역량이 없으면 그 전략안은 지나가는 바람일 뿐이다. 그러나 중국 시진핑이 내세우고 있는 중국몽과 인류 운명공동체는 지속적으로 발전하고 있는 경제력과 군사력 증강 속도를 보여주고 있기 때문에 이는 동아시아 지역 국제질서의 안정에 심각한 위협요인이 되고 있다.

탈냉전 이후 양대 초강국의 세력균형하에 유지되어온 국제관계의 균형 또한 파괴되었다. 세계적으로는 민족 문제, 영토분쟁, 종교상의 대립 등으로 과도기에 있는 신국제질서의 안정적 구축 과정을 저해할 수 있는 변수들이 상존하고 있다.

특히 러시아-우크라이나 전쟁과 이스라엘-하마스 전쟁은 세계를 진영화하고 기존의 국가 및 지역 간 갈등을 증폭시키고 있으며, 대만과 한반도의 전쟁 가능성을 고조시키고 있다.

특히 동아시아 지역에서 중국의 영향력이 강화되는 동시에 미국의 영향력 감소 가능성에 따른 힘의 공백 상태를 둘러싼 위험 요소들은 오르간스키의 세력전이 이론(Power Transition Theory)에서 경고하는 것처럼 향후 동아시아 지역의 안정을 불투명하게 하고 있다.

동아시아에서 북·중·러의 연대 강화와 한·미·일의 안보협력 강화는 여타 국가들에도 진영 간 대립의 현실에 참여하게 하는 흡입력을 갖게 한다. 이제 동아시아는 협력적 지역국제질서에서 대립적 지역국제질서의 양상으로 변모하고 있으며, 이는 지역 국제체제의 불안정성을 증폭시킬 것으로 보인다.

동아시아 지역질서의 변화는 우리의 대외전략 방향을 결정하는 데 대단히 어려운 숙제를 던져주고 있다. 과거부터 한반도는 지리적으로 대륙과 대양세력 간의 교두보 역할을 할 수 있는 위치에서 역사적으로 대륙세력의 대양진출, 일본 등 대양세력의 대륙진출의 발판이 되어 전쟁의 역사 또한 외부로부터 침략을 받았던 횟수가 많았던 것이 사실이다. 6.25전쟁을 계기로 미국의 조정자 역할에 힘입어 한국과 미국, 미국과 일본 간의 동맹관계가 조성되었고, 최근에는 한국과 중국이 활발한 경제교류와 함께 제1 교역국가로 급부상하면서 대중국 의존도가 한층 높아져 있는 것이 현실이다.

하지만 중국은 국제사회에서 북한을 지지하거나 대변하는 등 동맹국 역할을 하고 있다. 한국과 북한의 분쟁 시마다 어김없이 북한을 대변하는 모습을 취하고 있다. 구소련 몰락 이후 세계 제1의 패권국가인 미국에 대적할 유일한 국가로 중국이 대두되고 있다.

이와 같이 급부상하는 중국은 우리에게 협력의 대상임과 동시에 유사시 잠재적 적국이 될 수 있는 존재다. 이러한 중국이 최근 급격하게 성장한 경제력을 기반으로 국가 주도에 의한 중국군의 무기체계 현대화 정책을 추진하고 있으며, 군사력 현대화 및 첨단화 속도는 점점 빨라지고 있다.

따라서 미래전에 대비하여 대북 군사전략뿐만 아니라 대중 군사전략의 체계적인 준비가 필요한 시점이 되었다고 본다. 이를 위해서는 국방혁신을 통해 강력한 군사력 확보가 중요하며, 미래 비선형 전 전장 융합작전을 수행할 수 있는 AI 기반 유·무인 복합전투체계를 조기에 전력화해야 한다.

또한 북한의 핵위협에 대비하여 조기에 한미동맹 기반하 확장억제전략의 실효성 극대화를 위한 한미 일체형 확장억제 체제를 구축해야 한다.

더불어 현실화되고 있는 북한의 핵공격 의도에 대응하여 우리의 대칭적 핵억제 능력 향상이 더욱 필요한 시점이다. 우리의 핵억제 능력은 북핵 위협에 대한 대응, 북핵 위협 해소를 위한 핵협상 등에서 전략적 열세를 감소시켜줄 수 있다. 또한 북한의 핵위협에 대한 재래식 차원의 억제력이 갖는 근본적 한계점을 극복할 수 있게 해준다.

사실 이러한 대응전략 수행 과정에서 한국의 핵억제 능력 향상이 북한의 핵무장을 정당화시키는 데 악용된다든지, 한반도에서의 핵 갈등을 더욱 복잡하게 심화시킬 수도 있다든지, 한국의 동맹국이나 우방국조차 한국의 입장에 대한 우려의 표시를 할 수 있도록 한다든지 등의 문제가 표출될 수 있다.

그렇지만 북한이 이미 한반도 비핵화에 대한 합의를 저버리고 그동안 시간을 끌면서 지속적으로 핵공격 능력을 향상시켜온 점에 비추어볼 때, 우리는 방어적 차원에서 점진적으로 핵억제 능력을 확보·강화하는 것이 바람직할 수도 있다. 추가로 국제적인 핵 비확산 규범을 존중하면서도 안보를 공고히 할 수 있는 정책적 대안을 마련해야 한다.

아울러 핵억제 능력을 확보하기 위한 방안을 선택하는 데 있어서도 북한의 핵공격 위협 수준, 기존 한반도 비핵화 관련 합의들에 대한 영향, 한미동맹의 응집성 및 신뢰성 수준, 국제 핵 비확산체제와의 연관성, 유엔 등 국제사회의 수용 또는 비판 정도, 한국의 핵개발 기술적 능력 수준, 우리나라 국민의 핵억제 능력 확보에 대한 여론 등이 종합적으로 고려되어야 할 것이다.

또한 전략적 수단의 다양화를 위해 북한 체제 붕괴 유도전략, 즉 김정은 정권의 교체 유도전략 같은 공세적인 전략방안도 진지하게 논의할 필요가 있다.

## 참고문헌

### 1. 단행본

강상규. 『19세기 동아시아의 패러다임 변환과 제국 일본』. 서울: 논형, 2007.

새뮤얼 헌팅턴. 이희재 역. 『문명의 충돌』. 서울: 조율아트, 2006.

육군교육사령부. 『드론봇 전투체계 종합발전지침』. 계룡: 국방출판지원단, 2021.

찰스 틸티. 안치민 · 박형신 역. 『비교역사 사회학』. 서울: 일신사, 1999.

홍현익. 『우크라이나 전쟁 이후 한국의 국가전략 환경변화와 정책 제언』. 성남: 세종연구소, 2023.

Jacek Kugler and A. F. K. Organski, "The Power Transition: A Retropective and Prospective Evaluation," *Manus I. Midlarsky, ed., Handbook of War Studies*, Boston: Unwin Hyman, 1989.

John J. Mearsheimer, The Tragedy of Great Power Politics, New York: W. W. Norton & Company Inc., 2001.

Robert Gilpin, *War and Change in World Politics*, Cambridge: Cambridge University Press, 1981.

Terence K. Hopkins, Immanuel Wallerstein, *World-System. Analysis: Theory and Methodology*, Beverly Hills: Sage Publications, 1983.

### 2. 논문

이수형. 「미국의 재균형(Rebalancing) 전략의 한반도 시사점」. 『KINU 통일플러스』 1(2), 2015.

이홍석. 「중국 강군몽(夢) 추진 동향과 전략」. 『중소연구』 44(2), 2020.

정재홍 · 이동민. 「새로운 국제질서 출현 시기의 중-러 간 전략적 경제-안보 협력 본격화 및 한계」. 『세종 정책브리프』 17, 2023.

# 제2장
# 한국군 국방혁신의 방향과
# 전략적 선택

서천규

## 1. 국방혁신에 대한 이해

국방혁신은 왜 하는 것일까? 국방혁신에 대한 요구는 왜 생겨나는 것일까? 국방개혁, 군사혁신과는 어떻게 다른가? 이러한 기본적인 물음에 대한 이해는 우리가 그동안의 국방혁신을 평가하고 앞으로의 방향을 모색하는 데 더욱 근본적으로 접근할 수 있는 배경이 된다.

사전적 정의로 혁신은 "묵은 풍속, 관습, 방법 따위를 완전히 바꾸어서 새롭게 하는 것"이고 영어로는 'innovation'으로 표현된다. 개혁은 "제도나 기구 따위를 새롭게 뜯어고치는 것으로, 정치·사회상의 구체제를 합법적·점진적 절차를 밟아 고쳐나가는 과정"으로 'reform, renovation'을 사용하고 있다. 즉, 혁신은 새로운 기술의 출현이나 환경의 변화 등으로 시대에 맞지 않거나 비효율적인 것을 새롭게 바꾸는 것으로 기술혁신, 비즈니스 혁신 등이 예다. 개혁은 좀 더 보수적인 접근으로 제도나 체제의 근본은 유지하면서 어떤 부분을 사회발전에 적합하도록 합법적인 테두리 안에서 바꿔나가는 것으로 연금개혁, 노동개혁, 세제개혁 등이 예다.

우리 군의 경우 1980년대부터 최근 2010년대까지 여러 차례 군의 체질을 개선하고 전력을 증강하기 위해 다양한 노력을 해왔으며, '국방개혁'이라는 개념 속에서 추진해왔다. '국방혁신'이라는 표현은 2022년 5월 윤석열 정부가 출범하면서 본격적으로 사용한 개념이다.

사실 우리 군에서는 혁신과 개혁을 크게 구분하지 않고 혼용했다고 볼 수 있다. 이전 문재인 정부까지 사용했던 국방개혁의 개념 속에 과학기술 발전을 반영한 군의 전력화 내용이 배제되었던 것도 아니다. 또 과거 새로운 무기체계를 도입하여 국방력을 강화하기 위한 '율곡사업'[1]도 혁신의 관점에서 볼 수도 있고, 개혁의 관점에서 볼 수도 있다. 이렇게 군에서 혼용될 수밖에 없는 이유는 '국방'이라는 범주가 방위력 개선부터 국방운영 등 워낙 광범위하게 포괄하고 있기 때문이라고 할 수 있다. 따라서 군이 특정해서 정의할 필요도 없을뿐더러 옳고 그름을 구별할 필요 또한 없다고 본다. 본질적인 것은 효율과 효과성을 제고하는 측면에서의 변화가 아닌가 한다.

국방혁신과 군사혁신을 어떻게 이해하는 것이 좋을까? '국방'은 국가가 국민과 국제적으로 인정된 자국의 영토, 영해, 영공을 외부 또는 내부에서 발생하는 위협으로부터 예방하고 지키며, 때에 따라 이들의 보존과 안정을 위해 국가가 지닌 모든 권력과 수단을 동원하는 행위 및 제도를 일컫는다. '군사'는 넓은 의미로는 군대 운용에 관한 전반적인 사항들을 가리키는 말이며, 좁은 의미로는 군인이나 병역을 가리키는 말이다.[2] 즉, 국방은 국가 차원에서 국가가 가지고 있는 모든 수단을 동원하여 나라의 안위를 지키는 일로 국방은 물론이고 여기에 외교, 경제, 금융, 사회, 문화 등 전 분야가 망라된다. 군사는 국방의 영역 중 한 분야로 군의 군용과 관련된 제반 사항으로서 여기에는 군의 각종 교리는 물론이고, 조직편성과 무기체계, 병력, 장비, 시설, 리더십 등이 포함된다. 따라서 국방혁신이 훨씬 광의의 개념이라 할 수 있다. 그러나 국방혁신과 군사혁신을 군사적 맥락에서 혼용

---

1    국방부가 1974년부터 1995년까지 추진한 전력증강사업이다.

2    사전적 정의를 기준으로 제시함.

했으며, 국방을 협의의 개념에서 군사 분야로 한정하여 사용하는 것도 현실이다.

그런 의미에서 2022년 5월 출범한 윤석열 정부가 「국방혁신 4.0」이라는 슬로건을 내세운 것은 엄격히 말하면 '군사혁신 4.0'이 더 적절한 표현일 수 있으나 첨단과학기술 기반의 군사적 혁신을 위해 국가 차원에서 범정부 부처가 협업하여 군사의 진화적 발전을 도모한다는 정부의 의지 표현으로 이해할 수 있다.

그렇다면 국방혁신이나 국방개혁은 왜 하는 것일까? 이러한 요구는 왜 생겨나는 것일까? 그 답은 어렵지 않다고 본다. 어느 분야에서나 변화나 개선 등은 그 효율성과 효과성을 높이려는 조치다. 군은 대단히 소모적인 집단이다. 각종 위협으로부터 국가와 국민을 지키기 위해 필요하지만 군대를 운영·유지하기 위해서는 막대한 예산이 투입된다. 그렇다고 투입된 예산만큼 투자효과가 발생하는 것도 아니다. 반면에 생산현장에서의 설비나 인력, 연구개발에 대한 투자는 생산활동과 연계돼 이윤을 높이는 결과로 나타난다.

강한 군대를 건설·유지하여 안정된 안보를 갖게 되고 내·외부의 각종 위협에서 벗어나 평화로운 상태를 유지하는 것은 국민에 대한 국가의 책무다. 그러나 그에 상응한 비용이 투자되어야 하고, 비용이 증가할수록 국민의 부담도 증가한다. 특히, 상대해야 할 적의 위협이 클수록 전쟁을 억제하거나 전쟁에서 이기기 위한 군사력 건설에 많은 비용을 투자해야 하기 때문에 이러한 딜레마는 더 커지기 마련이다. 또한, 대내외적 환경의 변화, 예컨대 4차 산업혁명 같은 첨단과학기술의 발전이나 인구절벽에 따른 병역자원의 절대적 감소, 상대해야 할 위협의 변화 등은 군사·국방 분야의 변화 요구를 더욱 촉진시킬 수밖에 없다. 따라서 이러한 변화와 발전에 필요한 비용을 가급적 저비용·고효율의 경제적 방법을 통해 최소화함으로써 강한 군대를 유지할 수 있다면 최선일 것이다. 국방혁신, 국방개혁은 국가 차원의 전략을 갖고 국방안보라는 본질적 목표는 달성하면서 국민의 경제적 부담은 감소시키려는 시도와 요구로부터 시작된다고 할 수 있다.

개혁이나 혁신이 꼭 필요한 것일까? 국가 차원의 이러한 변혁적 시도 없이도 적의 위협에 능동적으로 대처할 수 있고, 첨단과학기술의 발전을 국방과학기술에 접목시켜 진화를 꾀할 수 있다면, 또한 병역자원이 감소하는 것에 따른 병역제도를 어렵지 않게 바꿔갈 수 있다면 굳이 개혁이나 혁신은 필요한 과정이 아닐 수 있다.

나폴레옹 전쟁 당시 세계 최초로 징병제를 택했던 프랑스도 1, 2차 세계대전을 거친 후 현대적 개념의 징병제로 전환했다가 2001년 완전한 모병제로 전환했다. 냉전 종식에 따라 자크 시라크 대통령이 병력 감축과 함께 모병제 전환을 국방개혁으로 입법화한 것이다. 1, 2차 세계대전과 냉전, 한국전쟁과 베트남전쟁에 대규모 병력을 참전시켰던 미국도 1973년 당시 반전시위와 함께 국민적 요구에 따라 모병제를 도입했다. 이러한 변혁은 개혁이나 혁신이라는 국가적 차원의 합의와 입법, 비용을 투자하지 않고는 불가능하다. 이런 측면에서 개혁이나 혁신의 필요성을 가늠해볼 수 있다.


## 2. 국방혁신의 추진 역사와 외국군 사례

군의 변혁을 위한 국가 차원의 시도는 베트남전쟁에 참전한 이후부터로 볼 수 있다. 냉전의 산물로 북한의 전쟁 도발 위협이 증가하던 시기이고 1968년 김신조 일당의 청와대 기습사건, 울진·삼척 무장공비 침투사건 등 북한의 대남위협이 고조되던 시기였다. 초기에는 주로 무기 도입과 기술개발을 통한 국산화가 이루어졌다. 대표적인 것이 '율곡사업'이었다. 이후 노태우 정부에서 '장기 국방태세 발전방향'이라는 명칭으로 추진했고, 김대중 정부에서는 '5개년 국방발전계획'으로 발표했으며, 이후 '국방개혁 기본계획'으로 추진되었다. 이와 달리 2022년 출범한 윤석열 정부에서는 '국방혁신'이라는 개념의 추진계획을 제시했다. 그 역사를 정리하면 〈그림 2-1〉과 같다.

율곡사업은 군의 자주국방과 현대화를 위한 전력증강 사업으로 추진되었다. 1974년부터 1995년까지 세 차례에 걸쳐 추진된 군의 전력정비 사업이다. 주한미군에 대한 의존도가 높은 상황에서 북의 위협이 커짐에 따라 대규모 예산을 투

| 정부 | 노태우 정부 | 김대중 정부 | 노무현 정부 | 이명박 정부 | 박근혜 정부 | 문재인 정부 | 윤석열 정부 |
|---|---|---|---|---|---|---|---|
| 추진계획 | 장기 국방태세 발전방향 (818계획) | 5개년 국방 발전계획 | 국방개혁 기본계획 | | | | 국방혁신 4.0 |
| | | 기본계획('06~'20) | 기본계획('06~'20) (국방개혁 2020) | 기본계획('09~'20) 국방개혁 307계획 기본계획('12~'30) | 기본계획('14~'30) 기본계획 수정 1호 | 국방개혁 2.0 | 국방혁신 4.0 |
| 발표시기 | 1991년 | 1998년 | 2006년 | 2012년 | 2014년 | 2018년 | 2022년 |
| 대상시기 | '90~'00 | '98~'03 | '06~'20 | '09~'20에서 '12~'30으로 변경 | '14~'30 | '18~'22 국방개혁 2020 계승 | '22~'27 |

〈그림 2-1〉 역대 정부의 국방개혁 역사

출처: 한국국방연구원, 「국방혁신 4.0 개념 연구」 내용을 재정리.

입해 군의 무기체계를 획기적으로 개선하려는 노력이었다. 1차 사업은 1981년까지 추진되었고, 기간 중 F-4E 팬텀기의 추가 도입, 한국형 고속정 건조, 한국형 유도탄 백곰 미사일 개발 등이 진행되었다. 2차 사업은 1982년부터 1986년까지로 자주국방과 주요 무기의 국산화를 중점적으로 추진했다. 기간 중 KF-5 제공호 양산, K1전차와 K200장갑차, K-55자주포 개발 및 양산, 호위함과 초계함 도입, 현무-1 미사일 양산화가 진행되었다. 이어진 3차 사업은 1995년까지 UH-60헬기 도입과 KF-16전투기 기술도입 생산, 장보고급 잠수함 3척이 도입되었다.

이후 국방개혁 중 성과 있게 추진된 것은 818계획과 국방개혁 2020 그리고 국방개혁 2030, 국방개혁2.0 등이다. 계획별 핵심 내용을 정리하면 다음과 같다.[3]

### 1) 818계획(장기 국방태세 발전방향)

노태우 정부에서 추진했던 일명 '818계획'은 탈냉전 시기에 국방태세 전반에 대한 재점검과 주한미군의 감축에 대비할 필요가 있었으며, 한정된 국방예산을

---

**3** 한국국방연구원, 「국방혁신 4.0 개념 연구」, 2022의 내용에 근거.

효율적으로 사용하도록 군사전략 개념의 재정립과 군사력 건설, 군구조를 종합적으로 검토하는 수준에서 추진되었다.

1988년 7월 '장기 국방태세 발전방향'을 연구하라는 지시가 있었는데, 이는 남북관계의 변화에 대비하고 통합적인 작전수행체제를 발전시킬 필요에 따라 이루어졌다. 당시는 3군(육·해·공군)이 각각 군정·군령업무를 수행하는 체계였다. 연구위원회가 1988년 8월 18일 '장기 국방태세 발전방향'으로 결과를 보고하여 일명 '818계획'으로 불리게 되었고, 주로 군사전략 및 군구조 개선 방향이 제시되었다. 특히, 부전승 억제 개념의 군사전략 발전과 이를 구현하기 위한 군사력 개선 방향, 그리고 3군의 작전 및 지휘체제를 어떻게 통합할 것인가에 초점을 두었다. 군사전략 측면에서 전쟁 억제를 기본 개념으로 하고, 적정 수준의 방위전력과 보복 능력을 확보하는 데 중점을 두었다.

군구조 측면에서 합동군 체제를 구현할 수 있도록 육·해·공군 참모총장을 통합하는 국방참모총장제를 제시했다. 군사력 건설은 한국적 여건에 부합하는 독자적인 군사력 건설에 목표를 두었는데, 자주적 방위전력을 단계적으로 확보하고 억제전력을 점진적으로 확보하여 군사전략 구현을 실질적으로 뒷받침하고자 했다. 또한, 상비전력은 필수 수준으로 하고 동원전력을 최대한 강화하며 군사력 소요는 통합전력 발휘를 보장한다는 기본 원칙하에 한국적 작전환경, 작전 효율성, 가용자원의 제한성, 군비통제 상황 등을 종합적으로 고려하여 고가의 고성능무기와 저가의 저성능무기를 적절히 병행하는 개념(high-low mix)에서 판단했다. 아울러 해·공군의 전력 비중을 점차로 높여 통합 차원의 전력 균형화를 도모하되, 주한미군 감축에 따른 전력 보전에 우선순위를 두었다. 그러나 예산상의 어려움과 정치권의 반발, 부정적 여론의 대두 등으로 큰 결실을 거두지는 못했다.

다만, 이 당시 계획에서 눈여겨볼 것은 군사전략 개념을 설정한 것과 북한에 대한 대응 차원의 군사력 건설에서 벗어나 군사전략을 구현하고 주한미군의 감축에 대비하기 위한 보완전력 확보에 초점을 맞추려고 한 것은 대단히 좋은 시도라고 본다. 또한, 합동성 발휘를 위해 각 군의 작전수행체제를 통합시키려는 시도도 바람직한 접근이었다고 평가된다.


## 2) 5개년 국방발전 계획

김대중 정부에서는 1998년 4월부터 국방개혁추진위원회를 설치하여 포괄적인 국방개혁 청사진을 제시하고자 했다. 이에 각 군에서도 개혁추진위원회를 설치하고 국방부와 연계하여 개혁이 추진될 수 있도록 했으며, 국방개혁에 대한 국민적 공감대를 확보하기 위해 각 군 순회교육, 심포지엄 및 설명회 등을 개최했다. 우선적으로 추진할 과제로는 군구조와 방위력을 획기적으로 개선하고 효율적인 지원을 위한 국방관리 혁신과 신병영문화 창달 등에 중점을 두었다. 아울러 1991년 발발한 걸프전을 통해 전장 가시화와 표적 탐지 및 정밀타격무기가 전장을 지배하는 장면을 그대로 목도했다. 따라서 우리 군의 현대화를 추구하고자 했으며, '자주국방'에서 '선진정예국방'이라는 방향으로 전환했다.

주요 추진과제로는 국방부와 합참의 조직개편, 육군항공작전사령부 창설, 국군화생방방호사령부 창설, 국군수송사령부 창설, 계룡대 근무지원단 통합, 항공의무후송부대 창설, 국방획득 업무 조직제도 정비, 방위산업체 지원 육성, 국방과학연구소 개편, 정보화 기획관 신설 등이며, 미래전에 대비한 국방정보화 기반구축과 조달개혁을 통한 군수조달 경쟁체제 구축 등이 추진되었다.

특히, 주목할 만한 내용은 육군 병력을 35만 명 수준으로 감축하는 등 2015년까지 전체 군 규모를 40~50만 명 수준으로 감축하는 목표를 제시하고자 했으며, 1군사령부와 3군사령부를 통합하여 지상군사령부로 만드는 계획을 논의했다. 또한, 2군사령부를 후방작전사령부로 개편하면서 예하 2개 군단(9, 11군단) 사령부는 해체하여 7개 향토사단 중심의 작전체계로 전환하고자 했다. 그러나 국방개혁안 발표 시 예산과 조직의 구체적인 감축 비율이 제시되지 못했으며, 이러한 비판에 따라 개혁안 발표 이후 예산 절감과 장성 25명, 영관장교 500여 명의 감축을 제시했다.

한편, 당시 국방개혁은 IMF 상황과 연계될 수밖에 없었는데 이런 경제 상황에서 갑작스러운 병력 감축이 국가 실업 사태를 악화시킨다는 여론 등에 따라 군구조 개편안은 크게 환영받지 못했다. 또한, 결과적으로 국군수송사령부와 화생방방호사령부 등 개편 이후에도 여전히 육군 주도의 개편이라는 반발과 지상군사령부로의 개편에 반대하는 육군의 반대 등 사안에 따라 각 군의 이해관계가 엇갈리며 어려움을 겪었다.

### 3) 국방개혁 2020

'국방개혁 2020'은 처음으로 법제화가 되었다는 측면에서 큰 의의가 있다. 정보 및 과학기술 발전에 따라 전쟁 양상이 급속히 변화하고 있는 환경변화와 병력 위주의 대군체제 유지, 한미 연합방위태세 속에서 우리 군의 작전기획·수행 능력 발전 소홀, 국방운영 전반에 비효율성 잔존, 전근대적 병영문화의 지속, 대군 신뢰 저하 등 국방 전반에 걸친 문제점을 해결하려는 것이 국방개혁의 배경이었다.

2005년 12월 「국방개혁기본법안」이 국회에 제출되어 약 1년간의 국회 검토를 걸친 후 그다음 해 12월 「국방개혁에 관한 법률」로 최종 의결되었으며 2007년 3월부터 시행되었다. 정부는 국방개혁의 목표와 기본 방향, 그리고 구속력을 부여해야 하는 과제를 법안에 포함하고, 나머지 과제들은 기본계획에 포함하는 방식으로 국방개혁의 법제화를 추진했다. 또한, 안보환경 변화와 추진 상황 등을 3년마다 평가하여 필요시 국방개혁 기본계획을 보완할 수 있도록 시행의 융통성을 보장하고자 했다.

'국방개혁 2020'은 현대전 양상에 부합하는 군구조와 전력 구축, 저비용·고효율의 국방관리체계 혁신, 국방 문민 기반 확대, 선진 병영문화 개선 등을 4대 중점으로 설정했다. 이전 '818계획'이 군사전략, 군구조, 군사력 건설을 개혁 범위로 했다면 국방개혁 2020부터는 「국방개혁에 관한 법률」에 따라 그 범위를 군구조, 국방운영, 병영문화로 한정했다는 점에서 차별성이 있다고 할 수 있다.

군구조 측면에서는 2020년까지 상비병력을 50만 명 수준으로 정예화한다는 목표를 제시했다. 아울러 지휘·부대구조는 합참 중심의 작전수행체제를 구축하고, 각 군 본부는 군정의 고유 기능에 충실한 조직으로 발전시키며, 부대 수의 축소 및 중간지휘계선을 단축하는 쪽으로 계획을 수립했다. 군사력 건설 측면에서는 정보·감시 및 지휘통제 능력의 강화, 기동·정밀타격 능력 향상을 추진했다. 국방운영 측면에서는 저비용·고효율의 국방운영 체제로의 전환을 추진하고자 했다.

특히, 국방부 공무원 직위의 확대 및 민간인력 확대로 문민통제체제를 공고히 하려 했으며, 국방획득의 투명성·효율성·전문성을 획기적으로 변화시키기 위해 「방위사업법」을 제정하고, 정보공개를 확대하고자 했다. 병영문화 측면에서는 자기계발 기회 확대라는 사회적 요구에 부합하기 위해 자기계발 여건 조성과 군 복무 인센티브 부여를 제도화하고자 했으며, 병영시설 개선, 장병 인권 보장에 중점을 두는 계획을 수립했다.

국방개혁 2020은 국방개혁의 입법화가 이루어졌다는 점에서 큰 발전이 있었다고 할 수 있고, 국방의 문민화를 시도한 것은 나름의 성과라고 할 수 있으나 현장 경험이 없는 민간 공무원들이 국방부의 실·국장 직책을 수행함으로써 그 전문성이 한계를 드러냈고, 야전의 목소리가 반영된 국방정책의 추진을 더디게 하는 등 적지 않은 부작용을 동반했다고 평가된다.

### 4) 국방개혁 기본계획 '09~'20, '12~'30

이명박 정부에서는 세 차례의 국방개혁이 제시되었다. 첫 번째는 '국방개혁 기본계획 '09~'20'을 발표했고, 이후 민간 중심의 국방개혁 구상을 기반으로 2011년 5월 '국방개혁 307'이 국무회의를 통과했다. 그러나 '국방개혁 307'은 입법 처리되지 못했다. 2012년 8월 목표연도를 2030년으로 수정한 '국방개혁 '12~'30'이 발표되었다.

'국방개혁 기본계획 '09~'20'은 정보·과학기술 발전에 따라 미래전의 모습 변화, 북한 핵·미사일 등 군사위협의 증대, 새로운 연합방위체제 구축, 국가 위상에 걸맞은 국제평화유지군 역할 확대 요구 등이었다. 북한의 대량살상무기 증가에 따라 실질적인 대응 역량 구축에 초점을 맞췄으며, 전작권 전환과 관련하여 우리 군 주도의 작전수행체계를 수립하려 했다.

군구조 측면에서는 2020년까지 전투임무 위주의 상비병력을 51만 7천 명 수준으로 정예화하는 것이었다. 또한, 확고한 한미동맹에 기반한 새로운 연합방위체제를 구축하는 계획을 세웠으며, 병력 중심 구조에서 정보·기술 집약적 군구조로의 전환을 반영했다. 또한, 네트워크중심전 수행 및 비대칭 위협에 대처 가능한 전력구조를 구축하는 데 중점을 두는 한편, 북한의 핵·미사일 및 장사정포 위협에 대비할 수 있는 전력을 확보할 계획을 수립했다.

국방운영 측면에서는 민간자원 활용의 확대와 유사 기능의 부대를 통합하고 조직을 슬림화하여 국방경영의 경제성과 효율성을 제고하는 데 목표를 두었다. 또한, 국방과학기술 기반 및 역량을 선진화하기 위해 국방과학연구소의 역할을 재정립했으며, 개방형 연구개발 방식을 추진했다.

2010년 3월 천안함 도발사건과 그해 11월 연평도 포격도발이 연이어 발생했다. 이에 대해 대응조치를 하는 과정에서 당시 합참의 조치와 각 군의 보고 및 대응에 있어 합동성에 대한 부분이 크게 문제시되었다. 따라서 합동성 강화를 위해 합동군 중심의 상부지휘구조 개편을 추진했다. 당시 국방개혁을 주도했던 국방선진화추진위원회는 대통령에게 합동군사령부 창설 등을 건의했다. 이러한 내용을 담은 것이 '국방개혁 307계획'이었지만, 이러한 개혁 계획은 정치권의 반대로 입법화되지 못하고 무산되었다.

2012년 8월 '국방개혁 기본계획 '12~'30'이 발표되었는데, 이는 전시작전통제권 전환 시기 확정(2015년 12월 1일부) 및 미 신국방전략지침 발표에 따라 우리 군 주도의 한반도 전구작전 수행체계를 구축하고 핵심군사 능력을 확보하는 것과 북한 핵·미사일·사이버전 등 비대칭 군사위협의 증대, 출산율 감소 및 복무기간 단축 등으로 가용 병역자원 감소, 국방운영 전반의 강도 높은 효율화에 대한 국민적 요구 점증 등이 주된 배경이었다.

군구조 측면에서 병력감축 목표를 2020년 51만 7천 명에서 2022년 52만 2천 명으로 조정했다. 또한, 간부 비율은 군별로 40% 이상 상향 조정하여 전투부대 병력구조를 간부 위주로 개선하여 전투력 발휘 보장을 위한 병력구조 정예화를 추진했다. 상부지휘구조는 2015년 전작권 전환을 고려하여 합참의장에게 전구 작전지휘 기능을 부여하고, 각 군 참모총장을 작전지휘 계선에 포함하는 등 합동성을 강화하고자 했다. 또한, 전작권 전환 이후 연합사령부를 해체한 다음에도 공고한 한미 연합작전 수행체제는 지속적으로 유지되는 한편 한국군 주도의 전구 작전 지휘 및 수행체제가 구축되도록 개혁 계획을 수립했다.

국방운영 측면에서는 보급, 정비 등 전투 외 분야의 민간 위탁을 추진했으며, 군수운영 분야를 개선하기 위해 통합물류센터 구축 등을 추진했다. 국방획득 분야의 투명성과 효율성을 제고하기 위한 민군 기술협력체제 구축, 국방과학연구소 역할 재정립 등을 추진했다. 미래전에 대비한 사이버위협 대응체계를 강화하는 등의 계획과 전투력 발휘 극대화를 위한 군 복지향상 및 장병 복무여건을 개선하려는 계획을 수립했다.

당시의 계획은 북한의 직접적인 도발에 따른 합동성 강화와 전작권 전환에 따른 대비에 초점이 맞추어졌고, 인구절벽이 현실화되는 시점이었다.

### 5) 국방개혁 기본계획 '14~'30

'국방개혁 기본계획 '14~'30'은 2014년 박근혜 정부가 출범한 다음 해에 발표되었다. 북한의 비대칭 전력의 증가에 따른 억제전력 확보, 네트워크 발전에 따른 전쟁수행 패러다임의 변화 반영, 출산율 저하에 따른 병역자원 감소 대응 등의 안보환경 변화에 대응하고자 추진되었다. 특히, 당시 북한의 핵실험이 이어지고, 미사일 시험발사 등이 증가함에 따라 전 정부에서 합의한 전작권 전환 시기를 어떻게 할 것인가에 중점이 두어져 있었다.

기본 방향으로는 단·중기적으로 북한 위협에 대비한 능력을 우선 확보하고, 장기적으로 통일 시대를 준비하면서 잠재적 위협에 대비한 방위역량 강화, 현재 및 미래 안보환경의 변화를 주도하고 능동적으로 새로운 위협에 대처할 수 있는 혁신·창조형의 정예화된 선진강군 육성을 목표로 했다. '국방개혁 기본계획 '14~'30'은 대체로 이전 '국방개혁 기본계획 '12~'30'의 기조를 이어받았다고 할 수 있다.

군구조 측면에서 상비병력은 이전 국방개혁계획과 마찬가지로 2022년까지 52만 2천 명으로 감축하고자 하는 목표를 제시했고, 상비병력 감축에 따라 2025년 까지 간부 비율을 40% 이상 유지한다는 목표도 제시했다. 상부지휘구조 측면에서 는 합참을 작전지휘 조직과 기타 군령 보좌 조직으로 구분·편성하는 계획을 제시 했으며, 합참 내에 미래사령부 조직을 편성하여 전작권 전환 시 연합 지휘역량을 강화하는 방안도 내놓았다. 부대구조 측면에서는 지상작전사령부 창설, 보병사단 편성 보강, 잠수함사령부 창설, 항공정보단, 위성감시통제대 창설 등을 발표했다.

국방운영 측면에서는 교육훈련, 인력운영, 동원체제에 대한 개혁을 제시했 다. 과학적 종합훈련장 구축, 우수인력 획득 체계 개선 방안 계획 등을 발표했으 며, 현사 계급을 신설하여 부사관 계급을 다단계화하는 군 인력 운영체계 개선 방 안도 제시되었다. 또한, 국방획득체계 개선을 위해 국방과학연구소를 세계적 연 구기관으로 육성하는 방안과 첨단무기 개발을 위한 국방 R&D 투자를 확대하는 방안도 제시했다.

2017년에는 '국방개혁 기본계획 '14~'30 수정1호'를 발표했다. 수정1호는 '국방개혁 기본계획 '14~'30'을 기본 골자로 하면서 북한의 위협 증대 등 안보 상 황 변화 요소를 포함했다. 특히, 전작권 전환 시기와 관련해서 그 시기를 '조건에 의한 전작권 전환'으로 수정하여 조건 충족 시 전환하는 것으로 계획을 조정했다.

주요 내용으로는 우선 북한의 핵·미사일 위협에 대비하기 위한 능력 및 조직 보강을 포함했다. 북한의 핵·미사일 위협이 현실화되어감에 따라 합참 및 공군작전사령부에 북한 핵·WMD 대응 조직을 보강하는 한편, 한국형 대량응징보복 작전수행부대인 특임여단과 특수작전항공단을 창설하는 계획을 발표했다. 또한, 육군 1군·3군 사령부를 통합한 지상작전사령부를 2018년에 창설하는 것으로 확정했다. 2025년까지 해군기동전단 확대 개편, 2021년 해병대 상륙작전 항공전단 신설, 공군의 중·고고도 무인항공기 도입 시기에 맞춘 정찰비행단 창설 계획도 수정1호에 포함했다.

### 6) 「국방개혁 2.0」

2017년 5월 문재인 정부가 출범하면서 2018년 7월 국방개혁 기본계획 '14~'30 수정1호를 대체할 새로운 국방개혁을 발표했다. 이는 노무현 정부의 국방개혁 2020을 계승한다는 의미에서 「국방개혁 2.0」이라는 명칭으로 발표했다. 2006년 수립된 '국방개혁 2020'은 정부 임기 2년을 채 남기지 않은 시점에 발표되어 추진 동력 확보에 어려움이 존재했다는 평가에 따라 문재인 정부는 확실한 국방개혁의 추진과 주요 과제들의 임기 내 완료를 위해 정부 출범 1년 만에 국방개혁 계획을 발표했다.

「국방개혁 2.0」은 주도적 방위역량 확충을 위한 체질과 기반을 강화하고, 자원제약 극복과 미래 전장환경 적응을 위한 4차 산업혁명 시대의 과학기술을 적극 활용하며, 국가 및 사회의 요구에 부합하는 국방개혁 추진으로 범국민적 지지를 확보하는 등 세 가지를 추진 기조로 설정했다.

주요 내용으로는 우선 상비병력 감축 규모를 과거 2022년 52만 2천 명에서 2022년 50만 명으로 설정했다. 굳건한 한미동맹을 유지하는 가운데 연합군사령관을 한국군 4성 장군으로 편성하는 우리 군 주도의 상부지휘구조 개편 계획을 제시했다. 각 군부대 구조 측면에서는 육군의 작전사, 군단, 사단 감축 계획을 포함했으며, 해군의 함대사와 기능사를 개편하는 추진과제를 내놓았다. 공군은 현재 12개인 비행단을 13개로 개편하는 방안을 제시했다. 국방운영 측면에서는 고

효율·신뢰성·개방성 제고로 선진화된 국방운영체제를 구현하고, 장군 정원 조정, 병 복무기간 단축, 여군 비중 확대, 문민통제 등을 확립하는 내용을 포함했다. 병 봉급인상과 병영문화 개선을 위해 평일 일과 후 외출제도 활성화 및 휴대전화 사용, 그리고 군 복무 중 학업 및 경력 단절 극복을 위한 다양한 방안을 제시했다.

### 7) 과거 국방개혁에 대한 평가

과거 추진된 국방개혁 중 변곡점이 된 것은 국방개혁 2020과 국방개혁 기본계획, 그리고 「국방개혁 2.0」 등이다. 핵심내용을 군구조 분야, 국방운영 분야, 병영문화 개선 등으로 구분해 정리해보면 〈그림 2-2〉와 같다.

국방개혁 추진과 관련된 주요 변수로는 위협에 대한 인식(평가)이 우선 고려되어야 한다. 상대하고 있는 적의 위협에 대한 평가와 주변국의 잠재적 위협, 그리고 테러나 사이버 등 비군사적 위협 등도 중요 사항이다. 다음으로 고려할 사항은 국방환경의 변화다. 첨단과학기술의 급속한 발전이 군사에 미칠 영향, 인구절벽에 따른 병역자원 감소, 한미 동맹관계 등이 주요 내용이다. 아울러 군사전략과

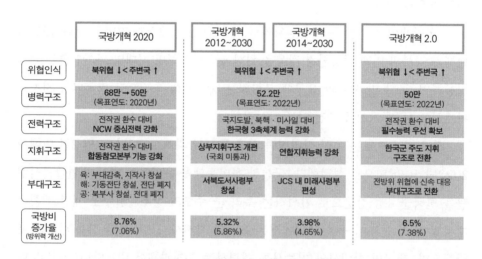

| | 국방개혁 2020 | 국방개혁 2012~2030 | 국방개혁 2014~2030 | 국방개혁 2.0 |
|---|---|---|---|---|
| 위협인식 | 북위협 ↓ < 주변국 ↑ | 북위협 ↓ < 주변국 ↑ | | 북위협 ↓ < 주변국 ↑ |
| 병력구조 | 68만 → 50만 (목표연도: 2020년) | 52.2만 (목표연도: 2022년) | | 50만 (목표연도: 2022년) |
| 전력구조 | 전작권 환수 대비 NCW 중심전력 강화 | 국지도발, 북핵·미사일 대비 한국형 3축체계 능력 강화 | | 전작권 환수 대비 필수능력 우선 확보 |
| 지휘구조 | 전작권 환수 대비 합동참모본부 기능 강화 | 상부지휘구조 개편 (국회 미통과) | 연합지휘능력 강화 | 한국군 주도 지휘 구조로 전환 |
| 부대구조 | 육: 부대감축, 지작사 창설 해: 기동전단 창설, 전단 폐지 공: 북부사 창설, 전대 폐지 | 서북도서사령부 창설 | JCS 내 미래사령부 편성 | 전방위 위협에 신속 대응 부대구조로 전환 |
| 국방비 증가율 (방위력 개선) | 8.76% (7.06%) | 5.32% (5.86%) | 3.98% (4.65%) | 6.5% (7.38%) |

〈그림 2-2〉 역대 정부의 국방개혁 비교

출처: 한국국방연구원, 「국방혁신 4.0 개념 연구」, 2022.

작전 개념은 군사력 건설 방향을 결정짓는 매우 중요한 사안이다. 싸우는 개념을 어떻게 하느냐에 따라 교리와 무기체계, 장비 및 물자 획득 등이 연계된다. 그리고 마지막으로 고려할 핵심사항은 재정 가용성이다. 어떤 계획이든 안정적인 재정확보 없이는 추진하는 것이 불가능하다. 따라서 법제화를 기반으로 개혁을 뒷받침할 수 있는 재정여건을 만드는 게 중요 사항이다.

이런 관점에서 이전 국방개혁들을 평가해보고자 한다. 첫째, 위협에 대한 인식이 정부마다 상이하다는 점이다. 어느 정부에서는 북의 위협을 낮게, 점진적으로 감소된다고 평가하고 어느 정부는 최고조로 평가함에 따라 대응이 달라져 일관된 국방개혁 추진이 제한되었다고 평가할 수 있다. 주변국 위협도 위협의 범주로 평가한 것과 그렇지 않은 차이가 있다. 국방개혁마다 다른 위협 인식은 체계적인 군사력 건설의 효과성을 저해할 수 있다.

둘째, 국방환경의 변화와 관련하여 다행스러운 것은 이전 국방개혁들이 미래 병력자원 감소에 대비하고, 기술발전을 통해 우리 군을 현대화하는 차원에서 병력 위주의 군에서 첨단기술군으로 탈바꿈하는 국방개혁의 목적은 일치된 관점이 있다. 다만 방법론적으로는 다소 차이가 있었다.

셋째, 군사전략 및 작전 개념의 설정 문제다. 즉 위협인식 및 평가에 따라 대응·극복할 수 있는 전법을 구상하고 그에 따른 싸우는 개념을 제시해야 하는데, 과거 국방개혁에서는 초기 계획과 최근 윤석열 정부의 「국방혁신 4.0」 계획을 제외하고는 모두 누락되었다.[4] 앞으로의 국방개혁은 이러한 작전 개념과 함께 포함되어야 할 분야를 법제화함으로써 장기적 관점에서 국방개혁의 전 분야가 망라되어 추진될 수 있는 여건을 만드는 것이 필요하다.

넷째, 재정 가용성 문제는 각 국방개혁에 공통적으로 중요시하게 고려된 분야로서 충분히 반영된 것으로 평가된다.

---

**4**　「국방개혁에 관한 법률」 제1장 제1조에 국방개혁의 대상을 국방운영체제, 군구조 개편, 병영문화로 한정하는 데서 오는 문제로 인식된다.

## 8) 외국군의 국방개혁 사례

국방개혁은 군을 보유한 각국의 숙명적 과제다. 국방개혁을 대하는 수준과 범위 등에 차이가 있을 따름이지 공통된 관심사다. 특히, 전쟁의 위기가 고조될 때, 위협이 상존한 가운데 장기간 전장(戰場)에 투입되지 않은 상태가 지속될 때 그러한 요구는 증폭된다. 몇몇 국가의 국방개혁 추진내용을 살펴보면 다음과 같다.[5]

미국의 국방혁신 구상(the Defense Innovation Initiative)은 3차 상쇄전략(Offset Strategy)을 구현하는 것으로 기술혁신과 비용부과를 통해 경쟁적 우위(Competitive edge)를 달성하는 것이다. 기술혁신은 군사기술 우위와 전략 혁신(조직 및 교리 변혁)을 함으로써 미국의 기술우위 상실이 차단되지 않도록 하는 것이다. 비용부과는 기술우위 바탕으로 유무형 물질의 소진전략(exhaustion strategy) 개념이다. 이를 통해 적대세력의 양적 우위를 상쇄한다는 것이다. 주요 추진 방향은 네 가지다. 첫째는 기술적 혁신(Technological Innovation)인데, 전장에 초점을 맞춘 첨단기술 개발로 자율심화학습 시스템, 인간-기계협력, 보조적 인간작전, 인간-기계 전투팀 구성, 반자율 무기 등이다. 둘째는 작전적 혁신(Operational Innovation)인데, 새로운 작전 개념과 접근방식을 계발하는 것으로 합동전영역작전, 모자이크전 개념이 주된 내용이다. 셋째는 조직적 혁신(Organizational Innovation)으로 인력 및 혁신적 연구역량 획득이 주된 내용이다. 국방부 산하 연구소, 전략능력실, 각종 위원회(국방혁신자문위원회, 국방정책위원회, 국방비즈니스위원회 등)에 대한 혁신을 담고 있다. 넷째는 역동적 민-군 협력관계 구축이다.

일본은 「방위계획대강」에서 '다차원 통합방위력' 구축을 목표로 영역횡단(크로스 도메인) 작전 능력의 강화, 다층적 안보 네트워크 추진, 군사혁신 거버넌스 구축 등이 제시되었다. 먼저, 영역횡단 작전 능력 강화는 우주전에 대비하여 항공우

---

**5** 국방대학교 안보문제연구소, 「국방혁신 4.0 기본계획 개념연구」, 2022.

주 자위대로 확대 개편(위성정보인력 1,000명 확보, '25년까지 첩보위성 10기 체제 달성), 우주상황감시(SSA) 시스템 및 위성 발사, 우주항공연구개발기구와 협력을 강화한다는 것이다. 또한, 사이버전에 대비하여 자위대 사이버방위대로 통합개편을 추진하고, 전자전에 대비하여 지역별로 전자전부대 편성을 추진하는 것이다. 둘째, 다층적 안보 네트워크 구축을 위해 국제협력의 메커니즘을 지향하는 동맹 형성, 미·일 공동 활동에서의 능력 발휘 강화, 미국 외 국가와의 공동 무기개발을 확대한다는 것이다. 마지막으로 군사혁신 거버넌스 구축은 산·학·관 힘의 결집을 통합하여 안보 분야의 유효한 활용, 듀얼 유스(Dual Use) 기술의 연구개발지원, 방위청이 주관하는 안전보장기술연구추진제도 도입 등이다.

중국은 미래전의 양상을 인지 영역 같은 분쟁 영역의 확장, 무형적 대결의 일반화(인지 영역 우세 위해 AI체계 활용 등), 전투주체의 변환(인간과 무기체계 일치화 등) 등으로 전망하고 있다. 따라서 중국몽을 뒷받침하기 위해 4차 산업혁명과 연계하여 군사혁신을 추진한다는 것이다. 군사혁신의 목표는 최대규모형에서 질량효능형으로, 인력밀집형에서 과학기술집약형으로 전환하는 것이며 2020년까지는 기계화를 달성하고, 2035년까지는 군 현대화를 기본적으로 완료하며, 2050년까지 세계적 군대로 변모시킨다는 추진계획을 제시했다. 네 가지 중점을 제시했는데, 첫째는 교리, 전술, 전략 등 군사 이론의 세계수준을 달성하는 것으로, 특히 전략은 첨단기술하 국지전쟁 개념에 의한 적극적 방어전략을 채택했다. 둘째는 무기 및 장비체계를 향상시키는 것으로 미래전 우위를 점하기 위한 지능화 무기체계 개발에 총력을 기울이고, 지능화된 기술군으로 도약적 발전(2035년까지 6세대 전투기 개발)을 추구하며, 인공지능과 양자컴퓨팅 기술을 군사 분야에 적용하고, 국가 차원의 우주개발 전략을 수립하여 우주군 능력을 확충하는 내용 등이다. 셋째는 미래전 및 하이테크전에 대비한 군구조로 개편하는 것으로 병력을 20만 명 감축하고 11개 군구에서 7개 군구로 조정, 전구연합작전지휘기구의 구성, 로켓군 및 전략지원부대를 창설한다는 것이다. 넷째는 군 내·외 기관을 망라하여 우수인재 선발 및 육성이다.

러시아의 국방개혁은 군구조 개편, 인력구조 개편, 무기체계 현대화, 군사교육 강화 등 네 가지에 중점을 두고 있다. 첫째, 군구조 개편은 지휘체계의 단순화 (군관구·군·여단/3단계), 군관구를 통합군 체제에서 합동군 체제로 개편, 북해함대를 모체로 한 북해함대군관구 창설, 공군과 항공우주방위군의 통합, 항공우주군 창설, 그리고 전투로봇과 혼합부대를 편성하는 등의 내용을 담고 있다. 둘째, 인력구조 개편은 병력을 120만 명에서 90만 명으로 감축하고, 2025년까지 모병제로 전환(계약군제) 및 전문화, 장교 인원의 축소(35.5만→15만), 부사관 인력의 증원 등이 반영되었다. 셋째, 무기체계 현대화는 우주방어체제 완비, 신형전투기·함정(잠수정)과 지휘통신장비 개발, 방위산업 현대화 및 수출 확대, 무인공격 및 요격기 증강을 통한 유·무인 합동전투력 향상 등이다. 넷째, 군사교육은 기존 군사교육기관을 통폐합하여 65개에서 10개로 축소하고, 부사관 훈련학교를 신설하며, 병영소집 이전 민간 군사교육체계 마련, 러시아식 전투준비훈련 모델 개발(불시점검체계, 경합 훈련제도 등) 등이 주된 내용이다.

주요 국가의 국방개혁 사례를 정리해보면, 공통적으로 대부분 첨단과학기술의 군사적 적용에 역점을 두고 있음을 알 수 있다. 특히, 무인체계 및 유·무인 복합체계의 반영 등은 이제 일반적 추세로 볼 수 있다. 또한, 전장의 영역을 사이버전, 우주전 등으로까지 확대하고 병력 위주에서 기술군으로 변화를 추구한다는 점도 엿볼 수 있다.

## 3. 「국방혁신 4.0」의 추진방향[6]

2022년 5월 윤석열 정부의 출범과 함께 새로운 국방혁신 계획이 공개되었다. 지난 정부가 북한의 위협이 점진적으로 감소할 것으로 보고 이에 따라 군을

---

6  2023년 2월 국방부의 「국방혁신 4.0」 발표 내용을 중심으로 정리.

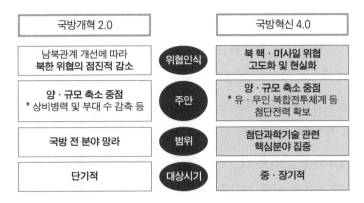

| 국방개혁 2.0 | | 국방혁신 4.0 |
|---|---|---|
| 남북관계 개선에 따라 북한 위협의 점진적 감소 | 위협인식 | 북 핵·미사일 위협 고도화 및 현실화 |
| 양·규모 축소 중점 * 상비병력 및 부대 수 감축 등 | 주안 | 양·규모 축소 중점 * 유·무인 복합전투체계 등 첨단전력 확보 |
| 국방 전 분야 망라 | 범위 | 첨단과학기술 관련 핵심분야 집중 |
| 단기적 | 대상시기 | 중·장기적 |

〈그림 2-3〉「국방개혁 2.0」과 「국방혁신 4.0」의 차이점

출처: 국방부, 「국방혁신 4.0」, 2023.

양과 규모 면에서 축소하고자 했다면, 새로운 계획은 북한의 핵·미사일 위협이 점증한다는 인식에서 출발했다. 따라서 강력한 힘에 의한 국방력의 증대를 중요시했고, 특히 4차 산업혁명 과학기술에 따른 국방과학기술에 접목한 첨단무기체계, 인공지능 기반의 유·무인체계 등 게임체인저를 집중적으로 담고 있다. 이를 정리해보면 〈그림 2-3〉과 같다.

「국방혁신 4.0」은 "AI·무인·로봇 등 4차 산업혁명 과학기술 기반으로 북핵·미사일 대응, 군사전략 및 작전 개념, 핵심 첨단전력, 군구조 및 교육훈련, 국방 R&D·전력증강체계 분야를 혁신하여 경제우위의 AI 과학기술 강군을 육성하는 것"이라고 밝히고 있다. 여기서 '4.0'이라는 숫자의 의미는 과거 국방의 획기적 변화를 이끈 국방개혁과 연계해볼 때 이번이 크게 네 번째 계획이라는 점과 아울러 4차 산업혁명의 첨단과학기술 적용이라는 상징적 의미를 반영한 것이다.

「국방혁신 4.0」의 필요성과 관련한 내용은 다음과 같다. 첫째, 미래 우리 국방은 유례없는 도전에 직면할 것으로 예상된다는 점이고 둘째, 기존의 개혁방식으로는 이러한 도전에 대응하기에 한계가 있으며, 셋째, 이에 따라 국방의 혁신적 변화를 위한 새로운 접근이 필요하고 이를 위한 군의 대비가 절실하다는 점이다.

우리가 마주할 미래 국방환경은 도전요인과 기회요인이 동시에 상존한다고 할 수 있다. 따라서 도전요인을 예견하여 극복하려는 노력이 필요하고, 기회요인을 혁신적 변화에 최대한 활용하는 것이 「국방혁신 4.0」의 본질적 접근이라고 할 수 있다. 여기서 국방환경 측면에서 마주하게 될 도전요인으로 첫째는 북한 핵·미사일, 비대칭 위협의 현실화와 고도화다. 즉, 북 미사일의 경우 소형화와 회피기술, 고체연료 등 기술적 발전과 함께 다종·다량화가 지속되고 있다. 또한, 2022년 4월 핵 독트린을 선언한 데 이어 9월에는 핵무력정책을 법제화했으며, 2023년에는 핵무력 사용을 아예 사회주의 헌법에 반영했다. 언제든 핵을 사용할 수 있다는 의지를 표명한 것이라고 본다. 또한, 무인기 침투와 사이버 해킹 시도 등이 지속되고 있는 점은 큰 도전요인이라 할 수 있다.

둘째, 미·중 패권경쟁에 따른 동북아의 불안정성 증가다. 바이든 대통령은 2022년 국가국방전략(NDS)에서 중국을 최대 안보위협으로 지목한 바 있다. 역내 패권경쟁은 군비경쟁으로 전이되고, 이에 따른 남북관계 또한 쉽게 그 접점을 찾는 것이 어려워질 전망이다.

셋째, 전쟁 패러다임의 변화와 기술패권에 대한 경쟁이 심화되는 점이다. 우크라이나 전쟁에서도 4차 산업혁명 기반의 민간 첨단기술이 적극 활용되고 있듯이 전쟁의 패러다임이 이제는 정보화전에서 지능화전으로 변화됨에 따라 군사 선진국 간 기술 패권경쟁은 더욱 심화될 것으로 예상된다.

마지막으로 인구절벽에 따른 병역자원의 감소다. 20세 이상 남성인구가 2022년 25만 명, 2035년에는 21만 명, 2040년에는 13만 명으로 예상된다. 아울러 2021년 합계출산율 0.81명으로 역대 최저를 나타내고 있다. 병역자원의 감소는 북에 양적 대응 자체가 제한된다는 명확한 지수다. 북한이 약 110만 명 이상의 상비병력을 유지한다고 볼 때 우리가 그동안 유지했던 적정 병력은 그 절반에 해당하는 60만 명 수준이었다. 그러나 복무기간의 단축과 입대병력의 절대적 감소는 병력에 의한 국방력 유지로서는 대응하기 어렵고 무기체계의 질적 우위, 간부비율의 확대, 무인체계의 활용, 민간으로의 아웃소싱 확대 등이 필수라는 결과로 귀결된다고 할 수 있다.

한편, 기회요인도 있다. 우리의 강점이라고 할 수 있는 '첨단과학기술의 발전'은 북한에 대응하여 상대적 우위의 질적 변화를 견인할 수 있을 것으로 본다. 2020년 국가과학기술 수준은 미국의 81.1%, 중국의 80% 수준이며, 2022년 기준 AI기술은 미국의 87.8%로 미국·중국·유럽에 이어 4위 수준이다. 또한, 2021년 기준 국방과학기술 수준은 중국 6위, 일본 8위에 이어 한국이 9위 수준이며 화포 및 지휘통제 분야는 상대적으로 우수한 것으로 평가되고 있다. 따라서 4차 산업혁명의 첨단과학기술에 기반한 국방과학기술력을 활용한다면 전 영역 통합작전을 구현하고 병역자원 감소에 따른 문제점 해결과 전시 인명손실을 최소화하면서 AI기술을 접목하여 감시·정찰 능력을 향상하고 결심 및 대응시간을 단축시키는 등 한국형 3축 체계 능력을 획기적으로 강화할 수 있을 것으로 본다. 즉 우리의 강점인 4차 산업혁명 과학기술을 기회로 활용하여 미래 국방의 도전요인들을 극복하고 혁신적 변화를 추구하고자 하는 것이 「국방혁신 4.0」이다. 「국방혁신 4.0」은 크게 5개의 추진 중점을 갖고 있다. 북 핵·미사일 대응 능력 획기적 강화, 군사전략·작전 개념 선도적 발전, AI 기반 핵심 첨단전력 확보, 군구조 및 교육훈련 혁신, 국방 R&D·전력증강체계 재설계 등이다.

### 1) 북 핵 · 미사일 대응 능력 획기적 강화

이와 관련하여 핵심은 한국형 3축 체계를 강화하는 것이다. 사실 한국형 3축 체계는 이전 정부에서 폐기되었던 과제다. 이를 다시 정상화하는 것으로 먼저 3축 체계의 운영태세를 강화하는 것인데, 북한의 핵·미사일 사용 징후가 명백히 식별된 경우 자위권 차원에서 단호하게 대응할 수 있도록 '한국형 3축 체계'의 운영 개념과 작전수행체계를 발전시키고 연습·훈련 발전 및 전문인력을 육성하는 것이다. 즉, 한국형 대량응징보복(KMPR) 고위급 토의식 연습(TTX) 등 북 핵·미사일 대응 한미 연합연습·훈련을 발전시키고 핵·미사일, 우주, 사이버, 전자기스펙트럼 등 분야별 전문인력을 양성하는 것이다. 또한, 능력 구축 측면에서 정보감시정찰(ISR) 역량 확충과 AI 기반 지능형 통합 C4I체계 발전 등 기반체계를 발전시키고 킬체인은 고위력·초정밀 타격 능력을 확보하며, 비물리적 타격수단을 확보하는 것이다. KAMD는 전방위 미사일 조기탐지 능력을 확보하고 복합·다층 미사일 방어체계를 구축하는 것이다. 한국형 대량응징보복(KMPR)은 고위력·초정밀 미사일 개발·확보 등 압도적 대량응징보복 능력을 강화하는 것이다. 아울러 각 군의 전략적 능력을 합동성 차원에서 통합하고, 적 위협 고도화에 대응할 개념·전력발전을 주도할 수 있도록 전략사령부를 창설할 예정이다.

## 2) 미래 군사전략과 작전 개념을 선도적으로 발전

군사전략과 작전 개념에 대한 방향 제시는 과거 국방개혁이나 국방개혁 기본계획에서는 반영되지 않았던 분야다. 그러나 매우 중요한 부분이다. 왜냐하면 싸우는 개념이 설정되어야 그에 따른 교리의 정립과 조직편성 등 군구조와 싸우는 개념을 충족시키기 위한 무기체계의 확보, 그리고 이를 숙달하기 위한 교육훈련 등이 수반되기 때문이다. 그런 측면에서 이는 매우 바람직한 접근이고, 앞으로 국방혁신(개혁)을 구상할 때 반드시 전제되어야 할 부분이다.

「국방혁신 4.0」에서 제시한 군사전략 발전 방향은 '전방위 복합 안보위협에 능동적으로 대비할 수 있는 군사전략'으로, 미래 전장환경 변화와 전방위 복합 안보위협에 능동적·통합적으로 대비 및 대응할 수 있는 전략 개념으로 발전하는 것이다. 작전 개념은 첨단과학기술 기반의 미래 합동작전 개념 및 경계작전 개념으로 발전시킬 필요가 있는데, 합동작전 개념은 첨단과학기술 기반 '전 영역 통합작전'으로 유·무인 복합전투체계와 신개념 무기체계 운용, 최단기간 내 최소 피해로 전쟁에서 승리를 달성하는 개념이다.

경계작전 개념은 첨단과학기술을 접목하여 GP 및 GOP의 경우 선(Line) 개념에서 구역(Zone) 개념으로 변화시키고, AI 기반 무인경계체계 시범운영 후 이를 확대함으로써 군단 단위의 경비여단 중심의 경계작전을 추진하는 것이다. 또한,

해안과 해상 및 군항, 기지 등에서는 AI 기술을 활용하여 유·무인 복합 경계작전으로 전환하는 계획을 담고 있다.

### 3) AI 기반의 핵심 첨단전력을 우선적으로 확보

미래 합동작전 개념을 구현하고 미래 전장을 주도할 수 있도록 AI에 기반한 핵심 첨단전력 위주의 전력화를 추진하는 것으로 유·무인 복합전투체계 구축, 우주·사이버·전자기스펙트럼 영역 작전수행 능력 강화, 합동 전 영역 지휘통제체계 구축 등을 핵심과제로 반영했다.

유·무인 복합전투체계는 단계적으로 추진하는 것으로 원격통제형 체계의 전군 확산, 반자율형 기초·핵심기술 및 체계 개발 등 원격통제형 중심체계를 개발하고 이어 반자율형 체계의 시범부대를 운용하며 안정화되면 반자율형의 확산과 자율형으로 전환하는 것이다.

입체적 경계시스템 구축은 AI 기반의 경계시스템으로 개선하는 것으로서 현 경계시스템을 로봇·드론과 연동시켜 획기적으로 보강하는 것이다. 또한, 네트워크 연동·표준 및 보안·암호체계 구축, 소요 주파수 확보 및 주파수 활용기술 개발, 드론 통합관제체계 구축 등 무인체계를 효율적으로 운용하고 전력화하기 위한 기반을 구축하는 내용을 담고 있다.

우주, 사이버, 전자기스펙트럼 영역의 작전수행 능력은 우주과학기술의 급속한 발전과 우주 영역의 군사적 활용성이 증가하고, 전·평시 사이버위협이 지속되어 사이버 영역의 활용이 확대되고 있으며, 아울러 전자기 영역의 무기체계 발전과 군사적 운용성 확장 등을 고려할 때 필연적이라 할 수 있다. 이를 위해 먼저, 합동성에 기반한 국방우주력을 발전시키는 데 국방우주전략과 작전 개념 발전, 우주전력의 중·장기적 확보를 추진하고 합동 우주작전 기반 우주조직 발전 및 대내·외 협력을 추진하는 것이다. 또한, 사이버작전 수행 고도화 개념 발전 및 전력 구축을 위해 사이버작전 수행체계 정립 및 계획·지침 발전과 정책·전략서 발간,

그리고 지능화·고도화된 사이버전력 구축 등을 추진하는 것이다. 아울러 전자기스펙트럼 전략 및 작전 개념 발전과 전자기스펙트럼 무기체계 개발 및 조직편성 등 전자기스펙트럼작전 수행 개념 발전 및 전력을 구축하는 것이다. 합동 전 영역 지휘통제(JADC2)체계 구축은 4차 산업혁명의 초연결·초융합·초지능 기술발전이 가속화되고 현 네트워크 체계로는 실시간 전장 가시화 및 지휘통제가 제한되는 점 등을 반영한 결과다. 이를 위해 점진적으로 JADC2 운용을 위한 기반체계를 구축하고 AI 기반 차세대 지휘통제체계(Next KJCCS)를 개발함으로써 실시간 전장을 가시화하고, AI 기반의 지휘결심체계를 통해 합동전력 운용을 보장함으로써 전 영역 우세 달성이 가능토록 할 것으로 본다.

### 4) 군구조와 교육훈련체계 혁신

미래 국방환경과 전쟁 패러다임의 변화, 새로운 개념의 첨단전력 도입 등을 고려하여 미래 전장환경에 최적화된 군구조를 마련하고, 전투력을 극대화하기 위한 교육훈련을 혁신하는 것이 추진방향이다.

먼저, 군구조는 미래 인구감소와 전쟁 양상 변화로 현재의 병력 중심 군구조로는 한계가 있고, 첨단과학기술을 지휘·부대·전력구조 설계 전반에 적용한 새로운 구조가 필요하다는 요구에서 출발했다. 첫째, 미래 연합방위 및 전 영역 통합작전을 고려하여 지휘구조 임무 및 기능을 최적화하고 합참 및 각 군 본부를 개편하는 것이다. 둘째, AI 기반 유·무인 복합전투체계 중심의 부대구조 발전을 위해 한국형 3축 체계와 AI 기반 경계체계 운용에 적합한 부대로 개편하고, 유·무인 복합전투체계부대 및 신영역 작전부대, 드론작전사령부를 창설하는 것을 담고 있다. 셋째, 미래 적정 상비병력 규모 및 국방인력구조를 재설계하고, 마지막으로 High-Low Mix 개념의 전력구조를 발전시키는 것이다.

또한, 전투원의 숙련도를 향상시키기 위해 과학화훈련체계를 도입하여 가상모의훈련체계를 구축하고, 실기동·실사격훈련의 데이터 축적이 가능한 과학화

훈련장을 구축하며, 실기동 쌍방훈련을 위한 마일즈 장비 도입을 확대하는 것을 담고 있다. 아울러 전군의 표준화된 교육훈련 관리를 위한 '국방교육훈련 관리체계' 구축을 추진한다고 밝혔다. 또한, 예비전력 능력을 확충하기 위해 지역방위사단 개편과 연계한 예비군부대 구조 및 제도를 개선하고 디지털 기반의 과학화훈련장 등 예비군훈련체계를 개선하며 동원위주부대 부대구조 최적화 및 무기·장비·물자 등 전력을 보강하는 내용을 반영했다. 과학기술 인재 육성은 첨단과학기술 운용을 위한 전문인력 소요를 충족하고, 제도적으로 인사관리에 반영하며, 장병의 소양 및 활용 능력을 함양하는 방향으로 추진하는 것이다. 이를 위한 전담 조직과 교육 프로그램 등을 반영하고자 했다.

### 5) 국방 R&D와 전력증강체계를 효율적으로 재정립

전력증강 프로세스 재정립은 전력화에 장기간 소요되는 현 획득 절차를 개선하고 획득 및 R&D 정책 거버넌스를 보완하는 것이다. 이를 위해 먼저 신속·효율적인 국방획득체계 개선이 필요한데, 소요기획의 효율성 제고 및 검증·분석 단계를 최적화하되 소규모 사업은 각 군에서 소요를 결정하게 한다. 사업타당성조사제도를 개선하고 시험평가제도의 유연성 및 전문성을 제고함으로써 무기체계 획득 절차를 간소화하고 통합하여 적기 획득여건을 조성한다는 것이다. 아울러 민간기술 신속도입 기반 마련 및 각 군 R&D 역할 강화를 위해 민·군 기술의 가교 역할 강화를 위한 한국형 DIU(Defense Innovation Unit)를 도입하고, 민간의 혁신적 기술이 군에 신속히 도입되도록 패스트트랙(fast-track)을 신설하며, 각 군 고유 특성이 반영되도록 각 군 주도하 맞춤형 연구개발사업을 신설하는 내용을 골자로 하고 있다. 특히, 국방부 정책기능 강화 및 거버넌스 구축을 위해 소요 수정 등 주요 현안에 대한 국방부 정책기능을 강화하고, 산·학·연과 소통·협력을 강화할 수 있는 개방형 협력체계 구축을 추진한다.

혁신·개방·융합의 국방 R&D 체계 구축을 위해 군·산·학·연 융합을 위한 노력을 강화하고, 국방전략기술 집중 분야 선정 및 투자를 확대하도록 했다. 특히 미래 전장분석 기반 10대 분야 30개 국방전략기술을 선정하고 국방 R&D 재원을 우선 배분토록 하고 있다. 아울러 한·미 국방과학기술협력협의체를 설치·운영하고, 국방비의 10% 이상 수준까지 연구개발 예산을 확대하는 등의 내용을 반영했다. 국방 AI 기반 구축은 AI의 국방적용을 위한 정책·제도 발전 요구와 군수 및 인사 등 국방운영에 AI 적용을 통한 업무효율 향상을 견인하는 차원에서 그 필요성이 제시되었다. 이를 위한 세부 추진내용으로는 국방 AI 법·제도적 기반 마련 및 국방AI센터를 창설하고, 초고속·초연결 네트워크 기반 AI 인프라를 구축하며, 양질의 국방데이터 구축·관리를 위해 국방데이터분석센터를 신설하기로 했다. 또한, AI 기반의 군수 분야 총 수명주기관리 업무체계를 재정립하고 장병의 라이프사이클과 연계한 AI 기반 인재관리시스템 구축을 추진한다는 내용을 반영했다.

이상에서 제시된 「국방혁신 4.0」 세부 과업은 기반구축과 가시화, 가속화 등 단계별 로드맵을 갖고 추진하고 있다.

「국방혁신 4.0」을 통해 북 핵·미사일 위협 대응 및 억제 능력과 미래 전장에서의 작전수행 능력을 획기적으로 보강하고, 첨단과학기술 기반의 유·무인 체계 중심의 병력 절감형 군구조로 전환하여 병역자원 감소 문제를 해결하며, AI 기반의 무인·로봇전투체계를 통해 전투 능력은 극대화하되 전시 인명피해는 최소화할 수 있을 것으로 기대하고 있다. 또한, 국가 차원에서도 국방과학기술 전문인력이 사회로 환원되어 민간의 과학기술 역량을 제고하고 국방과학기술을 새로운 국가산업 성장동력으로 확장할 수 있을 것으로 기대한다.

| 추진 중점 | | 국방혁신 기반구축 | 국방혁신 가시화 | 국방혁신 가속화 |
|---|---|---|---|---|
| 북 핵 · 미사일 대응 능력 획기적 강화 | 한국형 3축 체계 | 한국형 3축 체계 필수 능력 · 태세 확보 | 한미 연합작전 주도 한국형 3축 체계능력 · 태세 확보 | 전방위 한국형 3축 체계 능력 · 태세 확대 |
| | 전략사 | 전략적 억제 · 대응 가능한 전략사령부 창설 | 전략적 능력 확충과 연계한 전략사령부로 발전 | |
| 군사전략 · 작전 개념 선도적 발전 | 군사전략 · 작전 개념 | 대북 압도적 적제 · 대응 및 주변국에 대응할 수 있는 군사전략과 전 영역 통합작전 개념 발전 | 안보환경 변화와 신무기체계 발전을 선도할 수 있는 군사전략 · 작전 개념 발전 | |
| | 경계작전 | 미래 경계작전 개념 정립 및 무인화 시범 적용 · 검증 | 미래 경계작전 개념 발전 및 무인화 시범 적용 확대 | 무인화 경계작전체계 정착 |
| AI 기반 핵심 첨단전력 확보 | 유 · 무인 | 유 · 무인 복합전투체계 반자율형 시범운용 | 유 · 무인 복합전투체계 반자율형 확대 | 유 · 무인 복합전투체계 자율형 확대 |
| | 신영역 | 신영역 전략 · 작전 개념 발전 및 기반 마련 | 신영역 작전수행을 위한 전력 구축 | 신영역 작전수행 고도화 전력 확충 |
| | JADC2 | 차기 국방광대역통합망(M-BcN망) 구축 | M-BcN망에 C4I체계 연결, C4I데이터 통합 체계 구축 | Next KJCCS 전력화 |
| 군구조 및 교육훈련 혁신 | 군구조 | 미래 군구조(안) 정립 및 개편 준비 | 선 전력증강 및 1단계 개편 | 상비병력 감축 연계, 2단계 개편 |
| | 교육훈련 체계 | 합성훈련환경(STE) 플랫폼 시범 구축 | 과학화훈련장(군 · 사단급) 및 국방교육훈련관리 체계 구축 | 대규모 국방종합훈련장 구축 |
| 국방 R&D · 전력증강체계 재설계 | 획득체계 | 기존 획득절차 획기적 단축, 새로운 획득절차 도입 | 신개념의 획득 절차 발전 | |
| | 국방 R&D | 국방전략기술발전 (단기) | 국방전략기술발전 (중기) | 국방전략기술발전 (장기) |
| | 국방 AI 기반 | 국방 AI 총괄 및 기반 구축을 위한 조직 신설과 국방지능형 플랫폼 구축 | 전군 국방 5G 구축 및 서비스 발전과 국방지능형 플랫폼 고도화 | |

출처: 국방부, 「국방혁신 4.0」, 2023.

## 4. 새로운 도전과 전략적 선택

### 1) 미래 국방환경과 새로운 도전

먼저, 미래의 시점을 언제로 상정할 것인가에 대한 기준이 필요하다. 군사전문가, 학자, 각국이 정한 기준에 따라 차이는 있으나 대체로 2035년부터 2050년까지로 설정하는 것이 일반적이다. 따라서 미래의 시점을 지금으로부터 약 10여 년이 지난 시기를 중심으로 전망해보고자 한다.

2023년 6월에 공개된 '국가안보전략'에서 밝힌 국방환경은 대체로 부정적이다.[7] 우선, 미·중 간 외교, 경제, 군사 등 다양한 영역에서 경쟁이 심화되고, 지정학적 불안정성의 증대와 신안보위협도 다양해지며, 경제안보 리스크가 확대되는 가운데 보호무역주의 기조가 심화될 것으로 예상했다. 한반도를 포함한 동북아는 지정학적 특성상 그 한가운데에 위치해 이러한 불안정성에 직접적으로 노출될 수밖에 없는 실정이다. 아울러 한반도 정세는 북한 핵·미사일 능력 고도화가 우리 안보의 실질적 위협으로 대두되고 한반도 주변 4국은 남북관계 교착국면 속 영향력 확대를 도모할 것으로 예상했다. 아울러 신안보위협으로 사이버와 보건(질병, 전염병 등), 테러, 재난 등을 제시했다. 2020년대 후반에도 이러한 역내 불안정성이 심화되고 국가 간 협력보다 경쟁과 대결의 장이 확장될 것으로 예상하고 있으며, 특히 북한의 핵·미사일 등 WMD 위협과 그에 따른 군사적 위기는 더욱 증가하고 국내외의 비군사적 위협은 더욱 확대·심화될 것으로 전망했다. 또한, 2022년 시작된 러시아-우크라이나 전쟁, 2023년 10월에 발생한 가자지구 하마스 무장 세력의 이스라엘 공격과 그에 따른 반격 등은 21세기에도 전쟁의 그림자가 늘 우리 곁에 공존하고 있음을 보여주고 있다.

인구절벽 현상은 더욱 심화되어 20세 이상 남성인구가 2035년에는 21만

---

**7**　국가안보실,「윤석열 정부의 국가안보전략」, 2023.

명, 2040년에는 13만 명 이하가 될 것으로 전망하고 있다. 50만 병력 유지를 기준으로 볼 때 연간 최소 20만 명 이상의 남성인구가 필요한데, 미래에는 정상적인 병력수급이 제한됨을 예측할 수 있다.

한편, 인공지능을 포함한 4차 산업혁명이 가져온 디지털트랜스포메이션은 이제 인간의 모든 영역에서 중심으로 전이되고 있는 실정이다. 이제는 판단의 영역까지 인공지능 AI로 대체될 전망이다. 이러한 결과는 미래의 전쟁이 어떤 형태로 갈지 가늠케 하는 바로미터가 될 것이다.

KIDA에서 최근 제시한 자료를 보면, 미래 작전 개념을 바꿀 국방환경 요인을 아홉 가지로 제시했다.[8] 첫째는 전장 영역이 우주·사이버·전자기 영역까지 확대되고 작전 간 전 영역 능력통합 요구가 증대되는 것이다. 둘째는 전 영역 내 무인(유·무인 복합 포함)체계의 운용이 일반화되는 것이다. 셋째는 첨단과학기술을 적용한 지능형 정보, 지휘통제, 통제체계의 구축이다. 넷째는 사이버, 전자기와 같이 비물리적 공격체계가 등장하고 해당 공격작전에 대한 중요성이 증대된다는 점이다. 다섯째는 원거리·초정밀·고화력 탐지 및 타격 중심의 억제·대응이 한층 더 강화될 것이다. 여섯째, 자동화 및 지능화로 인해 OODA LOOP[9] 간소화 및 신속한 작전수행의 필요성이 증가할 것이다. 일곱째, 신영역 내 적 위협 및 적 무인체계에 의한 위협과 대응의 필요성이 증대된다. 여덟째, 탐지·타격체계의 융합 및 일원화다. 마지막으로 아홉째는 적의 비정형·비전통 위협이 증가하고 이에 대한 대응의 필요성이 증대될 것이라는 전망을 내놓았다.

## 2) 미래 전쟁 양상의 변화

18세기 말부터 시작된 나폴레옹 전쟁은 중세부터 내려온 전쟁의 패러다임을

---

**8**    김진형, 「국방논단 제1957호」, 한국국방연구원, 2023.

**9**    OODA LOOP는 미 공군 보이드 대령이 제시한 의사결정·지휘통제 과정으로 Observation(관측), Orient(지향), Decide(결심), Act(행동)의 4단계를 말한다.

완전히 바꿔놓은 획기적 사건이었다. 밀집된 병력에 의한 충격력의 작전 개념에서 산개대형, 기동력, 강력한 포병화력 지원 등 완전히 다른 전쟁을 수행했다. 나폴레옹 전쟁에는 1차 산업혁명의 산물들이 고스란히 반영되었고, 총과 화포의 양산체제가 가동되었으며, 징병제에 의한 총력전(국민군)이 전쟁을 수행했다. 이후 또 한 번의 전환점은 1, 2차 세계대전에 나타났다. 대규모 함대 운영, 항공기에 의한 폭격, 대규모 폭발력을 가진 폭탄 운용, 기계화된 장비 등장 등 과학기술과 산업발전이 그대로 전장에 투입되어 전쟁의 양상이 바뀔 수밖에 없는 상황을 만들었다.

제1차 세계대전에서 전차, 기관총, 프로펠러 항공기가 출현했다면 이후 근대 산업기술의 발전에 따라 제2차 세계대전에서는 위력이 대폭 증가한 전차와 제트엔진을 장착한 전투기, 기동력을 갖춘 포병 그리고 핵무기의 등장 등 완전히 새로운 게임체인저가 이루어졌다. 제1차 세계대전에서의 진지전에 고착되어 '마지노선'을 구축하고 제2차 세계대전을 맞은 프랑스는 기동력을 갖춘 대규모 판저군단의 전격전에 마비되어 채 한 달을 넘기지 못했다. 현대에 들어와 발생한 미국 주도의 걸프전, 이라크전은 다시 한번 전쟁의 양상을 완전히 바꾸어놓았다. 위성 및 각종 정밀 감시정찰체계에 의한 표적 탐지와 수백 km 이격된 곳에서의 원거리 정밀타격체계가 등장했다. 마치 온라인 전자오락게임을 연상시킬 정도였다. 과거 주력이었던 전차, 장갑차, 포병화력 등은 이제 정밀타격에 의해 충분한 여건조성 작전을 하고 최종 전장을 확보하는 차원에서 전쟁을 수행하는 형태로 변화시켰다.

한편, 우크라이나 전쟁에서는 이전과 또 다른 전쟁 양상을 목도할 수 있다. 소형 위성체계에 의해 적을 탐지하고 이를 실시간대로 정보를 공유할 수 있는 STARLINK(위성인터넷 서비스) 위성통신 네트워크, 전장 정보를 동시에 공유하고 관리할 수 있는 Delta-Gis Arta(상황인식 및 전장관리) 시스템, 정찰 및 탐지·타격을 하는 드론, GPS 유도의 다련장로켓 등이 그것이다. 특히, 위성통신체계가 전면에 등장했고, 드론이 적의 전차, 지휘소, 포병진지 등을 직접 타격하여 막대한 피해를 입히는 상황이 전개되었다.

미래전이 어떻게 나타날 것인지 정확히 예측할 수는 없다. 다만 현재의 과학기술발전 추세 등을 고려하여 변화의 방향을 전망해볼 수 있다고 생각한다. 미래전의 양상을 정리해보면 다음과 같다. 첫째, 전장의 영역이 확대되어 지·해·공은 물론 우주, 사이버 등 크게 5개 영역에서의 전쟁이 진행될 것이다. 둘째, 네트워크 중심전이 될 것이다. 즉, 탐지와 결심, 타격이 거의 실시간대로 상황과 정보를 공유하고 타격을 가능하게 하는 네트워크체계가 가동될 것이다. 셋째, 전자기파(EMP), 레이저, 비살상무기 등이 이제 폭약보다 더 다양하게 전장에서 운용될 것이고 이에 따라 비살상전의 경향이 더욱 분명해질 것이다. 즉, 대규모의 인명을 무자비하게 살상함으로써 전쟁에서 이기는 것이 아니라 최소의 인명손실과 불필요한 시설 피해를 없애면서 전쟁을 종결하는 것이다. 넷째, 무인체계, 유·무인 복합체계, 로봇 등이 인간을 대신해 전쟁을 수행할 것이다. 다섯째, 사이버전, 정치심리전, 정보전, 인지전 등 비물리적 수단에 의한 전쟁의 여건조성과 전쟁 수행을 유리하게 끌고 가기 위한 전방위적 수단이 동원될 것이다.[10]

미 교육사는 2050년경에 미래 과학기술의 변화를 반영하여 게임체인저가 될 여섯 가지 기술을 제시했는데, 레이저 및 무선주파수 무기, 레일건 및 강화된 지향성 파괴 에너지무기, 에너지역학(energetics), 사물인터넷, 소형원자로(SMRT) 같은 전력을 들고 있다.[11] 이를 반영한 게임체인저가 될 무기체계는 〈표 2-2〉와 같다.

따라서 미래전의 양상은 지금까지의 정보화전쟁 개념에서 이제는 '지능화전쟁'으로 발전할 것으로 예측한다. 이러한 지능화전쟁은 정보화전쟁의 요소가 고도로 발전한 형태로, 정보기술에 추가해 인공지능의 첨단기술을 접목한 결과로 볼 수 있다.

그러나 1945년 핵무기가 등장한 이후 정밀타격무기가 전장을 지배하는 상황에서도 여전히 간과해서는 안 될 양상이 있다. 베트남전쟁에서 나타난 분란전이나 게릴라전, 아프가니스탄에서의 게릴라전, 2014년 러시아의 크리미아 합병

---

**10**  김강녕, 「미래 전쟁 양상의 변화와 한국의 대응」, 『한국과 국제사회』 1, 2017.

**11**  설인효 외, 「우크라이나 전쟁과 미래전: 인도-태평양지역 및 한반도에 대한 함의」, 『국방연구』 66, 2023.

<표 2-2> 미래 게임체인저 역할을 할 무기체계

| 구분 | 핵심 기술무기 |
|---|---|
| 감시정찰 | 위성, 소형위성군, 무인체계(UAV, UUV, 로봇), 자기탐지기, 입장 빔(센서), 무인 능동형 소나 등 |
| 지휘통제 | 클라우드 컴퓨팅, AI 참모, 양자컴퓨팅, 양자통신, AI 사이버전, AI 전자전, 인간-기계 인터페이스 |
| 화력 | 극초음속 무기, 레이저무기, 고출력 마이크로파 무기, 레일건, 비살상무기, 입자 빔(무기) |
| 기동 | 무인 전투체계(전차, 로봇, 함정, 항공기), 배터리 구동엔진, 인간강화장치, 바이오기술(사이보그), 나노물질 |
| 방호 | 자율화 MD체계, 레이저무기, 고출력 마이크로파 무기, 스텔스기술 |
| 지속지원 | 3D프린팅, 무인자율차량, UAV, 신에너지기술(소형원자로, 고밀도배터리) |

출처: 설인효 외, 「우크라이나 전쟁과 미래전」, 『국방연구』 66, 2023.

과 돈바스 전쟁에서 보여준 하이브리드전, 우크라이나 전쟁에서 실행되고 있는 사이버전, 정치심리전, 인지전 등은 많은 시사점이 있다. 또한, 2023년 10월 발생한 하마스의 이스라엘 기습에는 동력 패러글라이딩이 동원되고, 이스라엘이 자랑하는 아이언 돔을 뚫고 많은 사상자가 발생한 특별한 사건이었다. 이는 첨단과학 기술의 무기체계와 전장 속에서도 여전히 재래식 수단에 의한 전쟁 수행은 유효하다는 교훈일 수 있다.

### 3) 미래 국방개혁을 위한 전략적 선택

미래 예상되는 국방환경의 변화와 도전 요소, 그리고 미래전의 양상 변화 등을 고려할 때 국방개혁의 선택 폭이 넓지는 않다고 본다. 위협인식, 군사전략 및 작전 개념, 군구조, 전력체계, 국방운영의 크게 다섯 가지 측면에서 그 방향을 제시해보고자 한다.

첫째, 미래에 상대할 위협에 대한 인식이다. 먼저, 북한의 위협으로 이제는 핵을 보유한 적으로 상정할 필요가 있고, 특히 WMD 위협에 대해 우선순위를 가장 높게 평가하고 대응할 필요가 있다. 비핵화를 위한 대화 모색이나 노력은 지속되겠지만, 어떤 경우에도 핵을 포기하지는 않을 것이다. 또한, 중국, 일본 등 주변국의 위협인식이다. 그중에서도 중국은 언제든 자국의 이익을 위해 적대행위를 할 수 있는 나라다. 특히, 영토 주권의 문제와 경제활동의 장애가 될 때 국지적 충돌은 반드시 일어날 것이다. 일본의 경우 군사적 상호 신뢰관계를 구축할 필요가 있다. 한·일 양자적 측면보다 한·미·일 또는 한·미·호·일 등의 다자적 신뢰관계로 강화할 필요가 있다. 아울러 먼 미래를 전망해볼 때 군비경쟁 단계에서 군사통합 단계로 전환할 시점도 고려해볼 필요가 있다. 즉, 통합과 통일의 길로 가는 과정에서 새로운 위협을 어떻게 상정할 것인가에 대한 논의가 시작되어야 한다고 본다. 한편, 테러나 재난 같은 안보위협에는 국제사회와 공조를 강화하면서 이에 신속히 대응할 수 있는 조직과 신속대응부대를 특화해 대응할 필요가 있다. 또한, 코로나19 같은 새로운 세균성 질병이나 전염병은 기후 온난화를 거치면서 심화될 것이기 때문에 생물학 방어 측면에서 군사적 대비체제를 갖출 필요가 있다.

**〈표 2-3〉 정보화전쟁과 지능화전쟁의 개념 비교**

| 구분 | 정보화전쟁 | 지능화전쟁 | 비고 |
|---|---|---|---|
| 전쟁의 본질 | 체계의 대결 | 알고리즘의 대결 | 알고리즘이 우수해야 인간-기계, 복합전 신경망 의사결정 클라우드 두뇌 등 기술 및 능력 발휘 → 전장 지배 가능 |
| 전쟁 승리의 조건 | 제정보권 달성 | 제지능권 달성 | • 정보화전쟁: 제정보권 또는 정보우세 달성 중요<br>• 제지능권: 아군·적군의 지력 공간에서 관찰, 판단, 결심, 행동에 이르는 전장순환 속도와 질적 우세를 둘러싼 투쟁에서 아군의 지능화된 체계 작동을 보장하고 적의 체계가 제대로 작동하지 않도록 하는 것 |
| 전쟁수행 주체 | 인간중심의 체계 | 인간-기계 복합체계 | 인간-기계 인터페이스를 구축하여 최적의 인간-기계 복합체를 어떻게 구성할 것인가에 대한 문제가 대두될 것임. |
| 전쟁수행 방식 | 네트워크 중심전 | 클라우드 중심전 | 지휘부의 지능화된 AI/AS를 활용한 다차원 정보판단과 정보 융합을 통한 전장 상황 평가로 최적화된 작전 구상, 작전계획을 수립하고 예하 제대에 명령을 하달하여 신속·정확하게 표적 타격 |
| 전쟁수행 요체 | 체계공략 | 인지공략 | 적의 물리적인 전투력을 우회하여 적의 전쟁 의지에 직접적으로 도달 |

출처: 설인효 외, 앞의 내용.

둘째, 미래 군사전략 및 작전 개념은 다영역에서 지능화전쟁을 수행할 수 있는 체계로 전환해야 한다. 지능화전쟁의 개념을 정보화전쟁과 비교하면 〈표 2-3〉과 같다.

그러나 앞서 지적했듯이 첨단과학기술 기반의 전쟁도 한계는 있다. 따라서 재래식 전쟁에도 병행하여 대비하는 지능화전쟁-재래식 전쟁 복합 대비전략이 필요하다고 본다. 특히, 우리가 상대할 북한은 핵·WMD 능력을 제외하면 많은 수적 우위의 병력을 통한 재래식 전쟁을 감행할 확률이 높으며, 북한이 과거 베트남전쟁에도 참전하면서 게릴라전에 익숙하고 많은 교훈을 갖고 있다는 점을 간과해서는 안 될 것이다. 여기서 말하는 재래식 전쟁은 물리적 수단만 의미하는 것이 아니라 비물리적 수단과 통합된 하이브리드전, 분란전, 인지전, 사이버심리전 등 전반을 포함하는 개념이다.

아울러 군사전략 관점에서 추가로 고려할 부분이 적의 탄도미사일 공격, 핵·WMD 공격 이후의 통합방위 차원의 사후관리 체계다. 군뿐만 아니라 범정부 차원, 전 군민이 적의 공격으로부터 피해를 최소화할 수 있는 경보 및 방호시설과 처리 및 복구시스템을 갖춘다면 적에게 새로운 도전과 위협으로 작용할 것이다.

셋째, 군구조의 문제다. 과거 병력 위주의 군대에서 정보화된 군대로, 이어 첨단지능화 군대로 운영하는 단계에도 현재와 같은 군구조는 유효할 것인가? 예를 들어 미래에도 우리는 육·해·공군이 병립하고 다시 합동성을 발휘토록 C4I를 통해, 훈련을 통해, 전력 보완체계를 통해 작전을 수행해야 하는가? 미래에도 보병부대 8~9명의 병력이 분대를 구성하면서 전투의 기본 단위로 전투활동을 할 것인가? 지금처럼 각 군의 병과를 전투, 전투지원, 전투근무지원 등으로 구분해서 운용할 것인가? 미래의 군대는 우선 각개 전투원 한 명이 하나의 전투 플랫폼이면서 정찰과 감시, GPS와 위성 등에 의한 전장 상황 공유, 실시간 타격을 위한 표적 제공 등 대단히 많은 임무를 수행할 것이다. 또한, 각 병과의 기능은 모듈화되거나 통합되어 단순화시키는 개념으로 전환할 것이다. 따라서 분대의 규모, 소대-중대-대-대대-여단-사단-군단으로 이어지는 제대의 구분을 새롭게 정립할 필요가 있다. 예로 중대에 몇 개의 팀을 운용하는 개념과 사단을 없애고 여단급 체계로 과감히 전환할 필요가 있다. 물론, 일부 사단은 필요할 수 있다. 병과도 유사 병과를 통합하여 단순화할 필요가 있다. 예로 포병과 육군항공, 방공병과를 통합하여 화력병과로 하고 각각을 군사특기 개념으로 특화시킬 필요가 있다. 전투근무지원 분야 병과도 2~3개로 통합하는 등 전반적인 검토가 필요하다. 상급구조에서도 사이버전, 우주전에 대비한 지휘구조와 인지전, 정치심리전, 하이브리드전 등을 통합적으로 대응할 지휘체제가 필요하다. 이제 우리의 상급지휘구조를 지역별 하나의 사령부 안에 육·해·공군이 통합된 전투력을 발휘토록 하는 통합군 체계로 전환할 필요가 있고, 아울러 전장 영역 확대에 따른 통합사령부 운영이 효과적일 것으로 판단된다. 우리와 같은 좁은 정면과 종심을 고려할 때 합동성 발휘를 위한 별도의 협력과 준비 소요, 그에 따른 지체는 분명히 신속한 대응작전에 장애로 작용할 확률이 높다.

넷째, 전력체계, 즉 무기체계의 전력화와 관련하여 우리가 상대할 적에 대한 특성과 위협을 정확히 인식하고 이에 대응하고 역전할 수 있는 무기체계를 갖춰야 한다. 즉, 능력기반의 전력화를 할 것이냐, 아니면 위협기반의 전력화를 할 것이냐다. 우리의 안보상황과 같이 직접 대면하여 당장 싸워야 할 적이 있고, 그 적이 수적 우위의 병력 규모와 비대칭적 수단의 전력 차 등이 심각하다면 위협기반의 전력화가 선행되어야 한다. 그리고 잠재적 위협과 우리의 능력을 고려하여 능력기반의 전력화를 고려할 필요가 있다. 이러한 문제는 적이 어떻게 전쟁을 수행할 것인가에 대응할 능력을 우선 갖추는 문제다.

미래 전력화를 도모하면서 우선 전장 가시화를 위한 소규모 위성으로부터 정지궤도 위성까지 다종의 군사위성을 운용할 필요가 있다. 미래는 전장에 대한 실시간 상황인식과 표적 탐지, 그리고 결심체계 등 모든 것이 거의 실시간대에 이뤄질 수밖에 없다. 이에 필수적인 수단이 군사위성이다. 또한, 무인체계와 유·무인 복합체계 등 각종 장비와 로봇 등 전 분야로 확대할 필요가 있다. 감시와 정찰, 표적 탐지 및 타격, 경계, 기만 및 심리전 등 전 분야에 확대가 필요하다. 무인기, 무인자율차량, 무인수상정, 무인잠수정, 유·무인 복합의 UAM, 무인로봇 등 그 활용은 광범위하다. 특히, 사이버 버그(파리나 곤충, 새, 벌레 등) 같은 정찰 감시 수단의 개발이 절실하다. 아울러 AI기반의 전장정보분석 체계의 전면적 활용과 챗GPT 같은 첨단화된 인공지능을 지휘 결심에 활용하는 방안을 발전시켜야 미래전을 주도할 수 있다. 미래에는 물리적 살상무기에 대한 국제적 비난과 규제가 가중될 것이다. 따라서 비살상무기(레이저무기, 레일건, EMP 등)가 전면에 등장할 것으로 판단됨에 따라 이에 대한 대비가 절실하다.

다섯째, 국방운영 측면에서 병역자원 감소에 따라 근본적으로 접근할 필요가 있다. 상대할 적이 상비병력 110만 명 이상을 운영하고 있으면서 복무기간도 최소 7년 이상이어서 숙련된 전투력을 갖추고 있다. 반면에 우리는 이제 50만 명의 병력수급도 어려운 실정이고, 복무기간은 18개월로 단축되어 아주 열세한 실정이다. 그렇다고 복무기간을 다시 늘리기에는 한계가 있다. 이미 국민적 요구가 이를 수용하지 않을 것이다.

따라서 이대로 징병제 병역시스템을 계속 운영할 것인가, 아니면 모병제로 전환할 것인가에 대해 그 시기와 비용, 가용성 등을 종합적으로 판단해 장기적 계획을 수립할 필요가 있다. 아울러 간부, 여군, 부사관 및 군무원의 비중을 더 확대하여 숙련도를 높이는 것도 모병제로 가는 중간 단계의 과정이 될 것으로 본다.

또한, 숙련도 높은 예비군을 행정업무나 참모직이 아닌 전투병력으로 활용하는 방안을 적극 검토할 필요가 있다. 단기적으로는 지금의 비상근 예비군제도를 1년에 두 차례 2개월 이상씩 특수군으로 편성하여 전투훈련 위주로 운영하는 방안을 추진하고, 안정화되면 1년에 6개월 정도의 특수군 훈련코스를 운영하는 방안이다. 현재 약 290만 명의 예비군을 대상으로 같은 수준의 소집점검 및 연 3일 정도의 소집훈련 체제를 적용하는 것은 많은 병력을 확보하는 장점은 있겠지만, 질적 측면이나 전투병 활용 측면에서 부정적인 결과가 많다. 따라서 연간 약 50만 명의 예비군을 특수군으로 집중해서 관리한다면 상비병력 못지않게 큰 전투력을 발휘하고 병역자원 감소에 따른 전투력 공백을 방지할 수 있을 것으로 본다.

부대 배치와 관련해서도 전반적인 검토가 요구된다. 지금과 같이 상비병력을 접촉선으로부터 약 ○○○km 이내에 밀집 배치한 이유를 다시 생각해볼 필요가 있다. 이는 과거 정찰 감시 및 조기경보 시스템이 갖춰지지 않은 상황에서 적의 기습을 방지하고 신속히 대응하는 차원의 조치였다. 현재와 같은 전방 밀집 배치는 전쟁 초기에 심대한 피해를 예상할 수밖에 없고, 특히 기계화부대의 초전 생존성 보장에 취약하다. 또한, 1953년 정전 후 70여 년간 노출된 상황이라 이미 적에게 표적화되어 있고 그 자체로도 취약하다. 이제는 조기경보 시스템이 최소 ○일 이상 가용하고, 신속히 전개할 수 있는 기동력이 향상되었다. 또한, 전선지역의 경계시스템과 장애물 수준은 개전 초 적에게 이미 큰 도전요소가 되었다. 따라서 전투력 발휘와 초전 생존성 보장 등 제 요소를 고려한 전반적 조정이 필요하다.

국방혁신을 추진할 소요와 대상은 광범위하다. 내·외부적 군사혁신 모델을 제시한 미국의 스티븐 로젠(Stephen P. Rosen)은 군사혁신은 평시, 전시, 그리고 군사기술상의 혁신 등으로 발생한다고 했다.[12] 평시에 군이 보수적이고 변화를 두려워하면 외부의 압력에 의해 강제적으로 혁신이 이루어질 수밖에 없는 내용도 제시했다. 우리의 경우 군이 주도성을 갖고 과학기술의 변화를 수용하고 내부적 혁신 노력을 하는 것은 다행스러운 일이다. 또한, 국가 차원에서 재정적 지원과 입법화된 제도적 틀 속에서 국방개혁을 추진하는 것은 매우 긍정적 환경이다. 어떻게 방향을 설정하고, 지속적으로 추진하느냐가 관건이다.

국방개혁을 추진하여 새로운 무기체계를 갖추는 군대가 항상 승리하는 것도 아니다. 상대할 적의 위협을 정확히 인식하고, 전쟁 양상을 예측하여 이에 대응하기 위한 군사전략과 작전 개념을 발전시키며, 군사전략을 구현할 군구조와 무기체계, 국방운영, 교육훈련 등이 체계적으로 혁신될 때 비로소 승수효과를 낼 수 있다. 또한, 첨단무기로만 준비된 전쟁은 한계가 있다. 반드시 재래식 전쟁에도 대비해야 하며, 비살상전과 하이브리드전, 인지전, 사이버심리전 등 전쟁의 양상 변

---

**12**  Stephen P. Rosen, *Winning The Next War* (New York: Cornell University, 1991).

화에 발 빠르게 대처하려는 노력이 필요하다.

　　국방개혁, 국방혁신, 군사혁신은 선택이 아니라 의무다.

## 참고문헌

### 1. 단행본

국가안보실.『윤석열정부의 국가안보전략』. 서울: 국가안보실, 2023.

국방대학교 안보문제연구소.『국방혁신 4.0 기본계획 개념연구』. 논산: 국방대학교, 2023.

국방부.『국방혁신 4.0』. 서울: 국방부, 2023.

한국국방연구원.『국방혁신 4.0 개념연구』. 서울: KIDA, 2022.

Stephen P. Rosen, *Winning The Next War*, New York: Cornell University, 1991.

### 2. 논문

김강령.「미래 전쟁 양상의 변화와 한국의 대응」.『한국과 국제사회』, 2017.

김진형,「미래 전장 및 작전환경 변화에 따른 한국군 합동작전수행개념 발전을 위한 고려사항」,
　　　『국방논단 제1957호』한국국방연구원, 2023.

설인효 외,「우크라이나전쟁과 미래전」,『국방연구』 66, 2023.

# 제3장
# 미국의 확장억제 실행력 제고 및 3축 체계 발전방안

황의룡

## 1. 서론

    미국은 6.25전쟁 중인 1953년 10월 1일 한국과 조인한 한미상호방위조약에 따라 한국에 대한 확장억제를 제공하여 북한의 도발 야욕을 억제하고 한반도에 평화를 유지해왔다. 한미는 1968년부터는 SCM을 통해 확장억제 공약을 확증시켜왔다. 미국은 1978년 SCM에서 동맹국의 안전보장을 위해 핵우산을 명문화했다. 2006년 북한의 핵실험 이후 핵 위협을 제거하기 위해 제38차 SCM에서는 확장억제(Extended deterrence)를 명문화했다. 이후 2008년 SCM에서도 미국의 핵우산을 제공한 확장억제를 유지했고, 2009년 한미 정상회담에서는 '한미동맹 미래 비전 공동선언'을 통해 확장억제를 명문화하고 진정성을 입증했으며, 한미동맹이 공고히 유지되고 있다는 정치적 메시지를 북한에 전달했다. 2009년 SCM에서는 확장억제를 위한 군사적 수단으로 핵, 재래식 전투력, 미사일방어를 구체화했다. 2011년 SCM에서는 북한의 핵과 재래식 군사 위협을 억제할 수 있도록 "맞춤형 억제전략"에 합의했다. 2014년 SCM에서는 미국의 핵우산, 재래식 타격자산, 미사일방어 등 모든 가용 군사력을 투사하여 확장억제를 제공하겠다고 명문화했다.

2015년 4월 워싱턴에서 개최된 한미 통합국방협의체(KIDD)에서는 핵우산, 전략폭격기, 미사일방어 등 가용한 모든 자산을 활용해 한국에 확장억제를 제공하기로 했다.

2023년 4월 26일 한미동맹 70주년을 기념하기 위해 윤석열 대통령과 바이든 대통령은 정상회담을 한 후 '워싱턴선언'을 통해 "북한을 억제하기 위해 지속해서 미국의 확장억제를 강화하고, 핵 및 전략기획을 토의하고 새로운 핵협의그룹(NCG)"을 설립하기로 했다. 한미는 7월 핵협의그룹(NCG)을 정식으로 가동했으며, 미국은 재래식 전력 지원을 위해 한국과 공동기획을 강구하고, 핵과 관련된 다양한 조치를 시행하기로 했다.

2023년 6월에는 핵추진순항미사일잠수함(SSGN)인 미시건함, 7월에는 잠수함발사탄도미사일(SSBN)을 적재한 미국 해군의 전략잠수함(SSBN) 켄터키함이 부산항에 입항했고, 3월에는 핵추진항공모함 니미츠호(CVN-68), 10월에는 로널드 레이건함(CVN-76)이 입항했으며, 전략폭격기(B-52)를 한국에 처음으로 착륙시키는 등 확장억제력을 강화하고 있다.

하지만 북한은 최근에도 지속해서 핵과 미사일을 고도화하고 있으며, 2012년 핵을 보유한 것으로 헌법에 명시했고, 2022년 9월 핵무력 정책을 법령화했다. 그리고 2023년 9월에는 핵무력 정책을 헌법화하고 국가가 추구해야 할 기본방향으로 설정하는 등 핵무기 발전을 고도화하겠다고 헌법에 명시했다. 김정은은 미국이 북한 정권 종말을 위한 침략행위를 부단히 하고 있고, 북한에 핵무기 사용을 목적으로 핵협의그룹(NCG)을 가동시킨 것으로 규정했으며, 한미 핵전쟁연합 훈련을 실시하고, 한국에 미국의 다양한 전략자산을 전개하는 것은 북한에 대한 핵전쟁 위협이라고 주장했다.

이와 같은 북한의 핵능력 고도화와 한미 적대시 정책은 한반도의 위기를 고조시키고 있으며, 미국의 확장억제 전략에도 불구하고 2023년 북한은 ICBM을 시험 발사하여 한미를 위협하고 인공위성까지 발사했다. 이와 같은 북한의 행동은 대북 확장억제력의 신뢰성에 의구심을 갖게 한다. 다시 말해 미국의 확장억제

전략이 제대로 작동되고 있는지에 대한 회의론이 일고 있다는 방증이다.

따라서 이 장에서는 한미 양국 정부가 선언한 확장억제의 실행력을 제고하고, 한국군이 추진하고 있는 한국형 3축 체계의 발전방안을 제시하고자 한다.

## 2. 핵무기와 억제전략

핵무기가 출현한 이래 전쟁의 군사적·기술적 수단은 역사상 유례를 찾아볼 수 없을 만큼 파괴력이 강력해졌다. 핵전쟁이 발발한다면 전 세계의 인구 대부분은 사망할 것이며, 주요한 문화 중심지는 세계에서 자취를 감출 것이다. 이러한 시대에 살고 있는 우리는 전쟁과 평화의 문제를 생각하지 않을 수 없다. 이런 가공할 만한 핵전쟁을 방지하기 위해서는 핵무기와 재래식 무기의 전면적인 군비축소가 이상적이겠으나 현실적으로는 불가능하다. 따라서 현실적으로 핵무기의 존재를 인정하는 현실구속성이라는 논리에 따라 전쟁을 억제하는 것을 고안해내는 것이 현실적이라는 견해가 오늘날 핵억제 전략이다.

예를 들어 핵무기를 보유한 국가 A와 B가 있다고 가정해보자. 전쟁의 억제라는 사고가 성립하기 위해서는 A와 B 국가 모두 상대방에게 제1공격을 받을 경우 제2공격으로 상대방에게 보복할 만한 힘을 보유하는 것이 필요하다. 제2공격으로 상대방이 손실을 견딜만한 정도의 보복이면 소용이 없고 상대방이 견딜 수 없을 정도의 강력한 보복이어야 한다. 전쟁을 기도하는 국가가 상대방을 공격하면 보복을 받아 감당할 수 없는 손해를 받는다는 두려움으로 인해 공격 국가가 전쟁을 포기하기 때문에 전쟁을 억제하기 위해서는 상대방의 제1공격에 파괴되지 않고 상대방에게 감당할 수 없는 손해를 가할 수 있는 강력한 파괴력을 가진 무기를 보유하는 것이 필요하다. 이러한 무기가 바로 핵무기이기 때문에 상대방의 제1공격으로 핵무기가 파괴되지 않도록 할 수 있으면 억제는 성립할 수 있다. 따라서 국가의 안전과 국제 평화는 핵무기의 폐기가 아니라 핵무기에 의한 전쟁억제력을 보유함으로써 유지 가능하다는 견해가 핵억제전략이다.[1] 핵무기가 전쟁의 억제력으로 작용하기 위해서는 서로 대립하는 국가 간에 핵에 의한 안정된 '힘의 균형(Equilibrium of forces)' 또는 '공포의 균형(Equilibrium of terror)'이 필요하다.[2]

## 1) 억제의 개념과 유형

억제의 개념은 전쟁의 역사와 함께 존재했으나 국가전략으로 대두된 것은 전면전쟁의 가능성이 야기된 이후부터다. 미국이 핵무기를 독점했던 1940년대 말 랜드연구소(RAND Corporation)의 버나드 브로디는 최초로 억제전략을 연구하기 시작했다. 브로디는 그의 저서 『절대무기』[3]에서 "우리 군사조직의 주요 목적은 전쟁에서 승리하기 위함이다. 하지만 이제는 그 목적을 전쟁을 회피하는 것으로 해야 한다. 다른 유용한 목적은 찾아볼 수 없다"며 최초로 억제 개념을 제시했다.[4]

그 후 1953년 영국이 이 개념을 자국의 국가전략으로 채택했고, 1954년 미국의 덜레스 국무장관이 억제 개념을 기초로 대량보복전략을 주장했다.

억제는 영어로 deterrence인데, 일본에서 '억지'라고 사용했으며 우리나라는 '억제'로 통용되고 있다. 스위스 국제문제연구소에서 발행한 외교전략관계 3개국 용어집에서는 "억제는 상대방에게 감당할 수 없을 정도로 유효한 반격이 가해질 것이라는 공포심을 유발하여 적대행위를 좌절시키는 조치"라고 정의했다. 이는 징벌 및 보상을 전제로 한 위협이나 설득으로 상대방이 어떤 행동을 하지 못하도록 하는 것으로서, 적대국이 자국에 초래할지 모를 위험을 고려하여 스스로 무력행사를 단념하게 함을 뜻한다. 1959년 글렌 스나이더(Glenn H. Snyder)는 그의 저

---

**1** 최영, 『현대핵전략이론』, 서울: 일지사, 1982, pp. 3-10.

**2** 최영(1982), 위의 책, pp. 10-11.

**3** Bernard Brodie, *The Absolute Weapon: Atomic Power and World Order* (New York: Harcourt Brace Jovanovich, Inc, 1946), p. 72.

**4** 이선호, 『핵무기와 핵전략』, 서울: 법문사, 1982, pp. 206-207.

서『억제의 해부』에서 억제와 방위를 구분하여 "본질적으로 억제는 군사행동을 취하여 얻을 수 있는 이익보다 손실이 더 크다는 것을 예상하도록 하여 적이 군사행동을 단념하게 하는 것을 의미하며, 방위는 억제가 실패했을 때 예상되는 우리 측의 손실과 위험을 감소시키는 것을 의미한다"[5]고 했다. 즉, 억제는 설득하여 군사행동을 단념시키는 것이다. 스나이더는 상대방이 공격 시에 감당할 수 없는 핵보복 공격 위협을 통해 상대방이 공격을 단념하게 하는 '보복적 억제(deterrence by punishment)'와 상대방이 핵공격을 할 경우 충분히 막아낼 수 있다는 확신을 전달함으로써 핵공격에 성공하지 못할 것이라고 판단하도록 하여 도발 자체를 무력화하는 데 초점을 둔 '거부적 억제(deterrence by denial)'로 구분했다.[6] 만약 금지된 행동을 하면, 무력행사로서 어떤 제재를 가하겠다는 암시적·묵시적 위협으로 또는 그러한 행동을 하지 않을 때는 징벌이나 보복을 가하겠다는 약속에 의해 상대국이 어떤 행동을 하지 않도록 단념시키는 의식적 행동이며, 어떤 유형의 우발사태를 방지하고 침략이 최악의 대안이라는 것을 적대국에 확신시켜줌으로써 적대행위를 자제시키는 수단을 뜻한다. 또한 억제는 전쟁의 가능성에 직면한 적대국의 행동에 신중을 기하도록 자극을 주어 피아관계에 안정과 균형을 유지토록 할 뿐만 아니라, 억제가 실패하면 쌍방의 능력에 감당할 수 없을 정도의 징벌이 가해진다는 것을 반영시켜줌으로써 상호 선제공격의 선택을 유보하는 상태를 뜻한다.

이처럼 억제는 두 가지 측면에서 생각해볼 수 있다. 첫째, 억제가 정책 또는 전략이라는 관점에서 적대국에 불응할 때는 가차 없이 징벌이 가해진다는 위협을 전달하여 어떤 일을 하도록 유도하거나 하지 못하도록 하는 계획적인 시도다. 둘째, 억제가 상황 또는 체제라는 관점에서 행사될 수 있는 위협의 범위 내에서 충돌이 유보되어있는 상황이나 메커니즘을 뜻한다. 따라서 억제는 심리적 방벽구조일 뿐 물리적인 전투행위는 아니다. 억제가 실패한 후의 전쟁수행은 방위전략이

---

**5**    Glenn H. Snyder, *Deterence and Denfence* (Princeton University Press, 1961), p. 3.

**6**    Glenn H. Snyder (1961), op. cit., pp. 14-16.

나 승전전략에 의존하겠지만, 핵대결 상황에서는 이들 전략 자체가 무의미하게 되어버릴지도 모르기 때문에 억제는 전쟁 회피가 목적이다.[7] 필 윌리엄(Phil Wil-liams)은 핵억제전략을 적이 핵공격을 감행할 경우 확실하고 강력한 보복 능력을 보유하여 상대국이 핵공격을 생각하지 못하도록 하는 '적극적 억제(active deter-rence)'와 핵공격이 이루어졌을 경우 요격과 방호체계를 통해 적의 공격 효과를 최소화하여 상대국이 핵무기 사용의 필요성을 갖지 못하게 하는 '소극적 억제(passive deterrence)'로 구분했다.

하카비(Y. Harkabi)는 그의 저서 『핵전쟁과 평화』에서 최소억제전략과 제한억제전략으로 구분했다.[8]

위에서 제시한 억제전략 중에서 보복적 억제전략인 최대·최소억제전략과 미국이 한국에게 제공하고 있는 핵우산과 맞춤형 억제전략에 대해 알아보겠다.

### (1) 최대억제전략

최대억제전략은 대량보복전략과 상호확증파괴전략의 논의 과정에서 비롯되었다. 대량보복전략은 다양한 형태의 적의 핵공격을 제1차 핵보복공격으로 억제한다는 전략이다. 상호확증파괴는 상대국 간의 상호 제1차 핵공격에 의한 피해 이후 상대국의 정치적·경제적 중심지인 대도시에 대한 제2차 보복공격 능력을 확보했을 경우 제2차 핵공격의 상호취약성으로 인해 억제가 가능하다는 전략이다.

칸(Herman Kahn)은 최대억제전략에 필요한 능력을 미국과 소련 사이의 핵전쟁 시나리오에서 제시했다. 첫째는 상호확증파괴(MAD)로 미국이 소련의 핵공격을 받는 경우다. 이러한 경우 미국은 소련의 군사시설과 대도시를 파괴할 제2차 타격 능력이 필요하며, 소련보다 뛰어난 타격 능력을 보유해야 하기 때문에 군비경쟁이 촉발되고, 제2차 타격 능력 보유를 위해 핵무기의 생존성과 정확도가 확

---

**7**　이선호(1982), 앞의 책, pp. 207-208.

**8**　Y. Harkabi, *Nuclear War and Nuclear Peace* (Jerusalem, Israel: Program for Scientific Translation, 1966), pp. 52-60.

보되어야 한다. 둘째는 대량보복전략이다.[9] 미국이 소련보다 우월한 타격 능력을 보유하여 소련의 보복 능력을 상당한 수준에서 무력화하여 자국에 대한 피해를 제한할 수 있는 경우다. 이를 위해 미국은 소련의 군사기지를 공격할 수 있는 정확성과 고위력의 핵무기를 보유하고 있어야 한다. 이때도 양국은 군비경쟁을 하게 되고 최대주의로 가게 된다.[10]

### (2) 최소억제전략

최소억제전략은 제2차 공격 능력이 상대적인 개념이 아니라 절대적인 개념이라고 본다. 전쟁 도발을 억제한다는 전략목표를 달성하기 위해 제2차 공격으로 적의 도시를 공격할 수 있는 일정 수준 이상의 핵전력만 확보하면 충분하다는 가정에 입각한다. 적이 감당하기 어려운 수준의 피해에 대해서는 최대억제전략에서와 같은 피해의 숫자가 중요한 것이 아니라 제2차 공격에 의한 정치적인 피해를 고려하기 때문에 대규모의 파괴 능력은 필요없으며 최소한의 제2차 공격 능력이면 충분하다. 핵무기 사용 자체가 가지고 있는 엄청난 파괴력에 의한 정치적·심리적 피해가 최소억제전략의 요소가 되는 것이다. 실존적 억제는 최소억제와 개념, 능력 등에서 차이가 있지만, 최소억제가 기반하고 있는 핵무기의 정치적·심리적인 피해와 유사한 개념에 기반하고 있어서 최소억제의 하위분류로 구분된다. 실존적 억제는 제1차 공격으로 상대 국가의 핵무기를 완전히 파괴할 수 있다는 확신을 가지지 못하거나 보복 공격을 완전히 방어할 수 있다는 확신을 가지지 못하는 한 상대 국가를 선제공격할 수 없다는 개념이다. 즉, 제1차 공격으로 적의 핵무기를 모두 파괴하기 어렵다는 제1차 공격의 불확실성에 기반한 전략이다.[11]

---

**9** 이재학, 「억제이론으로 본 중국의 핵억제전략」, 『新亞細亞』 67, 2011, p. 100.

**10** Herman Kahn, *On Thermonuclear War* (Princeton: Princeton Univ., 1961), p. 126.

**11** James Blight and David Welch, On the Brink: American and Soviets Reexamine the Cuban Missile Crisis (Hill and Wang, 1989), p. 176; 이재학, 「억제이론으로 본 중국의 핵억제전략」, 『新亞細亞』 67, 2011, p. 101에서 재인용.

### (3) 핵우산과 확장억제

억제란 보복 능력과 의지를 보임으로써 상대방에게 행동을 단념하게 하는 것을 의미하며, 확장억제(extended deterrence)는 같은 논리를 동맹국을 위해 확대 적용함으로써 제3국의 공격으로부터 동맹국을 보호하는 억제를 말한다. 확장억제 개념은 1950년대 미국이 나토의 동맹국 중에서 소련이 주도하는 바르샤바조약기구로부터 핵공격을 받으면 미국이 공격받은 것으로 간주하고 핵보복을 하겠다는 개념에서 나왔다는 견해가 있다. 이와 같은 개념을 핵 문제에 적용하면 핵우산이 되며, 핵 문제에 국한된 논의에서 확장억제와 핵우산은 사실상 같은 의미를 가진다. 미국이 한국에 핵우산을 제공한다는 것은 북한 등 제3국이 한국에 핵공격을 감행했을 경우 미국이 공격국에 보복공격을 가해주겠다는 것을 의미한다. 이는 비핵국가들의 핵무장 필요성을 감소시켜 핵무기의 수평적 확산을 방지하려는 목적을 가지고 있다.[12]

핵확산금지조약(NPT) 체제가 구축되는 과정에서 적극적 안전보장(PSA: Positive Security Assurance)과 소극적 안전보장(NSA: Negative Security Assurance)이라는 두 가지 개념이 등장했다. 적극적 안전보장은 핵 미보유국이 핵공격 위협이나 핵공격을 받았을 경우 UN이 보호해주겠다는 것으로, 1968년 6월 안보리 결의 255호에 명시했다. 하지만 핵 미보유국을 보호해주겠다는 UN 결의는 강제성이 없으므로 신뢰성이 부족했고, 특히 핵무기를 보유한 5대 강국이 거부권을 보유한 안보리 상임이사국이었기 때문에 실현 가능성에 의문을 가지게 되었다. 따라서 이러한 문제점을 해소하기 위해 핵보유국은 동맹국을 보호하기 위해 개별적인 적극적 안전보장이 필요했으며, 이로 인한 결과물이 핵우산이다. 따라서 확장억제, 적극 안전보장, 핵우산 등은 같은 의미를 지니고 있다. 소극적 안전보장은 NPT에 가입한 핵 미보유국에 대해 핵보유국은 핵을 사용하지 않겠다는 약속을 의미한다. 따라서 5대 핵보유국은 1978년 UN 군축특별총회에서 '모든 핵 미보유국에 대한

---

**12** 김태우, 「핵위협과 핵우산」, 『新亞細亞』 16(3), 2009, pp. 20-21.

핵 불사용'을 선언했다. 하지만 소극적 안전보장도 법적 구속력이 없는 선언적 수준에 불과했다. 미국의 한국에 대한 핵우산의 신뢰성은 1978년 이후 한미 국방장관회담(SCM)의 발표문을 통해 확인할 수 있다. 법적으로는 한미상호방위조약에 근거하고 있으나 여기에는 핵우산을 명시하고 있지 않아 국제법적인 구속력이 있다고 단정하기는 어렵다.[13]

### 2) 억제의 기능과 변화

억제의 기능에는 징벌기능(보복기능)과 거부기능(보상기능)이 있다. 두 가지 기능을 명확히 구분하기는 곤란하나 지배적인 기능 여하에 따라 판단해볼 수 있다. 전략공군이나 핵전력의 지배적 기능은 감당할 수 없을 정도의 대가를 적에게 예기케 함으로써 적의 전투 개시 의지 또는 개시 후의 전쟁 지속 의지를 저하시키는 것이므로 징벌기능이 지배적이며, 항공 폭격이 적의 지상 전투 능력에 미치는 효과는 부수적이다. 마찬가지로 재래식 지상군의 지배적 억제기능은 적이 영토를 점령하지 못하도록 거부하는 것이다. 또한 억제는 반드시 군사력에 의존하는 것이 아니므로 비군사적 수단으로 보상을 약속 또는 거부함으로써 억제기능을 수행할 수 있다. 예를 들어 보호무역정책을 내세워 관세장벽을 통한 수입 규제 조치를 함으로써 상대국에 불이익을 초래하여 억제력을 행사한다든지 경제원조나 무기 판매를 거부함으로써 상대국을 원하는 방향으로 유도할 수 있다.

이러한 억제기능은 억제 개념의 변천에 따라 변화했다. 핵무기가 출현하기 이전의 전통적이며 고전적인 억제 개념은 단순히 군사력 억제라는 제한적 개념에 불과했으나 제2차 세계대전 이후 핵억제론이 대두되어 국제정치의 제 현상과 행위에 근본적인 변화가 초래되었으며, 이에 따라 억제의 개념과 더불어 핵전략도 변화했다.

---

**13**  김태우(2009), 앞의 책, pp. 21-22.

1950년대에 미국이 핵 우위를 가졌을 당시의 억제 개념은 핵억제를 뜻했고 대량보복전략으로 채택되었으며, 비핵 군사력에 의한 억제나 정치, 경제 등 비군사적 억제 개념이 과소 평가되었다. 따라서 핵전력 중심의 보복적, 즉 징벌적 억제가 억제 개념의 주류를 이루었다. 이에 따라 NATO의 재래식 군비증강의 등한시, 아시아 동맹국의 미국의 핵우산에 대한 과도 의존 등의 문제가 대두되기 시작했다. 그러나 1949년 핵실험, 1957년 대륙간탄도미사일 실험과 스푸트니크 인공위성 발사 등 소련의 미사일 기술이 미국을 앞질러 미국 본토가 선제공격을 당하지 않는다는 것을 전제로 한 핵억제전략은 깨어지고 말았다. 1960년대에 공산세력의 무력 사용에는 대량파괴로 대응한다는 억제 역할이 퇴색하고, 소련의 국지적 무력 진출과 대리전쟁에는 효과가 없다는 것을 알게 되었다. 1954년 미국의 덜레스 국무장관이 주장한 대량보복전략은 미 본토 무상론을 전제로 한 것이며, 아이젠하워 대통령이 한국전을 종결하고 재래식 병력을 대폭 감축하여 이를 군사전략으로 채택할 수 있었다. 그러나 이 전략은 1954년 프랑스가 '디엔 비엔 푸' 전투에서 참담하게 패배를 겪게 된 것을 계기로 그 실효성에 의문을 갖게 되고 비핵 거부억제 개념의 중요성이 제고되기 시작했다.[14] 따라서 핵에 의한 보복적 억제를 지나치게 중요시한 나머지 징벌을 전제로 한 위협으로도 상대방의 행동을 억제할 수 없는 사태가 야기됨에 따라 상대방의 행동을 규제할 수 있는 능력, 즉 비핵 재래식 군사력이 현실적 거부억제력으로 중요성을 갖게 됨과 동시에 보상적·설득적 중심의 비군사적 억제 개념이 대두했다. 이에 따라 비판받아오던 대량보복전략은 케네디 대통령에 의해 유연반응전략으로 전환되었다.

미국은 대동맹국 정책에서 '닉슨 독트린'을 기조로 해외 개입을 축소하고 통합전력 개념에 따라 동맹 당사국의 군사력을 중심으로 하여 미 군사력을 통합하여 동맹국과 책임분담으로 균형된 거부 능력을 갖춤과 동시에 군사력만 가지고는 평화와 자유를 유지할 수 없으므로 타국의 무력 행사를 포기하도록 하는 비군사

---

14   이선호(1982), 앞의 책, pp. 208-209.

적 노력이 병행해야 한다는 보상적 억제 개념하의 이른바 현실적 억제전략이 대두되었다. 이후 미국은 거부적 억제력뿐만 아니라 비군사적인 정치적·외교적 수단으로 보상적 억제력을 구사할 수 있는 여유를 갖게 되어 비록 양적인 측면에서는 소련에 열세하다 해도 기술, 정확성, 신뢰성에서 소련보다 우월하여 보상적 억제력을 누릴 수 있는 여력이 있는 한 억제의 메커니즘은 균형을 유지할 수 있었다.

### 3) 억제의 달성요건

억제가 달성되기 위해서는 피억제자가 생각하고 있는 행동을 단념할 수 있도록 위협이 심각해야 하고, 이러한 위협을 효과적으로 전달해야 한다.

억제전략이 효과를 달성하기 위해서는 의사전달(Intention), 능력(Capabilities), 신뢰성(Credibilities)에 달려 있다. 첫째, 의사전달은 피억제자가 어떠한 행동을 해서는 안 되는지를 명확히 이해하고 이러한 행동을 했을 때 어떠한 결과가 초래되는지를 인식하게 하여 억제자의 의사를 정확하게 전달하는 것을 의미한다. 국가 간의 관계에서 이러한 의사전달은 여러 가지 어려움을 가지고 있다. 수많은 문제를 다루어야 하는 국가는 시간과 자원의 제한으로 인해 의사를 정확하게 전달하기 어렵다. 또한 억제자가 명확한 의사들 전달해도 피억제자가 정확히 수용한다고 단언할 수 없다. 이러한 경우 심각한 결과를 초래할 수 있으므로 억제를 달성하기 위해서는 억제자가 보복할 수 있는 능력과 의사가 있다는 사실을 명확히 전달하는 것이 필요하다.

둘째, 억제자는 피억제자가 수용할 수 없는 대가를 강요할 능력이 있어야 한다. 억제자는 피억제자가 합리적 사고를 할 것이라고 가정한다. 성공적인 억제 능력은 피억제자가 자기 행동으로 얻는 이익보다 더 높은 비용이 발생하리라는 것을 확신할 수 있도록 하는 것을 목표로 한다.

셋째, 피억제자가 억제자의 위협이 실제로 시행될 것이라는 신뢰를 가지도록 영향을 주어야 한다. 명확한 의사 전달뿐만 아니라 그것이 시행된다고 믿을 수 있어야 한다. 다시 말해 금지된 행동을 한다면 대가를 지불하게 될 것이라는 점을 피억제자가 인식하도록 영향을 미쳐야 한다.[15] 확장억제를 제공받는 약소국에는 동맹국이 확장억제를 확실하게 제공해준다는 확신을 심어주는 개념이다.

북한의 위협을 억제하기 위한 미국의 확장억제전략에도 불구하고 2023년 북한은 ICBM을 시험 발사하여 한미를 위협하고 인공위성까지 발사했다. 이와 같은 북한의 행동은 대북 확장억제력의 신뢰성에 의구심을 갖게 하고 있다.

따라서 미국은 한국에 더욱 강력한 확장억제 수단을 제공하여 북한을 단호히 억제해야 하며, 한국은 3축 체계를 강화하여 만일의 사태에 스스로 대비할 수 있는 능력을 갖추어야 한다.


# 3. 북한의 위협

## 1) 핵개발 경과

북한은 6.25전쟁이 끝난 직후, 전후 복구와 소련의 지원 아래 원자력에 관한 기초연구, 인력양성 등 핵에너지를 활용하기 위한 기반체계를 구축하기 시작했다. 북한은 1955년 김일성종합대학 물리학부에 핵물리 강좌를 개설했고, 1956년에는 국가과학원에 '핵물리실험실'을 설치했다. 같은 해 북한은 소련과 '원자력 협정'을 체결한 후 소련의 드브나 핵연구소에 인력을 파견하여 기술을 습득하는 등 전문인력을 양성했다. 또한 1959년에는 중국과도 '원자력 협력 협정'을 체결했다. 1963년에는 소련의 지원으로 연구용 원자로를 설치했고, 1965년부터는 영변에 핵시설을 건설하기 시작하여 핵 연구 및 이론에 기틀을 마련했다. 그리고 평산, 순천, 박천 등에 우라늄 광산을 개발하고 우라늄 정련공장을 건설했다. 북한

---

15  이재학, 「억제이론으로 본 중국의 핵억제전략」, 『新亞細亞』 67, 2011, pp. 103-104.

제1부 동아시아 패권경쟁과 군사혁신의 전략적 요구

은 풍부한 우라늄을 가지고 핵연료주기 시설을 건설했으며, 1974년에는 국제원자력기구(IAEA)에 가입하여 국제사회와 원자력 협력을 위한 여건을 마련하기도 했다. 1980년대에 들어와서는 핵물질 생산시설을 구비하고, 핵 전문인력 양성과 핵실험장 건설 등 핵무기 개발에 필요한 시설을 확장하면서 본격적으로 핵개발에 착수했다. 영변에는 핵단지를 조성하여 플루토늄 생산에 필요한 원자로, 재처리 시설, 핵연료 제조공장을 건설했다. 1986년에는 자체 기술력으로 개발한 5MWe 흑연감속로를 가동하기 시작했다. 1990년에는 사용후핵연료를 재처리할 수 있는 방사화학실험실을 완공했다. 그리고 영변 핵단지에 50MWe 흑연감속로를 착공했다. 1989년 프랑스 위성에 의해 영변 핵단지가 노출되어 국제사회는 북한의 비밀 핵개발 의혹을 제기했으며, 국제사회의 압력으로 인해 1991년 북한은 국제원자력기구와 안전조치 협정을 체결했다. 1992년에는 국제원자력기구의 핵사찰 결과 핵 활동 신고내용과 불일치하여 추가 확인을 위해 특별사찰을 요구했으나, 북한이 NPT 탈퇴 선언을 하면서 1차 핵위기가 고조되었다. 이에 클린턴은 군사 옵션까지 검토했으나 1994년 '북미 제네바 기본 합의'가 극적으로 체결되어 북한의 핵 활동은 2002년까지 동결되었다.

그러나 북한은 1990년대 중반 비밀리에 파키스탄의 지원을 받아 우라늄을 농축했다. 북한은 우라늄 농축을 한동안 부인했으나 2001년 우라늄 농축시설을 공개했다. 부시 행정부는 2002년 '제네바 기본 합의' 파기를 선언하고 중유 지원 및 경수로 건설 중단 선언을 했다. 북한 또한 파기를 선언하고, 국제원자력기구 사찰관 추방, 영변 핵시설 동결 해제, 사용후핵연료 재처리 등 본격적으로 핵물질을 생산하기 시작했다. 2003년과 2005년 두 차례에 걸친 재처리를 통해 상당한 양의 플루토늄을 확보했으며, 2005년 2월 핵무기 보유를 공식으로 선언했다. 2006년 10월 북한은 함경북도 풍계리에서 최초의 지하 핵실험을 했다. 이후 북한은 핵탄두의 위력 증대, 미사일 탑재를 위한 소형화, 대량생산 등에 중점을 두고 핵능력 고도화에 박차를 가했다. 북한은 6자 회담이 진행되던 2008년 말까지 영변 핵단지 내 주요 핵시설에 대한 불능화 조치 등 핵물질 생산을 잠정 중단했으나 검증 문제 불일치로 6자 회담이 더 이상 진행되지 못하자 2009년 핵시설을 재가동하여 5월에 2차 핵실험을 감행했다.

2012년 이후 북한은 경제·핵무력 건설 병진 노선을 내세우면서 핵·미사일 능력 고도화에 박차를 가했다. 그리고 2013년 2월, 2016년 1월과 9월, 2017년 9월에 추가적인 핵실험을 감행했다. 6차 핵실험의 위력은 약 50kt으로 수소탄 실험을 시행하는 것으로 평가되었다.

이후 북한은 핵보유국임을 강조하면서 핵탄두의 표준화·규격화·소형화·경량화·다종화 달성을 주장했고, 핵탄두와 미사일의 대량생산 및 실전배치 의사 등

〈표 3-1〉 북한의 핵실험 현황

| 구분 | 1차 | 2차 | 3차 | 4차 | 5차 | 6차 |
|---|---|---|---|---|---|---|
| 일시 | '06.10.9 | '09.5.25 | '13.2.12 | '16.1.6 | '16.9.9 | '17.9.3 |
| 규모(mb) | 3.9 | 4.5 | 4.9 | 4.8 | 5.0 | 5.7 |
| 위력(kt) | 0.8 | 3~4 | 6~7 | 6 | 10 | 50 |

출처: 국방부, 『2022 국방백서』, 국방부, 2022, p. 부록 295 참고하여 작성.

〈표 3-2〉 북한 핵시설 현황

| 구분 | 용도 |
|---|---|
| 평산 우라늄 광산 | 우라늄 채광(약 400만 톤, 북 주장) |
| 평산 우라늄 정련시설 | 천연 우라늄 채광 및 정련<br>광산과 인접, 옐로케이크 생산 |
| 영변 핵연료 제조공장 | 핵연료 생산 및 조립 공정 복합 공장(1987년 가동)<br>연간 핵연료 50톤 생산 가능 |
| 5MWe 원자로 | 플루토늄 생산용 원자로(1986년 가동 시작)<br>흑연감속 가스냉각로(열출력 20~25MWt) |
| 영변 우라늄 농축시설 | 고농축 우라늄 농축시설 |
| 영변 재처리시설 | 플루토늄 재처리시설<br>화학적 기법(퓨렉스)으로 플루토늄 추출 |
| 풍계리 핵실험장 | 2018년 5월 25일 폐기 후 2023년 재가동 추정 |

출처: 국방부, 『2022 국방백서』, 국방부, 2022, p. 부록 295 참고하여 작성.

을 표명했다.

2018년 북한은 신년사에서 '핵무력 완성'을 선언함으로써 사실상 핵보유국이 되었음을 국제사회에 선포했다. 2022년 9월 최고인민회의에서는 '핵무력 정책 법제화'를 발표했다. 이를 통해 자신들에게 대규모 공격이 있거나 임박했다고 판단한 경우나 작전상 불가피한 경우에는 선제적인 핵 사용이 가능하다고 명시했다.

### 2) 북한의 미사일 위협

북한은 액체추진 탄도미사일인 스커드, 노동, 무수단을 작전 배치하여 한반도를 포함한 주변국을 직접 타격할 수 있는 능력을 보유하고 있다. 북한은 1970년대부터 탄도미사일 개발에 착수하여 1980년대 중반 사거리 300km의 스커드-B와 500km의 스커드-C 600여 기를 작전 배치했으며, 1990년대 후반에는 사거리 1,300km의 노동미사일 200여 기를 작전 배치했고, 그 후 스커드의 사거리를 연장한 스커드-ER을 작전 배치했다.

2007년에는 사거리 3,000km 이상의 무수단미사일을 시험발사 없이 작전 배치했으나 2016년 성능시험에 실패했다. 하지만 북한의 SCUD 미사일은 한반도 전역을, 노동미사일은 일본열도까지, 무수단은 괌이나 필리핀까지 사정거리로 보고 있다.

북한은 2012년부터 신형 액체·고체추진 탄도미사일에 대한 연구개발을 추진하고 있다. 액체추진 탄도미사일은 2016년 개발에 성공한 백두산 엔진을 기반으로 신형 중거리 탄도미사일인 화성-12형을 개발하여 2017년 이후 총 3회에 걸쳐 정상 각도로 일본 상공을 통과하는 시험발사를 했다. 대륙간탄도미사일은 2017년 화성-14형과 화성-15형을 발사하여 미국 본토를 위협할 수 있는 비행 능력을 보여주었다. 이후 2022년 2월부터 화성-17형 발사를 수차례 시도했고, 11월에도 동해상으로 고각 발사했다. 북한의 모든 ICBM 시험발사는 고각 발사로만 진행되어 미국 본토를 위협할 수 있는 사거리 비행 능력은 보여주었으나, 정상 각도로 시험발사는 하지 않았기 때문에 탄두의 대기권 재진입 등 ICBM 핵심 기술 확보 여부는 추가적인 확인이 필요하다. 또한, 북한이 '극초음속 미사일'이라고 주장하는 미사일은 2021년 이후 총 3회에 걸쳐 시험 발사했다.

북한은 작전 운용상 액체추진 탄도미사일보다 유리한 고체추진 탄도미사일을 2019년부터 개발하여 시험발사를 지속하고 있으며, 신뢰도가 검증되었다고 자평한 북한판 이스칸데르형 전술유도탄을 기반으로 에이태킴스형, 고중량 탄두형, 근거리형 등 다양한 단거리탄도미사일을 개발했다.

또한, 발사 방식을 다양화하기 위해 차륜형·궤도형·철도기동형·잠수함 발사형 등 다양한 플랫폼을 발전시키고 있다. 한편, 북한은 초대형 방사포(600mm)라고 주장하는 단거리탄도미사일을 2019년부터 수차례 시험발사 후 2022년 12월 군에 인도했다고 발표했다. 북한은 짧은 기간 동안 다양한 형태의 고체추진 탄도미사일을 개발했으며, 향후 노후화된 전략군의 스커드와 노동미사일을 대체할 것으로 예상된다. 한편, 북한은 2022년 12월 평안북도 동창리 '서해 위성 발사장'에서 대형 고체 모터 연소시험을 실시했는데, 향후 이를 기반으로 고체추진 IRBM(Intermediate Range Ballistic Missile) 및 ICBM 개발도 추진할 것으로 예상된다. 잠수함발사탄도미사일(SLBM)은 북극성 계열과 잠수함발사형전술유도탄(북한판 이스칸데르 파생형)을 시험발사 했으나, SLBM 운용이 가능한 잠수함은 개발 단계로 평가된다.

북한은 2022년 9월 8일 '핵무력 정책'을 법제화하여 선제 핵 사용 가능성을 공식화한 이후 전술핵 탑재가 가능하다고 주장하는 다양한 탄도미사일을 동·서 해상으로 발사했고, 2022년 11월 2일 미사일 1발을 의도적으로 NLL 이남 26km 공해상에 발사하여 '9.19 군사합의'를 위반했다. 또한, 북한은 2000년대 초반부터 지대함 위주로 순항미사일을 개발해왔으며, 이를 통해 축적한 기술을 이용하여 장거리 지대지 순항미사일 개발에 주력하고 있다. 향후 북한의 장거리 지대지 순항미사일 개발이 완료된다면, 우리에 대한 미사일 위협이 한층 증대될 것으로 예상된다.

앞으로도 북한은 핵무력 고도화 및 국방력 강화 계획에 따라 미사일 개발과 시험발사를 지속할 것으로 예상되며, 특히 제8차 당대회에서 제시한 전략무기 개발 과업 완성에 역량을 집중할 것으로 전망된다. 북한이 현재 보유 또는 개발하고 있는 탄도미사일의 종류와 사거리는 〈그림 3-1〉, 〈그림 3-2〉와 같다.

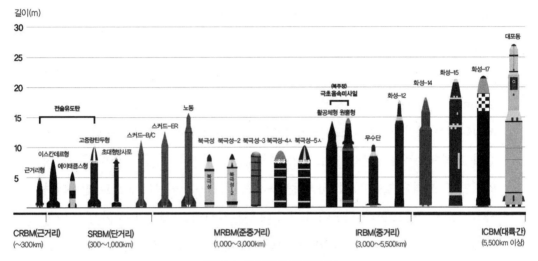

〈그림 3-1〉 북한의 탄도미사일

출처: 국방부, 『2022 국방백서』, 국방부, 2022, p. 31.

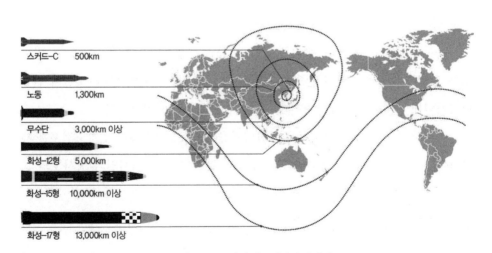

〈그림 3-2〉 북한의 탄도미사일 사거리

출처: 국방부, 『2022 국방백서』, 국방부, 2022, p. 32.

또한 북한은 장사정포인 방사포 5,500여 문을 보유하고 있다. 장사정포는 북한 포병의 약 30%에 해당한다. 방사포의 대표적인 구경은 240mm와 300mm가 있으며, 240mm 방사포는 화학탄을 탑재할 수 있고 사거리는 40km 이상이다. 300mm 방사포는 사거리가 130km에 달한다.

북한은 전력의 70%를 평양-원산선 이남에 배치하여 언제든지 기습공격을 할 수 있는 태세를 갖추고 있다. 북한의 방사포 전력 중 240mm는 서울과 수도권을 표적으로 삼고 있으며, 시간당 1만여 발을 포격할 수 있는 것으로 평가된다. 그리고 300m 방사포는 대전 등 중부지역까지 포격할 수 있다. 후방에 배치된 300mm 방사포는 안전한 지역에서 서울 포격이 가능하며, 전쟁 초기에 이들을 제압하기는 어려울 것이다. 또한 방사포는 갱도진지에서 운용되어 우리 군의 공습과 포격으로부터 생존성 확보가 가능하다. 북한의 갱도 포병은 산의 후사면에 있으면서, 사격은 출구 개방-사격 준비-사격-이동-출구 폐쇄 순으로 진행되며 약 6분 소요된다고 한다. 반면에 우리의 대응은 감시정찰, 결심, 타격까지 그 이상이 소요되어 대화력전을 수행한다고 하더라도 전쟁 초기에 완벽하게 제압하기는 제한될 것으로 판단된다.[16] 특히 북한이 핵 소형화에 성공했다면 300mm 방사포에 탑재가 가능할 것으로 판단되며, 북한은 170mm 자주포에도 10kt 이하의 핵탄두 탑재가 가능하다고 주장하고 있다.[17]

북한은 탄저균, 콜레라, 장티푸스 등 13종의 생물무기를 보유하고 있고, 방사포를 포함한 다양한 투발수단으로 공격이 가능할 것으로 판단된다. 북한이 인구 밀집지역에 탄저균 100kg을 투발할 경우 치사율은 80% 이상이다.

이러한 위협에 대해 한국군은 대화력전을 통해 조기에 북한의 장사정포를 제압하여 전쟁의 주도권을 장악한다고 하지만, 북한의 각종 미사일과 방사포의 동

---

16  윤혁민, 「한국형 3축 체계 중 KAMD의 중요성과 발전방향」, 합동군사대학교 연구논문, 대전: 2018, pp. 10-11.

17  이동준, 「한국형 통합방공 및 미사일방어(KAMD) 개념을 적용한 북한 핵 대응방안 연구」, 『공군평론』 173, p. 7.

시다발 기습공격을 고려하면 전면적인 방어가 제한될 수밖에 없다.

심지어 북한은 2023년 11월 21일 군사 정찰위성 '만리경-1호' 발사에 성공하여 정상적인 임무를 수행하고 있다고 주장하고 있다. 미국에는 정찰위성으로 펜타곤과 백악관을 촬영했다고 위협을 가하고 있다.

2023년 11월 27일 북한은 위성 발사 이후 한국과 군사적 갈등이 고조되자 2018년 한국군과 맺었던 '9.19 군사합의' 폐기를 선언했으며, 최전방 감시초소와 GP를 복원하고 해안포를 개방하는 횟수도 증가시키는 등 한반도에 군사적 긴장을 고조시키고 있다.

따라서 한미 확장억제전략의 실행력을 제고하여 북한의 도발 위협을 강력히 억제하고, 한국군도 조기경보와 강력한 타격 능력을 보유하여 북한의 위협을 억제하고 유사시 강력한 타격으로 전쟁의 주도권을 장악하여 조기에 승리로 전쟁을 종결지어야 한다.

## 3. 미국의 확장억제 실행력 제고 및 3축 체계 발전방안

### 1) 미국의 확장억제 실행력 제고

확장억제는 미국이 동맹국에 대해 핵 및 재래식 전력, 미사일방어 등 모든 범주의 군사력을 운용하여 억제력을 제공하는 억제전략이다. 미국은 6.25전쟁 중인 1953년 한미상호방위조약을 통해 한국에 미군을 주둔시키는 등 군사력 제공을 약속했고, 1978년 제11차 SCM에서 한국에 핵우산을 제공한다는 공약을 명문화했다. 이후 2006년 북한의 1차 핵실험 직후 제38차 SCM에서 확장억제를 최초로 언급했고, 2009년 북한이 2차 핵실험 후 제41차 SCM에서 확장억제 제공수단으로 미국의 핵우산, 재래식 전력, 미사일방어로 구체화했다. 2011년에는 북한의 핵 및 재래식 위협에 대비하기 위해 맞춤형 억제전략 수립에 합의했으며,

2013년 제45차 SCM에서는 북한 지도부 특성, 핵 및 미사일 위협 등을 고려하여 한반도에 최적화된 맞춤형 억제전략(TDS)에 서명하고, 2016년 9월 한미 정상회담에서 한국에 대한 방위 공약을 재확인했다.[18]

맞춤형 억제전략은 확장억제전략에서 발전한 한미 공동의 억제전략으로 북한이 핵 사용을 위협하는 단계부터 직접 사용하는 단계까지 위기 상황별로 이행할 수 있는 군사 및 비군사적 대응방안을 포함하고 있으며, 한미는 맞춤형 억제전략의 실행력 제고를 위해 2015년 4월 '확장억제정책위원회(EDPC: Eetended Deterrence Policy Committee)'와 '미사일대응능력위원회(CMCC: Counter Missile Capability Committee)'를 통합하여 '한미 억제전략위원회(DSC: Deterrence Strategy Committee)'를 출범시켰다.

2016년 10월 제48차 SCM에서는 미국 확장억제전략의 실행력 제고를 위해 '한미 외교·국방 확장억제전략협의체(EDSCG: Extended Deterrence Strategy & Consultation Group)'에서 고위급 전략 협의를 강화해나가기로 했다.[19] 한미 억제전략위원회는 2018년부터 2019년까지 '한미 확장억제 공동연구'를 통해 북한의 핵 및 미사일 위협에 대한 억제 및 대응 능력을 강화하기 위한 실질적인 방안을 도출했으며, 2019년 11월 제51차 SCM에서는 확장억제 공동연구가 확장억제 강화에 이바지했다고 평가했고, 향후 안보환경을 고려하여 맞춤형 억제전략을 구체적으로 이행하는 방안들을 공동으로 모색해나가기로 했다.[20] 한미는 한미 억제전략위원회 개최와 연계하여 확장억제수단의 운용연습을 매년 실시하고 있다.

2022년 8월 한미는 제13차 억제전략위원회에서 한미 맞춤형 억제전략(TDS: Tailered Deterrence Strategy)이 북한의 핵 및 WMD 위협에 대한 실효적이고 강력한 문서로 개정되고 있음을 확인했고, 동맹의 미사일 대응 능력 및 태세를 강화하기

---

18  국방부, 『2016년 국방백서』, 서울: 용산, 2016, p. 56.
19  국방부(2016), 위의 책, p. 57.
20  국방부, 『2020년 국방백서』, 서울: 용산, 2020, p. 60.

위해 '미사일정책협의체(CMWG: Counter Missile Workung Group)'를 신설하기로 합의했다.[21] 2022년 9월에는 4년 만에 제3차 '한미 확장억제전략협의체(EDSCG)'를 재개하여 확장억제 실행력을 제고하기 위한 협력을 더욱 강화하기로 했다. 한미는 공동성명을 통해 더욱 강화된 확장억제 공약을 재확인하면서 EDSCG의 연례 개최를 통해 EDSCG를 제도화해나가기로 했다.

한미는 2022년 11월 제54차 SCM에서 확장억제 실행력을 실질적으로 강화하는 진전을 이루었다. 2022년 북한이 탄도미사일 발사, 7차 핵실험 준비, 핵 정책 법제화 등을 통해 위협을 자행하는 것에 대해 한미는 강력한 경고메시지를 보냈으며, 메시지에는 "북한의 전술핵을 포함한 어떠한 핵공격도 용납될 수 없으며, 김정은 정권의 종말을 초래할 것"이라는 내용을 포함했다.[22] 또한 한미는 북한의 핵 선제 사용 가능성에 중점을 두어 확장억제 실행력 제고를 위한 정책적 기반을 마련하고, TDS의 개정, 확장억제수단 운용연습 연례 개최 등 다양한 이행방안에 합의했다. 한미는 미국 전략자산의 전개 빈도와 강도를 증가하고 전략자산의 대상, 이동, 전개, 훈련 등을 사전에 긴밀히 조율하여 북한의 위협에 대한 억제 능력과 태세를 강화하기로 했다. 미국은 2022년 10월 '핵태세검토보고서(NPR: Nuclear Posture Review)'에서 "미국, 동맹국 및 우방국에 대한 어떠한 핵공격도 용납될 수 없고, 이러한 핵공격은 북한 정권의 종말을 초래할 것"임을 명확히 했으며, 핵무기의 역할에 대한 계산된 모호성을 유지하면서 핵전력 현대화를 지속 추진하여 동맹에 강하고 신뢰할 수 있는 확장억제를 보장하고, 전략핵잠수함 및 전략폭격기 등의 전개 등 미국 전략자산의 가시성을 높이는 실행력 제공방안을 지속 추진할 것임을 표명했다.[23] 그리고 북한이 탄도미사일 발사와 공세적인 핵 법제화 등 핵위협을 고조시키자 2017년 이후 5년 만인 2022년 9월 레이건 항모강습단을 동

---

21  국방부(2022), 위의 책, p. 162.

22  국방부(2022), 위의 책, p. 162.

23  국방부(2022), 앞의 책, p. 162.

해상에 전개했고, 11월에는 B-1B 전략폭격기 2대가 한미 연합공중훈련인 '비질 런트 스톰(Vigilant Storm)'에 참가했다. 2023년 2월에는 북한이 ICBM을 시험 발사 하자 미 공군의 B-1B와 F-22 전투기가 한미 연합공중훈련을 실시했으며, 해군 의 핵추진 공격잠수함 스프링필드호가 한반도에 전개했다. 3월에는 미 해군의 핵 추진 항공모함 니미츠호가 한반도에 전개하여 한국 해군과 연합해상훈련을 실시 했고, 4월에는 핵무기 탑재가 가능한 미 공군의 B-52H 전략폭격기가 한국 공군 F-35A 전투기와 연합공중훈련을 실시했다. 11월 15일에는 B-52H 전략폭격기 가 한반도 상공에서 연합공중훈련을 실시했으며, 북한의 정찰위성 발사에 대비하 여 11월 21일 미 해군의 핵 추진 항공모함 칼빈슨함이 부산작전기지에 입항했다.

11월 21일 북한이 정찰위성을 발사하자 NSC에서는 '9.19 남북 군사합의' 중 1조 3항[24]에 대한 일부 효력 정지를 의결했으며, 11월 22일 효력이 정지되었 다. 이에 따라 북한은 11월 23일 군사합의에 구속되지 않고 중지되었던 모든 군 사적 조치를 회복한다고 선언했고, GP 복원 및 해안포를 가동하기 시작했다. 한 미는 이에 대응하여 11월 26일 핵추진 항공모함 칼빈슨호 등이 참가한 한미일 연 합해상훈련을 제주 동남방에서 실시하여 대북 억제력을 과시했다.

하지만 북한의 핵 및 미사일 능력이 고도화됨에 따라 미국의 한반도에 대한 확장억제의 신뢰성에 의구심을 가져오고 있다. 첫째, 북한의 핵 탑재 미사일이 미 국 본토에 도달할 수 있기 때문에 미국은 북한의 핵공격에 대한 보복 이전에 미국 본토에 대한 북한의 공격을 감수해야 한다는 것이다. 이것은 미국이 서울을 위해 미국 본토를 포기할 것인가라는 의문에서 출발한다.

둘째, 한미 간 각종 협의체는 법적 구속력이 없기 때문에 핵위협이라는 가공 할만한 위협에서 미국이 자국민 보호를 위해 공약대로 확장억제를 시행하지 않을 수도 있다는 것이다. 왜냐하면 핵 강대국이라도 엄청난 피해가 수반되는 핵전쟁

---

**24**  1조 3항은 군사분계선 상공에 비행금지구역을 설정하는 것으로, 고정익 항공기의 경우 동부 40km, 서
부 20km, 회전익 항공기의 경우 10km, 무인기는 동북 15km, 서부 10km, 기구는 25km 이내 구간으로
한다.

의 위험을 쉽게 감수할 수 없기 때문이다. 트럼프 행정부의 '미국 우선주의' 정책에서도 알 수 있듯이 확장억제는 미국 정치인과 정권의 성향, 미국 국내 정치·경제적 요인, 한반도의 전략적 중요성에 따라 유동적일 수 있다.

따라서 확장억제의 정책 기조에 더하여 미국의 확장억제가 자동적이며 지속해서 이행될 수밖에 없는 정책을 추진해나가야 한다.

첫째, 한미 확장억제전략협의체(EDSCG)를 주기적으로 개최하고 권한을 확대해야 한다. 미국은 NATO 국가들에는 핵공유(Nuclear Sharing)를 통해 확장억제를 제공하고 있다. 핵공유는 미국의 핵무기 150~200여 개를 NATO 국가들에 전진배치하여 유사시 즉시 사용할 수 있게 하는 시스템이다. 또한 미국과 NATO는 1966년 핵기획그룹(NPG: Nuclear Planning Group)을 설치하여 핵무력과 관련된 정책을 협의하고, 운용방침을 공유하여 미국 확장억제의 신뢰성을 제고하고 있다. 하지만 미국은 한국과는 핵기획그룹이 아닌 핵협의그룹인 EDSCG를 운영하고 있다. EDSCG는 한미 간 확장억제에 관한 전략협의체이지만, 한국 측의 의사결정 참여권이 보장된다고는 보기 어렵다. 따라서 EDSCG의 권한을 확대하여 한국이 확장억제와 관련하여 정책과 전략의 의사결정에 참여할 수 있는 권한을 보장해야한다.

둘째, 미국의 핵태세검토보고서(NPR)에 북한의 핵 위협에 대응하기 위한 한미 간의 공동 의견이 반영될 수 있도록 추진되어야 한다. 이를 통해 미국은 한국 및 동맹국에 확장억제의 신뢰성을 보장할 수 있기 때문이다.

셋째, 주한 미군의 지속적인 주둔을 통해 유사시 미군이 개입할 수 있는 인계철선이 되어야 한다. 미국으로서는 본토 방호도 중요하지만, 해외에 배치된 미군의 안전을 보장하는 것 또한 매우 중요하다. 그리고 한반도에서 유사시 미국민 보호를 위한 비전투원호송작전(NEO) 지원계획을 발전시켜 미국이 안심하고 한국을 지원할 수 있는 환경을 조성해나가야 한다.

넷째, 핵무기 운용 능력 향상을 위한 한미연합훈련과 미국의 전략자산 전개를 지속해서 강화해나가야 한다. 과거 1958년 이후 한반도에는 다양한 종류의 전술핵 900여 발이 배치되어 있었고, 1970년대 이후 점차 감소하기 시작하여 1991년에는 북한의 핵개발을 막기 위해 전술핵은 완전히 철수했으나 현재 북한은 다량의 핵탄두를 보유한 것으로 추정된다. 한국은 1991년 남북 비핵화 공동선언 내용을 준수하고 있다. 또한 2023년 4월 26일 확장억제를 강화하는 한미 위싱턴선언을 채택했다. 워싱턴선언에서 한국은 핵확산금지조약(NPT) 의무를 준수하기로 했으며, 이것은 자체 핵무기 개발을 추진하지 않겠다는 것이다. 또한 주한미군의 전술핵 재배치, 한미 간 핵공유도 하지 않기로 했다. 따라서 한국은 미국의 핵운용 전력과의 연합훈련을 강화하여 유사시 즉각적으로 핵전력이 운용될 수 있도록 해야 한다. 이른바 핵운용을 위한 미국의 B-52H 전략폭격기, 핵추진 잠수함, 핵추진 항공모함 등의 주기적인 한반도 전개와 한미연합 공중 및 해상훈련을 통해 실전적인 핵운용 능력을 갖추도록 해야 한다.

### 2) 3축 체계 발전방안

한국군은 2006년부터 한국형 미사일방어(KAMD: Korea Air and Missile Defense)를 추진했으며, 2010년 3월 26일 천안함 폭침사건과 11월 23일 연평도 포격사건 이후 2012년 제44차 SCM에서 킬체인(Kill Chain) 개념을 제시했다. 2013년 2월 북한의 3차 핵실험 이후에는 한국군의 독자적인 킬체인 발표와 동시에 능력을 갖추기로 했다. 2015년에는 K2 작전수행체계를 정립하고 4D(Detect: 탐지, Disrupt: 교란, Destroy: 파괴, Defense: 방어) 개념을 정립했다.[25] 2016년 9월 북한이 제5차 핵실험을 감행하자 대량응징보복(KMPR: Korea Massive Punishment and Retaliation)을 포함한 한국형 3축 체계를 발표했다. 이후 한국군은 북한의 핵과 미사일 위협에 대응하고 한국군의 공격 · 방어 · 응징 능력과 태세를 강화하기 위해 '한국형 3축 체계'의 능력과 태세를 확충해나가고 있다.

---

**25** 이대중, 「KAMD 체계 발전방안 연구」, 『해양전략』 171, 계룡: 국군인쇄창, 2016, p. 149.

북한의 핵 및 재래식 위협에 대비한 한국형 3축 체계는 유사시 미국의 확장억제가 효과를 거두지 못할 경우 한국군이 독자적으로 대응할 수 있는 핵심 전력이다. 따라서 이른 시일 내에 능력을 확충하고 지속해서 보강해나가야 한다.

### (1) 킬체인(Kill Chain)

킬체인은 북한의 핵 및 미사일 관련 지휘체계, 발사체계, 지원체계, 이동식 발사대 등 표적을 신속히 탐지하여 북한이 공격할 징후가 명백할 경우 발사 전에 먼저 제거하는 공격체계로서, 거부적 억제 개념을 달성하는 체계다.[26] 킬체인은 북한의 핵 및 미사일 위협에 대한 전략적 선제타격이라는 매우 민감한 역할을 담당한다. 이를 위해 발사 이전에 적극적으로 탐지하고 교란할 수 있는 능력을 강화하고, 북한 전 지역에 있는 고정 및 이동표적에 대한 신속하고 정확한 감시정찰과 초정밀타격 능력을 확보해야 한다. 미군의 킬체인은 탐지(Find)-식별(Fix)-추적(Track)-결심(Target)-타격(Engage)-평가(Assess)의 6단계로 이루어지지만, 한국군의 킬체인은 탐지-식별-결심-타격의 4단계로 이루어진다. 탐지 단계는 표적을 최초로 발견하는 단계이며, 식별 단계는 탐지된 표적이 타격해야 할 표적인지를 식별하는 동시에 표적을 추적하는 단계다. 각 단계는 각각 소요 시간이 1분이며, 거의 동시에 이루어진다. 결심 단계는 식별 및 추적하고 있는 표적에 대해 공격 여부를 결정하고, 타격 방법, 무기 선정, 임무 부여 등의 단계로 소요 시간은 3분이다. 타격 단계는 표적에 대해 공격자산으로 타격하고 효과를 평가하여 재공격 여부를 결정하는 단계로 소요 시간은 25분이다. 따라서 공격하는 데 필요한 시간은 총 30분이 소요되며, 북한의 갱도 포병이 갱도를 개방하고 사격을 준비하는 데 걸리는 시간을 고려한 것이다.[27]

---

**26** 국방부(2022), 앞의 책, p. 57.
**27** 이상화, 「한국형 3축 체계 구축 분석 및 발전방향」, 합동군사대학교 연구논문, 2018, pp. 12-22.

〈표 3-3〉 킬체인 단계 및 소요 시간

| 구분 | 탐지 단계 | 식별 단계 | 결심 단계 | 타격 단계 |
|---|---|---|---|---|
| 30분 | 1분 | 1분 | 3분 | 25분 |

출처: 이상화, 「한국형 3축 체계 구축 분석 및 발전방향」, 합동군사대학교 연구논문, 2018, p. 12 〈표 4-1〉을 참고하여 작성.

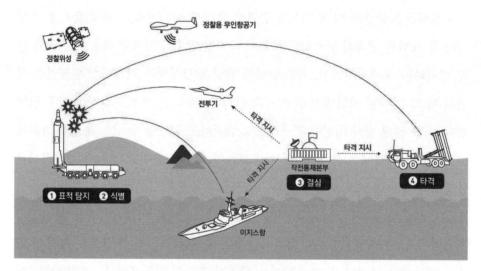

〈그림 3-3〉 킬체인 체계도

출처: 국방부, 『2016 국방백서』, 국방부, 2016, p. 59.

킬체인은 북한의 핵 및 미사일 공격이 임박한 경우 첨단 재래식 무기로 북한의 핵 및 미사일 관련 표적을 선제적으로 공격하는 체계이므로 첫째, 자위권 차원의 강력한 군사적 대응 개념과 계획을 발전시켜야 한다. 자위권은 "국가가 자국을 위해 급박한 위협을 제거하기 위해 일정한 한도 내에서 실력을 행사할 수 있는 권리"를 말한다. 유엔 헌장 제51조는 국가가 무력 공격에 대해 집단 자위권을 포함한 자위권을 행사할 권리를 규정하고 있다. "이 헌장의 어떠한 규정도 국제연합 회원국에 대해 무력 공격이 발생한 경우, 안보리가 국제평화와 안전을 유지하는 데 필요한 조치를 취할 때까지 개별적 또는 집단적 자위의 고유한 권리를 침해하지 아니한다"라는 내용이다.[28] 하지만 이러한 내용이 상대국의 무력 공격이 발생한 후에만 인정되는 것인지, 무력 공격이 임박한 위협 상황에서도 효력이 발생하는 것인지에 대해서는 명확하지 않다. 중동의 6일전쟁 사례, 핵무기의 확산과 9.11 테러사건 이후 현재 국제사회는 제51조를 확대해석하여 무력 공격이 임박한 위협 상황에서도 효력이 발생하는 것으로 기울어져 있다.[29]

따라서 자위권 차원의 선제공격을 하기 위해서는 무력 행사에 대한 국제사회의 동향을 자세히 파악하고 분석하여 국제법적인 체계를 확보해야 한다. 3차 중동전쟁인 6일전쟁 사례에서는 선제공격이 적절하게 시행되었을 때 국가의 정당한 행위로 인정되었다. 국제사회에서는 선제공격이 '최후의 수단'일 때 정당한 행위로 인정한다는 것이다. 북한에 대한 선제공격은 국제법적으로 북한이 핵과 미사일을 이용한 공격이 명확히 임박했을 때 이루어져야 한다. 선제공격의 합법성을 뒷받침하기 위해 정당성을 확보하고, 사전에 국민의 지지를 확보해야 한다. 그리고 대응 개념을 명확히 하고, 표적과 타격수단을 구체화하는 등 대응계획을 발전시켜 북한의 공격 위협 임박시 즉각 가동할 수 있도록 준비해야 한다.

둘째, 선제공격을 시행하기 위해서는 강력한 킬체인 전력을 보유해야 한다. 북한의 핵 및 미사일 사용 징후를 조기에 탐지하기 위해 감시정찰 능력을 극대화해야 한다. 이를 위해 필요한 감시정찰과 우주 무기체계 등 ISR 자산을 지속해서 보강하고 정보융합 능력을 향상시켜야 한다. 특히 각종 감시정찰용 중고도 및 고고도 무인 항공기와 군 정찰위성을 집중적으로 전력화하여 표적에 대한 정확한 정보를 상시 유지하고 있어야 한다. 또한 킬체인 전용의 정지궤도 위성을 전력화하여 위성 도래 주기로 인해 발생하는 감시정찰의 공백을 제거해야 한다. 지상, 해상, 공중의 신호정보를 조기에 수집하고 탐지하기 위한 신호정보 수집 체계도 고도화해야 한다. 이렇게 수집한 정보를 융합하고 분석하여 전쟁지도부의 의사결정

---

**28**    유엔 헌장(1954.6.26, 샌프란시스코)

**29**    제성호, 「유엔 헌장의 자위권 규정 재검토」, 『서울 국제법 연구』 17(1), 서울: 국제법연구원, 2010, p. 75.

을 지원할 수 있는 AI기반의 정보융합체계를 갖추어야 한다. 그리고 이렇게 탐지한 표적을 타격하기 위해 초정밀·고위력의 타격 능력을 갖추어야 한다.

북한은 다수의 이동식 발사대, 잠수함 등 다양한 플랫폼을 구축하고 있으므로 이를 타격하기 위한 지상·해상·공중 타격수단을 다양화하고 통합된 지휘통제체계를 구축해야 한다. 물리적 타격수단과 병행하여 4차 산업혁명 기술을 활용한 전자기펄스탄, 정전탄 등의 비물리적 수단에 대한 준비도 병행해야 하며, 북한의 핵 공격을 교란할 수 있는 사이버전자기전 능력을 조기에 확보해야 한다.

### (2) 한국형 미사일방어(KAMD)

한국형 미사일방어(KAMD)는 우리 영토로 발사된 다양한 미사일을 조기에 탐지 및 요격하고, 피해를 최소화하기 위해 경보를 전파하는 복합 다층방어체계를 말한다.[30] KAMD는 킬체인과 함께 거부적 억제 개념을 구현한다. 미사일 방어체계는 추진 단계, 중간 단계, 종말 단계로 구분된다.

추진 단계는 미사일 추진체의 연료 연소가 종료되는 시점까지로 내부 유도장치에 의해 탄체가 특정 속도, 고도, 발사각의 위치까지 도달하는 단계다. 미사일 발사 초기에는 상승 속도가 느리므로 타격하기 쉽고, 발사지역 상공에서 요격하여 우리 측의 피해가 없다. 하지만 발사지점이 적국에 위치하여 조기 탐지가 어렵고 미사일 요격까지 매우 짧은 시간에 수행해야 하므로 요격도 어려우며 근접한 요격 수단이 필요하다.

중간 단계는 추진체가 분리되어 추력과 중력에 의해 자유비행하는 단계로서 공기밀도가 희박한 외기권(고도 500~1,000km)을 비행하여 경로를 예측하기 쉽다. 요격할 수 있는 시간이 길어 다양한 요격수단으로 대응이 가능하나 고도의 기술이 필요하다.

종말 단계는 탄도미사일이 대기권에 재진입하여 하강하는 단계로서 공기밀

---

30  국방부(2022), 앞의 책, p. 57.

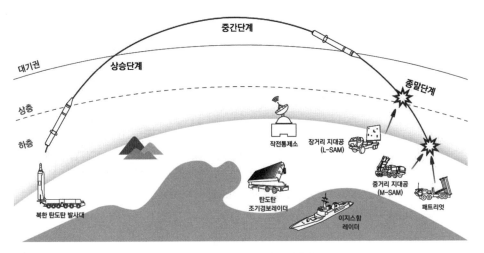

<그림 3-4> 한국형 미사일방어체계도

출처: 국방부, 『2016 국방백서』, 국방부, 2016, p. 60.

도의 급격한 증가로 인해 높은 열이 발생하여 적외선 탐지체계로 쉽게 탐지할 수 있다.

하지만 대기권 진입 후 불규칙한 기동으로 인해 진로 예측이 제한되고, 대응 시간이 부족하다. 현재 한국군은 감시체계로서 500km에서 발사된 탄도미사일을 탐지할 수 있는 공군의 그린파인레이더 2대, 1,000km에서 탐지할 수 있는 해군 이지스함의 SPY-ID 레이더를 운용하고 있다.

지휘통제체계는 미사일방어체계 자산들을 통합하고 효율적으로 대응할 수 있도록 전구탄도탄작전통제소(KTMO-Cell)를 운용하여 요격체계로 요격명령을 하달한다. 요격체계는 지상기반 전력으로 패트리엇 II와 패트리엇 III, 천궁 (M-SAM), 그리고 미군이 보유한 사드(THADD)를 운용하고 있다.

<표 3-4> 미사일 요격고도

| 구분 | M-SAM | PAC-II, III | L-SAM | THADD | SM-3 |
|---|---|---|---|---|---|
| 요격고도 | 15km | 15~40km | 50km 이상 | 40~150km | 90~360km |
| 운용부대 | 한국군 | 주한미군 | 개발 중 | 주한미군 | 미군 |

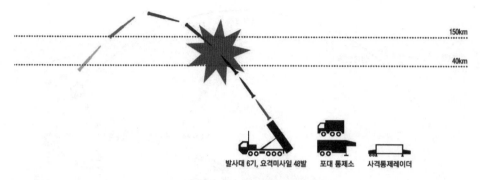

발사대 6기, 요격미사일 48발  포대 통제소  사격통제레이더

〈그림 3-5〉 사드(THADD) 요격체계

출처: 국방부, 『2016 국방백서』, 국방부, 2016, p. 61.

　　하지만 북한의 탄도미사일 능력이 지속해서 고도화되면서 KAMD의 한계에 대한 우려가 제기되고 있다. 기존의 KAMD는 한두 차례만 요격할 수 있어 핵무기 등을 장착하는 북한의 탄도미사일을 요격하기에는 능력이 부족하다. 또한 PAC-Ⅱ(근접신관에 의한 파편으로 요격), Ⅲ(미사일 직격)는 요격고도가 15~40km여서 핵 전자기펄스 배척고도인 40km 이상을 충족하지 못하며, 미군이 운용하는 사드만이 가능하다. 운용 방법 면에서 PAC-Ⅱ, Ⅲ는 수도권에서 수도권 방호전력으로 운용되며, 그 이남 지역은 사드로 방호하는 운용 방법을 채택하고 있으나 북한의 다양한 미사일을 요격하기에는 한계가 있다.

　　반면에 미국, 이스라엘, 일본 등의 미사일방어 요격체계는 3차 이상 요격할 수 있는 체계로 구축되어 있다.

　　이러한 타국의 발전추세를 참고하여 한국의 KAMD 발전방안은 다음과 같다. 첫째, 한국군도 현재의 방어체계를 보완하여 4차 요격까지 가능한 다층방어체계를 구축해야 한다. KAMD는 다층방어가 가능토록 현재 개발하고 있는 L-SAM과 100km 이상에서 요격할 수 있는 SM-3 미사일을 확보해야 한다. 이렇게 구축하면 1차 요격은 고도 15~40km에서 PAC-Ⅱ · Ⅲ와 M-SAM으로 요격하고, 2차 요격은 고도 50km에서 L-SAM으로 요격하고, 3차 요격은 고도 150km까지 사드로 요격하고, 4차 요격은 고도 360km까지 SM-3 미사일로 요격할 수 있다. 그리고 이스라엘과 같이 이보다 저고도에서 요격할 수 있도록 근거리 방어체계도 구축하여 북한의 로켓, 방사포 공격도 무력화하여 피해를 최소화해야 한다. 장기적으로는 레이저 등 지향성에너지 무기와 마이크로파 무기를 개발하여 북한의 미사일과 무기체를 무력화하는 체계도 구축해야 한다.

둘째, 위성기반 감시체계를 구축해야 한다. 한국은 2025년까지 군사 정찰위성 5개를 운용하여 북한 지역을 2시간 주기로 감시할 계획이다. 하지만 5개의 위성으로 북한 지도부와 핵, 미사일을 감시하기에는 사각지역이 발생한다. 따라서 주요 핵심표적에 대해서는 정지궤도 위성 등 우주 기반 감시체계를 개발하여 24시간 감시체계를 구축해야 한다. 이러한 체계를 구축하면 발사 준비 때부터 발사 지점을 포착하여 신속한 초기대응이 가능할 것이다. 그리고 첨단과학 기술을 이용한 AI기반 UAV, 드론 등의 감시체계와 타격체계를 구축하여 실시간 중첩 감시와 요격을 할 수 있도록 해야 한다.

셋째, 지휘체계는 KTMO-Cell을 중심으로 구축하여 감시 및 요격체계가 상호유기적으로 작동토록 하고, 미군과의 연합훈련을 통해 상호운용성이 배가되도록 해야 한다.

### (3) 대량응징보복(KMPR)

대량응징보복(KMPR)은 북한이 핵·WMD를 사용할 경우 우리 군의 고위력·초정밀 타격 능력 등 압도적인 전략적 타격 능력으로 전쟁지도부와 핵심시설 등을 응징보복하는 체계를 말하며, 이를 통해 '응징적 억제' 개념을 구현한다.[31]

킬체인, 한국형 미사일방어와 더불어 북한이 핵무기로 위해를 가할 경우 동시·다량·정밀타격이 가능한 미사일 전력과 전담 특수작전부대 등을 운용하여 북한 전쟁지도본부와 핵심시설을 파괴하는 개념이다.

---

31　국방부(2022), 앞의 책, p. 57.

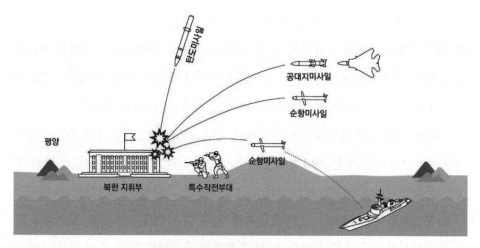

〈그림 3-6〉 대량응징보복(KMPR) 체계도

출처: 국방부, 『2016 국방백서』, 국방부, 2016, p. 61.

이를 위해 우리 군은 전략적 능력을 활용하여 북한의 핵 사용억제 태세를 강화하고, 북한 지도부와 핵심시설에 대한 고위력·초정밀 타격 능력을 확충해나가고 있으며, 특수전 및 은밀침투 능력을 강화하기 위해 특수작전용 수송기 및 헬기 성능개량, 특수작전부대인 특임여단의 침투 및 타격 능력을 강화해나가고 있다.

킬체인은 북한이 보유한 핵과 대량살상무기 관련 표적을 파괴하는 반면, KMPR은 핵과 대량살상무기를 통제하는 북한 지도부와 핵심시설을 파괴한다는 점에서 차이점을 가지고 있다.

현재 KMPR을 실행하는 전력으로는 육군의 지대지 미사일, 해군의 순항미사일인 함대지 미사일, 공군의 타우러스 등 공대지 순항미사일 등이 있다. 육군은 현무 미사일을 자체 개발하여 1,000여 발을 전력화하여 핵심 전력으로 운용하고 있으며, 공군은 타우러스, SLAM-ER 등의 장거리 공대지 순항미사일을 운용하고 있고, 해군은 이지스함과 구축함, 잠수함 등에서 함대지 순항미사일을 운용하고 있다.

그러나 한국군의 타격 전력은 은밀성과 생존성이 취약하고, 적의 탄도미사일에 의해 선제 타격받을 가능성이 크다. 북한은 다양한 유형의 미사일과 발사대를 보유하고 있다. 미 국방성의 보고자료에 의하면 이동식 발사대는 100~200여 대로 스커드 100대, 노동 미사일 50대, 화성-12 미사일 50대, 숫자 미상의 화성-14와 화성-15 미사일을 보유하고 있다. 또한 북한은 잠수함발사탄도미사일인 북극성 미사일을 개발했다고 주장하고 있다. 또한 북한은 1970년대부터 4대 군사노선을 통해 전 국토의 요새화를 추진하고 있다. 많은 수의 UGF를 구축했으며, 도시는 지하화하여 평양의 경우에는 지하철과 시설을 80~150m 깊이의 땅속에 건설하여 요새화했다. 김정은 등 북한 지도부의 거처 및 지휘통제시설, 핵심 군사시설을 지하에 완비한 것으로 판단된다. 따라서 이러한 다양한 유형의 미사일을 적시에 탐지하고, 지하에 숨어있는 김정은과 북한 지도부, 핵심 군사시설을 파괴하기에는 많은 제한사항이 있으며 기술적 한계에 봉착할 수 있다.

이러한 제한사항을 극복하기 위해서는 미국의 전략폭격기, 핵잠수함, 항공모함 등 전략무기를 한반도에 주기적으로 전개하여 확장억제의 실행력을 제고해야 한다. 이와 더불어 북한의 지도부와 핵심 시설을 파괴하기 위한 다영역작전, 즉 사이버전자기전 능력을 확충하고, 전력을 차단할 수 있는 정전탄을 개발해야 한다. 이를 통해 북한의 지휘통제 능력을 세거한다면 북한의 위협에 대응하는 효과적인 수단이 될 것이다.

## 참고문헌

### 1. 단행본

국방부.『2006 국방백서』. 서울: 국방부, 2006.
_____.『2016 국방백서』. 서울: 국방부, 2016.
_____.『2018 국방백서』. 서울: 국방부, 2018.
_____.『2020 국방백서』. 서울: 국방부, 2020.
_____.『2022 국방백서』. 서울: 국방부, 2022.
비핀 나랑. 권태욱 등 2인 역.『현대핵전략』. 서울: 국방대학교 국가안전보장문제연구소, 2016.

스테파니 본 홀라토키 등 2인. 손경호 등 3인 역. 『핵 확장억제의 미래』. 서울: 국방대학교 국가안
　　전보장문제연구소, 2018.

이선호. 『핵무기와 핵전략』. 서울: 법문사, 1982.

최영. 『현대 핵전략이론』. 서울: 일지사, 1997.

패트릭 모건. 국방대학원 역. 『억제이론』. 서울: 국방대학교, 1994.

Bernard Brodie, *The Absolute Weapon: Atomic Power and World Order*, New York: Harcourt Brace
　　Jovanovich, 1946.

Glenn H. Snyder, *Deterence and Denfence*, Princeton University Press, 1961.

Harkabi Y., *Nuclear War and Nuclear Peace*, Jerusalem, Israel: Program for Scientific Translation,
　　1966.

Herman Kahn, *On Thermonuclear War*, Princeton: Princeton Univ., 1961.

James Blight and David Welch, *On the Brink: American and Soviets Reexamine the Cuban Missile
　　Crisis*, Hill and Wang, 1989.

## 2. 논문

국방부, 「국방정책방향 세부 추진과제 이행방안 업모무보고」, 『국방과 기술』 522, 2022.

김덕기, 「북한 핵 · 미사일 도발과 한국군의 대응전략」, 『군사발전연구』 11(2), 2017.

김상진, 「한국형 3축 체계 중 KAMD 중요성과 발전방향」, 합동군사대학교 졸업논문, 2018.

김종하 등 2인, 「한국의 억지 전략 진화: 3축 체계 구축을 중심으로」, 『군사논단』 100, 2019.

유기현 등 2인, 「북핵 위협 대비 3축 체계 쟁점과 최신화 방향」, 『한국군사학논집』 79(3), 2023.

이창규, 「대북 확장억제전략 신뢰성 제고방안에 관한 연구」, 해군대학 정규과정 논문, 2010.

조승빈, 「미국의 핵태세 변화와 확장억제의 신뢰성 제고방안: 오바마 행정부와 트럼프 행정부를
　　중심으로」, 합동군사대학교 졸업논문, 2020.

차경재, 「북한 핵 · 미사일 위협에 대비한 한국형 3축 체계 연구」, 충남대학교 박사학위논문, 2017.

한국방위산업진흥회, 「국방중기계획 '23~'27, 압도적인 한국형 3축 체계 구축」, 『국방과 기술』
　　528, 2023.

홍성아, 「한국군의 북핵억제전략: KMPR(대량응징보복)을 중심으로」, 건양대학교 석사학위논문,
　　2017.

# 제4장
# 인공지능 윤리를 적용한 자율무기체계 발전방안

박헌규

## 1. 서론

　최근의 과학기술은 엄청난 속도로 발전하고 있다. 이러한 과학기술의 발달은 여러 분야의 다방면에 영향을 미치고 있고 군사 무기체계에도 적지 않은 영향을 주고 있다. 수십 년 전에는 첨단 무기체계들이었지만 첨단과학기술이 접목된 현대에는 재래식 무기로 변했다. 과학기술의 발달은 전쟁의 모습 또한 바꾸어놓았다. 미래의 전쟁은 기존의 시·공간 및 영역을 초월하여 작전이 이루어지는 가운데 전쟁 수행 개념의 많은 변화가 예상된다.[1] 가까운 미래인 20년 내에 전력화가 가능한 주요 기술 가운데 군사작전을 획기적으로 전환할 수 있는 주요 기술로 로보틱스와 인공지능을 예로 들 수 있다.[2]

　인공지능(Artificial Intelligence) 기술은 컴퓨터의 신속하고 정확한 데이터 처리 능력과 인간이 다루기 어려운 많은 양의 자료 학습을 가능하게 한다. 이를 기초로

---

[1]　손한별, 「2040년 한반도 전쟁 양상과 한국의 군사전략」, 『한국국가전략』 13, 2020, p. 122.
[2]　정구연, 「4차 산업혁명과 미국의 미래전 구상: 인공지능과 자율무기체계를 중심으로」, 『국제관계연구』 27(1), 2022, p. 8.

데이터를 분석하고 해결하고자 하는 문제에 적용함으로써 군사안보, 산업 등을 비롯한 사회 전반에서 변화와 혁신을 주도하고 있다.[3] 인공지능 기술이 군사안보 분야의 변화와 혁신과 연계되어 함께 논의되는 이유는 인공지능이 탑재된 자율무기체계(AWS, Autonomous Weapon System)가 기존의 전투수행 방법 및 양상을 근본적으로 변화시킬 수 있기 때문이다.[4]

국방부는 인공지능과 빅데이터의 활용 강화에 기반을 둔 3대 핵심 가치와 5대 추진전략, 13개 주요 과제로 구성된 '국방 인공지능 추진전략'(2020.12)을 발표했다.[5] 각 군에서도 인공지능 기술을 군사 제반 분야에 적용하고자 많은 노력을 하고 있다.

인공지능에 기반한 자율무기체계의 발전은 과학기술의 발전이 가져다준 시대적 흐름의 한 분야다. 로봇과 드론 같은 무인자율무기체계(UAWS: Unmanned Autonomous Weapon System)는 전장의 불확실한 환경을 극복할 수 있는 좋은 대안이 될 수 있다. 자율무기체계가 인간과 함께 전투를 수행하거나, 인간의 적절한 통제와 관리·감독하에 인공지능에 기반하여 자율화된 전투를 수행하게 될 것이다. 인공지능을 활용하기 위해서는 인공지능 윤리 원칙을 고려하지 않을 수 없다. 이러한 시대적 상황에서 인공지능을 자율무기체계에 적용할 때 인공지능 윤리 측면에서 검토되어야 할 과제들이 무엇인지 식별하고 활용 방안을 모색했다.

---

**3**   정상조, 『인공지능, 법에게 미래를 묻다』, 사회평론, 2021, pp. 39-51.

**4**   김보연, 「인공지능을 통한 전쟁수행은 정당한가」, 『고려법학』 107, 2022, p. 414.

**5**   3대 핵심 가치: 혁신, 공유, 협력, 5대 추진전략: 국방 인공지능 추진 체계, 전면적 AI 활용을 위한 소요 발굴 및 사업화, AI 신속 도입을 위한 혁신적 획득제도 마련, AI 필수요소인 양질의 데이터 확보 및 활용, 혁신의 지속성 보장을 위한 인프라 구축

## 2. 인공지능의 군사적 활용

### 1) 인공지능의 정의 및 활용 범주

#### (1) 인공지능의 정의

인공지능이란 인간이 보유한 지적 능력을 컴퓨터에서 구현하는 기술, 소프트웨어, 시스템 등을 포괄적으로 일컫는다. 하지만 인공지능은 다양한 분야에서 다양한 방식으로 적용되기 때문에 일반적으로 통용되는 정의(定義)는 없다.[6]

인공지능을 통한 의사결정을 통제하는 논리체계가 바로 알고리즘(algorithm)이다. 알고리즘이란 컴퓨터에 입력된 논리적이고 수학적인 일련의 규칙체계로서 자동화된 의사결정을 가능하게 한다.[7] 알고리즘은 컴퓨터에 입력된 데이터셋에서 패턴을 발견하고, 예측하며, 결과로부터 학습하는 방식을 반복함으로써 지속적인 성능개선을 할 수 있다. 알고리즘을 활용하여 데이터셋의 패턴을 확인하고 인간에 의해 수행되었던 의사결정을 기계로 대체함으로써 더욱 신속하고 효율적인 의사결정이 이루어지게 되었다.

인공지능은 차원과 범위에 따라 강한 인공지능(strong AI)과 약한 인공지능(weak AI)으로 나눌 수 있다. 약한 인공지능은 구체적인 문제해결이나 추론 기능을 수행하는 소프트웨어이고, 강한 인공지능은 기계의 인지 능력과 육체 능력을 향상시켜 인간이 수행할 수 있는 지적 업무를 수행하고 이성적으로 사고·행동할 수 있는 시스템을 구축하는 기술이다.[8]

---

**6** Sayler. K., "Artificial Intelligence and National Security," Washington D.C.: Congressional Research Service, 2020, p. 1.

**7** Waldman, A. E., "Algorithmic Legitimacy," in Woodrow Barfield (ed.), The Cambridge Handbook of the Law of Algorithms, Cambridge University Press, 2021, p. 108.

**8** 김상배, 『인공지능, 권력변환, 세계정치: 새로운 거버넌스의 모색』, 서울: 삼인, 2018, p. 21.

## (2) 인공지능 학습 방법

'학습(學習)'이란 "여러 경험을 통해 패턴을 얻어내고, 다음 행동에 영향을 주는 것"으로 정의된다.[9] 예를 들어 A라는 행동을 했을 때 B라는 유사한 결과가 반복적으로 나타난다면 A는 B로 연결된다는 인과관계의 패턴을 찾는 것을 가리켜 '학습했다'고 할 수 있다. 컴퓨터가 이러한 학습행동을 하는 것을 '머신러닝(Machine Learning, 기계학습)'이라고 한다.

인공지능은 컴퓨터가 인간처럼 생각하고 행동하도록 만드는 일반적인 개념을 의미하며, 머신러닝은 컴퓨터가 스스로 학습할 수 있는 수준의 인공지능 구현 방법이다. 이러한 머신러닝 종류의 한 가지 학습방법으로 인간의 뇌 신경망을 모방하여 계층화된 구조를 이용하여 데이터를 추출하는 방법이 딥러닝(Deep Learning)이다.

머신러닝은 해결하고자 하는 문제의 종류에 따라 다양한 학습방법을 적용한다. 예를 들어 간단한 입력만으로 학습되는 비교적 쉬운 문제도 있지만, 반복적이고 고차원적인 학습방법이 필요한 복잡한 문제도 존재한다. 이러한 학습방법은 크게 지도학습(supervised learning), 비지도학습(unsupervised learning) 그리고 강화학습(reinforcement learning)으로 구분할 수 있다.

지도학습이란 컴퓨터에 문제와 답을 함께 줌으로써 컴퓨터가 문제와 주어진 답을 반복적으로 비교해가면서 패턴을 찾도록 하는 방법이다. 따라서 컴퓨터에 많은 문제와 답이 주어질 때 더 정확한 패턴을 찾을 확률이 높아진다. 하지만 세상의 대부분 문제들은 답이 없는 상태에서 문제를 해결해야 한다. 답이 주어지지 않은 문제들 속에서 문제 간의 패턴을 찾기 위한 학습방법이 비지도학습이다. 상관성이 결여되어 보이는 데이터를 많이 입력해주면, 컴퓨터는 입력받은 데이터를 자체적으로 분류하고 분석하다가 문제해결을 위한 어떤 일정한 패턴을 찾아내는 방식이다. 지도학습과 비지도학습은 컴퓨터가 외부로부터 데이터를 입력받아 학

---

9    황태석, 「인공지능의 군사적 활용 가능성과 과제」, 『한국군사학론집』 76(3), 2020, pp. 5-6.

습하는 수동적인 방법이다.

강화학습은 데이터를 입력받지 않고 학습하는 능동적인 학습방법이다. 강화학습의 경우 컴퓨터(혹은 에이전트)는 주어진 환경에서 특정한 행동을 하고 보상을 받는데, 만약 잘했다면 상을 받고 못했다면 벌을 받는 방식이다. 그래서 바둑이나 컴퓨터 게임은 강화학습을 이용할 수 있는 유리한 환경을 제공한다. 행동에 대한 보상이 비교적 명확하고, 가상의 환경에서 다양한 상황을 충분히 많이 조성할 수 있기 때문이다. 따라서 다양한 환경에 맞추어 컴퓨터가 반복적으로 학습할 수 있다. 전술 워게임도 전투지휘훈련 모델을 이용하기 때문에 강화학습 모델을 효과적으로 사용할 수 있는 분야다.

## 2) 군사적 분야의 인공지능의 한계

### (1) 기계에 의한 의사결정 및 살인의 책임 소재가 모호함

딥러닝 방식으로 설계되는 인공지능은 데이터가 학습되는 방식이 블랙박스의 특성을 가지고 있어서 학습되는 데이터들이 어떤 패턴으로 파악되는지 과정을 알 수 없다. 따라서 인공지능이 내린 의사결정이 합리적으로 보이더라도 그에 대한 정당화 작업이 어려우며, 합리적 의사결정의 동기가 잘못된 것일 가능성을 배제할 수 없다. 같은 맥락에서 인간의 지시가 병행되는 반자율 인공지능을 사용하더라도 인간의 지시를 잘못 이해할 위험성이 있다.[10]

### (2) 전쟁에 대한 의사결정이 추상적이 될 위험이 있음

자율살상무기가 완전자율무기(Fully Automated Weapons: FAWs) 체계가 될 경우 전장에서 의사결정 과정에 사람을 배제시키게 됨으로써 전쟁에 대한 실제 경험을

---

**10** 최명진 외 4명, 「군사용 인공지능의 안전성 확보를 위한 단계별 윤리적 평가 및 검증요소(기준) 마련 연구」, 건양대학교, 2022, pp. 92-93.

결여하게 되어 추상적 정책결정을 하게 된다. 인공지능 무기가 인간의 제어하에 윤리적으로 사용된다고 할지라도 실제 전쟁터에서는 살상 대상을 인간으로서 존중하는 현실은 존재하지 않는다.

### (3) 인간에 의한 의미 있는 통제가 필요함

무기체계의 자율성에 관련된 과학기술의 발전은 지속적이며 때로는 예측할 수 없을 정도로 발전할 것이라는 합리적인 추론하에 선제적 논의를 위한, 그리고 설계적 문제에 반영하기 위한 수단이 '인간에 의한 의미 있는 통제(MHC: Meaningful Human Control, 이하 MHC)'다.[11] 미 국방부 훈령 3000.09에서도 자율 및 반자율 무기체계는 무력행사 시 지휘관 및 운용자가 적절한 수준의 판단(appropriate levels of human judgment)이 반영되도록 설계되어야 한다고 명시하고 있다. 인간에 의한 의미 있는 통제가 되려면 무기체계의 인터페이스가 다음의 세 가지를 만족해야 한다고 했다.

첫째, 운영자가 수행해야 할 작업과 시스템이 수행할 작업을 명확하게 표시하는 등 숙련된 운용자가 쉽게 이해할 수 있어야 한다.

둘째, 무기체계의 상태에 관한 투명한 피드백을 제공해야 한다.

셋째, 숙련된 운용자가 무기체계 기능들을 활성화 및 비활성화할 수 있는 명확한 절차를 제공해야 한다.

## 3) 인공지능 윤리 원칙

### (1) 일반적 개념의 윤리

일반적인 '윤리'란 사회 구성원들이 지켜야 할 보편적인 도덕적 가치와 규범을 말한다. '윤리'는 시대와 문화에 따라 변화할 수 있으며, 사회 구성원들의 합의

---

**11** 위의 논문, pp. 92-93.

에 의해 형성된다. 일반적인 윤리 원칙으로는 진실성과 가치, 책임과 의무, 공정과 정의, 존중과 배려, 투명성, 자기결정권과 자율성, 안전과 건강, 환경보호 등이 있을 수 있다. 윤리적 원칙들은 상호 연관성이 있으며, 사회적 조화와 공정한 교류를 이끌어내기 위한 기초 형성 또는 사회적 동의를 위한 거버넌스 구축을 추진하고 있다.

'윤리'가 좋음 및 공동체의 미덕과 관련이 있는 것이라면 '도덕'은 옳고 그름과 관련이 있다.

### (2) 인공지능 윤리 이론

#### ① 인공지능 윤리 개념

인공지능 윤리란 인공지능 기술이 발전하면서 발생할 수 있는 윤리적 문제를 다루는 분야로 인공지능은 인간의 생활과 밀접하게 연관되어 있으며, 다양한 분야에서 활용되고 있다. 하지만 인공지능이 인간의 권리와 자유를 침해하거나 잘못된 판단을 내리는 등의 문제가 발생할 수 있다. 이에 인공지능 윤리는 인공지능 기술개발과 사용에 있어서 인간의 가치와 존엄성을 존중하고, 투명성과 책임성을 강화하여 안전하게 활용될 수 있도록 하는 것이 중요하다. 이를 위해 국제적인 기구와 단체에서는 인공지능 윤리 가이드라인을 제정하고 있으며, 기업과 연구기관에서도 자체적으로 윤리 지침을 마련하여 준수하고 있다.

#### ② 인공지능 윤리 필요성

인공지능기술의 급속한 발전으로 제조·의료·교통·환경·교육 등 산업 전 분야에 인공지능이 활용·확산되면서 기술의 오남용, 알고리즘에 의한 차별, 프라이버시 침해 등 인공지능 윤리 이슈가 새롭게 대두되었다. 인공지능 윤리에 관한 논란이 다수 발생하고 있으며, 이를 기술 오남용, 데이터 편향성, 알고리즘 차별, 프라이버시 침해 분야로 나누어본 사례는 〈표 4-1〉과 같다.

**〈표 4-1〉인공지능 윤리 논란 사례**

| 구분 | 시점 | 내용 |
|---|---|---|
| 기술 오남용 | 2019.9 | (보이스피싱) 유럽의 한 에너지기업의 CEO는 영국 범죄자들이 인공지능을 활용해 정교하게 만든 모 회사 CEO의 가짜 음성에 속아 2만 유로를 송금하는 피해를 입음. |
| 데이터 편향성 | 2018.10 | (여성 차별) 아마존의 인공지능 기반 채용시스템이 개발자, 기술 직군 대부분에 남성만을 추천하는 문제가 발생함에 따라 아마존에서 동 시스템 사용 폐기 |
| 알고리즘 차별 | 2018.1 | (인종 차별) 인공지능 기반 범죄 예측 프로그램인 'COMPAS'의 재범률 예측에서 흑인 범죄자의 재범 가능성을 백인보다 2배 이상 높게 예측하는 편향 발견 |
| 프라이버시 침해 | 2019.9 | (정보 유출) 아마존의 '알렉사', 구글의 '구글 어시스턴트', 애플의 '시리' 등이 인공지능 스피커로 수집된 음성 정보를 제3의 외부업체가 청취하는 것으로 밝혀져 논란 |

### (3) 인공지능 윤리 원칙 사례

세계 각국과 글로벌 기업 및 주요 국제기구들은 인공지능의 활용도가 점차 증가함에 따른 산업의 진흥을 모색하는 한편, 윤리적인 인공지능 실현을 위한 정책을 수립해오고 있다. 인공지능 윤리에 대한 필요성을 인식하고 해외 글로벌 기업을 필두로 인공지능 기술에 대한 원칙을 제정하기 시작한 이후 인공지능학회를 중심으로 각종 이슈를 정리하고 윤리 및 가치를 논의하기 시작했으며, 장기적인 관점에서의 원칙들을 발표하기 시작했다.

인공지능 기술과 인공지능 기반 제품 및 서비스가 활성화되고 윤리적 이슈와 개인정보 유출 같은 문제가 지속 제기됨에 따라 인공지능 선도 국가들은 국가 정책으로 인공지능 활용을 위한 정책을 마련하여 발표했다. 군사 관련 분야에서는 미국 국방성에서 국제인도법의 원칙을 준수하는 범위 내에서 군사 분야의 특성을 고려하여 국방 분야에 적용할 인공지능 윤리 원칙을 제시했다.

해외 주요 사례로는 아실로마(Asiloma) AI 원칙(2017.1), EU의 ALTAI(2020.7), 영국의 데이터 윤리 프레임워크(2020.9), OECD의 인공지능 신뢰성 확보를 위한 도구(2021.6), UNESCO의 인공지능 윤리 권고안(2021.11), 미국의 인공지능 권리

장전 청사진(2022.10), 미 국방성 인공지능 윤리 원칙(2020.2) 등이 있으며 대한민국의 사례로 4차산업혁명위원회에서 제정한 인공지능 윤리 기준(2020.12) 등이 있다.

이 중 참고할 인공지능 윤리 기준으로 대한민국 인공지능 윤리 기준과 미 국방성 인공지능 윤리 원칙에 대한 주요 내용은 아래와 같다.

① 대한민국 인공지능 윤리 기준

과학기술정보통신부는 2020년 12월 23일 대통령 직속 4차산업혁명위원회 전체회의를 통해 사람이 중심이 되는 「인공지능 윤리 기준」을 심의·의결했다.[12] 이는 해외 각국에서 인공지능 윤리에 대한 관심이 고조되고 인공지능 원칙들이 발표되는 추세에 발맞춰 인공지능 국가전략에 따라 국가 차원의 인공지능 윤리 원칙을 마련하기 위함이다.

**투명성**
[설명 가능성, 활용 내용 및 유의사항 사전 고지]

**인권보장**
[인간중심, 인간의 권리와 자유 보장, 사람중심 서비스]

**안전성**
[잠재적 위험 방지, 안전 보장]

**프라이버시 보호**
[사생활 보호, 개인정보 오용 최소화]

**책임성**
[책임의 명확화, 주체별 책임]

**다양성 존중**
[다양성, 접근성 보장, 비차별성, 편향·차별 최소화]

**데이터 관리**
[목적 외 용도 활용 금지, 데이터 편향 최소화, 품질·위험 관리]

**침해금지**
[침해금지, 인간에 무해한 목적으로 활용]

**연대성**
[집단간 연대성, 이해관계자의 참여 기회 보장, 국제사회 협력]

**공공성**
[공공성 증진, 인류의 공동 이익 목적, 순기능 극대화, 교육]

인간 존엄성 원칙

인간성

사회의 공공선 원칙

기술의 합목적성 원칙

〈그림 4-1〉 대한민국 인공지능 윤리 원칙

---

**12** 과기정통부, 사람이 중심이 되는 「인공지능(AI) 윤리기준」 마련, 2020.12.22.

대한민국 인공지능 윤리 기준은 모든 사회 구성원이 인공지능 개발 및 활용을 위한 모든 단계에서 함께 지켜야 할 주요 원칙과 핵심 요건으로 '인간성(Humanity)'을 최고 가치로 내세운다는 내용을 발표했다. 그에 맞춰 인간 존엄성 원칙, 사회의 공공선 원칙, 기술의 합목적성 원칙으로 구성된 3대 기본 원칙과 인권 보장, 프라이버시 보호, 다양성 존중, 침해금지, 공공성, 연대성, 데이터 관리, 책임성, 안전성, 투명성의 10대 핵심 요건을 위의 〈그림 4-1〉과 같이 제시했다.

② 미 국방성 인공지능 윤리 기준

미 국방성은 2018년 국방 인공지능 전략을 발표했다. 그 이후 국방혁신위원회(DIB[13])를 통해 전투원과 비전투원 모두에게 적용될 수 있는 인공지능 사용 원칙을 논의하고 구체적인 윤리 원칙을 수립했다. 미 국방성의 인공지능 윤리 원칙은 미국 연방헌법, 연방법률 중 국방 관련 법령, 국제법 특히 국제인도법(전쟁법)에 부합하는 원칙으로 수립했다. 국방혁신위원회는 국방성의 다섯 가지 원칙을 적용하고 실현하기 위해 필요한 12가지 사항에 대해 권고사항도 제시했다. 미 국방성 인공지능 윤리 원칙 다섯 가지는 〈표 4-2〉와 같다.

〈표 4-2〉 미국 국방성 인공지능 윤리 원칙

| 기본 원칙 | 주요 내용 |
|---|---|
| 책임성 | 적절한 수준의 주의와 판단력을 지속적으로 행사(개발, 배치, 사용에 대한 책임도 유지) |
| 공평성 | 인공지능 성능에 있어 비의도적인 편향이 최소화되도록 신중하게 조치 |
| 추적 가능성 | 관련자들에 대한 투명하고 감시 가능한 방법, 데이터의 근거 등을 포함한 기술, 발전 과정, 운용적 방법을 적절하게 이해할 수 있도록 개발 |
| 신뢰성 | 인공지능은 분명하고 명확하게 사용되어야 하며, 이러한 성능의 효과, 안전, 보안은 전체 수명주기 동안 규정된 사용 범위 내에서 시험되고 보증 |
| 통제 가능성 | 의도된 기능을 다하도록 설계하되, 비의도적인 결과를 탐지하고 회피할 수 있는 성능과 비의도적인 작동을 하는 경우 중단시킬 수 있도록 설계 |

---

**13** DIB: Defense Innovation Board

# 3. 자율무기체계 개념

## 1) 자율무기체계

### (1) 자율무기체계 정의

국제적으로 자율무기체계(AWS)의 정의에 대한 합의는 없다.[14] 개념적인 수준에서 대표되는 정의는 〈표 4-3〉과 같다. 미 국방부 훈령(DoDD 3000.09, 2023.1.25)[15]에 명시하기를 무기체계는 자율무기체계, 운영자 감독 자율무기체계, 반자율 무기체계로 구분하고 있다.

**〈표 4-3〉 자율무기체계의 대표적 정의**

| 구분 | | 정의 |
|---|---|---|
| 미 국방부 훈령 3000.09 (2023.1) | 자율무기체계(AWS) | 일단 작동되면 운영자의 추가적인 개입 없이 표적을 선택하고 교전할 수 있는 무기체계 |
| | 운영자 감독 자율무기체계 (Operator-supervised AWS) | 오작동 상황과 같이 감수할 수 없는 피해가 일어나기 전에 운영자가 개입하여 교전을 중지시킬 수 있도록 설계한 자율무기체계 |
| | 반자율무기체계 (Semi-AWS) | 일단 작동되면 운영자에 의해 선택된 표적이나 표적군에 대해서만 교전하는 무기체계 |
| 국제인권 감시기구 (2019) | Human-in-the-loop weapons | 인간이 표적을 선택하면 센서, 항법장치, 자동화된 프로세스에 의해 표적 탐지 및 교전하는 무기체계 |
| | Human-on-the-loop weapons | 독립적으로 표적을 선택하고 공격할 수 있지만, 필요시 개입해서 교전을 중지시킬 수 있는 인간에 의한 직접적인 감독하에 작동되는 무기체계 |
| | Human-out-of-the-loop weapons | 인간에 의한 감시나 개입 가능성 없이 표적을 선택하고 공격할 수 있는 무기체계 |

출처: 마정목, 「통제가능한 자율무기체계의 개념과 설계에 관한 연구」, 『국방정책연구』 36(2), 2020, p. 86(저자 일부 편집).

---

[14] 마정목, 「통제가능한 자율무기체계의 개념과 설계에 관한 연구」, 『국방정책연구』 36(2), 2020, p. 85.

[15] DoD Directive 3000.09, "Autonomy in Weapon Systems," Jan. 25, 2023(2012년 발표된 DoDD 3000.09를 대체함. 주요 차이점은 human operator를 operator로 표현함)

국제인권감시기구(Human Rights Watch)는 자율무기체계를 인간의 통제 정도에 따라 세 가지 유형으로 구분한다. 군사 목표물의 선택과 공격 및 방어 결정이 인간의 통제하에 이루어지는 'human-in-the-loop', 사전 프로그램으로 입력된 군사 목표물을 공격 및 방어하도록 설계되어 있지만 운영자가 무기 작동에 영향을 미칠 수 있는 'human-on-the-loop', 일단 작동하기 시작하면 인간 운영자의 통제 없이 스스로 목표물을 설정하고 공격 및 방어를 하는 'human-out-of-the-loop'으로 구분하고 있다.[16]

### (2) 자율무기체계의 효용성

자율무기체계는 여러 가지 장점과 효용성이 있다. 장점 중 하나는 원거리에서 군사 목표물을 타격할 수 있다는 점이다. 또한 군사적 목표물의 선택과 병력 투입 여부 결정을 무기체계에 위임하여 교전 및 전투의 자동화와 자율화가 가능하다. 실제 전투 현장에서 운영자가 자율무기를 수동으로 통제하거나 특정한 군사적 목표물에 대한 세부적인 결정을 하지 않고도 무기에 장착된 각종 센서와 컴퓨터 알고리즘을 이용하여 목표물을 판독 및 식별하고 공격 여부를 결정할 수 있다.[17] 이것은 자율무기체계의 장점이자 단점이 될 수 있다.

자율무기체계를 활용하여 전투 수행 간 전력 발휘 효과를 극대화할 수 있는 전투 수행 6대 기능별[18] 군사적 운용 방안은 다음과 같다.[19]

### ① 지휘통제

고도로 자율화된 인공지능 기능이 탑재된 무인자율무기체계는 입력된 임무

---

**16** 국내 연구에서는 human-in-the loop를 '인간통제', human-on-the loop를 '인간감독', human-out-of-the-loop를 '인간부재'로 번역하기도 한다. 박문언, 「자율무기체계의 개념과 비례성」, 『국제법학회논총』 64(2), 2019, p. 89.

**17** 김보연, 앞의 책.

**18** 전투수행 6대 기능: 지휘통제, 정보, 기동, 화력, 방호, 지원

**19** 장용, 「미래 무인자율무기체계의 군사적 운용에 관한 연구」, 『한국군사』 11, 2022, pp. 146-151.

프로그램을 활용하여 작전 개시와 동시에 전투원으로서 인간과 함께 운용될 수 있다. 무인자율무기체계는 시간적 제약 없이 24시간 군사적 활용이 가능하므로 감시정찰-표적처리-타격 등의 임무를 수행하면서 데이터를 수집하고 이를 분석하고 융합하는 능력을 획기적으로 개선시켜줌으로써 초정밀타격이 가능하게 해준다.

② 정보

무인자율무기체계는 기존보다 훨씬 더 광범위한 지역에서의 정보감시 및 정찰임무 수행을 가능하게 해준다. 표적정보 제공이나 전투피해평가가 신속히 전달됨으로써 상대보다 정보의 우위를 달성하고, 전투력의 효율적인 운용을 보장하며, 전투의 불확실성을 감소시킬 수 있을 것이다.

③ 기동

전투력 운용 면에서 인간과 무인자율무기체계의 혼성부대를 운용할 수 있다. 또는 순수하게 무인자율무기체계로만 구성된 부대로 운용할 수도 있다. 공격뿐 아니라 방어작전에서도 험지를 극복하고 24시간 전투수행이 가능하며, 실시간 네트워크를 활용하여 적을 보면서 전투를 수행하게 해주는 이점을 제공한다.

④ 화력

무인자율무기체계를 이용하여 자체 표적을 탐지하거나 탐지한 정보를 제공받아 타격할 수 있다. 무인자율무기체계에 의한 화력 기능을 강화시키는 방안 중의 하나는 집단 운용(swarming)일 것이다. 다수의 축선에서 하나의 표적 또는 여러 표적을 동시 타격함으로써 화력의 집중 형태로 전투를 수행할 수 있다.[20]

---

**20**    Paul, S., "Robotic on the Battlefield Part II: Coming Swarm," *Center for New American Security*, 2014, p. 35.

⑤ 방호

부대는 전투력을 보존하기 위해 무인자율무기체계를 능동 방어대책과 수동 방어대책의 수단으로 사용할 수 있다. 아군의 피해를 감소시키고 우발 상황에 대처하기 위한 역할을 수행하도록 임무를 부여할 수 있다. 무인자율무기체계는 대부분의 방호수단을 지원할 수 있으므로 많이 투입할수록 인명 손실을 줄일 수 있는 장점이 있다.

⑥ 전투지속지원

무인자율무기체계를 병력 및 물자의 이동에 활용할 수 있다. 적시에 병력과 물자를 전장으로 이동시키고 자체 능력으로 병참선 보호와 물자의 보호 임무 등을 수행할 수 있다. 무인자율무기체계를 활용하면 인명 손실과 적으로부터 탐지될 가능성을 감소시킴으로써 더욱 능률적인 전투지속지원을 제공할 수 있다.

### (2) 자율무기체계의 한계

자율무기체계를 군사적으로 활용하기 위해서는 몇 가지 위험성과 한계점이 존재한다. 이러한 위험성 때문에 다양한 경고의 목소리도 나타나고 있다. 국제사회의 위협, 국가 간 군비경쟁 촉진, 안보 불안 야기, 자율무기체계의 공격적 활용, 군사적 도발 수단으로 사용, 테러집단이 활용할 가능성에 대한 우려의 목소리들이 발표되고 있다. 이 외에도 기술적·윤리적·운용적 측면 등에서도 자율무기체계의 한계는 존재한다. 위 단락에서 기술한 전투수행 6대 기능 중 몇 가지만 살펴보면 아래와 같다.[21]

지휘통제 분야에서 무인자율무기체계에 일정 권한을 위임한다면 별도의 무인자율무기체계 지휘관을 선정하고 그에게 지휘권한을 부여해야 하는데, 과연 어느 정도까지 권한을 위임해줄 것인지가 먼저 결정되어야 한다. 동시에 이러한 무

---

[21]  장용, 앞의 책.

인자율무기체계 지휘관을 인간 지휘관이 어느 수준까지 관여해야 할 것인가가 함께 판단되어야 한다.

정보 분야에서는 상대의 해킹에 취약할 수 있으며 상대의 위장, 기만 등의 행동으로 지휘관이 오판할 수 있는 취약점이 있다.

화력 분야에서 상대의 기만에 의해 부정확한 표적을 식별하게 되거나 타격으로 인한 부수적 피해가 발생할 경우, 인간 지휘관과 무인자율무기체계 개발자 간의 책임에 대한 법적 문제가 야기될 수 있다.

## 2) 자율살상무기

### (1) 자율살상무기의 정의

자율살상무기체계(LAWS, Lethal AWS)와 자율무기체계(AWS)는 혼용되어 사용되지 않도록 엄밀히 구분할 필요가 있다. 자율살상무기체계는 자율무기체계 중 교전권과 살상권이 부여된 무기체계로서 인간 운용자나 통제자의 개입 없이 스스로 표적을 탐색하고 선택하여 공격하거나 교전할 수 있는 무기체계를 말한다.[22] 자율살상무기(LAWs, Lethal Autonomous Weapons)는 자율살상무기체계 내에서의 무기(Weapons)를 의미한다. 자율살상무기는 자동로봇과 형상이나 운용방식이 유사하여 종종 자율살상로봇(Lethal Autonomous Robots), 로봇형 무기체계(Robotic Weapons), 킬러로봇(Killer Robots) 등으로도 불린다.

위의 정의에 따르는 자율살상무기는 현존하지 않는 것으로 볼 수 있다. 그러나 이에 근접한 무기체계로 선회체공탄(Loitering Attack Munition)을 들 수 있다.[23] 자율무기의 경우 방어용이 더 많이 도입되고 있고, 공격용 자율살상무기의 실전배치는 아직 광범위하게 이루어지고 있지 않다. 자율무기체계가 단독으로 작전에

---

**22** 김민혁 · 김재오, 「자율살상무기체계에 대한 국제적 쟁점과 선제적 대응방향」, 『국방연구』 63(1), 2020, pp. 173-174.

**23** 조현석, 「인공지능, 자율무기체계와 미래 전쟁의 변환」, 『21세기정치학회보』 28(1), 2018, p. 124.

사용되는 경우도 점점 많아지지만, 기존의 유인무기체계에 자율 기능을 통합하는 방식으로도 많이 활용되고 있다.

### (2) 자율살상무기의 윤리 이슈

자율살상무기 체계의 개발을 놓고 찬성과 반대의 주장이 대립하고 있으면서 이러한 자율살상무기체계를 군사적으로 활용하는 데 몇 가지 윤리적인 문제가 대두되고 있다.[24]

### ① 법적·윤리적 쟁점

프로그램 알고리즘을 활용한 지능형 기계는 언제든지 자체 판단하는 인명 살상용 무기로 전환될 수 있다는 우려가 있다. 만일 로봇이 사람을 죽인다면 그 책임은 누가 져야 하는가? 로봇 제조사인가, 프로그램 개발사인가, 로봇 운영자인가? 만약 인공지능 회로에 문제가 생겨 통제 불능 상태가 되었을 때 이런 상황에서의 결과는 누구의 책임인가? 로봇의 오류는 누구의 책임인가? 로봇에게 인간을 살상할 수 있는 권한을 부여할 수 있는가? 만일 킬러로봇이 오·작동되어 적군 대신 아군을 대량 살상한다면 그 책임을 누구에게 물을 것인가?

통제 불능이 된 자율무기는 적군과 아군의 식별을 제대로 하지 못할 뿐만 아니라 민간인과 군인도 구별하지 못하고 무차별적으로 공격에 나설 수 있으며, 적대국이 아직 선전포고를 발령하지도 않았는데 사전공격을 하는 것으로 오인하고 선제공격을 단행하고 급기야 전면전쟁을 야기할 위험성도 부인할 수 없다.

### ② 윤리적·도덕적 해이의 문제

인공지능 전문가인 스튜어트 러셀(Stuart Russell)은 자율살상무기의 가장 큰 문

---

24  최명진 외 4명, 앞의 책, pp. 47-51.

제점은 전투원과 비전투원을 구별하는 것이 어렵다는 점을 들었다.[25] 또 다른 위험으로 원격 제어 무인 항공기 파업과 마찬가지로 자율살상무기는 일부 당사자에게 전쟁을 더욱 쉽게 생각하고 자행하여 더 많은 살상을 초래할 수 있다는 점이다. 완전자율무기(FAWs) 체계는 전장에서 사람을 배제하게 됨으로써 군인과 일반시민, 정치인과 정책결정권자가 실제 전장의 참상을 직접 경험할 기회를 배제하고, 추상적이고 일반적인 기대와 희망에 기초하여 정책결정을 하게 함으로써 전쟁의 문턱을 낮추고 전쟁으로 가는 자동화된 도로를 열어줄 수도 있을 것이라는 점이다. 또한, 완전자율무기체계가 일단 실전에 배치되면 전쟁에 대한 인간의 민주적 통제를 더욱 어렵게 만들 것이고,[26] 또한 자율살상무기는 특정한 살인에 책임이 있는 사람의 경계를 모호하게 할 수 있다는 점[27]이 있다. 이러한 사항들 모두 전쟁에 대한 윤리적·도덕적 해이를 초래할 위험성이다.

이 외에도 생명권 경시의 문제, 인간의 존엄과 가치의 문제, 인간의 피폐화와 수단화 문제 등이 존재한다.

### 3) 국제법상 자율무기체계의 윤리적 쟁점

#### (1) 국제인도법

국제인도법(IHL)[28]의 주요 원칙은 군사적 필요성, 구별성, 비례성, 불필요한 고통의 금지, 공격에 있어 사전주의 원칙으로 국제인도법상 인도주의 원칙 및 마르텐스 조항의 자율무기체계 적용 관련 쟁점 사항이 대두되고 있다. 즉 국제인도법상 특정한 조건하에서 무기 활용이 제한될 수 있는데, 구별의 원칙(principle of dis-

---

**25** Russell, S., "Take a stand on AI weapons," *International Weekly Journal of Science* 521, May 2015.

**26** "Deadly Decisions – 8 objections to killer robots," 2016, p. 10.

**27** Nyagudi, M., "Doctor of Philosophy Thesis in Military Informatics: Lethal Autonomy of Weapons is Designed and/or Recessive", Dec. 2016.

**28** 국제인도법(International Humanitarian Law, IHL)은 인도주의적인 이유로 사람과 물건에 대한 무력 충돌의 영향력을 제한하기 위한 일련의 규칙들을 말한다(전쟁법 혹은 무력충돌법이라고도 함).

tinction), 비례성의 원칙(principle of proportionality), 사전주의 원칙(principle of precaution)에 부합해야 한다.

자율살상무기체계는 무력충돌 상황에서 사용되므로 윤리적 실행 지침 등은 무기의 자율성 정도에 따라 허용되는 것이 아니라 정책 기획, 연구개발, 실험 단계 등의 전 과정을 통해 프로그래밍에 윤리적 설계가 필요하다. 이를 통해 인공지능 군사 무기에 대해 의미 있는 인간의 통제가 이루어짐으로써 인공지능 무기의 윤리적 사용을 확보할 수 있다.

### (2) 과잉무기 사용금지 원칙

군사작전과도 연결되지만 무력충돌 현장에 동원되는 군사무기의 근본적 속성과 그 적법성에 대한 국제인도법(IHL)의 또 다른 중요한 원칙은 과잉피해나 불필요한 고통을 초래하는 무기사용은 금지된다는 원칙이다.

무기의 자율성은 본질적으로 과잉무기사용 금지의 원칙이 금지하는 상황을 결정할 때 중요한 요소가 아니라고 할 수 있으며, 과잉무기사용 금지의 원칙은 주어진 군사 상황에서 필요 이상으로 고통을 초래하는 공격을 금지할 뿐이기 때문이다.

### (3) 무력충돌 원칙 위배 책임

무력충돌에 대한 현행 국제법이나 국제관습법에 따르는 경우에도 자율무기시스템에 의해 저질러진 범죄에 대해 제조업체와 소프트웨어 개발자 그리고 군인에 대해 실질적으로 개인 책임으로 부과할 수 있는지에 대해서는 불분명하다.

자율무기의 경우 지휘관이 복잡한 인공지능시스템에 의해 저지른 범죄의 가능성을 알고 있었거나 알 수 있었음을 입증한다는 것은 매우 어려운 일이며, 이러한 이유 등으로 자율살상무기의 개발이나 구매가 개인이 아니라 국가에 의해 주로 이루어지기 때문에 국가에 책임을 부과하는 것이 더욱 현실적이라는 견해가

많다.[29]

# 4. 자율무기체계와 인공지능

## 1) 자율무기체계와 인공지능의 결합

### (1) 인공지능과 자율성의 개념

자율무기에서 자율성은 인공지능과 밀접한 관계가 있다. 자율무기에 부여한 자율적 작동이 인공지능 알고리즘을 통해 이루어질 수 있기 때문이다. 자율무기 체계에서 핵심은 자율성의 정도다. 자율성은 인간과 기계 간의 지휘통제 관계에서 인간이 관여하는 정도로 표현할 수 있다.[30]

자율성의 개념을 이해하기 위해 관련 개념인 자동화(automation)와 비교하는 것이 도움이 된다. 우선 자동화는 무기체계에 장착된 센서를 통해 입력되는 외부의 데이터에 반응하여 미리 정해진 절차에 따라 작동하는 것을 의미한다. 자율성역시 센서를 통해 외부에서 투입된 데이터에 대해 정해진 절차에 따라 작동하는 것을 의미하지만, 기계학습을 통해 환경의 변이에 대해 스스로 적응할 수 있는 능력을 갖추게 되는 것을 의미하며, 이러한 이해와 환경에 대한 인식을 바탕으로 자율 시스템이 바람직한 상태를 가져올 수 있는 적절한 행동을 취할 수 있다는 것이다.[31]

---

29  Hammond, D. N., "Autonomous Weapons and the Problem of State Accountability," *Chicago Journal of International Law*, Vol. 15(2), 2015.

30  조현석, 앞의 책, pp. 117-119.

31  Cummings, "Artificial Intelligence and the Future of Warfare," Research Paper, Chatham House, The Royal Institute of International Affairs, 2017.

## (2) 용어 정의: AI AWS, AI LAWs

인공지능(AI)이 자율무기체계(AWS)에 탑재되어 사용되는 무기체계에는 'AI AWS'라는 용어를 사용하고, 인공지능이 자율살상무기(LAWs)에 탑재되는 무기에는 'AI LAWs'라는 용어를 사용함으로써 혼동을 방지하고자 한다.

자율무기체계라 하더라도 인공지능의 도움 없이 주어진 목적을 수행할 수 있도록 내장된 프로그램에 의해 작동되도록 설계되고 운용될 수 있다. 무인비행체가 보유한 센서와 정교하게 프로그램된 기능을 이용하여 자동 이착륙 기능을 설계하여 활용할 수 있다. 무기체계에 자율성을 더하여 인공지능 기능을 탑재한다는 의미는 데이터를 통해 학습된 결과물을 이용하여 외부 상황을 파악하여 적절한 행동을 취한다는 것을 의미한다. 자율주행차의 경우 학습을 통해 사람과 자동차, 교통 신호, 차선 등을 인식할 수 있고 속도를 조절하고 방향을 결정하며 급속한 상태 변화에 능동적으로 대처할 수 있도록 개발된 자동차다.

자율무기체계를 주변 상황에 대처할 수 있도록 모든 것을 프로그램하는 일은 불가능에 가깝다. 결국 센서로부터 들어올 수 있는 데이터를 미리 학습함으로써 유사한 데이터가 들어왔을 때도 적절히 대처할 수 있도록 만들 수 있다.

## 2) 결합 효과: 미래 전쟁의 변환

### (1) 인간 중심 전쟁 행위 주체의 변화

이제까지 전쟁을 구성하는 주요 기능은 인간의 정신과 신체 안에서 이루어져 왔다. 인간이 중심이 되어 이루어져온 표적의 확인, 위협 대상 판단, 무기의 발사 결정 등 각각의 과업을 인공지능이 탑재된 기계가 대신해주는 시대로 접어들고 있다.[32] 인공지능과 자율무기가 전쟁에 끼치는 영향이라는 측면에서 가장 중요한 부분이 바로 무기체계가 사고와 판단을 수행하는 두뇌 기능 부분이다. 이러한 두

---

**32** 피터 W. 싱어, 권영근 역, 『하이테크 전쟁: 로봇 혁명과 21세기 전투』, 지안, 2009, p. 118.

뇌 기능의 자율적인 수행은 인공지능 알고리즘에 바탕을 두고 있다.

자율 기능을 갖춘 자율무인체계 등장의 또 다른 효과로는 새로운 기능을 수행하는 부대 단위와 편제의 형성을 촉진하는 역할을 한다. 예를 들어 무인기를 원격으로 조종하는 신세대 병사들이 생겨났는데, 이러한 전문적인 임무를 수행하는 것을 지원하는 교리, 교범, 지원 인프라, 교육제도가 정비되고 있다. 전투 현장에서 기존 방식의 전통적인 전투 임무를 수행하는 군인들도 존재하지만 자율 기능이 탑재된 무인기를 조종하는 새로운 유형의 군인들도 생기고 있다.

### (2) 전쟁수행 방식의 변화: 군사전략, 작전, 전술

군에서 사용하는 자율무기나 군사 로봇의 발전 방향에 크기, 형상, 성능과 용도가 매우 다양해지고 있다. 이러한 다양성은 전쟁수행 방식의 변화를 야기하는 요인이 되고 있다.[33]

첫째, 크기와 형상 면에서 과거의 로봇은 사람과 비슷한 무인체계의 이미지로 인식되는 경향이 컸다. 그러나 지금은 일반적인 이미지에서 벗어나 형상과 크기가 다양해지고 있다. 날개가 수십 미터나 되는 무인 전폭기가 있는가 하면, 벌새 모양의 소규모 무인기도 개발되는 등 다양한 크기의 군사 로봇이 개발되고 있다. 극초소형 로봇이라고 할 수 있는 나노 크기의 로봇도 있다. '스마트 더스트 (smart dust)'라는 나노 로봇의 군집들이 정보 수집에 활용되고 있다. 형상도 다양해져서 인간 모양, 동물 모양, 물체 모양 등 매우 다양하다.

둘째, 전쟁에서 수행하는 로봇의 역할도 증가하고 있다. 2003년 이라크 전쟁에는 군사 로봇이 주로 관측 및 정찰 임무를 수행했다. 2007년에는 기관총과 유탄발사기를 장착한 MARRS 로봇이 경비 및 저격 임무를 수행했다. 야전에는 의무병 로봇도 도입되었다. 또한 교전이나 전투가 평원이나 산악 지역보다 도시에서 많이 발생함으로써 군사 로봇이 투입되는 경우가 크게 증가했다.

---

**33**  사이언티픽 아메리칸, 2017, pp. 45-47.

셋째, 전자기술의 발전, 컴퓨팅 파워의 증가, 인공지능 기술의 발전을 기반으로 군사 로봇의 지능과 자율성이 점차 증대하고 있다. 프레데터 무인기에 탑재된 표적 인식 소프트웨어는 특정 발자국이 어디에서 시작되었는지 알 수 있을 정도로 성능이 향상되었다.

로봇은 인간과 달리 배고픔을 느끼지 않는다. 또한 두려움 같은 감정이 없으며 입력된 명령을 잊지 않는다. 주변의 전투원이 부상을 입어도 감정적인 영향을 받지 않는다. 따라서 교전이 발생한 전투 현장에서 전투원의 전사와 부상을 크게 줄일 수 있다.[34]

# 5. 자율무기체계의 인공지능 활용 방안

## 1) 적용 가능 분야 식별

### (1) 국방 AI AWS의 활용 유망 분야

인공지능 기능이 탑재된 자율무기체계는 활용성이 다양하고 광범위하다. 너무나 범위가 넓고 다양하여 모든 분야에 인공지능 기능을 적용할 수 있지만, 위에서 기술한 대로 제한점과 위험성이 있으므로 사용하는 데 신중을 기해야 한다. 또한 인공지능의 기술적 한계로 인해 목적하는 바를 달성하기 위한 인공지능 기능을 구현하기 위해서는 까다로운 선제조건이 있다. 이에 국방 분야에서 인공지능 기능이 탑재된 자율무기체계를 활용할 수 있는 범주를 세 가지 정도로 구분했다.[35]

---

**34** Docherty, B. L., "Losing Humanity: The Case against Killer Robots," Human Right Watch/International Human Right Clinic: Washington, DC, Dec. 2012.

**35** 윤정현, 「국방분야 인공지능 기술 도입의 주요 쟁점과 활용 제고 방안」, 『STEPI』 279, 2021, pp. 3-4.

① 데이터 확보가 상대적으로 용이한 분야

학습이 잘된 인공지능을 구현하기 위해서는 학습할 데이터가 필요하다. 따라서 현재와 미래에서 사용되는 데이터의 확보가 용이할수록 인공지능을 활용할 수 있는 유망 분야다. 무기체계에서는 '감시정찰', '항공' 분야, 전력지원체계에서는 상시적 데이터 관리가 필요한 '국방정보시스템' 및 '교육훈련' 분야가 활용 가능성이 크다. 획득된 다양한 적군의 데이터로부터 유의미한 정보를 확보하고, 이를 기반으로 전장의 우위를 가져갈 수 있는 특징이 있다.

② 신뢰할 수 있는 알고리즘 구현이 상대적으로 용이한 분야

데이터를 통해 인공지능을 학습했다 하더라도 그 결과를 신뢰할 수 있어야 한다. 인공지능의 결과물은 알고리즘을 찾아내는 것이므로 신뢰할 수 없는 알고리즘은 사용하는 데 신중을 기해야 한다. 감시정찰 분야 및 인사·군수 등 업무효율성 향상을 위한 전투지원 분야가 전력화를 위한 알고리즘 구현에 상대적으로 인공지능 적용이 용이한 분야다. 특히, 전방이나 위험지역과 같이 상시적 모니터링이 필요한 상황에는 무인화 형태의 대체 임무 수행이 가능할 것으로 평가된다.

③ 윤리적 충돌 문제가 상대적으로 낮은 분야

살상 임무나 병력의 생명·안전과 직결된 문제에서 비교적 자유로운 분야로 실제 교전이 발생할 수 있는 환경에서는 완전한 자율화 기능을 적용하기에는 많은 시간이 소요될 것으로 예상된다. 반면, 전투지원, 의무지원, 교육훈련, 국방정보 시스템 분야는 비교적 가까운 미래에 인공지능 기술들이 적용될 것으로 전망된다. 하지만 인공지능 분야에서 윤리적 충돌을 완전히 배제할 수는 없으므로 인공지능 윤리 기준과 원칙을 세워 그 테두리 안에서 개발되도록 통제할 수 있는 거버넌스를 구축해야 한다.

## 2) 활용 방안

### (1) 전술적 수준에서의 AI AWS의 활용

#### ① 차세대 무인차량 및 항공기

무인차량 및 드론에 인공지능이 장착되면 차세대 무인무기의 효과를 극대화하기 위한 '스워밍(swarming)' 전술을 사용할 수 있다. 대규모 스워밍 전술인 경우 사람의 조작만으로는 불가능하고 인공지능 항법 시스템이 절대적이다.[36] 스워밍 전술 구현의 핵심은 중앙집권적인 지휘체계 없이도 자체적인 상황판단과 결심을 할 수 있는 능력이며, 목표지점에서는 각 객체의 임무에 따라 유기적으로 협조할 수 있는 능력이다. 이러한 제반 능력은 무인기에 탑재된 컴퓨터의 인공지능 수준에 달려있다. 정보를 수집하여 분석하고, 적군의 이동 경로를 예상하며, 적과 조우 시 신속한 의사결정으로 즉각적이고 능동적으로 대처하고, 목표지점에서 맡은 역할을 수행하는 것을 가능하게 하는 정도의 인공지능 수준이 보장된다면, 부대의 기동 속도와 템포가 빨라질 것이고, 적을 효과적으로 제압할 수 있다. 따라서 인공지능은 차세대 무인차량 및 드론 무기체계의 핵심이라 볼 수 있다.

#### ② 빅데이터 기반 워게임 및 시뮬레이션

인공지능은 워게임 및 전장 시뮬레이션의 상황을 풍부하게 하므로 지휘관 및 참모가 우발 상황을 예측하고 적절히 대응하는 능력을 갖추는 데 많은 도움을 줄 것이다. 특히 인공지능은 워게임 및 시뮬레이션의 변수들(무기효과, 지형, 기상, 증원군, 동맹국 등)의 영향을 사실적이고 변칙적으로 수정하고 추가함으로써 여러 가지 다양한 동적 조건을 만들어낸다. 또한 인공지능은 워게임 및 시뮬레이션의 결과를 분석하여 적의 가장 가능성 있는 방책, 다양한 우발 상황, 임무 수행을 위해 추가

---

**36**  Scharre, P., "Unleash the Swarm: The Future of Warfare," *CNAS*, 2015.

되어야 할 전투력 등을 제시할 것이다.[37]

③ 집권화된 정보 수집 및 분석

이제는 인간정보(HUMINT), 신호정보(SIGINT), 지형정보(GEOINT), 계측 및 기호정보(MASINT), 전자정찰정보(ELINT) 및 공개출처정보(OSINT)[38]를 비롯한 여러 출처에서 너무 많은 첩보와 노이즈들이 수집되어 이를 분석하고 판단하는 데 많은 시간과 노력이 소요된다.[39] 만약 정보분석에 필요한 시간이 길어지면 이로 인해 적시적인 결심 및 대응이 늦어지고, 결국에는 작전이 실패로 돌아갈 수도 있다. 따라서 정보분석 및 판단은 앞으로 첩보 수집 수단이 많아지고 다양해질수록 더욱 많은 처리 용량을 필요로 하는 분야다.

인공지능이 이런 대용량 정보처리 문제를 해결하기 위해 효과적으로 사용될 수 있다. 초기에는 데이터를 검색하고 징후 지표들을 식별하기 위해 사람의 도움이 어느 정도 필요하겠지만, 일정 수준의 경험이 축적되면 머신러닝을 통해 학습한 인공지능이 스스로 지표를 검색하고 분별할 수 있다.

## (2) 작전적 수준에서 AI AWS의 활용

① 다영역 감시·정찰을 가능하게 하는 시스템 위의 시스템

고전적인 첩보 수집 수단뿐만 아니라 각 전투원, 전투차량, 드론 등 네트워크로 연결된 모든 객체가 첩보를 수집하고 유통하기 때문에 처리할 정보의 양이 기하급수적으로 늘어난다. 이에 따라 현재와는 비교가 되지 않을 만큼 다량의 데이

---

**37** Smith, R., "The Long History of Gaming in Military Training," *Simulation & Gaming*, No. 1, 2010.

**38** 약어 해설: HUMan INTelligence(HUMINT), SIGnal INTelligence(SIGINT), GEOspatial INTelligence(GEOINT), Measure And Signature INTelligence(MASINT), ELectronic INTelligence(ELINT), Open Source INTelligence(OSINT)

**39** Pomerleau, M., "Can the Intel and Defense Community Conquer Data Overload?," *C4ISRNET*, Sep. 2018.

터 처리 능력이 필요해지고, 인공지능의 도움 없는 효과적인 정보처리는 불가능해진다. 군이 다영역작전에서의 정보처리를 가능하게 하는 인공지능을 보유한다면 적보다 더 빨리 판단하고, 결심하고, 대응할 수 있기 때문에 유리한 상황을 먼저 조성하고, 적보다 빠른 템포로 작전을 수행할 것이다.

### ② 작전적 수준의 표적 획득

인공지능 기반 ISR의 또 다른 효과는 작전적 종심의 다양한 표적을 더욱 효과적으로 추적하고 표적화할 수 있다는 것이다. 작전적 종심에서부터 적의 핵심 표적을 타격하는 것은 전술제대가 전투를 수행하는 데 큰 이점을 제공한다. 군단 이하 제대에서 중요한 위협으로 인식되는 작전적·전략적 2제대, 이동 미사일, 핵무기 같은 작전적·전략적 표적은 근접전투를 수행하는 군단 이하의 제대에 중요한 위협이다. 작전적·전략적 자산의 움직임을 추적하고, 적이 이를 사용하기 전에 선제적으로 타격함으로써 작전의 성과를 높일 수 있다.[40]

### ③ 효과적인 미사일 방어

다영역작전에서는 항공기뿐만 아니라 우주공간의 미사일 방어를 효과적으로 수행해야 할 필요가 있다. 인공지능으로 방어력이 강화된 미사일 방어 시스템은 이러한 위협을 더욱 효과적으로 상쇄할 수 있다. 현대의 미사일은 유도비행, 편심탄도 비행 등 변칙적으로 기동하기 때문에 표적을 식별하고 추적하는 데 많은 기술이 필요하다. 또한 적이 핵탄두 또는 고폭탄두를 장착한 미사일과 함께 다른 종류의 미사일을 동시에 발사하는 전술을 사용할 가능성이 크기 때문에 고위험 표적을 식별하거나 구별하는 능력 또한 중요하다. 이런 측면에서 인공지능은 적의 미사일을 식별·추적·구별하는 데 큰 도움을 줄 것이다.[41]

---

**40** Geist, E. and Lohn, A., "How Might Artificial Intelligence Affect the Risk of Nuclear War?," *RAND*, 2018.

**41** Judson. J., "Hyten: To Address Russian and Chinese Missile Threats, It's All About the Sensors,"

④ 인공지능으로 강화된 사이버전 수행 능력

인공지능에 의해 수행된 컴퓨터 네트워크의 프로빙(probing), 매핑(mapping), 해킹(hacking)은 적의 사이버 공격으로부터 네트워크의 취약성을 파악하고 대비하는 데 매우 유용한 정보를 주고 인공지능을 학습시키는 데 효과적이다.[42] 즉, 아군의 네트워크에 대해 인공지능이 공격하는 훈련을 통해 적의 사이버 공격에 대비하는 것이다. 반복되는 아군 대 아군 간의 훈련으로 학습되고 강화된 인공지능은 사이버작전 능력을 향상시키는 효과를 가져올 수 있다.

## 3) 향후 과제

### (1) 국방 분야 인공지능 윤리 원칙 제정

인공지능은 불가능해 보이는 일을 가능하게 하고 새로운 가치와 기회를 창출하기도 하지만, 그 이면에 여러 가지 부작용이 우려되는 실정이다. 데이터를 수집하여 활용할 때 윤리적 관심은 초기 단계에 머물러 있으며, 데이터 및 인공지능 윤리를 기술개발의 핵심적인 요소로 고려하고 있지 않기 때문에 이로 인해 발생할 수 있는 문제들에 대한 대비가 부족한 상태다. 이를 해소하기 위해 국방부 차원에서 인공지능과 자율무기체계 개발 시 적용할 수 있는 인공지능 원칙을 제정할 필요가 있다. 이미 많은 나라와 글로벌 기업에서 자체적으로 인공지능 윤리 기준과 원칙을 발표했다. 국방 차원의 인공지능 원칙을 토대로 각 군 및 각 무기체계에 따라 분야별 인공지능 원칙과 기준을 제정해야 한다. 또한 인공지능 윤리 원칙을 실천할 수 있는 제도적·정책적 방안이 마련되어야 한다. 마련된 기준에 의해 제대로 기술개발이 진행되어가고 있는지 관리할 수 있는 평가 도구의 마련도 필요하다. 상황 변화에 따라 유연하게 대처할 수 있고 지속적인 보완이 가능하도

---

*Defense & Security Analysis*, 35(2), 2019.

**42**  Corrigan, J., "DARPA Wants to Find Botnets Before They Attack," *Defense One*, Sep. 2018.

록 조직과 절차 마련 등도 병행하여 추진되어야 한다.

### (2) 자율무기체계 개발 전략 수립 및 인공지능 구현 능력 보유

다양한 기술을 접목한 복합형 무인자율체계의 경우 그 운용을 위한 기술력을 갖춰야 한다. 이를 위해 전략적 접근방법에 따라 인공지능 기술과의 접목도 고려하여 개발할 수 있는 전략을 수립해야 한다. 외국의 무기체계를 모방하는 기술력으로는 인공지능 기술을 확대 적용할 수 없다. 인공지능은 결과물보다 그 과정이 더욱 투명하고 공정한 데이터를 활용할 수 있어야 하기 때문이다. 따라서 국제적으로 통용되는 인공지능 기술과 자율무기체계 기술을 접목하여 운용할 수 있는 기술을 갖추도록 노력해야 한다. 한번 학습된 결과물은 추가적인 데이터를 통해 보완되고 상황에 유연하게 대처할 수 있다. 성능이 향상된 결과물을 지속적으로 획득하기 위해 자체적인 인공지능 구현 능력이 필요한 이유다. 이를 위해 민간 기업과의 협력도 필요하다. 인공지능 기술이 윤리 원칙에 따라 개발되었는지, 자율무기체계가 운영자의 통제하에 운용되는지 철저한 검증 절차가 필요하다. 인공지능 기능을 검증할 충분한 테스트베드도 갖추어야 윤리 원칙에 벗어나지 않는 무기체계를 개발할 수 있다.

### (3) 운영자에 의한 통제 수준 논의

자율무기체계 운용 간 적용할 자율성에 대한 구현 수준을 정해야 한다. 이에 적합한 군사적 알고리즘 개발에 투자해야 하며, 체계 개발 간 구현 수준과 알고리즘 수준에 맞는 작전운용성능(ROC: Required Operation Capability)를 만족하도록 진화적으로 제시해야 한다. 자율성에 대한 구현 수준을 설정할 때 인공지능이 가지는 한계점을 정확히 인식해야 한다. 사람에게는 쉬운 일이 인공지능에는 어려운 일이 될 수 있고, 사람에게는 어려운 일이 인공지능에는 쉬운 일이 된다. 따라서 사람의 기준으로 통제수준을 설정하는 것은 위험할 수 있다. 인공지능 기준으로 통제수준을 설정할 필요가 있다. 그 통제수준은 합리적이어야 하며 상황 변화에 따라 유연하게 수정할 수 있어야 한다.

운영자의 통제 수준은 인공지능이 얼마나 잘 '학습'되었는지에 따라 달라질 수 있다. 학습되지 않은 결과물에 대해 자율성을 부여하는 것은 위험하다. 인공지능의 학습은 데이터에 의해 이루어지므로 인공지능의 교육 자료인 빅데이터 관리를 위한 노력도 병행해야 한다.

자율무기체계의 통제를 위해 그 운용 주체인 운용자의 능력도 중요시된다. 따라서 인공지능의 개발자와 운용자에 대한 전쟁법 및 윤리에 관한 정신전력교육이 강화되어야 한다.

### (4) 인공지능 시스템 간 통합 및 상호작용에 대비

전 세계 많은 국가가 인공지능 개발에 박차를 가하고 있으며, 인공지능 기능이 탑재된 자율무기체계 개발에 많은 노력을 기울이고 있다. 가까운 미래에는 자율무기체계에 탑재된 인공지능끼리 협력하며 정보를 공유하는 체계가 등장할 수 있다. 각 분야에서 개발된 인공지능이 그 기능 간의 융합이 일어날 수 있다. 한 분야에 특화된 약한 인공지능끼리 결합하여 새로운 기능을 가진 인공지능이 개발될 수 있다. 또는 부족한 부분을 서로 보완해주는 효과도 나타날 수 있다. 육·해·공·해병대 간의 인공지능을 탑재한 자율무기체계 간 합동 작전을 해야 하는 상황에 대비해야 한다. 더 나아가 동맹국에서 개발한 인공지능 자율무기체계와 연합작전을 구사하는 상황도 예상할 수 있다. 이 과정에서 국가 이익이 최우선적으로 고려되어야 할 것이다. 시스템 간의 통합 또는 연동 상황에 대비할 수 있는 능력을 구비해야 할 것이며, 그러기 위해서는 인공지능 관련 인력 양성이 지속되어야 한다.

# 6. 결론

인공지능은 우리에게 많은 것을 가져다주었다. 또한 많은 것을 가져다줄 것이다. 그 한계가 어디까지인지 예측하기 어렵다. '인공지능'이라는 용어가 나온 1960년대부터 오늘날에 이르기까지 인공지능의 겨울이라는 과정도 겪었다. 새로운 개념에 대한 기대에 부응하지 못하고 기술에 대한 한계점이 나올 때마다 그 한계점을 극복하는 기술과 방법이 개발되었다. 데이터의 폭발적 증가, 컴퓨팅 파워의 향상, 알고리즘의 개발로 새로운 변화의 시대를 가져온 것처럼 오늘날의 문제점과 한계점은 언젠가 해결될 것이다.

새로운 작전 환경의 변화를 가져온 자율무기체계는 운용 가능한 작전의 범위를 넓혀주었고, 인간의 능력을 넘어서는 임무들을 해결해내는 등 그 효용성이 무척 크다. 자율무기체계의 활용성 때문에 많은 나라에서 투자와 개발을 서두르고 있다. 하지만 자율무기체계가 가져다주는 장점과 효용성은 충분한 검증을 거쳐 활용해야 한다.

인공지능 기능이 탑재된 자율무기체계는 그 확장 가능성 때문에 가까운 미래에 많은 발전이 있을 것이다. 바야흐로 '자율성'과 '인공지능'이라는 두 날개를 가진 자율무기체계는 환경의 변화에 적응하면서 신속한 의사결정으로 작전의 템포를 빠르게 진행시킬 수 있다. 또한 우리가 예상하지 못했던 임무들을 수행해낼 수 있을 것이다. 그러므로 인간의 적절한 통제 범위 내에서 활용되어야 하며 그렇게 될 때 미래 전쟁의 양상을 변화시킬 수 있을 것이다. 하지만 '인간의 존엄성'이라는 대원칙이 무너지는 순간 우리가 만든 인공지능으로 인해 인간이 피해를 받는 날이 올 수 있다.

최근 대두되고 있는 인공지능의 부작용 사례에 대해 많은 우려의 목소리가 있다. 인공지능은 데이터로 학습하기 때문에 철저한 데이터 관리가 필요하다. 개인정보를 보호해야 하고 공평성에 위배되어서는 안 된다. 인공지능 윤리에 대해 국방 차원의 인공지능 윤리 원칙과 실현 가능한 실천 규범 등이 제정되어야 한다. 이를 관리하고 통제할 거버넌스도 구축해나가야 한다. 자율무기체계에 인공지능을 탑재하는 것은 많은 효과를 가져올 수 있으나 '인간에 의한 의미 있는 통제'가 가능해야 한다. 성능 향상을 위한 무분별한 기술의 발전이 아닌 절제되고 통제된 개발로 넘어야 할 많은 과제를 하나씩 극복해나가야 할 것이다. 자율무기체계와 인공지능의 윤리 원칙 아래 적절한 균형과 조화로 체계 개발이 되어야 한다.

## 참고문헌

김민혁 · 김재오. 「자율살상무기체계에 대한 국제적 쟁점과 선제적 대응방향」. 『국방연구』 63(1), 2020.

김보연. 「인공지능을 통한 전쟁수행은 정당한가」. 『고려법학』 107, 2022.

김상배. 『인공지능, 권력변환, 세계정치: 새로운 거버넌스의 모색』. 서울: 삼인, 2018.

마정목. 「통제가능한 자율무기체계의 개념과 설계에 관한 연구」. 『국방정책연구』 36(2), 2020.

손한별. 「2040년 한반도 전쟁 양상과 한국의 군사전략」. 『한국국가전략』 13, 2020.

윤정현. 「국방분야 인공지능 기술 도입의 주요 쟁점과 활용 제고 방안」. 『STEPI』 279, 2021.

장용. 「미래 무인자율무기체계의 군사적 운용에 관한 연구」. 『한국군사』 11, 2022.

정구연. 「4차 산업혁명과 미국의 미래전 구상: 인공지능과 자율무기체계를 중심으로」. 『국제관계연구』 27(1), 2022.

정상조. 『인공지능, 법에게 미래를 묻다』. 사회평론, 2021

조현석. 「인공지능, 자율무기체계와 미래 전쟁의 변환」. 『21세기정치학회보』 28(1), 2018.

최명진 외 4명. 「군사용 인공지능의 안전성 확보를 위한 단계별 윤리적 평가 및 검증요소(기준) 마련 연구」. 건양대학교, 2022.

피터 W. 싱어. 권영근 역. 『하이테크 전쟁: 로봇 혁명과 21세기 전투』. 지안, 2009.

황태석. 「인공지능의 군사적 활용 가능성과 과제」. 『한국군사학론집』 76(3), 2020.

Corrigan, J., "DARPA Wants to Find Botnets Before They Attack". *Defense One*, Sep. 2018.

Cummings, "Artificial Intelligence and the Future of Warfare," Research Paper, Chatham.

Heyns, C., "Autonomous weapons systems: living a dignified life and dying a dignified death," in

Nehal Bhuta et al. (eds.), Autonomous Weapons Systems: Law, Ethics, Policy, Cambridge University Press, 2016, pp. 3-8.

House, The Royal Institute of International Affairs, 2017.

Docherty, B. L., "Losing Humanity: The Case against Killer Robots," Human Right Watch/International Human Right Clinic: Washington, DC, Dec. 2012.

Geist, E. and Lohn, A., "How Might Artificial Intelligence Affect the Risk of Nuclear War?," *RAND*, 2018.

Hammond, D. N., "Autonomous Weapons and the Problem of State Accountability," *Chicago Journal of International Law*, Vol. 15(2), 2015.

Judson. J., "Hyten: To Address Russian and Chinese Missile Threats, It's All About the Sensors," *Defense & Security Analysis*, 35(2), 2019.

Nyagudi, M., "Doctor of Philosophy Thesis in Military Informatics: Lethal Autonomy of Weapons is Designed and/or Recessive," Dec. 2016.

Pomerleau, M., "Can the Intel and Defense Community Conquer Data Overload?," *C4ISRNET*, Sep. 2018.

Sayler. K., "Artificial Intelligence and National Security," Washington D.C.: Congressional Research Service, 2020.

Scharre P., "Robotic on the Battlefield Part II: Coming Swarm," *Center for New American Security (CNAS)*, 2014.

Scharre, P., "Unleash the Swarm: The Future of Warfare," *Center for New American Security (CNAS)*, 2015.

Smith, R., "The Long History of Gaming in Military Training," *Simulation & Gaming*, No. 1, 2010.

Russell, S., "Take a stand on AI weapons." *International Weekly Journal of Science*, 521. May 2015.

Waldman, A. E., "Algorithmic Legitimacy," in Woodrow Barfield (ed.), The Cambridge Handbook of the Law of Algorithms, Cambridge University Press, 2021.


과기정통부, 사람이 중심이 되는 「인공지능(AI) 윤리기준」 마련, 2020.12.22. https://www.msit.go.kr/bbs/view.do?sCode=user&mPid=112&mId=113&bbsSeqNo=94&nttSeqNo=3179742(검색일: 2023.12.13)


DoD Directive 3000.09, "Autonomy in Weapon Systems," Jan. 25, 2023.

# 제5장
# 유·무인 복합전투체계

이창인

## 1. 서론

우리나라는 장기간 지속된 출산율 감소와 이로 인한 인구절벽 현상으로 인해 외부의 군사적 위협이 감소되지 않았음에도 군 규모를 감축해야 하는 상황에 처해 있다. 이 때문에 육군은 최소한 현재 수준의 전투력을 유지하기 위해서라도 개인과 단위부대의 전투력을 강화해야 한다.

현재도 입대자원 부족에 따른 야전부대의 편제 대비 인원 부족 문제는 많은 문제점을 야기하고 있다. 규정에 따른 업무량은 그대로이거나 늘어나고 있는데, 병력감축으로 인해 부대의 전투력이 감소하고 1인당 업무량은 증가하여 전투준비태세에 악영향을 주고 있다.

이에 대한 해결방안은 규정 개선으로 절대적인 업무량을 줄이거나, 1명이 기존의 2~3명분의 업무 능력과 전투력을 발휘할 수 있도록 하는 것이다. 여기서 절

---

\*   이 장의 내용은 국방로봇학회지에 등재된 「유·무인 복합전투체계와 드론봇의 정의」와 한국방위산업학회지에 등재된 「소부대 유·무인 복합전투체계의 전술과 요구장비」를 바탕으로 재작성했다.

대적인 업무량을 줄이는 것 외에 개인의 능력을 향상시키는 방법이 바로 유·무인 복합전투체계와 인공지능을 활용하는 것이다.

유·무인 복합전투체계는 말단 분·소대에서부터 구축되어야 한다. 왜냐하면 병력감소의 영향을 가장 크게 받고, 이에 따른 전투력 약화가 가장 심각한 제대가 분·소대이기 때문이다. 핵무기 같은 절대무기로 인해 국가 차원에서 적보다 전투력이 우세하더라도 소부대 전투에는 크게 영향을 주지 못한다. 현재 우크라이나-러시아 전쟁에서 핵을 가진 러시아가 핵무기를 사용하지 못해 우크라이나군에게 고전하고 있는 것이나, 과거 핵무기를 가진 소련과 미국이 아프가니스탄에서 철수한 것이 그 방증이다.

소부대의 승리가 누적되면 자연스럽게 대부대의 승리로 연결된다. 수고스럽고 비효율적일 수 있으나 확실한 승리방법이다. 따라서 유·무인 전투체계는 분·소대에 우선 배치하여 말단 전투부대의 전투력을 강화해야 한다. 이를 기반으로 상급부대는 하급부대의 승리를 지원하기 위한 선견-선결-선타체계와 방호, 지속지원 능력을 갖추고 지원해야 한다.

향후에는 인력 중심으로 운영되는 단순 반복업무나 종합기능은 자동화·무인화해야 한다. 그리고 전장의 우연성과 혼란, 윤리적 문제 속에서 최선의 판단을 할 수 있는 전투원(사람)을 중심으로 유·무인 복합전투체계가 운용되어야 한다.

이 장에서는 가용병력이 감소하는 상황에서 군대가 현재 수준 이상의 전투력을 유지하기 위한 방법으로 유·무인 복합전투체계의 전술과 여기에 필요한 장비를 제시했다. 특히 병력감소에 가장 큰 영향을 받는 분·소대급 전투부대의 전투력을 유지 및 강화하는 데 중점을 두었다.

먼저 유·무인 복합전투체계의 정의를 설명하고, 유무인 복합전투체계의 선두주자인 미국의 운용사례를 살펴보았다. 이를 바탕으로 우리 소부대의 유·무인 복합전투체계의 전술과 필요한 장비를 제시했다. 유·무인 복합전투체계의 전술은 선견-선결-선타-방호-지속지원 개념과 적 사거리 밖에서 싸우는 사거리전투 개념을 적용했다. 여기에 필요한 장비는 전투수행 6대 기능인 지휘통제, 정보, 기동, 화력, 방호, 지속지원으로 제시했다.

## 2. 유·무인 복합전투체계의 정의와 해외사례

### 1) 유·무인 복합전투체계, 자율무기체계, 로봇의 정의

#### (1) 유·무인 복합전투체계란?

2018년 3월 31일 제323차 합동참모회의에서는 유·무인 복합전투체계를 정찰, 공격, 지원드론으로 구분하여 무기체계로 분류하고, 이 분류에 따라 소요결정을 하고 있다. 그리고 같은 해 8월 20일 합동참모본부에서는 드론을 UAV를 포함하는 광의의 개념으로 정리했다.

2019년 12월 육군의 교리선행연구에서는 유·무인 복합전투체계를 "불확실한 전장상황에서 생존성, 작전지속성, 다기능성 등의 전투효율성을 증대시키고, 시너지효과를 창출하기 위해 유인과 무인체계의 내재된 강점을 결합하여 복합적으로 운용하는 체계"라고 정의했다.[1] 무인전투체계의 운용목적은 전장상황에서 감시정찰 능력을 강화하고, 표적 획득 및 정확한 타격능력을 확대하며, 전투원의 생존성 강화를 위해 수색정찰 및 폭발물 처리 등 위험한 임무를 사람 대신 하는 것이다. 또한 전투지원과 전투근무지원 분야에 무인전투체계를 운용하여 효율성을 확대하고, AI기반의 결심지속지원체계를 활용하여 정확한 판단과 결심주기를 단축하는 것이다.[2] 여기서 무인전투체계는 군용으로 사용되는 무인체계를 뜻함을 알 수 있다. 즉 민간용으로 사용되는 것은 무인체계이며, 군용으로 사용되면 무인전투체계로 볼 수 있다.

---

**1**  H. Q. of Army, *Operating of Man-Unmanned Complex Combat System (Ver. 1.0): Precedent Research of Doctrine* (Gyeryong: Defense Publication Service Center, 2019), pp. 1-3.

**2**  위의 글.

2021년 6월 육군본부 예하의 교육사령부에서 작성한 『드론봇 전투체계 종합발전지침』에서 "드론은 조종사가 탑승하지 않고, 원격조종 등으로 비행하는 무인체계이며, 로봇은 인간의 일을 대신하여 자동으로 처리하거나 작동하는 기계, 드론봇은 드론과 로봇의 합성어로 원격제어 또는 자동조종으로 운용되는 무인이동체와 로봇이 하나 또는 다수로 통합된 무인체계의 총칭"이라고 정의했다. 그리고 무인체계는 "무인지상차량, 무인항공기, 무인잠수정 등 특정 전장상황에서 기존의 유인 전투체계와 무인장비를 네트워크로 통합운용하여 전투효율성을 극대화하고, 인명피해 최소화 및 인력절감 등 기존 인간 위주의 전투체계를 보완하는 복합체계"라고 정의했다.[3]

이때 교육사령부에서는 앞서 육군이 정의한 무인전투체계를 무인체계로 재정의했는데, 이는 단어의 원래 의미를 고려해보면 잘못 정의된 것이라 생각된다. 왜냐하면 무인전투체계라는 용어에는 '전투'가 포함되어 있어 군용 또는 전투용으로 한정 짓는다. 그러나 교육사령부에서 재정의한 '무인체계'라는 용어는 단어 자체만으로는 이것이 군용인지 민간용인지 구분할 수 없다. 따라서 용어의 정의와 단어의 본래 의미를 고려할 때 이것은 '무인전투체계'로 정의하는 것이 바람직하다.

ADD의 이종용 박사는 유·무인 복합전투체계를 "인명피해를 최소화하기 위해 전투원의 능력을 보완하거나 기능을 대체할 수 있는 무인 전투체계와 전투원을 포함하는 유인 전투체계를 복합적으로 운용하는 전투체계"로 정의했다.[4] 이처럼 이종용 박사의 연구도 군사용·전투용으로 사용하는 무인체계는 무인 전투체계로 표현하여 사용하는 뜻과 글자의 뜻이 일맥상통하게 되어 있다.

정리해보면 '무인전투체계'가 '무인체계'보다 대상을 구체적으로 한정하므로 좀 더 바람직한 용어임을 알 수 있다. 그리고 '유·무인 복합전투체계'와 '유·무인

---

**3**  육군교육사령부, 『드론봇 전투체계 종합발전지침』, 계룡: 국방출판지원단, 2021, p. 2.

**4**  Lee, Jong Yong, "Manned-Unmanned Collaborative Combat System (MUM-CCS) Operation Concept and Developement Direction", *KRINS*, Vol. 3, No. 3, pp. 196- 197, 2018.

전투체계'의 경우 육군 교리선행연구 내용과 교육사령부 연구 내용을 통해 볼 때 두 개념 모두 무인 전투체계가 유인 전투원과 유기적으로 운용되거나 유인 전투원을 보조하는 의미를 강조하고 있다. 따라서 유인 전투체계와 무인 전투체계가 유기적으로 얽혀 운용되지 않고 단순히 부대에 함께 편제되기만 해도 사용할 수 있는 '유·무인 전투체계'라는 표현보다는 인간과 유기적인 상호작용이 반드시 포함되어야 함을 표현하는 '유·무인 복합전투체계'가 더욱 적절한 표현이다.

그래서 유·무인 복합전투체계는 ① (목적) 인명피해를 최소화하고, 전투원의 능력을 보완하거나 기능을 대체하며, ② (정의) 드론, 로봇 같은 무인 전투체계가 전투원과 유기적으로 상호작용하며 임무를 수행하는 복합전투체계다.

### (2) 자율무기체계란?

자율무기체계는 인간의 개입 없이 무기체계가 스스로 판단하는 체계를 뜻한다.[5] 이것은 다양한 무인 체계에 적용되며, 운용자와 설계자는 적정수준의 자율성 수준을 정해야 한다. 자율성 수준은 사람의 개입 수준과 역할에 따라 다양하며, 사람을 보는 가치관과 전쟁윤리를 바라보는 관점에 따라 다양하게 설정한다. 여기서는 OODA(Observe-Orient-Decide-Act) Loop의 자율성 수준에 따른 자율무기체계 운용개념을 예로 들어보겠다.

먼저 원격조종에 해당하는 Human in the loop이다. '관찰-방향설정-결심-행동'하는 OODA loop 속에서 모든 것을 사람이 하는 것이다. 현재 사용 중인 대부분 드론이나 로봇이 여기에 해당한다. 관측에 해당하는 부분은 무인체계의 감지장치에 의존할 수 있지만, 궁극적으로 그 신호는 사람에게 전달되어 사람이 방향설정-결심-행동하게 된다. 그래서 무인체계는 신체의 연장선상에 있는 개념이 된다.

사람의 명령과 감독하에 자동화된 무인체계는 Human on the loop이다.

---

5    박문언, 「자율무기체계란 무엇인가?」, 『국방이슈브리핑시리즈』 12, 서울: 한국국방연구원, 2019, p. 5.

OODA loop 과정을 사람이 상시 감독하면서 무인체계가 자동으로 임무를 수행한다. 정해진 경로로 작전하는 인공위성, UAV, 자율주행로봇 등이 여기에 해당한다. 감독자는 무인체계가 자동으로 처리하는 것을 중단하거나, 기존에 프로그램되어 있지 않던 것을 수동조작할 수 있다. 마치 여객기의 자동비행이나 자동차의 자동운전 기능과 같다.

아이언맨의 인공지능 쟈비스처럼 사람의 통제를 벗어나 무인체계가 독립적으로 OODA loop를 실시할 수 있을 경우 Human out of the loop라고 한다. 사람 수준의 의사결정 능력이 있는 인공지능이 필수다. 이 경우 한 명의 병사를 대체할 수 있지만, 전쟁윤리 측면에서 의도치 않은 문제가 발생할 가능성이 매우 크다. 예를 들어 전쟁윤리를 강조할 경우 총을 든 민간인이 아군을 공격하더라도 민간인이라는 이유로 대응사격하지 않을 수 있다. 반면 전쟁윤리보다 효과를 강조할 경우 아군 전투원을 공격하는 어린 소년이 협박에 못 이겨 억지로 사격하는 것일지라도 무인체계는 무조건 대응사격을 할 수 있다. 사람이라면 상황을 봐가며 말이나 회유를 통해, 또는 협박하는 자를 제압함으로써 문제를 해결할 수도 있다.

자율무기체계의 자율성 수준은 사용 목적과 비용을 고려하여 정해야 한다. 모든 무인체계를 최고 수준의 인공지능이 필요한 Human out of the loop 수준으로 할 필요가 없다. 근거리 자폭드론이나 로봇, 정찰드론처럼 '소모품'으로 사용될 장비는 원격조종 수준인 Human in the loop 수준이 적절하다.

전투에서 주로 결심하고 생각하는 주체는 지휘관이다. 일반병사는 지휘관의 지시와 임무를 기계적으로 수행하는 경우가 일반적이다. 병사의 자율성은 보통 부여된 임무를 달성하기 위한 수단과 방법을 선택하는 수준에 그친다. 이러한 방식은 Human on the loop와 거의 동일하다. 사람 대신 무인체계로 대신할 수 있는 것이다. 따라서 병사 수준의 임무를 수행할 무인체계는 Human on the loop 수준이 적절하다.

인간 수준의 의사결정능력을 요구하는 Human out of the loop는 사람이 관찰하기 어려운 사이버전자기 영역에서 작전하는 로봇에 가장 적합하다. 빛의 속도로 이루어지는 적의 전자기파 공격과 악성코드, DDoS공격, 인공지능의 딥페이크(deep fake) 기술을 이용한 조작된 정보 등은 사람의 인지능력과 판단력, 반응속도로 대응하는 것이 거의 불가능하다. 따라서 이러한 것은 전쟁윤리와 법규범이 적용된 상태에서 Human out of the loop 수준의 인공지능을 갖춘 무인체계가 대응하는 것이 적절하다. 무인체계가 전쟁윤리와 법규범을 준수하는 것은 이를 무시하는 적을 상대로 도덕적 우위를 누리고, 이를 통해 아군의 중심은 강화하고 적의 중심은 약화시키기 위한 전략적 조치다. 특히 윤리와 법은 우리가 지켜야 할 가치이기 때문이다.

### (3) 로봇과 드론봇?

앞서 유·무인 복합전투체계와 자율무기체계의 정의에 대해 알아보았다. 이 두 체계는 로봇과 최근 군에서 정의한 드론봇이 필수로 포함되는데, 그렇다면 로봇과 드론봇은 또 뭔가?

옥스퍼드(Oxford) 사전에서 로봇은 "사람을 닮은 기계이거나, 인간의 특정 행동과 기능을 따라 하는 자동화된 기계"를 뜻한다. 또한 로봇은 복잡한 일련의 행동을 수행할 수 있고, 특히 컴퓨터로 프로그램할 수 있다. 요즘 이슈가 되고 있는 Chat-GPT 4.0은 로봇에 대해 다음과 같이 정의했다.[6]

로봇은 컴퓨터 프로그래밍 된 인공지능이나 사람의 지시에 따라 일하는 기계장치다. 보통 인간의 역할을 대신하거나 개선하기 위해 사용되며, 자동화된 제조, 운송, 서비스 및 의료 분야 등에서 사용된다. 로봇은 일반적으로 자동화된 기계장치, 인공지능 소프트웨어를 뜻하며, 두 기술이 조합된 것도 포함한다. 즉 사람의 일을 대신하는 기계나 소프트웨어를 로봇으로 정의할 수 있다. [Chat-GPT 4.0]

이 정의에 따르면 드론, UAV, UGV 등은 모두 로봇에 해당한다. 한편 드론봇은 육군교육사령부의 『드론봇 전투체계 종합발전지침』에서 드론과 로봇의 합성

---

[6]  https://chat.openai.com/chat(검색일: 2023.3.28)

어로 정의했다. 드론은 육군이 사용하는 무인비행체, 로봇은 지상으로 기동하는 무인기동체 개념으로 정리하여 만든 용어다. 하지만 로봇의 일반적인 의미는 UAV, 드론, 드론봇의 개념을 모두 포함함에 따라 드론봇이라는 하위체계가 로봇이라는 상위체계를 포함하는 주객전도가 일어난다. 그렇다면 현재 육군이 지상기동 무인기동체라는 의미로 사용하는 로봇은 의미를 구체화하고 한정하기 위해 '지상로봇'으로 표현하는 것이 적절하다. 그리고 드론봇이 드론과 지상로봇은 물론 군용소프트웨어까지 포함하는 표현으로 정리한다면, 드론봇이란 '군용로봇'을 의미하는 표현으로 사용할 수 있으며, 일반적인 로봇의 의미와도 논리적으로 구분할 수 있을 것이다. 그리고 향후 소프트웨어에 해당하는 군용 인공지능이 장착되고 지상·해상·공중영역을 넘나들며 지상기동과 비행, 잠수 등이 모두 가능한 다목적 로봇이 등장할 경우 기존의 분류방식으로는 이 체계를 설명하기가 어렵다. 하지만 새롭게 제시한 분류체계로는 드론봇으로 분류할 수 있게 된다. 따라서 향후 드론봇은 군용로봇을 의미하는 것으로 하고, 군용소프트웨어와 드론, 지상로봇으로 하위체계를 분류할 수 있을 것이다.

이 내용을 집합으로 표현하면 다음 〈그림 5-1〉과 같다.

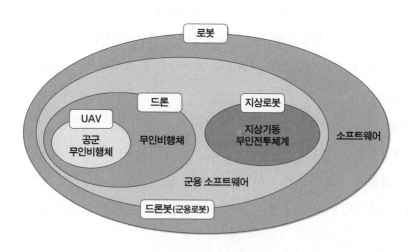

〈그림 5-1〉 무인전투체계 분류

앞서 정의한 유·무인 복합전투체계와 로봇, 드론봇, 지상로봇, 드론, UAV 용어를 사용한 예를 설명하면 다음과 같다.

유·무인 복합전투체계는 유인 전투원과 유기적으로 상호작용하며 임무를 수행하는 '전투체계'임에 따라 여기에 사용되는 로봇은 군사용인 드론봇(군용로봇)에 해당한다. 이때 드론봇이 유인 전투원과 유기적으로 상호작용하지 않는다면 이것은 무인 전투체계이지 유·무인 복합전투체계는 아니게 된다. 이러한 정의에 따라 대표적인 유·무인 복합전투체계는 현재 컴퓨터화된 최첨단 전투기나 전차, 장갑차 등이 해당한다. 그리고 현재와 미래에 유인 전투원이 사용할 인공지능 또는 소프트웨어 기반 전투장비가 모두 유·무인 복합전투체계에 해당한다. 드론과 지상로봇만이 유·무인 복합전투체계가 아니다. 오히려 드론과 지상로봇이 유인 전투원과 유기적으로 '상호작용'하지 못하고 독립적으로 운용된다면 이것은 그저 유인 전투원이 사용하는 무인 전투체계이지 유·무인 복합전투체계가 아니다.

F22 Raptor

FWS-I of U.S. Army

MUM-T of helicopter

**〈그림 5-2〉 다양한 유형의 유·무인 복합전투체계**

출처: Adobe stock; PEO Soldier; Flykit Blog

| 상용 DJI 드론 | British MQ-9A Reaper UAV |

〈그림 5-3〉 다양한 형태의 드론

출처: IT Dong-A; wikipedia

　　로봇은 민간용과 군용 모두를 포함하는 개념이며, 이 중 군용에 해당하는 것이 드론봇(군용로봇)이다. 군용이라 하면 군에서 사용되는 것이며, 민수용이라도 군사적 목적을 위해 그대로 사용되거나 개조·개량하여 사용할 경우 드론봇이라 할 수 있을 것이다. 특히 사이버 영역에서 사용되는 각종 군용 프로그램과 인공지능은 드론봇으로 분류할 수 있다. 그러나 민군 겸용일 경우 목적에 따라 드론봇이 아니라 로봇으로 표현할 수도 있다.

　　군용로봇인 드론봇은 크게 지상로봇과 드론, 그리고 드론봇을 운용하는 군용 소프트웨어로 분류할 수 있다. 이때 지상로봇은 바퀴나 궤도 등으로 지면을 기동하는 무인 전투체계 또는 유·무인 복합전투체계를 뜻하며, 지면으로 기동하는 지뢰제거로봇, 견마로봇, 로봇개 등이 이에 해당한다.

　　드론은 무인비행체로 최근 쿼드콥터형이 대세이며, 저고도부터 고고도까지 다양한 센서와 동력원으로 구성되어 감시, 정찰, 탐지, 타격, 수송 등 다목적으로 이용되고 있다. 이 중 공군이 운용하는 드론을 UAV로 특정한다.

### 2) 해외사례

　　미 육군은 2017년 '로봇과 자동화체계 전략(RAS, Robotic and Autonomous Systems

Strategy)'에서 무인체계를 통해 다섯 가지 면에서 적을 압도하려 한다고 했다. 이 다섯 가지는 ① 상황인식 향상, ② 전투원의 육체 및 인지적 부담 경감, ③ 분배의 효율성 향상, 수송량 증대로 전투지속력 향상, ④ 이동과 기동 능력 향상, ⑤ 방호력 향상이다.[7]

그리고 미국의 DARPA에서는 미 육군과 해병대를 대상으로 미 육군의 다영역작전(MDO, Multi Domain Operations)과 합동군 차원의 전영역작전(JADO, Joint All Domain Operations)을 수행할 수 있는 Squad X라는 분대급 유·무인 복합전투체계를 2016년부터 실험하여 발전시키고 있다. 이것은 2단계로 진행했으며, 1단계는 최신기술을 사용할 수 있는 저항세력을 상대로 현재 분대의 교전거리인 300m 내 육안교전을 전제로 했다. 이때 Squad X에는 성숙한 기술을 적용하여 시제품을 만들고 화력과 기동으로 임무에 성공하도록 한다. 2단계에서는 분대의 1개 팀이 1,000m 이내에서 가시거리 밖의 적과 교전할 수 있는 것을 전제로 했다. 그래서 새로 등장한 최신기술을 지속 반영하고, 기존의 시제품을 계속 개량 및 발전시키며,[8] 다영역작전 개념이 적용된 화력과 기동으로 임무 완수하는 것을 목표로 했다.

〈그림 5-4〉의 Squad X 전투개념도를 보면 중앙의 로봇을 중심으로 각개전투원이 네트워크로 연결된 것이 묘사되어 있다. 드론으로 숨어 있는 적을 공중에서 식별하고 중계하여 각개전투원에게 정보를 보낸다. 지상 로봇의 센서로 창문 뒤에 숨은 적을 식별하고, 분대 선두의 전투원은 대드론체계로 적의 드론을 격추하고 있다. 이 체계는 GPS 위성신호가 차단되더라도 내부 네트워크를 기반으로 자기위치 식별이 가능하도록 설계되었다.

〈그림 5-5〉의 Squad X 전투원은 현재 마이크로소프트에서 개발한 홀로렌즈 또는 〈그림 5-6〉처럼 L3-Harris에서 개발한 신형양안야투경(ENVG-B, Enhanced

---

**7**  Army Training and Doctrine Command, *The U.S. Army Robotic and Autonomous Systems Strategy* (Fort Eustis: Maneuver, Aviation, and Soldier Division Army Capabilities Integration Center, 2017), p. i .

**8**  Christopher Orlowski, *Squad X Experimentation Program*, DARPA, 2016. p. 56.

〈그림 5-4〉 Sqaud X의 전투개념도[9]

〈그림 5-5〉 Squad X 전투원[10]

**9** Christopher Orlowski, Squad X Experimentation Program, DARPA, 2016.

**10** 위의 글.

제2부 전쟁 패러다임의 변화와 군사기술혁명의 진행

- 배터리상자에 무선신호처리기 내장
- 야시경 소형화 및 무게 배분
  ☞ 목 통증 감소

ENVG-B

FWS-I

- 유연한 움직임, 양안 형태로 편의성 및 인식률 극대화
- 인식률: 150~300m에서 사람 크기 80% 식별
- 무게 / 작동시간: 680~1,130g / 7.5~15H
- FOM: 2,000 이상

피 · 아 식별, 위치, 적정보, 메시지 등을 제공하는 정보처리기(갤럭시S). '21년 IVAS와 연동하여 야시경에 영상제공

〈그림 5-6〉 ENVG-B를 착용한 미 육군[11]

Night Vision Goggle-Binocular) 기반의 통합시각증강체계 (IVAS, Integrated Visual Augmentation System)를 사용한다. 이것은 고글형 전시기에 확인점, 방위각, 목표, 표적영상 등을 표시하여 상황인식 능력을 향상시킨다. 이 장치는 합성전장환경(STE, Synthetic Training Environment) 기술과 결합하여 전투원이 AR/VR로 실제와 유사한 전투 경험을 가능케 한다. FWS-I(Families of Weapon Sight-Individual)는 전투원이 휴대하는 다양한 직사화기의 조준경 영상을 ENVG-B나 IVAS의 전시기(display)에 제공하는 장치다. 이를 통해 코너샷이 가능하고, 야간에 표적지시 레이저가 없어도 조준사격이 가능해 사격 시 노출이 거의 없다.

한편 2022년경 미 육사 생도들을 대상으로 실험한 결과에 따르면 통합시각증강체계(IVAS)가 제공하는 과다한 정보는 전투원의 인지능력에 부담을 주어 고글형 전시기를 꺼버리거나 사용하지 않는 경우가 많았다고 한다. 향후 최적 수준의 정보제공 방법과 양을 찾기 위한 실험이 계속될 것으로 예상된다.

Squad X 로봇은 전투원의 전투하중을 줄임과 동시에 분대 전체의 휴대량 증

---

**11**　M1A2C Abrams@delfoass, asc.army.mil 재편집.

가, 기동성 향상, 전투지속력을 향상시킨다. 향후 전투원이 입는 외골격형 로봇(exoskeleton), 또는 인공 근육이 내장된 전투복이 등장할 경우 로봇 없이도 중량부담을 줄이고 네트워크 능력을 향상시킬 수 있을 것이다. 또한 로봇은 각개전투원에게 필요한 탄약, 식량, 물자, 식수 등을 실시간 파악하고 이동거리 등을 자동으로 계산하여 분배의 효율성을 향상시킬 수 있다. 전투 중 드론과 로봇에 장착된 각종 감지 및 탐지장치는 분대와 전투원에게 선견능력을 제공하고, 차체로 전투원을 방호하기도 한다. IVAS와 로봇에 장착된 엣지 인공지능이 처리한 정보는 분대장이 적보다 빠르게 선결할 수 있도록 지원한다. 분대장 유고 시에도 각개전투원은 네트워크로 연결되어 드론과 로봇이 수집한 정보를 확인할 수 있고 신속히 대리지휘체계를 갖추어 전투가 가능하게 된다.

Squad X 드론으로 수집한 원거리 표적정보는 분대원이 휴대한 자폭드론이나 상급제대의 화력으로 선타할 수 있다. 또한 〈그림 5-7〉처럼 미 육군이 추진 중인 차세대 6.8mm 소총과 조준경은 유효사거리가 600m 이상으로 적보다 원거리에서 신속한 정밀사격과 함께 Level Ⅲ 수준의 방탄복을 관통한다.

이처럼 Squad X는 '미 육군의 로봇과 자동화체계 전략(RAS)'을 충실히 따르

〈그림 5-7〉 미 육군이 채택한 시그사우어(Sig Sauer)사의 XM-7 6.8mm 소총.
재식소총이 되면 M-7으로 명명된다.

출처: Soldier Systems

제2부 전쟁 패러다임의 변화와 군사기술혁명의 진행

고 있으며, 선견-선결-선타라는 전투 원리를 충실히 이행할 수 있도록 만들었다.

Squad X에서 설계한 다영역 분대는 다음 〈그림 5-8〉과 같이 편성되어 있다. 9명 편성의 현재 미 육군분대에 드론 2대, 인공지능 로봇으로 추정되는 SIGINT 3대, 분대장 옆에 EW로 표시된 전자전 요원 1명 등 총 6개의 개체가 추가되어 있다.

각 팀에는 소총수가 드론을 조작한다. 문제는 최근 실험 간 드론을 조작하는 소총수는 드론 조작 시 근접전투가 불가능하다는 점이다. 또한 드론과 로봇을 운용하기 위한 배터리와 정비소요, 정보과잉 등의 문제, 아직까지 성숙하지 않은 로봇의 자율성 문제로 원하는 만큼의 전투력 발휘가 어려웠다고 한다. 이 때문에 기술 수준을 고려하여 분대당 드론은 1대로 축소 편성되었다고 한다.

Squad X의 전투개념은 전투원의 육체적 한계와 이를 고려한 편제장비를 고려하여 1km 이내에서 정밀교전하는 것이다. 따라서 이 정도 거리 내의 적을 먼저 볼 수 있는 드론과 지상감시센서 등을 사용한다. 드론과 로봇 등 무인체계는 GPS가 거부된 상황에서도 자기 위치를 6m 오차 내에서 찾을 수 있고, 이를 통해 유·무인 전투체계가 전투대형 유지나 정확한 기동을 할 수 있게 한다. 또한 Squad X

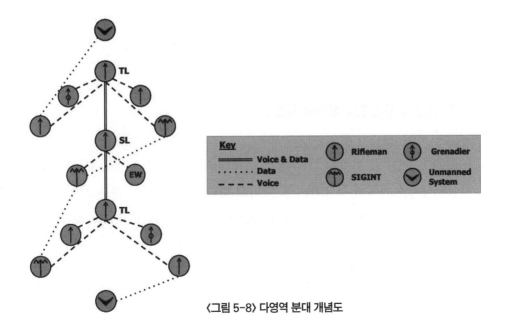

〈그림 5-8〉 다영역 분대 개념도

에 편성된 전자전 요원은 300m 이상 거리에서 적의 지휘, 통제, 통신장비와 무인체계를 교란할 수 있다.[12] 전투원은 신형소총과 휴대형 자폭드론, 상급부대 화력유도 등을 통해 1km 이내의 적을 선견-선결-선타한다.

## 3. 유인 및 무인전투체계의 역할과 전술

유·무인 복합전투체계의 전술을 설명하기 위해 우선 유인 전투체계와 무인전투체계의 역할을 분석했다. 이때 역할의 분석기준은 살상 효율과 효과보다는 전투와 전쟁의 주체, 즉 주인이 누구인가를 기준으로 했다. 전쟁과 전투의 궁극적 목적은 사람이 추구하는 목적을 달성하기 위한 것이지 살상력의 효율과 효과를 극대화하는 것이 아니기 때문이다. 살상력의 효율과 효과를 극대화하는 결정은 인간의 판단하에 일시적·부분적으로만 허용되어야 한다. 그렇지 않으면 사람이 기계의 효율과 효과에 지배되며, 원래 사람이 추구하던 전투와 전쟁의 목적은 사라지고 최대살상이라는 무의미하고 끔찍한 대량살상만 남게 된다.

역할 분석이 끝나면 선견-선결-선타를 기본으로, 이를 지속하기 위한 방호와 지속지원 개념을 적용한 전술을 제시한다.

### 1) 유인 및 무인 전투체계의 역할

클라우제비츠는 전쟁을 "두 사람의 결투(dual)가 확장된 것이며, 전쟁의 목적은 나의 의지를 적에게 강요하는 것"이라고 했다.[13] 즉, 의견이 다른 정치집단이 각자의 의지를 관철시키는 것이 전쟁목적이다. 의지는 사람이 주체이지 기계나

---

**12**  Christopher Orlowski, 위의 글, p. 16.

**13**  Clausewitz, Ed. & Trans. Michael Howard & Peter Paret, *On War* (Princeton University Press: Princeton New Jersey, 1989), p. 75.

인공지능이 주체가 될 수 없다. 따라서 전쟁의 주체는 사람이다.

잘못 사용되는 표현 중 하나가 "전쟁의 주체 또는 전투의 주체가 인공지능이나 드론"이라는 표현이다. 이때는 주체가 아니라 '주요 수단'이라고 표현해야 한다. 국어사전에는 주체(主體)란 "① 어떤 단체나 물체의 주가 되는 부분, ② 사물의 성질, 상태, 작용의 주가 되는 것"이라고 했다. 어떤 단체의 주가 되는 것은 의사결정을 하는 집단이고, 물체의 주가 되는 생명체는 의사결정과 생명활동을 하는 부분, 무생물은 덩어리를 구성하는 주요 성분을 뜻한다. 이러한 의미를 고려한다면 전쟁의 주체 또는 전투의 주체가 인공지능이나 드론이라는 표현은 주객이 전도된 것이다. 앞서 전제 부분에도 설명했지만, 전쟁과 전투의 목적은 '사람의 의지'를 강요하고자 하는 것으로 행위의 주체가 사람이다. 만약 인공지능이나 드론이 주체라고 한다면 전쟁의 의사결정권을 인공지능이나 드론이 가졌다는 것과 다름없게 된다. 그렇게 되면 사람은 인공지능의 지시를 받는 수단으로 전락하게 된다.

이와 같은 개념에 따라 유인 전투체계와 무인 전투체계의 역할은 분명하다. 유인 전투체계는 의사결정의 주체가 되어야 하며, 무인 전투체계는 유인 전투체계가 원하는 것을 보조·지원·협조하는 것이다. 무인 전투체계의 인공지능 수준이 사람 이상이 되더라도 의사결정의 주체는 유인 전투체계여야 한다. 다만 사람의 능력으로 감지·결심·판단할 수 없거나 반응속도를 따라갈 수 없는 분야, 예를 들어 사이버전자기 영역의 전투에서는 사람이 지시한 지침 안에서 로봇이 자율적으로 판단하고 행동할 수 있을 것이다. 그러나 이 경우에도 사람이 지시한 범위 내에서만 자율성이 보장되므로 전투의 주체는 유인 전투체계, 즉 사람이다.

## 2) 선견-선결-선타를 적용한 유·무인 복합전투체계의 전술

유·무인 복합전투체계의 전술은 전투원의 직접교전을 최소화하고, 선견-선결-선타하기 위해 적의 관측과 사거리 밖에서 먼저 보고, 먼저 정밀타격하는 것이다. 아래 내용은 이것을 순서대로 구체화하여 설명한다.

(1) 선견

먼저 보기 위해서는 제대별로 동급 제대의 적 사거리 밖에서 감시 및 정찰할 수 있는 드론이나 침투용 로봇, 상위제대에서 제공하는 실시간 첩보 등이 필수다. 이때 제대별로 정찰 및 감시자산이 별도로 필요한 이유는 적의 사이버전자기 공격이나, 상위제대 첩보수집 자산이 손실될 경우 선견 능력이 마비되는 것을 고려한 것이다. 현재의 보병전투처럼 고정된 진지에서 방어전투를 하거나 공격하더라도 공용화기 사거리 내에서 기동하는 느린 전투라면 제대별 정찰 및 감시자산이 불필요하고, 상급부대에서 제공하는 정보로도 충분하다. 심지어 상급부대에서 제공되는 정보가 일정 기간 단절되더라도 감내할 수 있다. 그러나 청년인구 급감으로 향후 30만 육군을 유지하는 것도 버거운 상황에서 우리가 마주할 적은 우리보다 3배 이상 많은 병력으로 우리를 공격할 것이다.[14] 즉, 우리의 전투는 언제나 병력 열세가 상수다. 이러한 상황을 극복하기 위해서는 아군 피해를 최소화할 수 있는 비접촉전투가 필요하며, 이것은 선견-선결-선타를 통해 가능하다. 특히 선결과 선타를 위해서는 선견이 필수다. 먼저 보지 못하면 사거리가 길어도 먼저 타격하지 못하며, 먼저 결심하기도 어렵다. 따라서 제대별로 정찰 및 감시자산은 필수다.

그리고 정찰 및 감시자산이 확보한 정보를 실시간에 사용할 수 있는 네트워크가 구축되어야 하며, 이러한 체계는 군용으로 별도 제작하기보다는 최첨단 기술이 적용된 저렴한 상용장비를 사용하는 것이 효과적이다. 왜냐하면 군용의 경우 거의 언제나 장기간 사업으로 인해 민간보다 구식기술이 사용되고, 군용으로만 사용되는 장비임에 따른 생산단가 및 유지보수 비용 상승, 프로그램 업데이트 지연 등의 문제가 발생하기 때문이다.

---

**14** 2022년 12월 상비병력 기준 우리 육군은 약 36.5만 명, 북한 육군은 약 110만 명으로 북한이 우리보다 약 3배 많다. 중국인민해방군 육군은 현역 96.5만 명과 현역 육군과 거의 동일한 무장경찰 66만 명 등 162.5만 명의 병력이 있다. 정책기획관실 국방전략과, 『2022년 국방백서』, 서울: 대한민국 국방부, 2022, p. 330, p. 334; U.S. Department of Defense, *MILITARY AND SECURITY DEVELPOEMENTS INVOLVING THE PEOPLE'S REPUBLIC OF CHINA*, ANNUAL REPORT OF CONGRESS, 2022, p. 77.

특히 소부대 정찰 및 감시자산은 전투 중 소모품처럼 사용됨에 따라 포탄처럼 대량으로 필요하다. 그래서 과도한 방호력과 내구성이 불필요하다. 저렴한 상용장비를 기반으로 별도 보안 및 보호장치를 부착하여 장비손실이나 파손에 대한 부담 없이 쉽게 사용할 수 있고, 주기적으로 최신장비로 교체할 수 있으며, 전·평시 생산·보급·정비가 매우 쉬워진다.

만약 소부대에 정찰 및 감시자산 보급이 중단된다면 병력이 열세한 현재의 우리 육군은 선견은 물론, 선결과 선타도 불가능하게 되어 패배를 면하기 어렵다.

### (2) 선결

선결은 지휘결심 보조용 인공지능이 구현되기 전이라도 임무형 지휘를 통해 OODA 주기를 단축할 수 있다. 앞서 워게임 결과에서 보듯 공격드론은 팀 단위 운용보다 개인별 운용 시 효과가 더 좋았다. 이것은 OODA 주기가 단축되었기 때문이다.

임무형 지휘를 온전히 수행하려면 무엇보다 지휘책임 경감이 필요하다. 지금처럼 지휘관 무한책임제도 하에서는 어떠한 도전적이고 혁신적인 전술과 의견, 심지어 전투 중 할 수 있는 최선의 결심조차 지휘관 무한책임제도 때문에 사장되기 쉽다. 전례가 없을 경우 이러한 경향은 더욱 심해진다. 이러한 책임 문제는 최근 우크라이나-러시아 전쟁에서 러시아군의 맹목적인 전투행동의 원인이었다. 러시아군 희생의 60% 이상이 우군인 러시아군의 공격에 의한 것이며, 융통성 없는 경직된 명령체계 때문이라는 보도가 있었다.[15] 이 보도가 러시아군을 상대로 한 우크라이나군의 심리작전이라는 의견에도 불구하고 신빙성이 있는 것은 러시아군의 군사문화 때문이다.

구소련의 군사문화를 답습한 현재 러시아군의 명령체계는 상급지휘관이 병

---

**15** Chris Pleasance, "Most Russian kieed in Ukraine have been killled ⋯ by RUSSIANS: Pro-Putin commander says up to 60% of lossses since May were a result of friendly fire," *Daily Mail*, Nov. 2022. http://www-dailymail-co-uk.cdn.ampproject.org(검색일: 2022.11.14)

사 한 명의 행동까지 세부적으로 지시하는 방식인데, 이론적으로 이러한 협동동작 지시를 통해 선결효과를 발휘할 수 있다. 이미 계획에 모든 결심이 반영되어 있기 때문이다. 이러한 협동동작 지시가 계획대로 이루어지려면 전 제대가 계획된 시간과 장소에서 계획대로 전투가 이루어져야 하며, 이를 위해 무조건적인 복종과 전투가 필요하다. 만약 예하부대 지휘관이 임의로 기동로와 화력계획을 변경할 경우 전체 계획이 틀어지고 작전에 실패할 위험이 커지기 때문이다.

이러한 중앙집권식 작전은 내가 상대보다 압도적으로 강할 때는 효과적이다. 전장 마찰이 상대적으로 적기 때문이다. 그러나 대등하거나 우세한 적을 상대로는 지형과 기상, 전투에 의한 통신 단절, 리더십 문제, 전장 공포, 전·사상자, 물자 부족, 통로 차단 등 예상치 못한 격렬한 전장 마찰 때문에 협동동작 지시가 정상적으로 작동하지 않는다. 이러한 격렬한 전장 마찰 속에서는 작전목적에 맞춰 융통성 있게 예하부대 지휘관이 임무형 지휘를 하는 것이 문제해결에 최선의 방법이다. 그러나 러시아군의 중앙집권식 작전과 이를 강요하기 위한 강력한 지휘관 책임문화는 예하부대가 상급부대의 지시를 맹목적으로 따르게 만들고, 앞의 기사처럼 우군 피해를 급증하게 만드는 원인이 된다. 구소련의 군사문화에 절대적인 영향을 받은 중국인민해방군이나 북한군도 동일하다.

이처럼 선결의 핵심은 기술보다 군사문화와 제도다. 그래서 결심지원 인공지능이 제대별로 배치되어 작동하더라도 지휘관 무한책임제도가 개선되지 않으면 지휘관은 책임을 피하기 위해 상급부대 지시와 계획을 맹목적으로 따르는 경향이 강해진다. 그 결과 제대별 선결 능력은 의미가 없어진다. 이미 상급부대에서 옳든 그르든 계획과 지시로 선결했기 때문이다.

선결 능력을 향상시키려면 무엇보다 각 구성원의 책임한계를 명확히 정하고, 임무형 지휘를 완전히 정착시켜야 한다. 이를 위해 성공에 대한 충분한 보상이 필수이며, 건전한 결심으로 일어난 실패에 대한 관용과 용서, 극복 기회의 부여 등이 반드시 필요하다.

### (3) 선타

선타는 선견, 선결을 바탕으로 적보다 원거리에서 정밀타격할 수 있는 능력으로 발휘된다. 선견, 선결해도 사거리가 짧거나 정확히 맞지 않으면 쓸모가 없다. 과거에는 정밀타격 대신 대량사격으로 표적을 무력화 및 파괴했다. 하지만 무기체계의 단가가 비약적으로 상승하고, 대량의 무기를 운용할 병력이 부족한 현재와 미래에는 한 발로 1개 이상의 표적을 파괴할 수 있는 능력이 필수다.

적보다 원거리에서 정밀타격하는 능력은 최소병력으로 최대효과를 발휘할 수 있고, 이에 따른 운용유지비도 감소시킨다. 또한 부수 피해를 최소화하여 복구비용도 최소화한다. 더불어 최단 시간에 원하는 효과를 달성할 수 있어 고속기동전에 적합하다. 진지전을 주로 하는 현재의 보병전투는 신속한 표적 파괴의 의미가 크지 않지만 차량 등으로 기동화된 부대의 경우 몇 분, 몇 초의 시간 단축을 통해 적의 대응 시간을 박탈하여 충격과 혼란을 극대화할 수 있고, 그 결과 적 방어체계의 균형이나 공격 템포를 무너뜨릴 수 있다. 한편 적의 사거리 밖에서부터 선제타격하는 사거리전투를 통해 아군 전투원은 비접촉전투가 가능하며, 생존성을 극대화할 수 있다.

### (4) 방호 및 지속지원

이러한 선타를 구현하는 무기체계로는 현재 공격드론이나 보병 휴대용 초소형유도탄, 정밀유도포탄 및 박격포탄, 고정밀 사격통제장치로 개량된 기존 화기 등이 있다. 선타체계는 선견 및 선결체계와 연동되어야 효과를 발휘할 수 있으며, 연동체계는 육군비전 2050과 Army TIGER 기획서에서 초연결 네트워크로 제시했다.

만약 초연결 네트워크가 무력화된다면 선견-선결-선타로 이어지는 유·무인 복합전투체계가 무력화되며, 적의 수적 우위에 기반한 근접전투로 아군은 각개격파된다. 따라서 초연결 네트워크 유지는 유·무인 복합전투체계의 생존과 직결된다. 적은 이러한 아군의 초연결 네트워크를 무력화하거나 파괴하기 위해 다양한 제대에서 사이버전자전, 네트워크 기반체계 파괴, 네트워크 관리자 매수 및 암살 등을 시도할 것이다. 그리고 아군의 유·무인 복합전투체계의 무력화를 위해 이 체계에 필요한 각종 공급망과 인력을 공격·파괴하려 할 것이다. 따라서 전략적으로는 초연결 네트워크와 유·무인 복합전투체계를 구성하는 공급망을 보호할 수 있도록 동맹국 중심으로 공급망을 구성해야 한다. 작전적·전술적으로는 분대급까지 각 제대에 사이버전자전이 가능한 장비와 인원을 배치하고, 특히 사이버전자전을 수행하는 인원이 배신하거나 암살당하지 않도록 관리해야 한다. 그렇지 않으면 한 명의 배신자에 의해 초연결 네트워크가 적에게 완전히 장악당할 수도 있다.[16]

현재 방공체계는 기계화부대는 중대, 일반 보병부대는 여단급까지 배치된다. 이는 비교적 기동 속도가 느린 현재의 작전개념에 맞춰 고정식 다층방공망을 구성한 것으로 현재의 작전개념에는 적절하다. 그러나 향후 Army TIGER 체계가 구현되고 모든 부대가 기동화되면 고속으로 기동하는 아군을 고정식 방공망으로 지원하기 어렵다. 특히 소부대로 분산전투하는 Army TIGER 부대의 특성상 수시로 아군의 저고도 방공망의 방공구역을 이탈하게 될 것이다. 따라서 모든 제대에 기동형 방공체계가 구축되어야 한다. 그렇지 않으면 소부대가 현재와 미래에 적의 드론 같은 공중공격에서 생존하기 어렵다. 따라서 차량을 기반으로 방공기능이 있는 RCWS나 휴대형 대공미사일 등을 분대급 이상에 편제해야 한다. 이를 통해 유·무인 복합전투체계가 적의 공중공격으로부터 방호받고 정지함 없이 작전을 펼칠 수 있다.

### (5) 사거리전투를 적용한 유·무인 복합전투

전투 간 유인 전투체계는 전투원과 결합된 전투체계이고, 무인 전투체계는

---

16 적이 초연결 네트워크의 운용 프로그램을 다루는 관리자 권한을 탈취할 경우 아군의 초연결 네트워크에 연결된 정보와 각종 체계는 적에게 완전히 노출될 수 있다. 이것은 내부자에 의해 더욱 쉽게 탈취될 수 있다.

드론 또는 지상로봇에 결합된 전투체계다. 각각의 역할은 앞서 설명한 바와 같이 유인 전투체계는 판단 및 결심, 무인 전투체계는 조종, 적 접근 시 근접전투를 한다. 무인 전투체계는 선견-선결-선타의 수단으로 사용한다. 이때 지상로봇과 드론의 장점과 단점, 운용방법과 전술은 다음과 같다.

먼저 지상로봇의 장점은 드론에 비해 상대적으로 긴 운용 시간과 적재능력, 이에 따른 상대적으로 강한 화력이다. 단점은 드론 운용환경보다 복잡하고 변수가 많은 지표면의 물리적 특성상 조종이 어렵고, 상대적으로 느리고 둔하다.

조작방법은 전투원에 의한 무선조종 또는 반자율 무선조종이며, 향후 인공지능 발전 시 전투원이 최소한의 명령으로 조작할 수 있는 Human on the loop 수준의 자율조종을 한다. 전투 시에는 지상에서 매복, 각종 폭발물, 지뢰 등으로부터 전투원 보호, 기동 및 정지 간 지상경계, 엣지 인공지능을 장착하여 정보수집 및 전투원에게 정보제공, 중계기 및 네트워크 허브 역할, 전투원의 군장 및 탄약 등 고중량물 수송, 전투 간 전방 엄호조 또는 측방 우회조 등으로 활용할 수 있다. 특히 지상로봇은 자체 경계가 취약한 통신부대나 군수지원, 정비부대 등에 노동력과 함께 강력한 경계능력을 제공할 수 있다.

드론의 장점은 상대적으로 고속, 광범위, 은밀작전이 가능한 것이다. 단점은 전자전 공격 시 추락하기 쉽고, 경무장, 짧은 작전시간이다. 조작방법은 전투원에 의한 반자율 무선조종이며, 향후 기술발전에 따라 저비용으로 Human on the loop 수준이 될 것이다.[17] 전투 시에는 저고도에서 적을 선견·선타하는 핵심체계로 운용할 수 있고, 긴급한 경량 수리 부속의 긴급수송 등 제한된 보급수송도 가능하다.

유·무인 복합전투체계가 비접촉 사거리전투를 하기 위해서는 최우선적으로 작전지역의 사이버전자기 영역을 장악해야 한다. 그래야만 초연결 네트워크를 유지하고, 유·무인 복합전투체계가 이상 없이 작동하기 때문이다. 사이버전자기 영

---

**17** 공군의 UAV는 이미 Human on the loop 수준이다.

역의 우세를 위해 사이버전자기 영역에서는 전자전과 악성코드, 정보를 이용해 싸운다. 그리고 물리 영역에서 사이버전자기 영역의 기반체계인 네트워크 장비, 광케이블, 발전소 및 송전시설, 운용자, 데이터센터, 배터리 등을 다양한 방법으로 공격·파괴한다.

사이버전자기 영역의 우세가 확보되면 작전지역의 국지제공권을 확보해야한다. 그렇지 않으면 적의 저고도 공중공격에 완전히 노출되어 분산전투 중인 지상부대는 각개격파된다. 국지제공권 확보는 공군력이 제한되더라도 장갑차 같은 기동장비에 탑재된 대공사격 기능이 있는 RCWS나 휴대용 지대공미사일, 전자전체계를 통해 확보할 수 있다. 또는 지금처럼 비호복합, 천마 같은 기동형 방공체계가 함께 기동하면서 저고도에서 국지제공권을 확보하여 적의 공중공격을 차단 및 무력화할 수 있다. 이러한 사례는 2014년 돈바스에서 러시아군이 판치르와 토르 기동방공체계를 중심으로 국지제공권을 확보한 사례,[18] 그리고 2022년 현재 우크라이나 지상군이 휴대형 대공미사일로 러시아 공군기와 순항미사일을 격추시켜 국지제공권을 확보하는 등의 사례가 있다.

사이버전자기 영역의 우세와 국지제공권이 확보되면 제대별로 구역을 나눠 가용한 정찰 및 감시자산을 투입하여 적을 식별한다. 이때 광범위하고 24시간 정찰 및 감시자산을 운용할 수 있는 상급제대는 의심스러운 신호정보나 영상정보가 감지되면 예하부대에 전파하고, 예하부대는 이곳에 자신의 정찰 및 감시자산을 투입하여 정밀 정찰한다. 이후 식별된 표적은 타격 우선순위와 타격체계를 지정하는데, 2022년 5월 4일부터 9일간 세베르도네츠크강을 건너던 러시아 대대전술단을 우크라이나군이 GIS-Arta 프로그램으로 감시·정찰체계와 타격부대를 실시간 연계한 것처럼 할 수 있다.[19]

---

**18** 이창인, 「지상군의 국지제공권 확보가능성 연구」, 『JCCT』 8(4), 2022, p. 174.

**19** GIS-Arta는 감시·정찰체계와 타격체계를 연결하여 표적탐지부터 사격까지 1~2분 내에 완료한다. Charlie Parker, "Uber-style technology helped Ukrine to destroy Russian battalion," *THE TIMES*, May 14, 2022. http://www.thetimes.co.uk(검색일: 2022.11.14)

타격은 전 제대에서 동시에 연속적으로 이루어지며, 적의 규모와 사거리, 지형에 따라 최적화된 타격체계와 탄종이 사격부대에 지정 및 할당된다. 예를 들어 중·대규모 이상의 밀집된 적이 노출되었다면 포병대대의 일반고폭탄 사격과 장비와 지휘소를 정밀타격할 유도포탄을 섞어서 사격할 수 있다. 특히 핵심표적으로 선정된 적 지휘소나 통신 중계소가 일반고폭탄으로 타격하기 어려운 지역에서 식별되었다면 정밀유도포탄을 사용하여 최대효과를 낼 수 있을 것이다.

적과 교전 거리가 가까워짐에 따라 상급부대 정찰·감시자산은 동급 2제대 위주로 작전하고, 1제대는 예하부대의 정찰 및 감시자산으로 작전한다. 이러한 개념이 소부대까지 연결되어 소대는 중대로부터, 분대는 소대로부터 적에 대한 전체적인 정보를 받고, 제대별 작전지역의 적은 자체 능력으로 구체적인 표적정보를 획득하고 원거리에서부터 적을 타격한다.[20] 그래서 드론 및 유도박격포탄 공격, 장갑차의 기관포 또는 기관총으로 원거리 정밀사격, 하차조의 기관총 제압사격과 함께 DMR(Designated Marksman Rifle)로 적 소총 사거리 밖에서 적을 저격 및 선타한다. 워리어플랫폼이 제공하는 EO/IR과 네트워크 기능으로 주·야간 및 악천후에도 전투원이 적을 선견하고, EO/IR 기능이 있는 소총 조준경으로 적을 정밀조준사격, 원격운용통제탄으로 접근하는 적을 격멸한 후 크레모어, 수류탄 투척 순으로 근접전투를 할 수 있다. 이때 로봇은 방어 간 청음초로 매복, 측후방 경계, 공세행동 간 적 측후방으로 우회, 저격 등에 사용할 수 있다. 공격 간에는 첨병, 측후방 경계, 저격 등 선견, 선타가 가능한 최고의 무인전투원으로 활용할 수 있다.

---

**20** 영상정보의 경우 해상도를 높이면 관측범위가 좁아지고, 관측범위를 넓히면 해상도가 낮아지는 반비례 관계임에 따라 상급부대 자산은 관측범위를 넓혀 전체적인 정보를 예하부대에 전송하고, 예하부대에서는 보유한 감시·정찰 장비로 특정된 의심지역을 정밀확인하는 절차를 수행한다.

## 4. 유·무인 복합전투체계에 필요한 장비

2023년 현재 육군은 Army TIGER 부대를 구현하기 위한 장비 도입 사업을 무기체계별로 추진하고 있다. 이 때문에 향후 장비 간의 상호운용성과 통합성에 문제가 발생할 것으로 예상된다. 특히 전자기기의 경우 각각의 운용 소프트웨어가 달라 연동이 안 되거나 타 체계와 물리적으로 결합 시 체결 부위가 맞지 않는 등의 다양한 문제가 예상된다. 예를 들면 야투경이나 통합시각증강체계(IVAS)에 조준경 조준영상을 제공하는 FWS-I의 경우 조준경에 사용되는 소프트웨어와 야투경에 사용되는 소프트웨어, 무선전송 방식 등이 달라 조준경 영상이 안 보이고, 케이블 체결 방식이 달라 물리적으로 연결되지 않을 수 있다. 따라서 향후 육군이 추진하는 Army TIGER의 유·무인 복합전투체계는 소프트웨어의 표준화, 물리적인 체결방식의 표준화, 소프트웨어 기반의 보안체계 적용 등을 통해 상호운용성에 문제가 없도록 해야 한다. 그리고 체계 간 신호전달 속도도 사람이 인지하지 못할 만큼 빠르게 하여 잔상효과 같은 문제가 나타나지 않아야 한다.

여기서는 유·무인 복합전투체계를 구현하기 위해 전투수행 6대 기능인 지휘·통제·통신, 정보, 기동, 화력, 방호, 지속지원으로 분석하여 필요한 주요 장비와 운용 개념을 제시했다.

### 1) 지휘 · 통제 · 통신

유·무인 복합전투체계가 선견-선결-선타하기 위해서는 앞서 설명한 것처럼 초연결 네트워크가 구성되어야 한다. 이것은 육군은 물론이고, 필요에 따라 공군과 해군, 동맹국 군대와도 연결할 수 있어야 한다. 마치 인터넷과 휴대폰만 있으면 전 세계 어디에서나 연결되는 것처럼 되어야 한다. 정보는 클라우드를 기반으로 모든 전투원이 접근할 수 있어야 하며, 정보 접근권한에 차별을 두고 선별적으로 정보를 제공해야 한다. 이를 통해 기밀이 요구되는 것을 보호하고, 국군 구성원 모두가 필요한 정보를 가져다 쓸 수 있다. 이때 정보 접근권한 범위 내에서 필요한 자료를 개인 정보단말기에 내려받을 수 있어야 하며, 이를 통해 초연결 네트워크가 단절된 상태에서도 작전할 수 있다. 내려받은 자료에 추가적인 보안이 필요하다면 해당 자료의 유통기한을 정해 일정 기간 후에는 자동삭제 되거나 아이폰처럼 파일 비밀번호 오류가 일정 횟수 이상이면 자동 삭제되도록 할 수 있다.

네트워크로 전송되는 데이터가 폭증하면 데이터가 끊기거나 오류가 나기 쉽다. 특히 클라우드에 있는 인공지능을 여러 곳에서 동시에 사용할 경우 문제가 더욱 심각해진다. 따라서 무기체계별, 부대별, 전투원별로 정보단말기에 엣지 인공지능을 설치하여 네트워크에 여유가 있을 때만 중앙 클라우드에 접속하여 최신자료를 업데이트 및 다운로드하면서 상시 인공지능의 도움을 받을 수 있다.

각종 무기체계와 드론, 로봇의 O/S는 상용 프로그램을 기반으로 하여 최신기술을 즉각 적용할 수 있어야 한다. 여기에 군용 보안프로그램을 적용하여 금방 진부화되는 군 전용 체계와 최신화가 어려운 물리적 암호체계의 한계를 대체해야 한다. 로봇과 드론 같은 무인 전투체계에 사용되는 기반 프로그램의 경우, 현재 미 국방부가 NATO 회원국과 함께 추진 중인 ROS-M(Robot Operating System - Military)이 적절할 것으로 보인다. 이것은 전 세계에서 가장 많이 사용하는 민간용 로봇 및 드론 소프트웨어 ROS에 미 국방부가 지정한 군용 보안프로그램을 결합한 것으로 향후 미국과 동맹국이 이를 기반으로 무기체계를 만들 예정이다.

각종 무기체계와 드론, 로봇 등이 동맹국과 동일한 기반프로그램으로 작동하게 되면, 유사한 부품을 떼다가 붙이면 바로 작동할 수 있거나 최소한의 프로그램 조작으로 사용할 수 있다. 이러한 개념은 우리가 앞으로 만들어갈 모든 무기체계에 적용하여 컴퓨터의 plug & play 기능이 무기체계에도 적용되어야 한다.

## 2) 정보

정보와 관련하여 적보다 먼저 보고 먼저 판단하기 위한 체계는 앞서 선견과 선결 부분에서 다루었다. 그래서 여기서는 정보유통과 첩보수집 범위를 주로 다룬다.

정보유통과 관련이 있는 OODA 주기는 이것을 구성하는 조직의 단계가 적을수록 빠르다. 또한 단계별 실무자의 능력과 결정권자의 결심 속도는 더욱 중요하다. 전체 조직이 간소화되어 있고, 실무자의 능력이 탁월하며, 인공지능에 의한 결심 보조체계가 갖추어지더라도 결정권자가 결심하지 않으면 아무 소용이 없다. 이러한 결정권자는 훈련과 경험, 폭넓은 전쟁사 공부를 통해 양성된다. 즉, 아무나 할 수 없다. 따라서 선견-선결-선타하기 위해 최적의 방안을 신속히 판단하고 결심할 수 있는 과감하고 용기 있는 사람을 가려서 뽑아야 한다. 지금처럼 진급한 사람은 누구나 지휘관이 될 수 있는 방식으로 결정권자를 임명해서는 안 된다.

각 전투원은 미군의 IVAS 같은 통합시각증강체계 장비를 갖추어 주·야간에 적보다 원거리에서 먼저 적을 식별하고 조준사격할 수 있어야 한다. 차량과 드론, 로봇에는 EO/IR 센서가 기본적으로 장착되고 이것은 비교적 저렴한 상용장비를 기반으로 튼튼한 군용 보호캡을 씌워 정비와 보급이 쉽도록 해야 한다. 이를 통해 개인 전투원부터 적보다 선견-선결-선타할 수 있다.

한편 말단 정보수집체계에서 수집된 정보가 제대별 지휘관과 전투원에게 실시간으로 전송되기 위해서는 고속통신이 가능한 물리적 네트워크 능력과 함께 소프트웨어 측면에서도 해결해야 할 문제가 있다. 현재는 B2CS, ATCIS, KJCCS 등 각종 정보유통체계의 기반프로그램이 제각기 다르다. 이 때문에 체계 사이에 데이터를 변조 및 복조하는 물리적인 장비가 필수다. 이것은 변조 및 복조 장비가 파괴되면 데이터 유통이 차단되며, 변조 및 복조 중에 데이터 전송이 지연되거나 에러가 발생할 가능성을 높인다. 따라서 향후 군에서 사용하는 모든 정보유통체계는 동일한 기반프로그램을 사용하거나, 가상화(virtualization) 기술을 사용해 변·복조로 인한 시간지연과 에러 발생을 제거해야 한다.

보안 문제는 향상된 보안프로그램으로 대체하고, 홍채, 지문, 음성 등을 복합적으로 사용한 다중 인증체계로 해결할 수 있다. 그리고 어떤 체계를 사용하더라도 내부자에 의한 정보유출은 피할 수 없으므로 내부자 관리를 철저히 해야 한다.

첩보수집 범위는 각 제대의 작전지역과 일치해야 한다. 보유한 화력자산의 사격범위도 마찬가지다. 그래야만 작전지역의 적을 상대로 선견-선결-선타가 가능하다. 특히 병력감소라는 상수는 향후 국군이 수적으로 우세한 적을 상대로 전투할 것을 가정해야 한다. 약 100만 명 이상의 북한군과 약 30만 명 수준의 우리 육군을 가정한다면, 국군 분대로 북한군 소대와 싸워 이겨야 한다. 국군 분대의 감시 및 정찰능력은 최소한 북한군 소대의 작전지역을 감당해야 하고, 화기의 사거리도 함께 연동하여 길어져야 한다. 이와 같은 원리로 국군 소대는 북한군 중대, 국군 여단은 북한군 사단을 감당할 수 있는 감시·정찰·타격능력을 갖춰야 한다.

### 3) 화력

앞의 정보에서 언급한 첩보수집 범위와 연동하여 작전지역 내의 적을 타격할 수 있는 사거리와 파괴력이 갖추어져야 한다. 작전지역은 제대별로 상대할 적의 작전지역과 비교하여 적의 공격 범위 밖에서 정밀타격할 수 있는 범위여야 한다.

적의 감시 및 정찰능력을 무력화하고, 지휘통제능력을 마비시키기 위해 최소 단위 전투부대부터 제대별 전자공격능력이 필요하다. 이것은 소총 형태나 배낭 형태, 또는 폭탄·지뢰 형태 등 다양한 형태로 만들어 사용할 수 있다.

Army TIGER 팀을 예로 들면, 적 기보소대의 작전지역 및 공격거리 밖에서 선제공격할 수 있어야 한다. 이때 적 위협 우선순위, 예를 들어 소대장-분대장-장갑차-통신병-발사관-기관총-열압력탄-소총수를 고려하여 원거리에서부터 공격한다. 특정 인원은 소형 자폭드론, 또는 정찰 및 공격드론에 탑재된 소형 유도 미사일로 정밀타격한다. 인원 공격용이므로 드론이나 미사일의 부피는 줄일 수 있다. 향후 육군은 수적 우위인 적을 상대로 제한된 무장으로 싸워야 하기에 무기의 중량과 휴대량이 같다면 일격필살할 수 있는 정밀타격무기를 선택해야 효과를 높일 수 있다.

장갑차나 기관총 같은 적 장비를 파괴하기 위해서는 장갑차 상판을 관통할수 있는 수준의 폭탄이나 화염병 같은 무기를 드론으로 떨어뜨리거나, 드론에서 발사한 소형 대전차유도탄 등을 사용할 수 있다. 이후 정밀타격무기 양에 여유가 있다면 위협 우선순위에 따라 공격을 이어가고, 그렇지 않으면 남은 적을 제압하기 위해 장갑차에 탑재된 박격포와 RCWS가 장착된 기관총 등으로 제압할 수 있다. 이때 박격포는 최신사격통제장치를 장착하여 일반고폭탄도 현재보다 정밀사격해야 하며, 교전 중 적 지휘소나 중요시설을 정밀타격하기 위한 목적으로 정밀유도박격포탄을 별도로 휴대하여 사용할 것이다.

개인 전투원은 300m 이내에서 적의 방탄복과 방탄모를 관통하여 치명상을 입힐 수 있어야 하며, 모든 소총은 서서쏴, 또는 앉아쏴 자세로 주·야간 3초 내에 정밀조준과 사격이 가능한 조준경이 장착되어야 한다.[21] 한편 어느 전투원이든 표적을 지정하여 로봇이나 드론이 공격하도록 명령할 수 있어야 한다. 이를 통해 로봇과 드론 운용자에게 문제가 생기더라도 로봇과 드론을 계속 작동할 수 있다. 그리고 근접한 적 전차와 장갑차를 파괴 또는 무력화하기 위해 M72 로켓이나 RPG-7 같은 휴대형 대전차로켓이 필수다. 이로 인한 중량증가는 장갑차를 기반으로 전투하기 때문에 큰 부담은 없다. 그리고 휴대형 대전차무기는 적 전차와 장갑차를 공격할 때 외에도 잘 엄폐된 적을 공격할 때 매우 효과적이다. 북한군 보병분대의 경우 RPG-7 대전차로켓과 부대에 따라 열압력탄을 가지고 있어 우리 육군보다 인원수와 화력에서 우위로 평가된다. 이 같은 상황을 극복하기 위해서는 우리 분대에도 반드시 휴대형 대전차로켓이 편제되어야 한다.

---

21  미 육군에 따르면 소총 교전 거리는 대부분 300m 이내이며, 사막 같은 개활지에서는 400m까지 늘어 난다. 정글은 100m 이내, 도시지역은 50m 이내에서 대부분의 교전이 일어난다. 표적이 노출되는 시 간은 200m 이내는 3~5초, 200m 이상은 5~7초 정도다. 이때 가늠자, 가늠쇠로 정조준하는 데는 평균 6초가 걸린다. 또한 전투 중 사격은 대부분 서서쏴 또는 앉아쏴 자세다. H. Q. DEPARTMENT OF THE ARMY, TC 7-9. *C1 Infantry Live Fire Training* (Washington, DC: H. Q. Department of the Army, 2014), p. 2-1.

## 4) 기동

유·무인 복합전투체계는 선타를 위해 사이버전자전을 포함한 화력을 주로
사용하지만, 아군과 유사한 수준의 적과 교전할 때는 적보다 유리한 지점으로 신
속히 기동하기 위한 고기동체계가 필요하다. 특히 우리나라의 산악 및 도시지형,
장애물로 작용하는 논과 밭의 질퍽한 지면과 제방, 회랑 위주로 발달한 도로는 바
퀴형 일반차량의 기동을 대단히 어렵게 한다. 따라서 〈그림 5-9〉처럼 비교적 평
지에서 자유롭게 기동할 수 있는 궤도 및 차륜형 차량과 산악지역에서 기동할 수
있는 거미형 기동체계, 저고도 고속침투가 가능한 AAM(Advanced Air Mibility) 등이
필요하다.

기동체계에는 전투원이 탑승하고, 무인 전투체계를 적재하여 고속으로 기동
할 수 있다. 또한 전투원이 휴대하거나 무인 전투체계에 부착하기 어려운 엣지 인

차륜형 기동체계

거미형 기동체계

AAM

**〈그림 5-9〉 유 · 무인 복합전투체계와 함께 작전할
고기동 체계 사례**
출처: MetaDefense.fr; Menzi Muck; www.donga.com/
news/Inter/article/

공지능이나 장거리 네트워크 장비, 대드론체계, 대구경 기관총이 장착된 RCWS 같은 장거리 감지 및 타격체계를 장착하여 하차전투하는 유·무인 복합전투체계를 선두 또는 후방에서 지원한다. 특히 RCWS는 80° 이상의 고각사격 능력을 갖춰 저고도 대공사격이 가능토록 하여 적의 저고도 대공위협을 무력화할 수 있을 것이다.[22] 근접전투가 없는 하차전투원의 기동속도를 저하시키는 것은 주로 대인지뢰다. 이것은 사전에 탐지 및 제거하면 좋지만 여건에 따라 강행돌파해야 하는 경우도 있다. 대부분의 대인지뢰는 발목 절단 정도의 폭발력이 있다. 부상자를 만들어 2~3명의 전투원을 더 무력화할 수 있고, 그만큼 부대의 기동 속도를 저하시킬 수 있다. 따라서 전투원의 기동 속도를 향상시키기 위해서는 대인지뢰에 견디는 전투화와 하체가 보호되는 전투복이 필요하다. M16 대인지뢰처럼 공중폭발형을 고려한다면 방탄모와 방탄복은 기본이고, 최소한 권총탄에 방호되는 안면마스크와 보호안경(향후 방탄모에 통합 필요), 헤드셋 등이 필요하다. 헤드셋은 폭발음에 의한 충격으로 일시적으로 공황 상태가 되는 것을 피하기 위함이다.

때때로 부피가 큰 지상무인전투체계는 사람이 타고 이동할 수 있어야 한다. 전투원의 피로나 부상 등으로 기동속도 유지가 어려운 경우가 있기 때문이다. 따라서 부피가 큰 지상무인전투체계는 무선조정기 대신 사람이 탑승하여 운전할 수 있어야 한다. 그리고 무선조종기나 인공지능의 자율조종기능이 고장 나더라도 장비를 끝까지 활용할 수 있어 활용성을 극대화할 수 있다.

### 5) 방호

우리가 유·무인 복합전투체계로 전환하면 적은 반드시 이를 무력화하는 데 효과적인 사이버전자전 공격을 수시로 할 것이다. 또한 충전을 방해하기 위해 상

---

[22] 이때 방공레이더는 중대급에 배치된 비호복합을 활용하고, 예하부대 장갑차에 표적정보를 제공하면, 이를 수신한 각 장갑차의 엣지 인공지능이 RCWS와 연동하여 이동하는 공중표적에 화망을 구성하여 사격하는 방식을 구상할 수 있다.

전을 차단하고, 전력 공급시설 주변에 다양한 급조폭발물이나 함정을 설치해놓을 것이다. 따라서 유·무인 복합전투체계로 이상 없이 전투하기 위해서는 적의 사이버전자전 공격에 방호가 되도록 모든 무인 전투체계는 사이버 보안체계가 구축되어야 한다. 사이버 보안체계는 적성국 부품이 사용되지 않도록 부품의 국산화 또는 우방군 중심의 공급망을 구축해야 한다. 그렇지 않으면 생산 단계에서 설치한 적대세력의 악성코드나 마이크로 칩에 의해 해킹당하게 된다.

만약 이 비용이 과하다면 육군은 유·무인 복합전투체계를 투입하기 전에 전략적으로 적의 사이버전자전 체계를 완전히 파괴 및 무력화해야 한다. 그렇지 않으면 아군의 무인체계가 적의 해킹에 의해 통제권이 넘어가 역이용당하거나 작동 불능이 되어 언제나 수적으로 열세인 아군이 적에게 각개격파 될 위험이 매우 커진다.

그리고 적의 저고도 공중공격과 지상접근을 탐지 및 타격할 수 있는 M-SHORAD(Mobile-Short Range Air Defense)와 같은 체계가 반드시 필요하다. 이 체계는 창끝부대의 분산된 정도와 레이더의 탐지 및 타격능력을 고려하여 중대나 소대당 1대씩 배치해야 할 것이다.

유·무인 복합전투체계가 화생방 지역에서 작전 후 무인 전투체계를 제독하려면 전투원이 직접 제독하거나 주유소의 자동세차기 같은 장비로 제독해야 한다. 문제는 전투원의 개인 제독도 위험한데 무인 전투체계까지 제독해야 함에 따라 개인당 제독 소요가 증가한다. 이것은 전투 피로를 높이고, 전투 불가 시간도 늘어남을 의미한다. 따라서 제독 장비를 최대한 편리하게 만들어 전투 피로와 전투 불가 시간을 단축해야 한다. 이때 상용장비를 최대한 활용하여 민간장비에 제독액만 넣으면 사용할 수 있도록 하는 것이 좋다. 예를 들어 농약살포기와 주유소의 자동세차기에 세제 대신 제독액을 넣고 사용하는 방안이다.

전투원은 일상화된 도시지역 교전 거리를 고려하여 최소한 50m 이내 소총 교전 시에도 방호가 되는 방탄복과 방탄모 등으로 보호되어야 한다. 이들이 휴대하는 각종 정보체계와 무인 전투체계 조종기는 방수, 방진, 내충격성이 있어야 한다. 이때 전차에 밟혀도 괜찮을 정도의 무리한 요구보다는 상용장비에 보호덮개를 씌우는 수준으로 하여 쉽게 정비하고 보급하는 것이 최신기술활용이나 전시 보급 면에서 대단히 유리하다. 한편 소수로 다수의 적을 상대로 전투함에 따라 방어 시에는 병력이 절대적으로 부족하다. 이를 보완하기 위해 원격운용통제탄 같은 것도 필요하다.

### 6) 지속지원

군의 최신기술 개발은 언제나 민간기술을 선도해왔다. 그러나 기술성숙도, 생산시설 구축, 비교적 소량 생산 문제로 비용이 많이 들고, 야전배치까지 10년 이상의 오랜 시간이 걸린다. 이 때문에 양산으로 이어지지 못하고 많은 기술이 사장되며, 양산 단계가 되면 민간기술이 군 기술보다 앞서가는 현상을 흔히 보게 된다. 따라서 군은 미래에 필요한 미지의 기술을 주로 연구하여 미래에 적을 압도하는 무기개발에 힘쓰고, 군용화가 가능한 상용기술은 빠른 발전 속도를 고려하여 군이 자체 개발하고 별도 규격을 만드느라 시간과 비용을 낭비하지 말고, 상용기술에 군용 보안체계와 보호용 덮개 같은 것을 적용하여 사용하는 것이 효율과 효과 면에서 더 우수하다. 이를 통해 전시에도 안정적인 생산과 보급이 가능하며, 시중에 유통된 상용품을 동류 전용하여 수리할 수 있어 지속지원 면에서 대단히 유리하다. 비용도 절감됨은 물론이다.

분대나 반이 탑승하는 장갑차는 기본 전투플랫폼이다. 즉, 장갑차를 거점처럼 활용하며 전투한다. 유·무인 복합전투체계의 무인 전투체계는 다목적 무인차량이나 무인 수색정찰차량처럼 장갑차와 별도로 자체 기동하기도 하지만, 그 외에는 장갑차에 적재하고 이동하다가 필요시 내려서 사용한다. 현재 전투차량은 차량의 기본적재물자 및 탄약, 탑승인원과 이들이 휴대하는 개인 전투물자만 고려하여 설계되어 있다. 따라서 증가한 무인체계의 부피와 중량을 고려하여 장갑차를 확장하거나 트레일러 개념의 별도 무인차량이 필요하다. 이 무인차량은 유인차량을 후속하여 따라오는 기능이면 충분하며 현재 기술로도 어렵지 않게 제작할 수 있다. 트레일러가 아니라 무인차량을 고려하는 이유는 트레일러의 경우 연결고리로 인해 기동성이 저하되고, 전복 위험이 높다. 반면 무인차량의 경우 개별 이동함에 따라 안정성이 높고, 적 공격 시 산개하여 은·엄폐하기에도 유리하다.

유·무인 복합전투체계는 전력(電力) 소요가 많아 각종 충전기와 연료가 대량 소모된다. 따라서 장갑차와 이를 후속하는 무인차량에는 충전용 보조발전기와 태양열 충전패널, 충전플러그 등이 필요하다. 각종 배터리는 '상용규격'으로 최대한 단일화하여 유사시 상용배터리도 사용할 수 있어야 한다. 이를 통해 현지 보급과 작전능력을 높일 수 있다. 한편 다양한 규격의 배터리를 사용할 수 있는 어댑터와 변압장치 등을 통해 어떤 상황에서도 전기를 충전하고 사용할 수 있어야 한다.

장갑차에는 빨대 형태의 가볍고 부피가 작은 휴대용 정수장치를 적재하여 언제나 식수를 만들 수 있어야 하며, 소형 3D 프린터도 장착하여 자주 마모되거나 파손되는 소형 부품을 현장에서 인쇄하여 사용할 수 있어야 한다. 이를 통해 보급 소요가 감소하고, 보급을 위해 이동하는 차량 때문에 부대 위치가 노출되는 것도 최소화할 수 있다.

한편 전투원은 전기로 작동하는 다양한 장비를 다룸에 따라 상시 감전 위험에 노출된다. 따라서 전투용 장갑은 절연기능이 필수이며, 전투복도 가능하면 절연기능이 적용되어야 한다.

다양하고 맛있는 전투식량을 개발하고, 이를 시중에도 판매하여 품질과 획득을 용이하게 할 수 있다. 시중에서 판매됨에 따라 단가가 하락하고, 전시에 획득하기도 쉬우며, 지금처럼 과도하게 긴 저장기간이 필요치 않아 방부제 양도 줄일 수 있다.

쾌적함은 피로 감소, 사기 고양에 크게 기여하여 전투력을 유지하는 데 중요한 요소다. 그러나 지금까지 이를 위한 장비는 현저히 미흡했다. 생리현상은 그냥 알아서 해결함에 따라 야전에서는 불쾌함에 익숙해져야 하고, 냄새나는 것이 자연스럽게 되었다. 그러나 과도한 냄새는 매복에 실패하는 원인이 되기도 한다.[23] 따라서 매복이나 야간작전에 유리하도록 소변 처리가 되는 속옷을 제작·보급할 필요가 있다. 그리고 '수분흡수 및 소각' 형태의 분대급 휴대형 야전 화장실을 개발하여 편리하고 쾌적하게 생리현상을 해결할 수 있도록 해야 한다. 이를 통해 전장 정리가 더 빠르고 쉬워진다. 이러한 장비는 장갑차와 무인차량이 배치되기에 적재 가능하다.

마지막으로 전투원용 다목적 칼이 필요하다. 현재 야전에 보급된 M1 대검은 날도 없어서 그저 장식용에 불과하다. 쓸모없는 대검은 날을 갈아 우방에 판매하거나 고철로 매각하고, 총검술용 대검 대신 끝이 뾰족한 특수소염기를 사용하여 총검술과 철사 절단용으로 사용하는 것이 효과적이다. 다목적 칼은 야전에서 매우 유용하며, 특히 개인 전투장비와 무인체계를 정비하고 수리할 때 사용할 수 있어야 한다. 정비에 필요한 규격화된 몇 가지 육각 렌치와 드라이버, 송곳, 칼, 톱, 롱노즈, 펜치 등 전투원의 요구와 기계장비의 규격을 반영하여 개발 및 보급해야 한다.

# 5. 결론

유·무인 복합전투체계를 운용할 때는 사람이 인지하지 못하는 분야를 제외하고는 사람이 직접 결정권을 가지고 작전해야 한다. 왜냐하면 전쟁의 주체는 사람이지 수단으로 사용되는 인공지능이나 기계가 아니기 때문이다. 인공지능이 사람처럼 판단한다고 할지라도 본질적으로 기계의 알고리즘일 뿐이다. 만약 인공지능의 결정이 사람보다 합리적이라 하여 모든 의사결정 권한을 인공지능에 맡긴다

---

**23** 베트남전 시 베트콩은 국군과 미군의 매복을 감지하기 위해 냄새에 민감한 여자를 앞세워 기동하여 매복을 회피할 수 있었다.

면 전쟁에서 전투원이 수단이고, 인공지능이 주인 되는 주객전도 현상이 나타난다. 이러한 문제는 인공지능을 사람보다 낮게 여기거나 사람을 도구로 여기는 등의 부작용을 가져올 수 있다. 따라서 유·무인 복합체계의 의사결정 주체는 사람이어야 하며, 단지 사람의 이해와 반응속도로 따라갈 수 없는 사이버 영역의 로봇전투 같은 상황에서만 일부 의사결정을 위임할 수 있다. 그러나 이 경우에도 최종 책임은 사람에게 있다.

유·무인 복합전투체계의 전술 개념은 선견-선결-선타를 구현하는 것이다. 선견을 위해 적보다 멀리서 먼저 감지할 수 있는 드론이나 로봇 등의 수단을 사용한다. 동시에 적의 이러한 능력을 마비시키기 위해 소부대에도 사이버전자전 능력이 필요하다. 선결을 위해 인공지능도 필요하지만, 무엇보다 최선의 판단을 신속히 결심할 수 있는 임무형 지휘 문화가 중요하다. 이것은 전쟁과 전투의 주체가 사람이라는 것과 일맥상통한다. 선타하기 위해서는 적보다 먼 거리에서 타격할 수 있는 우월한 사거리와 선견 체계가 탐지한 표적정보를 신속히 처리하여 타격체계에 전송하는 체계가 중요하다. 그리고 이러한 선견-선결-선타 체계는 초연결 네트워크를 기반으로 구성되며, 이것 없이는 유·무인 복합전투체계의 운용이 불가능하다.

장비는 전투수행 6대 기능으로 선견-선결-선타를 구현할 수 있어야 한다. 모든 장비는 개별개발과 구매가 아니라 패키지화하여 도입해야 한다. 그렇지 않으면 초연결 네트워크에 연결되지 않거나 네트워크에 연결하기 위해 복잡한 과정을 거쳐 장비 설정과 정비에 많은 시간을 소모해야 한다. 그만큼 부대의 작전 템포는 느려져 현재보다 반응속도가 느려질 수 있다.

각종 장비는 군 전용으로 만들기보다 현재 상용기술을 기반으로 하여 최신기술을 신속히 군에 도입하는 방안을 제시했다. 그리고 사이버전자전에 의한 무력화나 적의 탈취를 고려하여 모든 전자장비에 소프트웨어 기반의 최신 보안체계와 인증체계가 필요하다고 했다. 이렇게 상용기반 최신기술을 사용하면 국군이 적보다 기술우위를 누리며 소수로 다수를 이길 수 있는 능력을 갖출 수 있고, 그와 동시에 군 전용으로 무기체계를 개발·생산·배치함에 따른 비용 및 시간을 줄일 수 있다. 또한 상용기반 장비임에 따라 시중에서 쉽게 부품을 구할 수 있어 수리와 보급, 프로그램 업데이트가 쉽고, 생산비용도 절감되는 등 여러 면에서 유리하다. 군용으로 요구되는 내구성은 핸드폰 모델이 새로 나올 때마다 맞춤형으로 나오는 보호덮개처럼 무기체계별 보호장치를 입히는 것이 비용 대비 효과 면에서 유리할 것이다. 한편 물리적 타격 및 방호기술과 관련된 상용기술은 미국 같은 나라도 개인화기와 개인보호장구류를 제외하고는 거의 없다. 따라서 군에서만 사용하는 기술은 불가피하게 군을 중심으로 중장기적인 개발과 생산이 병행되어야 한다.


## 참고문헌

### 1. 단행본
육군교육사령부. 『드론봇 전투체계 종합발전지침』. 계룡: 국방출판지원단, 2021.
정책기획관실 국방전략과. 『2022년 국방백서』. 서울: 대한민국 국방부, 2022.
Army Training and Doctrine Command. The U. S. *Army Robotic and Autonomous Systems Strategy*. Fort Eustis: Maneuver. Aviation. and Soldier Division Army Capabilities Integration Center. 2017.
Clausewitz. Ed. & Trans. Michael Howard & Peter Paret. *On War*. Princeton University Press: Princeton New Jersey. 1989.
H. Q. DEPARTMENT OF THE ARMY. TC 7-9. *C1 Infantry Live Fire Training*. Washington. DC : H.Q. Department of the Army. 2014.
H. Q. of Army. *Operating of Man-Unmanned Complex Combat System(Ver. 1.0): Precedent Research of Doctrine*. Gyeryong: Defense Publication Service Center. 2019.
U. S. Department of Defense. *MILITARY AND SECURITY DEVELPOEMENTS INVOLVING THE PEOPLE'S REPUBLIC OF CHINA. ANNUAL REPORT OF CONGRESS*. 2022.

### 2. 논문
박문언. 「자율무기체계란 무엇인가?」. 『국방이슈브리핑 시리즈』 12. 서울: 한국국방연구원, 2019.
이창인. 「지상군의 국지제공권 확보가능성 연구」. 『JCCT』 8(4), 2022.

_____. 「유 · 무인 복합전투체계와 드론봇의 정의」. 『국방로봇학회 논문집』 2(3), 2023.

_____. 「소부대 유 · 무인 복합전투체계의 전술과 요구장비」. 『한국방위산업학회지』 30(2), 2023.

Lee Jong Yong. "Manned-Unmanned Collaborative Combat System(MUM-CCS) Operation Concept and Developement Direction." *KRINS*. Vol. 3. No. 3. 2018.


## 3. 인터넷

Charlie Parker. "Uber-style technology helped Ukrine to destroy Russian battalion." *THE TIMES*. May 14. 2022. http://www.thetimes.co.uk(검색일: 2023.7.16)

Chris Pleasance. "Most Russian kieed in Ukraine have been killled ⋯ by RUSSIANS: Pro-Putin commander says up to 60% of lossses since May were a result of friendly fire." *Daily Mail*. 08 Nov. 2022. http://www-dailymail-co-uk.cdn.ampproject.org(검색일: 2023.7.16)

Christopher Orlowski. *Squad X Experimentation Program*. DARPA. 2016. https://www.hsdl.org/?view&did=805182(검색일: 2023.11.2)

https://chat.openai.com/chat(검색일: 2023.3.28)

# 제6장
# 비대칭성 기반의 군사혁신(RMA)

신치범

## 1. 미·중 전략적 경쟁과 중국의 비대칭적 대응

2010년 이후 GDP에서 일본을 추월하면서부터 급부상한 중국은 미·중 간 경쟁과 갈등을 심화시키고 있는데, 국제정치학자들은 이를 '미·중 신냉전' 또는 '냉전 2.0'이라고 부른다. 미·중 간 패권경쟁이 노골화되고 있다는 의미다. 이러한 패권경쟁이 한반도에 미치는 영향이 적지 않다는 데 주목할 필요가 있다. 미·중 패권경쟁의 심화가 한반도 안보 지형의 균열을 초래할 가능성에 대해 주목하고 대비해야 한다.

미·중의 군사적 충돌 가능성은 중국의 전면적 군사 현대화, 군사혁신에 의해 증폭되고 있다. 중국인민해방군(이하 중국군)은 1차 걸프전쟁 이전까지는 보잘것없는 군대였으나, 걸프전쟁에서 보여준 미군의 첨단과학기술에 기반한 첨단군사력에 크게 자극을 받아 군사혁신을 단행하며 현대화 전력을 증강하고 있다. 2020년대 후반이 되면 중국군이 인도-태평양 지역에서 미국의 군사적 패권 지위를 위협할 수 있다는 미국의 평가가 나올 정도로 가속도가 붙고 있다.

이 장에서는 이렇게 초강대국 미국에 대응하기 위해 급부상하고 있는 G2 중국의 군사적 측면에서의 비대칭적 대응을 살펴보고자 한다. 즉, "절대 강자의 지위에 있는 미국의 군사력에 대항하기 위해 상대적 약자인 중국이 어떻게 비대칭적으로 군사력을 건설하고 운용하고 있을까?"라는 연구 질문에 답할 것이다.

21세기에 들어서면서부터 중국은 서구에서 진행되고 있는 군사혁신이 자국의 안보에 중대한 영향을 미칠 것으로 인식하고,[1] 최고 지도자들이 군사혁신을 더욱 본격적으로 요구하기 시작했다. 특히 중국은 시진핑 체제에 들어와 21세기 중반 무렵 세계 일류 강국이 되겠다는 중화민족의 위대한 부흥을 꿈꾸며, 강군 건설을 중국몽(中國夢) 실현의 핵심 요소로 내세우고 있다.[2] 중국몽과 함께 세계 일류의 강군을 육성하겠다는 강군몽(强軍夢)을 강조하고 있다.[3]

2017년 19차 당대회에서 시진핑 주석은 2020년까지 중국군이 정보화와 기계화로 군사력을 제고하고, 2035년까지 군의 현대화를 완성하며, 2050년까지 세계 일류 강군을 만든다는 강군몽(强軍夢) 달성의 계획을 밝힌 바 있다. 시진핑 주석은 또한 "전쟁을 계획하고 지휘할 때는 과학과 기술이 전쟁에 미치는 영향에 세심한 주의를 기울여야 한다"고 강조하고, "과학기술 발전과 혁신이 전쟁과 전투방식에 중대한 변화를 가져올 것"이라고 말한 바 있다.[4] 과학기술 발전에 따른 전쟁과 전투수행 방식의 변화에 주목하고 이를 바탕으로 강군몽을 실현해야 한다는 것이다. 이러한 시진핑 시대의 강군몽 비전은 중국군을 혁신하고자 하는 비대칭성 기반 중국의 군사혁신을 구체화하고 있다.[5]

이런 맥락에서 뉴마이어(Jacqueline Newmyer)는 중국의 군사전략가들이 군사혁

---

**1**   박창희, 「중국 인민해방군의 군사혁신(RMA)과 군현대화」, 『국방연구』 50(1), 2007, p. 82.

**2**   차정미, 「4차 산업혁명시대 중국의 군사혁신 연구: 군사 지능화와 군민융합(CMI) 강화를 중심으로」, 『국가안보와 전략』 20(1), 2020, p. 40.

**3**   차정미, 「시진핑 시대 중국의 군사혁신 연구: 육군의 군사혁신 전략을 중심으로」, 『국제정치논총』 61(1), 2021, p. 75.

**4**   李风雷, 卢昊, 等 智能化战争与无人系统技术的发展; https://www.sohu.com/a/271200117_358040(검색일: 2023.5.27) 차정미(2021), p. 82에서 재인용.

**5**   차정미(2021), 위의 논문, p. 82.

신을 전략적 기회로 인식하고 있다는 점을 지적한다.[6] 또한, 그는 중국의 군사혁신을 중국 고유의 첩보와 정보를 중시해온 군사문화 관점에서 분석한다. 즉, 뉴마이어는 중국의 군사전략가들이 비대칭성 기반의 군사혁신을 통해 확보한 전쟁수행 능력이 중국의 고유한 이점을 강화한 것일 뿐 아니라 미·중 사이에 존재하는 전력의 불균형을 상당 부분 상쇄할 수 있는 새로운 전략적 기회로 인식하고 있다고 주장한다.[7]

이 장에서는 앞서 언급한 연구 질문에 답하기 위해 비대칭성 관련 선행연구를 검토하여 비대칭성 창출의 핵심 요인을 도출하여 분석함으로써 중국의 비대칭성 기반 군사혁신의 모습을 평가하여 제2의 창군 수준으로「국방혁신 4.0」을 추진하고 있는 한국군에 주는 함의를 제시하고자 한다. 이러한 시사점은 한국군이 새로운 전쟁 패러다임을 선제적으로 대응해나가는 데 창의적인 군사혁신(RMA) 측면에서의 나침반 역할을 하리라 기대한다.

## 2. 비대칭성의 개념과 비대칭성 창출의 핵심 요인 도출

### 1) 비대칭성의 개념

비대칭은 인류의 역사만큼 오래된 개념이다.[8] 일반적으로 비대칭이란 사물들이 서로 같은 모습으로 마주 보며 짝을 이루고 있지 않은 대칭이 깨진 특성을 말한다. 통상 학술적으로는 인식의 비대칭, 주체의 비대칭, 쟁점의 비대칭, 수단의

---

**6**  Jacqueline Newmyer, "The Revolution in Military Affairs with Chinese Characteristics," *The Journal of Strategic Studies* 33-4 (August 2010).

**7**  설인효,「군사혁신(RMA)의 전파와 미중 군사혁신 경쟁: 19세기 후반 프러시아-독일 모델의 전파와 21세기 동북아 군사질서」,『國際政治論叢』52(3), 2012, p. 162.

**8**  Vincent J. Goulding, Jr., "Back to the Future with Asymmetric Warfare," *Parameters*, Winter 2000-2001, p. 21.

비대칭, 시간의 비대칭 등으로 나누는데, 주로 수단의 비대칭성을 의미한다.[9] 그 런데 본 연구에서는 군사적으로 유형적인 비대칭성뿐 아니라 인지의 비대칭성, 전략·전술의 비대칭성, 시·공간의 비대칭성 등을 포함한 무형적인 비대칭성을 망라하여 포괄적으로 고려하고자 한다.

비대칭성의 기본 사상 및 원리는 2,500년 전 병가의 원조인 손자에 의해 최 초로 제시되었다. 손자는 전쟁의 기본은 상대를 '기만'하는 것으로서(兵者詭道也), 적과 정(正)법으로 대결하고 기(奇)법에 의해 승리를 취하며(以正合, 以奇勝), "약 (弱)한 것으로 강(强)한 것을 이기고(以弱戰强)", "실(實)한 곳을 피하고 허(虛)한 곳 을 공격(避實擊虛)"해야 한다며 비대칭성의 진수를 설파했다. 또한 심리적·정보적 비대칭성을 중요시했으며, 모든 전쟁의 기초를 '기만'에 두고 논리를 전개했다(All war is based deception). 적을 유인하기 위해 '미끼'를 제공하고, 무질서 속으로 빠지게 한 다음 공격할 것을 강조했다. 그리고 아(我)측이 상황에 따라 통상적으로 사용 하던 전술을 적이 예상하지 못한 방향으로 갑자기 변경하면 기습효과를 창출하고 전략적 가치가 크게 증가한다고 주장했다.[10]

이처럼 비대칭성의 기본 원리는 손자에 의해 제시된 이후 동서고금의 크고 작 은 전쟁에서 널리 활용되어왔다. 전쟁사에서 대표적 전승 사례로서 에파미논다스 (Epaminondas)의 '사선진법', 한니발(Hannibal)의 '양익포위 기동전', 크레시(Crecy) 전 투의 '장궁(Longbow)', 이순신 장군의 '거북선'과 '학익진 전법', 구데리안(Guderian) 의 '전격전', 미국의 '핵무기', 마오쩌둥의 '인해전술', 보응우옌잡(Võ Nguyên Giáp)의 '게릴라전' 등은 그 당시 상대와 차별화된 비대칭적 접근에 의해 승리한 것이다.[11]

현대에 와서 군사적 관점에서의 비대칭성 개념[12]은 미국에서 정리되어 발전

---

**9** 합동군사대학교, 『전략의 원천』, 충남 계룡: 국군인쇄창, 2020, p. 435.

**10** 권태영·박창권, 『한국군의 비대칭전략 개념과 접근 방책[국방정책연구보고서(06-01)]』, 서울: 한국 전략문제연구소, 2006, p. 10.

**11** 위의 책, p. 7.

**12** 군사적 측면에서의 비대칭성 관련 논의는 다음 연구 산물의 내용을 추가 연구를 통해 수정 보완한 내 용이다. 고봉준·마틴 반 크레벨드·이근욱·이수형·이장욱·케이틀린 탈매지, 『미래 전쟁과 육군력』,

해왔다. 1995년 합동교리에 '비대칭성(Asymmetry)'이라는 용어를 처음 사용했으며,[13] 미국의 1997년 4년 주기 국방검토 보고서(QDR: Quadrennial Defense Review)에서 본격적으로 논의되기 시작했다. 물론 이는 압도적 재래식 군사력을 보유한 미국에 대한 위협이 비전통적인 방식을 차용한 비대칭 위협에서 나올 것임을 경고하기 위함이었다. 즉, 미국의 잠재적 적이 비대칭 전략과 수단을 사용할 가능성에 대해 이해해야 한다는 것이었다.

이러한 비대칭적 갈등 사례에 대한 시론적 연구로는 맥(Andrew Mack)의 연구를 들 수 있다. 맥은 과거 전쟁 사례를 분석하여 약자가 전쟁에서 승리한 경우가 증가하는 경향성과 함께 약자의 승리 이유를 다음과 같이 설명한다. 전력이 상대적으로 우월한 강대국은 생존에 대한 위기감을 크게 느끼지 않기 때문에 약소국과의 전쟁에서 반드시 승리해야 한다는 이익 개념이 상대적으로 약하게 된다. 반면 약소국은 전쟁에 투여된 이익과 관심이 강대국보다 상대적으로 크기 때문에 전쟁에 더욱 적극적으로 임하게 되어 예측하지 못한 결과를 가져올 수 있다는 것이다. 결국 주장의 핵심은 전쟁의 승패가 전쟁에 결부된 행위자들의 의지와 밀접한 관련이 있으며, 결국 전략적 선택은 물리적 능력보다 의지의 약화 및 손상에 중점을 두어야 한다는 것이다.

관련된 연구로 베넷(Bruce W. Bennett) 등은 미국의 1997년 QDR의 기본 개념을 지원하기 위해 비대칭 전략에 대해 연구하면서 비대칭 전략이 왜 국방기획에서 중요한지, 그리고 비대칭 전략이 미국의 향후 군사행동에 어떤 영향을 미칠 것인지를 분석했다.[14] 이 연구에서는 미국의 적대국이 미래의 갈등에서 비대칭 전략을 채택할 가능성이 크다고 지적했는데, 그 이유는 당연하게도 압도적 군사력을 보유한 미국의 군사력 구조와 관련 전략을 모방하는 것은 다른 국가에는 너무 고

---

파주: (주)한울엠플러스, 2017, pp. 105-109.

**13** 권태영·박창권, 앞의 책, p. 11.

**14** Bruce W. Bennet, Christopher P. Twomey, and Gregory F. Treverton, *What Are Asymmetric Strategies?* (Santa Monica, CA: RAND, 1999).

비용이기 때문이라는 것이다. 따라서 미래의 적국은 미국의 강점을 직접적으로 공격하기보다 미국의 약점을 목표로 하는 비대칭 전략을 추진할 것으로 전망했다. 이에 대응하기 위해서는 미국의 상당한 정보자산이 전술적 이슈보다는 적의 전략과 취약성에 집중되어야 하고, 이런 전략이 더욱 구체적으로 발전하면 결국 미국의 전력구조와 대비태세 등에 광범위한 영향을 미칠 것이라는 것이 핵심 주장이다.

한편 아레귄 토프트(Ivan Arreguin-Toft)는 맥의 주장을 반박하면서, 전쟁 개시 시점의 이익과 관심보다는 양자 간 전략적 상호작용이 비대칭 분쟁의 승패를 설명하는 주요 요인이라고 주장했다.[15] 이 주장에 따르면 강대국도 일반 전쟁을 개시하면 승리에 대한 이익과 관심을 증대시키기 때문에 이익과 관심의 비대칭이 결정적일 수 없다는 것이다. 따라서 국력의 격차 때문에 쌍방의 전략이 동일할 경우에는 강자가 승리하고, 다를 경우에는 약자가 승리할 가능성이 커진다고 아레귄 토프트는 주장한다.

이와 같은 견해는 드루(Dennis M. Drew)와 스노(M. Snow)가 비대칭 전략을 불리한 상황에 처해 있는 행위자가 전쟁을 수행하는 방식으로 정의하는 것과 같은 맥락이다.[16]

이들은 기존에 수용되던 전쟁 방식으로 싸워서는 성공할 수 없다고 판단하는 행위자가 기회를 포착하기 위해 기존의 규칙을 변경하고자 시도하는 것이 비대칭 전략이라고 지적한다. 따라서 비대칭 전략을 크게 분란전(insurgent warfare), 신내전 (new internal war), 제4세대 전쟁, 테러리즘 등으로 구분했는데, 이들의 주장 중 비대칭 전략이 특히 미국에 문제가 되는 것은 미국이 전쟁의 이러한 측면에 대해 충분

---

**15** Ivan Arreguin-Toft, "How the Weak Win Wars: A Theory of Asymmetric Conflict," *International Security*, 26(1), 2001.

**16** Dennis M. Drew and Donald M. Snow, *Making Twenty-First-Century Strategy: An Introduction to Modern National Security Processes and Problems* (Maxwell Air Force Base, AL: Air University Press, 2006), pp. 131-133.

한 지적인 고민을 해오지 않았다는 점이다.[17]

이러한 지적은 현재 한국에도 시사하는 바 클 수 있다. 비대칭 전쟁의 수행은 '고정관념에서 벗어날(thinking outside the box) 것'을 요구하는데, 이러한 방식은 군 조직 문화에서는 보편적으로 받아들여지기 어려운 부분이 있는 것이 사실이다.

제도적으로도 미군은 재래식·대칭 전쟁의 수행에 최적화되었으며, 그런 경험을 누적하고 있어 조직을 변화시키는 것을 꺼릴 가능성이 크다는 것이 필자들의 우려다. 예를 들어 비대칭 전쟁을 수행하기 위한 특수전사령부(SOCOM: Special Operations Command)가 창설되어 활동하기는 하지만, 이는 각 군에서 열외자 취급을 받는 경향이 있으며 여전히 지상전 수행을 위해 보병부대를 존속시키는 것이 현실이라는 것이다.

이상의 논의는 비대칭 전략을 약자의 논리로 파악하는 반면, 브린(Michael Breen)과 겔처(Joshua A. Geltzer)는 비대칭 전략이 약자의 전략이라는 통상적인 이해를 반박한다.[18]

이들은 이미 다양한 방식으로 비대칭 전략이 강자의 전략으로 활용되어왔음을 설명하고, 결과적으로 비대칭 전략은 미국에 대해서만 사용될 수 있다는 통상적 인식에 반박하면서 미국도 비대칭 전략을 활용할 것을 주장한다. 특히 강자에 의해 활용되는 비대칭 전략이 향후 더욱 큰 상대적 중요성을 가질 수 있고, 더구나 비대칭 전략이 미국에 여러 가지 이점을 부여할 수 있다고 판단한다. 우선 상대방의 주요 능력에 대응하기 위해 고비용의 능력을 사용하지 않아도 되기 때문에 상대적으로 경제적일 수 있다. 또한 미국의 비대칭 전략은 단기적으로 상대방이 미국에 대응하기 위해 자국의 전략을 재평가하는 동안 방향성을 상실하도록 하는 효과를 발휘할 수 있다. 아울러 본질적으로 비대칭 전략은 상대방이 적국의 기존 전략과 관련된 상대적 강점, 그리고 상대가 활용할 수 있는 가능한 대안에

---

**17**  ibid., p. 233.

**18**  Michael Breen and Joshua A. Geltzer, "Asymmetric Strategies as Strategies of the Strong," *Paraments*, Vol. 41, Issue 1(2011).

대해 혼란스럽게 만들기 때문에 효과가 상당할 수 있다는 것이 필자들의 인식이다. 그렇다면 강자도 약자에 대해 극적인 결과를 얻기 위해 비대칭 전략을 사용할 수 있고, 결국 미국의 현실에 부합하는 독자적인 비대칭 전략을 개발해야 한다는 것이다. 이들에 따르면 미국의 비대칭 전략은 상대적으로 강점을 가지고 있는 영역에서 도출되어야 하고, 미국의 윤리와 글로벌리더십에 부합해야 한다고 강조한다.[19]

지금까지의 논의를 종합적으로 고려할 때, 군사적 의미에서의 비대칭성은 "약자가 사용할 때 상대적으로 유리하지만 약자든 강자든 상대방의 허(虛)를 찔러 전장의 판도를 깨기 위해 사용할 수 있는 유·무형적인 모든 수단과 방법"이라고 정의할 수 있다.[20] 따라서 전쟁을 억제하거나 전쟁에서 승리하기 위해서는 상대방의 취약성[虛]을 최대한 활용할 수 있는 수단, 주체, 인지, 전략, 시간, 공간 등을 포괄하는 유형적·무형적·비대칭적 방책을 함께 발전시켜야 한다. 상대방이 아측의 취약성을 활용하는 비대칭적 방책을 극복할 수도 있어야 한다. 전쟁은 찾기와 숨기의 경쟁이자 창과 방패의 싸움이기 때문이다.[21]

## 2) 비대칭성 창출의 핵심 요인 도출

비대칭성 관련 선행연구는 크게 비대칭전에 관한 연구, 비대칭 전략에 관한 연구로 구분된다. 비대칭전 관련 대표적인 연구는 고대 전투부터 현대전까지의 비대칭전 주요 사례를 분석한 김성우의 연구다.[22] 그는 주요 전례를 분석하여 질

---

**19** ibid., p. 52.

**20** 미 육군대학 전략연구소(Strategic Studies Institute)의 스티븐 메츠(Steven Metz)는 "비대칭성은 군사 및 안보 영역에서 주도권 또는 행동의 자유를 확보하기 위해 아측의 유리한 점은 최대화하고 적의 취약점을 잘 이용할 수 있도록 적과 다르게 행동·조직·사고하는 것이다"라고 정의했다. 군사학연구회, 『군사학 개론』, 서울: 도서출판 플래닛미디어, 2014.

**21** 육군미래혁신연구센터, 『이스라엘 군사혁신의 한국 육군 적용 방향』, 국군인쇄창, 2021, p. 33.

**22** 김성우, 「비대칭전 주요 사례 연구」, 『융합보안 논문지』 16(6), 2016, pp. 25-32.

과 양의 비대칭전, 기술의 비대칭전, 전략 및 전술의 비대칭전, 조직과 편성의 비대칭전 등으로 구분하여 제시한다. 또한 "현대전에서 전략적·전술적 비대칭의 우위를 확보하려면 새로운 비대칭전에 관해 연구하고 상대방의 전략과 전술에 대응하는 방책개발을 계속해야 한다"고 강조한다.

비대칭 전략 관련 대표적 연구는 그동안 파편적으로 이뤄진 관련 연구를 종합적인(synthetic) 시각에서 이론적으로 고찰한 박창희의 연구다.[23] 그는 비대칭 전략을 "상대가 예상하지 못한 수단과 방법을 동원하여 상대의 강점을 무력화하고 약점을 이용하며, 이를 통해 전략적 우세를 달성하고 전쟁목적을 달성하기 위한 전략"으로 정의한다. 비대칭 전략을 수준(level), 차원(dimension), 유형(pattern)으로 구분[24]하여 제시하고 수단의 비대칭, 방법의 비대칭, 의지의 비대칭으로 전례를 분석한 다음, 특정한 상황에 부합하는 혁신적 무기 또는 독창적 개념의 잠재력을 인식하고 비대칭 전략을 적절하게 활용할 것을 강조한다.

이 논문에서 제시한 비대칭성 창출의 핵심 요인은 선행연구와 본질 탐구에서 도출된 주요 요인인 양과 질의 비대칭성, 기술의 비대칭성, 전략과 전술의 비대칭성, 조직과 편성의 비대칭성, 수단의 비대칭성, 방법의 비대칭성, 의지의 비대칭성을 아우를 수 있는 개념으로 재조직한 것이다. 또한 필자가 연구한 기존 연구[25]에서 제시한 비대칭성 창출의 핵심 요인이었던 수단, 주체, 전략, 인지, 영역, 시간 등 6대 요인을 추가적인 연구를 통해 4대 핵심 요인으로 발전시킨 것이다. 결론적으로 이 장에서는 비대칭성 창출의 분석 요인을 ① 수단·주체의 비대칭성, ② 인지의 비대칭성, ③ 전략·전술의 비대칭성, ④ 시·공간의 비대칭성으로 선정한 후

---

**23** 박창희, 「비대칭 전략에 관한 이론적 고찰」, 『국방정책연구』 24(1), 2008, pp. 177-205.

**24** 수단에 의한 구분은 정치-전략적 비대칭성, 군사-전략적 비대칭성, 작전 수준의 비대칭성으로 구분되고, 차원에 의한 구분은 적극적 비대칭성과 소극적 비대칭성, 단기적 비대칭성과 장기적 비대칭성, 물리적 비대칭성과 심리적 비대칭성으로 구분된다. 또한, 유형에 의한 구분은 군사적 강자의 비대칭 전략, 군사적 약자의 비대칭 전략, 군사적으로 동등한 행위자 간의 비대칭 전략으로 구분된다.

**25** 신치범, 「비대칭성 창출 기반의 군사력 건설 관점에서 본 러시아 우크라이나 전쟁: 1단계 작전(개전~D+40일)을 중심으로」, 『한국군사학논총』 11(2), 2022.

이를 통해 사례를 분석했다.

이렇게 논리적으로 도출한 비대칭성 창출의 4대 핵심 요인은 이 장의 핵심적인 독립변수이기에 연구의 완전성을 제고하기 위해 국내 군사전문가(박사) 10명[26]에게 의뢰하여 표면적 타당성 검토를 통해 실효성을 추가로 검증했다. 각각의 의미는 다음과 같다.

수단·주체의 비대칭성은 상대방과 다른 수단과 주체, 또는 상대가 예상치 못한 수단과 주체를 활용함으로써 상대에 비해 비대칭적 우위를 확보하는 것을 말한다. 수단과 주체를 함께 고려하는 것은 수단과 이를 활용하는 주체는 전투력을 투사하는 떼려야 뗄 수 없는 하나의 플랫폼이기 때문이다.

인지의 비대칭성은 상대에 비해 인지 영역에서 비대칭적 우위를 확보하는 것을 말한다. 여기서 인지 영역(Cognitive domain)[27]은 사람의 의식과 생각으로 만들어지며, 물리적 영역과 정보기반 영역에서 제공된 정보를 바탕으로 조성된 보이지 않는 의식의 영역이다. 동시에 전쟁의 중심이 형성되는 근본 영역이며, 전쟁하는 상대가 서로 궁극적으로 파괴하거나 영향을 미치려는 영역이다.[28]

전략·전술의 비대칭성은 상대와 차별화되거나 상대가 예상치 못한 전략·전

---

**26** 국내 전문가 10명은 다음과 같다. 주은식 한국전략문제연구소(KRIS) 소장(국민대 정치대학원 겸임교수, 예비역 준장), 차도완 배재대학교 드론로봇공학 교수(국방로봇학회 총무부회장, 육군미래혁신연구센터 객원연구원, 예비역 중령), 조남석 국방대학교 국방과학 교수, 방준영 육군사관학교 일본지역학 교수(일본 자위대 군사혁명 연구, 한일군사문화학회 총무이사), 박동휘 육군3사관학교 군사사학교수(『사이버전의 모든 것』 저자), 김호성 창원대학교 첨단방위공학대학원 교수(『중국 국방혁신』 저자, 예비역 중령), 김태권 용인대학교 군사학과 교수(예비역 소령), 김동민 한국국방연구원(KIDA) 현역 연구위원, 강경일 박사(국방부 군구조개혁담당관, 전 아산정책연구원 연구원), 정민섭 박사(육군미래혁신연구센터 현역연구원, 북한의 독재와 권력구조를 연구한 『최고존엄』 저자).

**27** 에드워드 왈츠는 인지 영역을 "정보 환경을 구성하는 영역 중 하나이며, 정보 환경은 정보를 수집·전파·작용하는 개인·조직·시스템의 집합체로서, 모든 정보활동이 이루어지는 공간 및 영역"이라고 정의한다. Edward Waltz, Information Warfare: Principals and Operations (London: Artech House, 1998), pp. 149-151. 『육군비전 2050(수정1호)』에서도 "인지영역은 인간의 심리와 관련된 영역으로서, 지각·인식·이해력·신념 그리고 가치들이 있는 영역이며 감각 생성 결과로 만들어진다"고 설명한다. 육군본부, 『육군비전 2050 수정1호』, 2022, pp. 54-55.

**28** 이창인, 「다영역 초연결의 전쟁수행방법 연구: 21세기 주요 분쟁과 전쟁사례를 중심으로」, 건양대학교 박사학위논문, 2022, p. 38.

술, 즉 국가 및 군사전략, 작전술 또는 전술 등을 구사하는 것을 의미한다. 전략을 크게 직접전략과 간접전략으로 구분한다면 강자는 신속하고 결정적인 결과를 얻기 위해 직접적인 전략을, 약자는 강자가 추구하는 결정적인 전역 또는 전투를 회피하기 위해 간접적인 전략을 선택할 가능성이 크다. 강자가 전격전과 같이 공세적인 방법을 통해 군사적 승리를 추구하는 반면, 약자는 강자의 신속한 승리를 거부하기 위해 소모전 또는 지연전을 추구하고 적에 대해 군사적 승리보다는 정치적 효과를 거두는 데 주력할 것이다.[29]

시·공간의 비대칭성은 상대와 차별되는 결심 주기(OODA 주기)[30]와 전장 공간에서의 비대칭적 우위를 확보하는 것을 의미한다. 전쟁이 발생하는 전투 현장에서 전투력과 함께 시간과 공간은 전투를 구성하는 3요소이기에 전략·전술적 측면에서 전투력을 운용하는 구체적인 방법의 비대칭성과 함께 전장을 구성하는 환경적 요인인 시간과 공간을 종합적으로 분석할 필요가 있다. 따라서 상대와 다른 차별화된 시간과 공간을 추구한다는 것은 중요한 요소가 아닐 수 없다.


## 3. 비대칭성 창출의 핵심 요인별 분석

1990년대부터 미국의 취약점을 공략하여 미국의 우위를 상쇄하기 위해 비대칭성을 발전시키는 데 집중해온 중국군은 4차 산업혁명 기술에 의해 촉진되는 군사혁신의 우위를 확보하여 미국과 동등할 뿐 아니라 앞서나가기를 열망하고 있

---

**29** 박창희, 『군사전략론』, 서울: 도서출판 플래닛미디어, 2019, pp. 545-546.

**30** OODA 주기는 존 보이드(John Boyd) 미 공군 대령에 의해 제시된 개념으로, 주어진 상황에 대해 관찰(Observation)-판단(Orientation)-결심(Decision)-행동(Action)으로 구성되는 의사결정 과정이다. 존 보이드는 이러한 과정을 빠르게 운영하여 상대가 예상치 못한 공격 속도 또는 방식을 통해 적의 상황을 혼란스럽게 만듦으로써 적의 대응 능력 및 저항의지를 동시에 마비시킬 수 있다고 보았다. 국방부, 『국방비전 2050』, p. 52.

다.[31] 이렇게 미·중 간 전략적 경쟁 속에서 중국은 미국의 약점, 특히 가장 취약한 급소(急所)를 지향하는 비대칭성 기반의 군사혁신을 추진하고 있는 모습을 비대칭성 창출의 핵심 요인별로 분석하여 구체적인 실체를 제시하면 다음과 같다.

### 1) 수단·주체의 비대칭성

수단의 비대칭성을 극대화하기 위해 시진핑 주석은 인공지능과 무인화 기술에 주목하여 군사 지능화에 집중하고 있다.

먼저 시진핑 시대 비대칭성 기반 군사혁신의 동력 중 하나가 4차 산업혁명 시대 인공지능, 빅데이터, 사물인터넷 등 첨단과학기술의 부상이다. 인공지능 분야에서 미국과 선두를 겨룰 정도로 성장한 중국의 기술력은 중국 특색의 비대칭성 기반 군사혁신을 추진하는 주요한 동력으로 작용하고 있다.

중국은 인공지능이 미래 전쟁의 결정적 요소라는 인식에 기초하여 중국군 현대화의 핵심과제로 규정하고, 인공지능 기술 경쟁에서 우위를 확보하기 위해 총력을 기울이고 있다. 중국의 군사 분야 전문가들은 미래 전쟁이 무인화된 지능형 전쟁이 될 것이며, 지능형 무인 시스템이 미래 전쟁의 게임체인저가 될 것이라는 데 인식을 같이하고 이를 지원하고 있다.[32]

2019년 7월에 발표된 중국 국방백서에서도 "새로운 과학기술 혁명과 산업 분야 변혁으로 인공지능, 양자정보, 빅데이터, 클라우드컴퓨팅, 사물인터넷 등 첨단과학기술은 군사 분야 적용을 가속화하고 국제 군사경쟁 구도에 역사적인 변화를 일으키고 있다. 정보기술을 핵심으로 한 군사 첨단기술이 나날이 발전하는 가운데 무기 장비의 원격정밀화·지능화·스텔스화·무인화 추세가 뚜렷해지고 전

---

**31** Elsa B. Kania, "Chinese Military Innovation in Artificial Intelligence," *Center for New American Security* (June 7, 2019), p. 1.

**32** 李凤雷, 卢昊 等, "智能化战争与无人系统技术的发展", 无人系统技术(2018.10.25). https://www.sohu.com/a/271200117_358040(검색일: 2023.5.11); 차정미(2021), p. 86에서 재인용.

쟁 양상이 정보화 전쟁으로의 전환을 가속화함에 따라 지능화 전쟁의 초기 단계로 진입하고 있다"고 강조하고 있다.[33]

특히 중국 육군은 '현대화된 신형 육군'을 모토로 군사혁신 추진을 가속화하고 있으며, 현대화된 중국 육군의 핵심적 목표는 과학기술을 활용한 군사 정보화와 지능화다. 미국 등 주요 선진국들이 인공지능 기반 지능화 작전을 적극적으로 추진하고 있는 데 대해 이를 추월하기 위한 지능형 지휘 및 통제 시스템을 구축하는 지능화된 전력체계 개발을 가속화해야 한다고 인식하고 있다. 여전히 기계화 수준도 세계 군사 강국들과 비교하여 뒤처져 있고, 드론 등의 부상으로 전통적인 육군의 전력 보장이 힘들어진 상황에서 중국 육군은 기술의 급격한 발전과 전쟁 양상 패러다임의 변화를 빠르게 수용하여 선진국과의 격차를 줄이고 새로운 전쟁 양상에 부합하는 전력을 갖추기 위해 지능화 전력체계 혁신에 집중하고 있다.[34]

다음으로 중국이 수단의 비대칭성을 극대화하기 위해 집중하고 있는 분야가 무인화다. 무인화된 전력의 사용 비율이 높아지는 것이 미래 전쟁의 핵심이고, 무인화는 세계 주요국들이 전장에서 본격적으로 도입하고 있는 주요한 전력체계 혁신의 방향이기도 하다. 중국도 가까운 미래에 무인기가 전장에서 주역으로 활약하고, 위험하거나 인간이 수행하기 힘든 전술을 무인화된 무기로 대체할 수 있을 것으로 전망하고 있다.[35] 중국의 신형 육군은 '적은 사상자', 더 나아가 '사상자 제로'라는 목표를 달성하기 위해 무인 전력체계 개발에 진력하고 있다.[36] 특히 육군 전력체계의 비행 분야는 무인화 혁신의 핵심이다. 드론은 중국 육군이 정찰과 타격을 통합하는 데 주요한 전력이다. 중국군은 이미 무인기와 탱크를 일체화하는

---

**33** 국방정보본부, 『2019년 중국 국방백서 신시대의 중국국방(新時代的中國國防)』, 2019, p. 6.

**34** 차정미(2021), pp. 96-97.

**35** 新浪网, "中国首款无人作战平台曝光！中国陆军的进攻将是机器人钢铁洪流"(2020.09.02). https://k.sina.cn/article_1183596331_468c3f2b00100tm8b.htmi(검색일: 2023.5.11); 차정미(2021), 위의 논문, p. 100에서 재인용.

**36** 차정미(2021), p. 100.

'드론장갑통합작전체계' 구축에 집중하고 있으며,[37] 전 세계 드론 시장의 80% 점유율을 바탕으로 유인 전력 대체와 자폭 공격을 목적으로 다양한 벌떼 드론 운용 체계를 개발하고 운용 중이다.

또한 전술적 수준에서는 지능화된 다수의 무인로봇에 의한 '자율군집소모전(自律群集消耗戰)' 개념(戰法)까지 제시되고 있다. 자율군집소모전은 저비용으로 운용할 수 있는 다수의 자율로봇 군집체계를 분산식·소모적으로 운용하여 항공모함, 전투기 등의 고비용·고가치 표적을 효율적으로 제압하는 방식이다. 군집체계가 핵심적인 미래의 비대칭 전력으로 인식됨에 따라 중국군은 다양한 연구와 함께 현실화를 동시에 진행하고 있다. 또한 군집로봇 자율제어의 핵심인 통신망과 위치·항법·시각(PNT) 기술의 발전을 위해 양자암호통신 위성과 5G의 통합 네트워크 구축을 추진하고 있다.[38]

주체의 비대칭성을 극대화하기 위해 중국군은 정규군뿐 아니라 준군사 및 민병대까지 전략적으로 활용하고 있다. 중국군은 이들을 효율적으로 활용하기 위해 상호운용성과 통합성을 강조한다.[39] 따라서 육군, 해군, 공군, 로켓군, 전략지원부대 등의 5개 병종 체제인 정규군과 함께 준군사 조직인 인민무장경찰과 해경, 더 나아가 민병(해상민병대, 사이버 민병)[40]까지 중국의 상비 군사력으로 판단할 필요가 있다.

중국군의 정규군 중에서 비대칭성 극대화의 핵심은 로켓군과 전략지원부대다. 로켓군은 핵억제 및 반격 능력을 강화하면서 중장거리 정밀타격 능력과 전략

---

**37**  山峰, "国产蜂群系统再次亮相, 坦克搭配无人机群, 致命缺陷被弥补"(2020.10.05). https://new.qq.com/omn/20201005/20201005A02EQ900.html(검색일: 2023.5.21); 차정미(2021), p. 101에서 재인용.

**38**  나호영·최근대, 「인공지능에 기반한 중국의 군사혁신: 지능화군 건설을 중심으로」, 『韓國軍事學論叢』 76(3), 2020, p. 107.

**39**  김호성, 『중국 국방 혁신』, 서울: 매경출판(주), 2022, p. 48.

**40**  중국의 무장력 중 하나인 민병(民兵) 중에는 사이버 영역에서의 능력이 뛰어난 자원들로 구성된 사이버 민병도 존재한다. 이창형, 『중국 인민해방군』, 강원도 홍천군: GDC Media, 2021, p. 220.

적 억제 능력 강화에 진력하고 있다. 시진핑 주석이 2016년 로켓군 사령부를 방문하여 전략적 억제 능력의 중요성을 강조한 이후 로켓군은 현대화계획을 본격적으로 추진했다. 그 결과, 기존의 미사일을 개량하고 적대 국가의 미사일 방어 시스템을 돌파하는 수단을 개발하여 서태평양에서 대함 공격 능력까지 확보했다. 그 가운데 DF-21D는 사거리가 1,500km 이상으로 MARV[41] 탄두를 장착하고 신속하게 재장전할 수 있도록 개량했다.

또한 IRBM급 DF-26은 서태평양과 인도양 그리고 남중국해 지역의 함정에 대한 타격이 가능하고, ICBM급 DF-31A는 사거리가 11,200km이며 미국 본토까지 도달할 수 있다. 추가로 2019년 10월 건국 70주년 기념열병식에서 MIRV[42] 기능의 이동식 ICBM급 DF-41을 공개했다.

또한, 중국 군사혁신의 게임체인저[43]라고도 불리는 전략지원부대는 전구급 사이버시스템부와 우주시스템부로 구성되는 예하 사령부를 기반으로 정보통신보장, 정보보안 보호, 신기술 시험 등 다양한 임무를 수행하며 시스템 통합과 민군통합을 위해 새로운 전력 개발에 매진하고 있다. 먼저 사이버시스템부는 기술적 정찰, 사이버전, 전자전, 심리전을 담당한다. 다음으로 우주시스템부는 중국군의 우주작전 영역인 우주비행체 발사 및 지원, 우주 정보지원, 우주 계기신호 추적 및 우주전을 관할한다. 이와 관련하여 2018년 38개의 위성발사체를 발사했으며, 전자기파 환경에서의 작전적 지원 능력과 합동작전 능력을 제고하기 위해 육군 및 공군과 합동훈련을 실시하고 있다.

기타 연근보장부대는 중국군에 대한 통합군수 임무를 지원하기 위해 창설되었으며, 2018년 전구급 사령부로 격상되었다. 민간이 통제하는 트럭과 선박 등

---

41  Maneuver Reentry Vehicle의 약어로, 다탄두 기동성 재돌입 탄도탄 또는 기동 탄두 재진입체를 뜻한다.

42  MIRV는 Multiple Independently targetable Reentry Vehicle의 약어로, 다탄두 각개목표 재진입 미사일을 뜻한다.

43  "우주·첩보·사이버군 통합, 중국군 살상력 일취월장", 『중앙일보』, 2018.1.14. https://www.joongang.co.kr/article/22283835#home(검색일: 2023.5.21)

을 군사작전과 훈련에 통합하는 등 전군의 작전·훈련에 대한 지원을 보장하기 위해 후방 군수지원 능력 통합과 신속한 수송 능력을 강화하고 있다.

김태우는 중국 군사력을 분석할 때, 중국군이 공산당의 군대[44]라는 점에 주목해야 한다고 강조한다. "중국은 공식적으로 육군, 해군, 공군, 로켓군, 전략지원부대 등 5개 병종이라고 밝히고 있다. 하지만 중국공산당 중앙군사위원회 통제를 받아 소수민족 분리주의자 탄압의 첨병 역할을 하고 유사시 군사력으로 활용하는 준군사 조직인 인민무장경찰, 그리고 최근 법을 개정해 무기를 사용할 수 있어 주변국 해군을 위협할 수 있는 '해경'은 중국의 6, 7번째 병종으로 간주하고 대비해야 한다. 더 나아가 중국 팽창주의의 첨병 역할을 하는 어선단인 해상민병대까지 대비할 필요성도 있다. 만약 중국이 서해 내해화 시도를 위한 도서 강점을 시도한다고 상정할 때, 해경과 해상민병대까지 활용하리라는 것은 불문가지(不問可知)다."[45]

중국군의 현대화를 통해 중국군 상비부대와 준군사부대 간 상호운용성이 증가했다고 주장하는 전문가도 있다. "2017년부터 당 중앙군사위원회가 무장경찰부대를, 무장경찰부대는 해양경찰부대를 통제하도록 지휘체계를 일원화했다. 이에 따라 해군은 연안경비부대, 해양경찰부대와 협조하면서 해양 영역에서 권익수호를 위해 공동으로 노력하는 기반이 만들어졌다"는 것이다.[46]

궁극적으로, 정규군과 준군사부대의 상호운용성을 증대시킴으로써 수단·주체의 비대칭성 효과의 극대화를 추구하고 있다고 볼 수 있다.

---

44　마르크스-레닌주의에서는 "국가 휘하의 군대는 부르주아와 봉건 압제자의 입맛에 맞는 탄압의 도구에 속한다"는 카를 마르크스의 오랜 이론에 근거하여 "인민에 의해 자발적으로 조직된 집단"이라는 해석을 적용하여 당군을 지향한다.

45　김태우, 건양대 일반대학원 군사학 박사과정 '동북아안보론' 강의(2021.3.21).

46　이홍석, 「중국 강군몽 추진 동향과 전략」, 『중소연구』 44(2), 2020, pp. 69-70.

## 2) 인지의 비대칭성

인지의 비대칭성은 인지 영역에서의 우세, 즉 인지우세권[制腦權] 달성에 의해 좌우되는데, 이는 인지우세권을 추구하는 지능화전의 전승(全勝) 메커니즘의 특징 중 하나다. 중국군은 인지적 경쟁이 보편화될 미래 전쟁에서 아군의 인지전 수행 능력을 극대화하고 적의 인지 영역을 공격하여 물리적 전쟁 이전에 적의 전투 능력과 의지를 파괴하여 아군의 의도대로 적을 통제할 수 있는 '굴인지병(不戰而屈人之兵, 싸우지 않고 이기는)'을 구현하는 것이 미래 전쟁에서 온전한 승리를 담보하는 메커니즘으로 보고 있다.[47] 즉, 중국군은 인지의 비대칭성 극대화를 미래 전쟁의 전승 메커니즘의 핵심으로 평가하고 있다.[48]

이러한 맥락에서 전략조직으로서 중국군 전략지원부대의 사이버시스템부는 인지의 비대칭성 창출을 총괄적으로 담당한다. 여기에는 사이버전, 기술 정찰, 전자전 및 심리전이 망라되어 있다. 2015년 흩어져 있던 조직 및 임무 구조에서 정보 공유에 대한 문제점을 해결하기 위해 조직을 통합했다. 사이버시스템부는 여러 기술 정찰기지, 신호 정보국, 연구기관 등을 운영한다. 다양한 지상기반 기술수집 자산을 활용해 지리적으로 분산된 작전 부대에 공통 정보를 제공하고 있다.[49] 특히 여기에 소속된 것으로 추정되는 311 기지는 대만에 대해 3전(심리전·여론전·법률전)을 수행하는 유일하게 대외적으로 알려진 부서인데,[50] 관련 역할을 고려할 때 인지의 비대칭성을 창출하는 핵심적 역할을 수행하는 조직이라고 볼 수 있다. 대만뿐 아니라 대상국이 달라지면 어떤 조직을 활용해서 이러한 역할을 하는지

---

**47**  나호영·최근대, pp. 99-100.

**48**  중국군은 미래 전쟁이 인지 영역에서의 우세를 달성하기 위한 투쟁이라는 시각을 갖고 있다. 따라서 기동력·화력·정보력으로 대표되는 현재의 전쟁 승리 메커니즘이 '지능력(智能力)'으로 전환되고, 우월한 지능화 역량이 인지의 우세를 결정짓는 요소로 작용하여 '지능우세권(制智權)' 확보가 필수불가결할 것으로 보고 있다. 나호영·최근대, p. 100.

**49**  김호성, p. 88.

**50**  이창형, p. 218.

분석하여 대비할 필요가 있다.

전략지원부대는 여러 대학교와 구 총참모부 56 및 57 연구기관을 포함해 학술 및 연구기관도 운영하고 있다. 이 기관은 우주 기반 감시, 정보, 무기 발사 및 조기 경보, 통신 및 정보공학, 암호학, 빅데이터, 정보 공격 및 방어 기술 프로그램을 수행하며 인지의 비대칭성을 극대화하고 있다고 평가할 수 있다.[51] 또한 여기서 주목할 점은 중국의 네트워크전이 인지의 비대칭성을 극대화하는 것과 연결되어 있다는 것이다. 즉, 중국의 네트워크전은 C4ISR 합동지휘통제체계를 수립할 뿐만 아니라 적시에 심리전 행위와 융·복합하여 인지의 비대칭성을 극대화한 굴인지병(不戰而屈人之兵)의 효과를 달성하고자 한다.[52]

그리고 이러한 인지의 비대칭성을 극대화하는 데는 시진핑의 과학기술 리더십이 근간이 되고 있다는 것을 지적하지 않을 수 없다. 시진핑은 집권 초기부터 첨단과학기술을 국가 성장동력으로 활용하기 위해 중국과학원(CAS)을 세계적인 연구기관으로 발전시키려고 노력해왔다. 특히 인공지능이나 양자컴퓨터 등 미래 사회를 선도할 핵심 분야에 집중적으로 투자해왔고, 이러한 첨단과학기술을 인지전 수행, 인지의 비대칭성을 극대화하기 위해서도 적극적으로 활용하고 있다.[53]

### 3) 전략 · 전술의 비대칭성

중국의 국가전략은 '중화민족의 위대한 부흥'을 실현하는 것이다. 시진핑 주석이 '중국몽(中國夢)'이라고 부르는 이 전략은 중국을 세계 무대에서 번영과 패권국의 위치로 회복하려는 국가적 열망이다. 중국공산당 지도부는 국가 부흥이라는

---

**51**  김호성, p. 86.

**52**  이창형, p. 221.

**53**  시진핑, "과학기술 혁신 '양탄일성' 강조: 미국 선거 이후 중국의 과학기술(상)", *The Science Times*, 2020.11.19. https://www.sciencetimes.co.kr/news/시진핑-과학기술-혁신-양탄일성-강조/(검색일: 2023.5.21)

목표를 일관되게 추구해왔다. 그 속에서 기회를 포착하고 전략에 대한 위험을 관리하기 위해 실행에서 어느 정도 전략적 적응성을 보여주었다.[54]

시진핑 주석은 2014년 중국공산당 간부들에게 "국가 통치 시스템과 역량의 현대화를 추진하는 것은 확실히 서구화나 자본주의가 아니다"라고 말했다. 그는 중국의 통치체제 전반에 걸쳐 당의 우위를 강화하고 중국의 정치, 경제 및 사회 문제를 더욱 효과적으로 관리함으로써 중국 전략을 발전시키려 한다. 중국공산당의 제도적 역량을 강화하고 당의 전략적 역할을 수행하기 위한 수단으로 내부 단결을 강조하는 것은 시진핑 재임 기간의 두드러진 점이 되었다.[55]

중국군은 '후발주자의 이점(later-comer's benefits)' 전략을 통해 전략의 비대칭성을 추구했다. 중국의 군사혁신은 21세기 서구에서 진행되었던 군사혁신과 다른 양상으로 전개되었다. 기계화 과정을 거쳐 정보화를 추구했던 미국 등 주요 군사 선진국과 달리 '반(半)기계화' 단계에 머물러 있던 중국군은 '후발주자의 이점'을 살려 기계화 달성을 위한 노력과 함께 정보기술의 신속한 군사화를 달성하려는 중국 특색의 비대칭성 기반 군사혁신을 추구했다. 2003년 전국인민대표회의에서 장쩌민(江澤民) 주석은 "첨단 정보기술을 바탕으로 군의 정보화와 기계화를 동시에 이룩하여 국가의 안전을 보장하고 적의 침투·파괴에 대처해야 한다"고 강조하며 이른바 중국 특색 군사혁신의 중요성을 피력하기도 했다. 그 결과 비로소 ISR(정보감시정찰) 체계를 구축하고, 우주전 역량을 제고하면서 사이버·전자전 능력을 구비하고, 항공모함을 건조하는 등 군사 강국으로 성장하는 발판을 마련했다.

이처럼 중국군은 군사혁신의 추세를 선도하기보다 미국 등 주요 군사 선진국의 혁명적 변화에 따른 위협을 분석하고 평가하면서 그에 대응하는 방향으로, 즉 후발주자의 이점을 극대화하는 전략의 비대칭성을 추구하면서 군사혁신을 추구해왔다. 4차 산업혁명 시대가 도래하면서 발생하고 있는 각국의 경쟁적인 군사

---

**54**  김호성, pp. 14-15.

**55**  ibid., p. 16.

지능화 노력은 중국군에 새로운 도전이자 기회로 인식되고 있으며, 중국군 내부에서는 혁신적 변화가 필요하다는 인식이 확산되고 있다. 특히 미국이 압도적 우위를 점했던 정보화 기술과 달리 지능화 기술은 미국과 중국이 치열한 경쟁을 벌이고 있으며, 현재는 어느 한 편이 월등한 우위를 점했다고 단정 지을 수 없는 상황으로 인식하고 있다.[56] 따라서 이제 중국군은 후발주자의 이점이라는 전략의 비대칭성을 극대화한 상태에서 지능화 시대의 도래가 세계 일류 군대를 건설하여 미국의 군사력을 추월할 수 있는 전략적 호기이자 기회로 판단하고, 미국과의 경쟁에서 전략적 우위를 확보하기 위해 군사 지능화에 기반한 군사혁신에 박차를 가하고 있다.[57]

중국은 큰 틀에서 이러한 후발주자의 이점 전략을 추구하면서 세부적으로 점혈전(点穴戰, Acupuncture warfare) 전략, 살수간(殺手鐗) 전략,[58] 초한전(超限戰) 전략[59]을 통해 전략·전술의 비대칭성 극대화를 추구하고 있다. 중국은 미국의 급소를 찌르는 점혈전, 살수간, 초한전 전략이라는 비대칭 전략을 치밀하게 추진하고 있다.[60] 중국은 미국의 군사혁신(RMA) 형태를 답습할 경우, 미·중 두 나라 사이에 엄연히 존재하는 격차를 단기간 내에 없애기 어렵고, 따라서 엄청난 비용을 들여 첨단 무기체계를 도입할 수밖에 없다는 것을 인식하고 있다. 이러한 인식을 바탕으로 정보화된 전장에서 적의 점혈(點穴), 즉 핵심 취약점인 네트워크와 C4ISR 체

---

**56**  중국 칭화대학에서 2018년 발표한 중국인공지능발전 보고에 따르면, 중국은 기술개발과 시장응용 측면에서 이미 세계 선두지위를 차지하고 있으며, 미국과 함께 세계 선두 그룹을 형성하고 있다. 구체적으로 현재 중국은 글로벌 인공지능 연구논문 발표와 인용 측면에서 세계 1위, AI 특허 세계 1위, AI 벤처투자 세계 1위, AI 기업 수 세계 2위, AI 인재 세계 2위를 차지하고 있다. 이상국,『중국의 지능화 전쟁 대비 실태와 시사점』, 서울: 한국국방연구원 연구보고서, 2019, p. 6.

**57**  나호영·최근대, p. 96.

**58**  마이클 필스버리는 살수간 전략에 관해 다음과 같이 말한다. "추가 조사를 통해 나는 군사적 맥락에서 살수간이란 힘이 약한 쪽이 자신보다 강한 적의 약점을 공격함으로써 상대를 이길 수 있는 비대칭 무기를 뜻한다는 것을 알게 되었다." 마이클 필스버리, 한정은 역,『백년의 마라톤』, 서울: ㈜와이엘씨, 2022, p. 195.

**59**  차오량(喬良)·왕샹수이(王湘穗), 이정곤 역,『초한전(超限戰)』, 서울: 교우미디어, 2021.

**60**  이창형, p. 278.

계에 대한 공격과 정보와 데이터의 핵심 노드인 우주 자산에 대한 공격 등을 추진하면서 비대칭성 기반의 군사혁신을 추진하고 있다. 이러한 것은 미·중 간의 군사력 균형을 더욱 모호하고 예측 불가능하게 만들어가는 요인이 될 것으로 예상한다.[61]

이렇듯 중국은 미국의 핵심 취약점을 찾아 급소를 찌르기 위해 특히 인공지능, 우주, 사이버, 심해작전 능력 향상에 집중하고 있다.[62]

앞서 언급한 대로 중국군은 인공지능 능력의 발전을 통한 지능화 군대 건설을 추진하고 있는데, 미국의 급소를 지향하는 점혈전 비대칭 전략에 기초하여 건설되고 있다. 즉, 인공지능 분야에서도 미국을 상대로 우위를 확보하기 위해 5G 시대를 미국보다 먼저 선도함으로써 군사 분야에서도 첨단 지능군을 지향하고 있다.[63] 중국 국무원은 2030년 인공지능 최강국을 목표로 차세대 인공지능 발전계획에서 "중국은 모든 유형의 인공지능 기술을 고도화해 신속하게 군사혁신 분야에 편입할 것"이라고 선언하기도 했다.

중국의 우주 프로그램도 미국의 급소를 지향하며 급속히 성장하고 있다. 미국의 중국 군사혁신 보고서에 의하면, 중국은 우주비행체, 발사대, 지휘통제, 데이터다운 링크 등과 같은 분야의 기반을 성장시키기 위해 다양한 기지와 기반 시설들을 개발하고 있다. 특히, 미국이 절대우위를 점하고 있는 위성의 수량을 극복하기 위해 위기 또는 갈등 시 적의 우주위성을 거부하고 억제하기 위한 대(對)위성 요격 능력 향상과 위성에서의 위성요격 능력을 향상시키려 하고 있다.

---

**61** 설인효, p. 163.

**62** 이창형, pp. 278-279.

**63** 최근 『인공지능 윤리(Ethics of Artificial Intelligence)』를 출간한 인공지능 윤리 분야의 석학인 매튜 리아오 뉴욕대학교(NYU) 철학과 교수는 중앙일보와의 인터뷰에서 "중국 AI가 미국보다 앞서나갈 수밖에 없는 상황이다. 중국 정부는 사람들의 권리를 무시하고 방대한 양의 데이터를 수집할 수 있기 때문이다"라며, 중국이 방대한 데이터를 수집하여 AI 분야에서 미국을 앞서갈 수밖에 없는 상황이라고 말한다. "인공지능, 미숙해도 너무 발달해도 윤리문제 생길 수 있다", 『중앙일보』, 2022.11.25. https://www.joongang.co.kr/article/25120552#home(검색일: 2023.5.27)

사이버 분야를 발전시키는 것도 미국의 약점을 지향한 결과다. 월등히 앞서 있는 미국의 정보·전자전 능력을 상쇄 가능한 방법으로 사이버전 능력 향상을 통해 미국의 전자전 체계를 마비시킬 수 있다는 점에 착안해서 추진하고 있다. 2015년 신설된 중국군 전략지원부대의 네트워크 및 정보전 부대는 적국의 정부기관, 군부대는 물론이고 해외 대사관 및 과학 분야 연구기관 등을 목표로 트로이목마 바이러스 등을 주입하고 중계소 편취를 통해 적의 정보·전자전 체계를 마비 혹은 무력화시키는 작전을 전개할 수 있었다. 이는 대표적으로 정보·전자전에서 앞서 있는 미국의 급소를 공격하는 방법이다.

중국이 심해전 능력을 향상시키는 것도 절대적 우위에 있는 미국의 해군력을 극복하기 위해서다. 대표적인 사례가 국가 주도로 개발한 무인잠수정 '치안룽-2호'다. 치안룽-2호는 동력 없이 잠수와 부상이 가능하고, 4,500m 해저의 다양한 탐사 활동 및 돌발 상황에서 자율적으로 대처할 수 있도록 설계되었다. 유인 탐사에 비해 안정적이고 잠수 시간 대비 효율성이 높을 것으로 전망되며, 자율무인잠수정을 활용한 해양탐사는 인간의 능력으로 닿기 힘든 해저 깊은 곳까지 탐사하여 미래자원을 확보하는 데도 긍정적인 영향을 미칠 것으로 기대된다. 중국이 이러한 심해 기술을 확보하는 이면(裏面)에는 양적인 면에서 미국의 해군력을 따라잡기에 역부족인 상황이기 때문에 심해작전 능력 향상을 통해 미국 해군전력의 행동과 작전을 방해하거나 거부하려는 의도가 있다.

결론적으로, 중국은 미국 등 주요 선진국 군대에 대해 전략·전술의 비대칭성을 극대화하기 위해 큰 틀에서 후발주자의 이점인 비대칭 전략 추진으로 미국에 대한 후발주자로서의 이점을 극대화하면서, 구체적인 비대칭 전략으로 점혈전, 살수간, 초한전 전략으로 미국의 급소를 찌르기 위한 비대칭 무기 개발에 집중하고 있다.

## 4) 시 · 공간의 비대칭성

시 · 공간을 활용하는 측면은 이미 미국이 앞서 있는 분야이기에 중국은 비대칭성을 창출하기 위해 미국의 약점을 찾아 상대적으로 우위를 점할 수 있는 분야에 전략적으로 집중하고 있다.

시간의 비대칭성을 창출하기 위해 중국군은 지능화군을 지향하고 있다. 인공지능을 활용하여 결심 주기를 최대한 단축시킴으로써 시간의 비대칭성을 창출하기 위해서다. 인공지능 분야에서 미국과 선두를 겨룰 정도로 성장한 중국의 기술력은 비대칭성 기반의 군사혁신을 추진하는 주요한 동력으로 작용하고 있다.

그동안 중국군은 고질적인 문제인 고급 지휘관의 지휘역량 부족 문제를 해소하기 위해 그들의 지휘통제 역량을 강화하는 방안을 모색해왔다. 정보화 시대에 부합하는 통합지휘플랫폼 같은 C4ISR 능력의 제고에서 그 해답을 찾으며 정보역량을 증진하는 데 역점을 두어왔다. 하지만 중국군은 기술적 문제해결 방안만으로는 지휘역량 부족 문제를 해소하기 어려울 것으로 판단하고, 향후 진전될 지능화 기술의 발전에서 그 해답을 찾고 있다.[64] 이에 더하여 2015년 국방개혁을 통해 추진된 합동작전 지휘체계 구축을 완성하기 위해 정보수집으로부터 작전계획 수립에 이르는 의사결정의 모든 과정에서 요구되는 정보의 효과적인 공유를 통해 군종(기능) 간의 상호운용성을 높일 수 있는 '군사지휘통제정보체계'의 개선을 요구해왔다.[65] 이러한 맥락에서 시진핑 주석은 제19차 당대회 연설을 통해 "군사 지능화의 발전을 도모하고 네트워크 정보 시스템을 기반으로 하는 연합작전 능력 및 전역작전 능력을 향상시킬 것"을 강조한 바 있다.[66] 이러한 기조하에 중국군은

---

**64**  나호영 · 최근대, p. 103.

**65**  Kania, Elsa B., "Artificial Intelligence in Future Chinese Command Decision-Making," *AI, China, Russia, and the Global Order: Technological, Political, Global, and Creative*, p. 154; 나호영 · 최근대, p. 104에서 재인용.

**66**  나호영 · 최근대, p. 104.

지능화 기술에 기반한 차세대 지휘통제체계의 구축을 통해 OODA 주기(결심 주기)를 단축하려는 다양한 노력을 기울이고 있다.

시간의 비대칭성을 확보하기 위해 중국군이 새로운 지휘통제체계를 구축하려는 의도는 명확해 보인다. 작전 템포가 상상 이상으로 빨라지고 전장 정보가 극단적으로 증대되어 특이점에 도달한 미래의 전장에서는 인간의 인지 능력만으로 결정적 우위를 달성할 수 없다는 것은 분명하다. 이는 인간의 의사결정 속도가 작전 템포를 따라가지 못하게 되어 OODA 주기(결심 주기)에 병목현상이 발생하기 때문이다. 그래서 중국군은 인공지능을 활용해서 정보 처리와 작전환경평가에 대한 속도를 높이고 작전에 필요한 방책을 제공함으로써 지휘관의 의사결정 및 지휘통제 속도를 획기적으로 개선하여 시간의 비대칭성을 창출하고 있다. 특히 중국군은 인공지능과 C4ISR 능력을 결합하여 정보의 수집·유통·분석의 속도를 제고하는 '지휘통제의 자동화'를 우선적으로 추진하고 있다. 더 나아가 정보처리의 질을 향상시키고 의사결정 일부를 인공지능에 위임하거나 인간의 지능과 융합하는 '지휘통제의 지능화' 달성에 중점을 두고 있다.[67]

미래 중국군의 지휘통제체계가 인공지능에 더욱 의존하는 방식이 된다면, 더욱 효과적으로 정보와 화력을 통합하여 적의 전투 네트워크를 공격·마비·파괴할 수 있게 될 것이며, 원격·정밀·소형화·대규모 무인공격을 주된 공격 수단으로 삼을 수 있게 될 것이다. 또한 자동으로 광범위한 탐지가 가능하고, 협조된 지휘통제체계하에서 자율화 군집전투가 실시간으로 전개되며, 인간과 기계가 융합되어 모든 전장 영역에서 신속하고 정확한 의사결정에 기반한 자율화 작전 수행이 가능하게 될 것으로 전망된다.[68] 중국군은 이렇게 지능화를 통해 시간의 비대칭성을 확보해나갈 것이다.[69]

---

67  ibid.

68  ibid., p. 105.

69  중국의 리밍하이는 시간의 비대칭성을 극대화하기 위한 방안 중 하나로 '알고리즘 게임'을 제시한다. 알고리즘 게임의 본질은 알고리즘 성능의 상대적 우세를 달성하여 적보다 빠르게 불확실성(fog of

공간의 비대칭성 창출을 위해 중국군은 전략적으로 접근하고 있다. 중국은 지상, 공중, 해상뿐만 아니라 우주, 대우주, 전자전 및 사이버 작전을 수행할 수 있도록 모든 전장 영역에 걸쳐 능력을 현대화했다. 함정, 탄도탄 및 순항미사일, 통합 방공 시스템 등을 포함한 여러 군사 현대화 분야에서 이미 미국과 동등하거나 심지어 능가하기도 했다. 중국은 군의 합동 지휘통제(C2) 시스템, 합동군수 시스템, C4ISR 시스템을 개선하기 위해 노력하고 있다. 현대전에서 합동작전, 정보의 통합, 신속한 의사결정이 중요하다는 것을 인식하고 불확실성이 점증하는 전장에서 복잡한 합동작전을 지휘할 수 있는 능력을 현대화하는 데 계속해서 높은 우선순위를 두고 있다.[70]

전술(前述)한 대로 현대전 및 미래 전쟁을 위한 재구조화 노력의 일환으로 중국공산당 중앙군사위원회는 2015년 전략지원부대를 창설했다. 전략지원부대는 이전에 분산된 기능을 통합해 우주, 사이버·전자기, 인지 영역을 더욱 중앙집권적으로 통제하고 있다. 즉, 중국공산당의 중앙집권적인 통제에 따라 현대전 및 미래 전쟁에서 중요성이 부각되고 있는 새로운 전장 영역의 비대칭성을 전략적으로 창출하고 있다.[71]

이것은 더욱 확장되고 있는 전장 영역인 우주, 사이버·전자기, 인지 영역 등 전반적인 정보 영역을 현대 전쟁 및 미래 전쟁의 전략적 자원으로 활용하여 공간의 비대칭성을 창출하고자 하는 중국의 이해 정도를 보여준다고도 할 수 있는 대목이다. 특히 중국은 '우주 공간 및 네트워크 공간을 전략적 경쟁의 새로운 요충지'로 규정하고, 분쟁 시 자신의 정보시스템이나 네트워크 등을 방호하는 한편 적의 정보시스템이나 네트워크 등을 무력화하고 정보우세를 획득하는 것이 중요하

---

war)을 해소하고, 최적의 전투 수단과 방법, 강도를 결정함으로써 적의 작전적 선택지를 최소화하고 전투 양상을 아군에 유리한 방향으로 유도하는 것이다. 알고리즘의 상대적 우세는 적보다 우수한 연산 능력에 의한 의사결정 속도의 우위를 달성하는 것뿐만 아니라 적 알고리즘의 성능과 구조를 분석하여 오류나 편향을 발생시키도록 유도하는 것을 포함한다. ibid., p. 106.

**70** 김호성, pp. 47-48.

**71** ibid., p. 85.

다고 인식하고 있다.[72]

　우주 영역에 대해 중국은 2016년 12월 발표한 자국의 우주 이용 입장 등에 관한 『중국 우주백서』에서도 군사 이용을 부정하고 있지 않다. 중국의 우주 이용과 관계되는 행정 조직이나 국유기업이 군과 밀접한 협력관계에 있다고 지적되고 있는 것 등을 고려한다면, 중국은 우주에서의 군사작전 수행 능력의 향상도 꾀하고 있다고 생각할 수 있다.[73] 중국은 최근 군사적 목적으로도 이용할 수 있는 인공위성 수를 급속히 증가시키고 있다. 예를 들어 '중국판 GPS'라고 불리며 탄도탄 미사일 같은 유도 기능을 갖춘 무기 시스템에 대한 이용 등이 지적되는 글로벌 위성 측위 시스템 베이더우(北斗)는 2018년 말에 전 세계를 대상으로 운용되기 시작하여 지속적으로 능력 향상을 도모하고 있다. 게다가 분쟁 시 적의 우주 이용을 제한 및 방어하기 위해 미사일이나 레이저를 이용한 대(對)위성 무기를 개발하고 있는 것뿐 아니라 킬러 위성까지 개발하고 있다고 알려져 있다.[74]

　사이버 영역에 대해 중국은 사이버 보안을 '중국이 직면한 심각한 안전보장상의 위협'으로 간주하고, 중국군은 "사이버 공간 방호 능력을 구축하여 사이버 국경 경비를 굳히고, 크래커를 즉시 발견하여 막고, 정보네트워크 보안을 보장하며, 사이버 주권, 정보안전과 사회안정을 흔들림 없이 지킨다"라고 표명하고 있다.[75] 현재의 주요 군사훈련에는 지휘체계의 공격 및 방어 양면을 포함한 사이버 작전 등의 요소가 반드시 포함되어 있다. 적의 네트워크에 대한 사이버 공격은 중국의 A2/AD 능력을 강화하는 것으로 여겨진다. 또한 중국의 무장력 중 하나인

---

**72**　이창형, p. 219.

**73**　U. S. DOD, "Annual Report to Congress: Military and Security Developments Involving the People's Republic of China,"(May 2019); 이창형, p. 220에서 재인용.

**74**　이창형, p. 220. 미래 중국군의 우주군(天軍) 건설은 장비발전부, 로켓군, 전략지원부대가 맡을 것이며, 어떤 특정 군종이 독립적으로 책임지지 않을 것이다. 또한 그것은 합동작전 모델이 될 것이다. 동시에 중국군의 우주군 건설은 이미 실제적인 추진 단계에 진입했고, 전략지원부대가 핵심적인 위치에 있다는 것을 보여주고 있다.

**75**　중국 국방백서, "China's National Defense in the New Era"(July 2019); 이창형, p. 220에서 재인용.

민병(民兵) 중에는 사이버 영역에서의 능력이 뛰어난 자원들로 구성된 '사이버 민병'도 존재하는 것으로 알려져 있다.[76]

전자전 영역에서 중국군은 전자전 환경에서 각종 대항훈련을 시행하고 있다. 이와 함께 Y-8 전자전기뿐만 아니라 J-15 함재기, J-16 전투기, H-6 폭격기 중에도 전자전 포드(Pod)를 구비하여 전자전 능력을 갖춘 것으로 보이는 존재가 지적되고 있다.[77]

## 4. 결론: 「국방혁신 4.0」에 주는 함의

중국이 추진하고 있는 비대칭성 기반 군사혁신의 성과는 아직 진행 중이어서 섣불리 평가하기가 쉽지 않다. 단지 전문가들은 중국이 군사혁신을 채택한 후 이룬 성과는 투입된 시간에 비해 상당히 큰 것으로 평가하고 있다. 특히 군사적 변화를 단순한 무기체계 도입만이 아닌 교리와 전략, 작전 및 전술 개념, 군수, 교육 등의 포괄적 변화로 이해하고 있는 점은 높이 평가될 수 있다고 말한다.[78]

이러한 군사혁신의 성과는 비대칭성에 기반한 군사혁신이기에 성과가 더욱 증대된다는 데 주목할 필요가 있다.

현재 미국 국방부 고문이자 대표적인 싱크탱크인 허드슨연구소 산하 중국전략센터 소장인 마이클 필스버리(Micheal Pillsbury)는 20회 이상 중국과의 워게임에 중국을 지휘하는 레드 팀장으로 참가한 경험을 바탕으로 중국과의 전략적 경쟁에서는 비대칭성에 주목해야 한다고 강조한다. 즉, 필스버리는 전통적 군사혁신의

---

**76** 이창형, p. 220.

**77** 일본 방위성, *Defense of Japan 2020 Annual White Paper*, p. 69; 이창형, p. 220에서 재인용.

**78** 설인효, pp. 163-164. 1990년대 이후 중국군은 군사 현대화에 있어 상당한 성과(substantial progress)를 거두었다. 많은 영역에서 1997년 이전과 비교하여 완전히 다른 군대가 되었다. Richard Bitzinger, "Modernising China's Military, 1997-2012," China Prospective 4(2011).

한계와 이를 극복하기 위해 전통적 군사혁신이 비대칭성 창출을 지향할 때 그 한계를 초월할 수 있다고 말한다. "수년 동안 펜타곤은 스무 차례의 유사한 전쟁 게임을 실시했다. 중국 팀이 전통적인 전술과 전략을 사용할 경우에는 미국이 매번 승리했다. 하지만 중국이 살수간 전술(비대칭 전략·전술)을 동원하면, 중국이 승리했다."[79]

최근 실시된 위게임 결과를 통해서도 중국의 비대칭성 기반 군사혁신의 성과에 대해 중간평가를 해볼 수 있다.[80] 지금 대만에서 미·중 전쟁이 발생한다면, "미국이 승리하여 대만을 수호하겠지만 상당한 피해가 난다는 결과"[81]라든지, "2030년 미·중 전쟁 가상 시뮬레이션에서는 중국이 승리하기도 하는 것"[82]은 중국의 군사혁신 성과를 간접적으로 나타내는 객관적인 지표 중 하나라고 볼 수 있다.

시진핑 주석도 이러한 비대칭성 기반의 중국 군사혁신의 결과를 "역사적 성과"로 자평할 정도로 성과를 거두고 있다는 것도 중국의 군사혁신을 평가하는 간접적인 지표로 삼을 수 있을 것이다. 2022년 9월 21일 중국 관영통신 신화사에 따르면, 시 주석은 이날 베이징에서 열린 국방 및 군대개혁 세미나에서 "당 중앙과 중앙군사위원회의 전대미문의 결심과 노력으로 개혁 강군 전략을 전면적으로 실시해 장기적인 국방과 군대 건설을 제약하는 시스템적 장애와 구조적 모순을 해결하는 역사적 성과를 거뒀다"고 말했다. 그는 중국군의 체계와 면모가 새로워졌다고 평가한 것이다.[83]

---

**79** 마이클 필스버리, 한정은 역, 『백년의 마라톤』, 서울: ㈜와이엘씨, 2022, pp. 191-192.

**80** ibid., pp. 191-192.

**81** 대만전쟁 시뮬레이션했더니… "미, 중에 이기지만 피해 커", 「연합뉴스」, 2022.8.10. https://www.yna.co.kr/view/MYH20220810012600038 (검색일: 2023.5.21)

**82** "2030년, 미, 중국과의 전쟁서 패배 … 대만 방어 실패 … 꽘, 지금도 위험" 『아시아투데이』, 2022.5.17. https://www.asiatoday.co.kr/view.php?key=20200517010008362 (검색일: 2023.5.21)

**83** 시진핑 "중국군, 전쟁 준비에 초점 맞춰 개혁·혁신하라", 「연합뉴스」, 2022.9.21. https://www.yna.co.kr/view/AKR20220921170800083?input=1195m(검색일: 2023.5.21)
2019 국방백서에도 중국의 군사혁신을 다음과 같이 평가한다. "신시대 중국 국방 및 군대 건설은 시진핑의 강군 사상과 군사전략 사상을 심층적으로 시행하고 정치건군(政治建軍), 개혁강군(改革强軍),

그러면서 "개혁 성공 경험을 진지하게 정리하고 운용해 새로운 형세와 임무 요구를 파악해야 한다"며 "전쟁 준비에 초점을 맞춰 용감하게 개혁하고 혁신해야 한다"고 강조했다. 아울러 "이미 정해진 개혁 임무를 수행하고 후속 개혁 계획을 강화해 개혁 강군의 새로운 국면을 개척해야 한다"며 "건군 100주년 분투 목표를 실현하기 위해 강력한 동력을 제공해야 한다"고 주문했다.[84]

이러한 비대칭성 기반 군사혁신의 성과에 자신감을 가진 시진핑 주석은 3연임에 성공한 제20차 당대회 정치보고에서 건군 100주년이 되는 2027년까지 세계 일류 군대를 건설하는 것을 목표로 내걸었다. 이를 위해 시 주석은 "군사훈련과 전쟁 준비를 강화하고 강력한 전략억제체제를 구축하며 새로운 영역의 작전역량 비중을 늘려야 한다"고 강조하기도 했다.[85]

이처럼 미·중 전략적 경쟁 속에서 비대칭성 기반의 군사혁신을 성공적으로 추진하고 있는 중국이 한국에 주는 함의는 적지 않다.

제2의 창군 수준으로 「국방혁신 4.0」을 추진하고 있는 한국은 중국처럼 북한의 위협과 함께 주변 4대 강국으로 둘러싸인 전략적 환경 속에서 상대적 약자에게 유리한 비대칭성에 주목할 필요가 있다. 즉, 중국처럼 비대칭성 기반의 군사혁신 개념으로 「국방혁신 4.0」을 추진해서 적의 급소를 찔러 온전한 승리를 추구해 나가야 '적이 감히 싸움을 걸어오지 못하는 강한 군대'[86]로 도약해나갈 수 있을 것이다.

---

과기흥군(科技興軍), 의법치군(依法治軍)의 사상을 견지하며, 전쟁을 치를 수 있고 승리하기 위해 집중함과 동시에 기계화 및 정보화가 서로 융합된 발전을 추진하고 군사 지능화 발전에 박차를 가하며, 중국 특색 현대 군사역량체계를 구축하고 중국 특색 사회주의 군사제도를 보완 및 발전시킴과 동시에 신시대 사명과 임무를 수행하는 능력을 끊임없이 강화했다." 국방정보본부, 『2019년 중국 국방백서 신시대의 중국국방(新時代的中國國防)』, 서울: 국군인쇄창 재경지원반, 2019, p. 11.

84  시진핑 "중국군, 전쟁 준비에 초점 맞춰 개혁·혁신하라", 「연합뉴스」, 2022.9.21. https://www.yna.co.kr/view/AKR20220921170800083?input=1195m(검색일: 2023.5.23)

85  "핵·미사일 부대 3년새 33% 늘렸다 … 시진핑이 벼르는 타깃", 『중앙일보』, 2022.10.31. https://www.joongang.co.kr/article/25113563(검색일: 2022.5.21)

86  "尹대통령, 軍, 제2의 창군 수준 변화해야 … 싸워 이기는 강군으로", 『머니투데이』, 2023.5.11. https://news.mt.co.kr/mtview.php?no=2023051111264048716(검색일: 2023.5.23)

이를 위해 반드시 실현해야 할 필요조건 다섯 가지를 제시하며 논의를 마무리하고자 한다.

첫째, 존 미어샤이머가 지적했듯이 세계에서 최악의 지정학적 위치에 있는 한국군[87]은 북한과 주변국의 핵심 취약점인 급소를 찌를 수 있도록 첨단기술 기반의 질적 군사력 건설에 매진하여 수단의 비대칭성을 극대화해야 한다. IT 강국 한국은 이제 지정학(地政學)의 시대가 아니라 기정학(技政學)의 시대가 도래했다는 미래학자들의 분석에서 희망을 찾을 수 있기 때문이다.[88] 기정학의 시대를 주도할 질적 비대칭 전력에 기반한 첨단과학기술군으로 도약한다면, 북한의 실체적 위협 뿐 아니라 주변국의 잠재적 위협에 동시 대응할 수 있는 실질적인 역량을 갖출 수 있을 것이다.

둘째, 세계에서 머리가 가장 좋은 나라 중 하나인 한국의 군대가 주체의 비대칭성 극대화를 위해 국가급 인재를 활용할 수 있길 기대한다. 한국은 그 어떤 나라보다 각 분야의 인재가 많다. 특히 4차 산업혁명 시대에 걸맞은 과학기술 인재가 도처(到處)에 있다. 미래학자들이 주장하듯, 미래 전쟁이 무인체계 중심의 전장으로 변화할지라도 결국 그 전투체계를 운용하는 인간(human factor)이 전쟁의 승패를 좌우하기 때문에 한국군에 인재의 활용 및 육성은 그 무엇보다 중요하다. 앞으로 한국군이 미래 전략 리더십[89]을 갖춘 과학기술 분야 국가 엘리트들을 군에서

---

**87** "한국, 폴란드처럼 지정학 위치 최악 … 미·중 갈등 대비를", 『중앙일보』, 2011.10.10. https://www.joongang.co.kr/article/6377491#home (검색일: 2023.5.21)

**88** 미래학자 이광형 KAIST 총장은 『카이스트 미래전략 2023』의 추천사에서 "국가 간의 지정학적(Geo-political) 관점에서 기정학적(Techno-political) 관점으로 전환되었다고 할 만합니다. 특히, 우리나라는 심화하는 미국과 중국 간의 기술 패권경쟁의 한가운데 서 있습니다. 반도체, 배터리, 그리고 통신 분야에서 세계적 기술력을 자랑하는 우리나라이지만, 이들 분야의 첨단기술력을 놓치지 말아야 하고 기술 주권의 중요성도 되새겨야 하는 이유입니다. 현재의 국가전략 기술로 평가되고 있는 반도체나 배터리를 넘어선 미래의 국가전략 기술 확보에 대한 선제적 고민과 대응이 더 필요한 이유이기도 합니다"라고 기정학 시대 도래를 강조한다. KAIST 문술미래전략대학원 미래전략연구센터, 『카이스트 미래전략 2023: 기정학(技政學)의 시대, 누가 21세기 기술 패권을 차지할 것인가?』, 경기 파주: 김영사, 2022, pp. 10-11; "미래는 지정학 아닌 기정학의 시대", 『중앙일보』, 2021.10.14. https://www.joongang.co.kr/article/25014679#home(검색일: 2023.5.21)

**89** "미래 전략 리더십 중요. 문명적 대변혁에 따른 리더십도 필요하다. 첫째, 모든 조직의 리더는 미래에

활용할 수 있는 시스템을 정착시켜 적극적으로 활용하여 주체의 비대칭성을 극대화할 때, 비대칭성 기반의 군사혁신의 완전성은 더욱 높아질 것으로 확신한다. 특히 디지털 대전환 시대를 맞이하여 수립된 '대한민국 디지털 전략'[90]을 감안할 때, 디지털 역량(Digital Intelligence Quotient 디지털 지능)[91]을 갖춘 인재 육성이 시급한 국가 차원의 과제임에 틀림없다.

셋째, 한국군은 평시부터 인지의 비대칭성 확보를 위해 인지전 수행 능력을 극대화하기 위한 다양한 대책을 강구하고 훈련을 거듭해야 한다. 군 차원뿐 아니라 국가 차원에서 인지전을 어떻게 수행해야 할지에 대한 종합적인 대책 수립 및 시행이 시급하다. 이를 기초로 종합적이고 체계적으로 준비해나가야 한다. 또한 각종 보안대책과 상충하지 않는 범위 내에서 군에서도 페이스북, 유튜브, 트위터 등 각종 SNS를 어떻게 활성화할 것인지에 대한 고민이 필요하다.

또한 북한은 자유민주주의 국가의 중심인 여론을 공략하여 반전 여론을 조성

---

펼쳐질 급속한 변화를 예측해 이에 대응하는 미래 전략을 입안하고 실천하는 '미래예측 전략' 리더십이 중요해진다. 미래 변화에 대응해 위기를 극복하고 기회를 만들어 갈 수 있어야 한다. 이로 인해 미래 예측과 미래 전략을 연구하는 미래학에 대한 이해가 리더십의 필수 역량이 될 것이다. 둘째, 휴머니즘이 강화되므로 스스로 정직과 고귀한 가치 실현을 솔선수범하며 조직원 역량을 최대한 발휘하게 하고 함께 소통하고 협력해 최대한 성과를 도출하기 위한 '공감 소통' 리더십이 중요해진다. 즉, 포스트 코로나의 문명적 대변혁으로 AI 메타버스 시대가 도래함에 따라 급속한 변화에 대응할 수 있는 미래 예측 전략 리더십과 힘을 모아 변화를 기회로 만들어갈 수 있는 공감 소통 리더십이 필요한 시대다." https://www.etnews.com/20220701000021(검색일: 2023.5.21)

**90** 과기정통부는 대통령이 주재한 제8차 비상경제민생회의(2022.9.28)에서 범정부 '대한민국 디지털 전략'을 발표했다. 디지털 전략에는 "다시 도약하고, 함께 잘사는 디지털 경제 구현"을 전략의 목표로 하고, ① 세계 최고의 인공지능 경쟁력 확보, ② 디지털 신산업 육성 및 규제혁신, ③ 디지털 보편권 확립, ④ 디지털 경제사회 기본법제 마련, ⑤ 민간이 주도하는 디지털 혁신문화 조성을 주요 추진과제로 수립했다. 디지털 전략을 통해 우리나라는 2027년 세계 3대 인공지능 강국 및 글로벌 3위권의 디지털 경쟁력(IMD)을 보유한 국가로 도약하고, 국내 데이터 시장은 지금보다 2배 이상 커진 50조 원, 디지털 유니콘 기업도 100개 이상(2022년 23개) 육성할 수 있을 것으로 기대하고 있다. 과기정통부, "『대한민국 디지털 전략』 수립 보고", 국무회의 구두보고 자료(2022.10.5).

**91** 디지털 지능(Digital Intelligence Quotient)은 윤리적으로 디지털 기술을 이해하고 이용하는 능력이며, 테크니컬 스킬과 디지털 시민윤리, 두 가지를 통합하는 능력이다. [김지수의 인터스텔라] "기술이 아이를 공격한다 … IQ보다 DQ 디지털 지능 키워야", 『조선일보』, 2022.5.14. https://biz.chosun.com/notice/interstellar/2022/05/14/EOU2TYULSRFEROP33BADJCXLAI/(검색일: 2023.5.21)

하고 한미동맹을 이간질하는 정치전 기반 인지전을 전개해왔다는 데 주목하고, 이에 대한 대비책도 병행해서 강구해야 한다. 이러한 북한의 정치전 기반 인지전은 한반도 문제에서 미국이 손을 떼도록 하는 데 목적을 둔다. 미군이 철수한 상태, 또는 적어도 미군의 추가개입이 없는 남북 간 양자 대결이라면 북한이 해볼 만한 도박이라고 판단할 수 있다.[92]

넷째, 전략·전술의 비대칭성을 극대화하기 위해 현실주의에 기반한 한국적 군사사상에 기반하여,[93] 한반도 작전전구(KTO) 환경에 부합하는 '한국판 비대칭 공세 전략' 개발을 강조하고자 한다. 한국판 비대칭 공세 전략은 적들의 급소를 찾아 한국군의 강점으로 급소를 찔러 적들이 감히 도전할 수 없도록 하는 비대칭 공세 전략이어야 한다.[94] 우리가 첨단과학기술에 기반한 예측 불가능한 비대칭 전략을 구사한다면 적과 전략의 비대칭성을 극대화할 수 있을 것이다.[95]

전술(前述)한 것처럼, 이것은 분명히 지정학 시대에는 최악의 상황인지 몰라도 기정학 시대의 전략 국가로 성장할 수 있는 한국에는 기회의 창이 될 수 있을 것이다. 질적 첨단 비대칭 전력에 기초하여 한반도라는 전략적 내선의 이점을 극대화할 독창적인 한국판 비대칭 공세 전략을 구사한다면 충분한 기회로 활용할 수 있기 때문이다. 기정학 시대의 전략 국가로서의 위상에 걸맞게 다음 두 가지 가정을 기초로 전략이 수립된다면, 그 실효성은 더욱 증대될 것이다. ① 우선, 첨

---

**92**  김태현, 「북한의 공세적 군사전략: 지속과 변화」, 『국방정책연구』 33(1), 2017, p. 153.

**93**  현실주의에 기반한 한국적 군사 사상에 대해서는 다음 책을 참고했다. 박창희, 『한국의 군사사상: 전통의 단절과 근대성의 왜곡』, 서울: 도서출판 플래닛미디어, 2020.

**94**  홍규덕은 한국판 비대칭 전략을 갖추기 위해 "첨단 무기의 획득에만 의존하기보다는 북한의 급소를 찾고, 그들이 감히 도전할 수 없도록 공세적 전략을 찾아야 하며, 한국판 상쇄전략을 마련하거나 우리만의 특성을 최대한 살린 억제정책을 확보하는 노력이 그 어느 때보다 필요하다"고 강조한다. 홍규덕(2019), p. 219.

**95**  김대식 KAIST 교수는 "초대형 전략 시뮬레이션, 인공지능, 게임 이론으로 무장한 우리의 미래 안보 전략은 그들에게 더욱 예측 불가능해져야 한다"고 강조하며 첨단과학기술에 기반한 예측 불가능한 비대칭 전략을 주문한다. [김대식의 브레인 스토리] [196] "우리도 예측 불가능해져야 한다", 『조선일보』 2016.7.14. http://premium.chosun.com/site/data/html_dir/2016/07/14/2016071400562.html(검색일: 2023.5.21)

단과학기술군으로 도약적 변혁에 성공하여 과거와 달리 적의 중심에 '순차적으로 접근'하는 것이 아니라 지상, 해양, 공중, 우주, 사이버, 인지 영역으로 동시에 접근하여 적 중심을 마비시킬 수 있다. ② 다음으로, 북한의 실체적 위협뿐 아니라 주변국의 잠재적 위협을 동시에 상정한 복합위협에 대해 신속·동시 결전으로 최단 기간 내에 최소 희생, 최대 효과로 온전하게 승리하여 국가를 방위할 수 있다.

이러한 '한국판 비대칭 공세 전략'에 기반하여 전략기반 전력기획[96]이 정상적으로 추진된다면 앞서 설명한 첨단기술 기반 질적 군사력 건설도 좀 더 실효성이 높아질 것이다.

다섯째, 비대칭성 기반의 군사혁신을 추구해나가야 할 한국군 군인들은 군사혁신의 대가(master)로서 연결과 융합의 대가인 세종대왕과 이순신 장군을 본보기(Role Model)로 삼아야 한다. 4차 산업혁명 시대는 연결과 융합이 수시로 발생하기에 연결과 융합의 대가가 더욱 강조되어야 하기 때문이다. 세종대왕과 이순신 장군은 모두 연결과 융합의 대가였다. 세종대왕은 천문(天文), 인문(人文), 지문(地文) 등 다양한 학문을 연결하고 융합하여 과학기술의 르네상스 시대를 이끌었다. 이순신 장군은 기존의 전투용 거북선을 더 효과적인 새로운 돌격선으로 탈바꿈시켰고, 기존의 육상 전술이었던 학익진을 거북선과 연결하여 시너지 효과를 극대화함으로써 연전연승할 수 있었다.[97]

더욱이 연결과 융합은 비대칭성 기반 군사혁신의 메커니즘과 맞닿아 있다. 적의 급소를 찌르기 위해 비대칭성에 집중하면서 수단·주체의 비대칭성, 인지의 비대칭성, 전략·전술의 비대칭성, 시·공간의 비대칭성을 균형 있게 연결하고 융합해야 비로소 전쟁 패러다임의 혁명적 변화를 추구할 수 있기 때문이다. 따라서 4차 산업혁명 시대 비대칭성 기반 군사혁신의 주역이 될 한국군 간부들은 연결과 융합의 대가인 세종대왕과 이순신 장군을 본보기로 삼아 이들을 닮아가고자 부단

---

**96** 전략기반 전력기획에 대해서는 다음 논문을 참고했다. 박창희, 「'전략기반 전력기획'과 한국군의 전력 구조 개편 방안」, 『국방정책연구』 34(2), 2018.

**97** 노병천, 『세종처럼 이순신처럼』, 서울: 밥북, 2022, pp. 87-99.

히 노력해야 한다.

앞서 언급한 다섯 가지를 실현하며 비대칭성 기반 군사혁신의 완전성을 갖추
어나가는 것만큼 중요한 것은 지속적인 군사혁신을 추구해야 한다는 것을 강조하
지 않을 수 없다. 지금까지의 군사혁신 관련 수많은 연구는 지배적인 군사적 우위
가 단시간에 사라질 수 있음을 알려준다.[98] 1918년 당시 가장 발전한 해군 항공부
대였던 영국 해군 항공대가 제2차 세계대전 때는 미국뿐 아니라 일본 해군 항공
대에 뒤처졌던 것이나, 제2차 세계대전 직후 미국의 핵 독점 상태가 곧바로 종료
되었던 게 좋은 예다.[99]

창조적 파괴는 국가의 존재 이유다. 국가가 창조적 파괴를 두려워하여 머뭇
거린다면, 국가는 쇠락할 것이다. 창조적 파괴는 군살을 빼는 일이고, 썩은 살을
도려내고 암을 제거하여 새살을 돋게 하는 과정이다. 그 과정은 인기가 없다. 변
혁적 리더십만이 할 수 있다. 인기 없는 과정을 견뎌야 위대한 나라가 된다.[100] 한
국이 부국강병에 기초한 진정한 선진국[101]이 되기 위해 제2 창군 수준의 군사혁신
개념으로 「국방혁신 4.0」을 단행해야 하는 이유가 여기에 있다. 실패를 두려워하
지 않는 창의적 전문 인재로 구성된 전략적 리더들이 추진하는 「국방혁신 4.0」이
현대판 다윗과 골리앗의 전쟁에서 효과를 검증해주고 있는 수단·주체, 인지, 전
략·전술, 시·공간의 '비대칭성 극대화'에 초점을 두고 추진되길 기대한다.

---

98  제아무리 최상의 전략과 전술, 기술을 보유하고 있더라도 최초의 혁신가들에게 무한한 우위를 제공한
    군사혁명은 지금까지 단 한 차례도 없었다. 경쟁자들은 결국 혁신을 모방하고, 직접 생산하거나 얻을
    수 없는 것들의 효과를 반감시킬 수 있는 전술이나 기술을 개발해내기 마련이다. 맥스 부트, 송대범·
    한태영 역, 『전쟁이 만든 신세계』, 서울: 플래닛미디어, 2008, p. 61.

99  앤드루 크레피네비치·배리 와츠, 이동훈 역, 『제국의 전략가』, 파주: 살림출판사, 2019, p. 332.

100 윤일원, 『부자는 사회주의를 꿈꾼다』, 대구: 도서출판 피서산장, 2022, pp. 270-271.

101 2021년 유엔무역개발회의(UNCTAD)는 만장일치로 한국을 개발도상국에서 선진국으로 격상했다.
    유엔무역개발회의 창설 이래 개발도상국에서 선진국으로 탈바꿈한 최초의 나라로 많은 개도국의 부
    러움을 사고 있다. https://www.etnews.com/20220815000030(검색일: 2023.5.21)

# 참고문헌

## 1. 단행본

고봉준·마틴 반 크레벨드·이근욱·이수형·이장욱·케이틀린 탈매지.『미래 전쟁과 육군력』. 파주: (주)한울엠플러스, 2017.

국방부.『국방비전 2050』. 계룡: 국방출판지원단, 2021.

권태영·박창권.『한국군의 비대칭전략 개념과 접근 방책[국방정책연구보고서(06-01)]』. 서울: 한국전략문제연구소, 2006.

김호성.『중국 국방 혁신』. 서울: 매경출판(주), 2022.

노병천.『세종처럼 이순신처럼』. 서울: 밥북, 2022.

박병광.『중국 인민해방군 현대화에 관한 연구』. 서울: 사단법인 국가안보전략연구원, 2019.

박창희.『한국의 군사사상: 전통의 단절과 근대성의 왜곡』. 서울: 도서출판 플래닛미디어, 2020.

앤드루 크레피네비치·배리 와츠. 이동훈 역.『제국의 전략가』. 파주: 살림출판사, 2019.

육군본부.『육군비전 2050 수정1호』. 계룡: 국방출판지원단, 2022.

이상국.『중국의 지능화 전쟁 대비 실태와 시사점』. 한국국방연구원 연구보고서, 2019.

이창형.『중국 인민해방군』. 홍천: GDC Media, 2021.

차오량(喬良)·왕샹수이(王湘穗). 이정곤 역.『초한전(超限戰)』. 서울: 교우미디어, 2021.

캐리 거샤넥. 이창형·임다빈 역.『중국은 지금도 전쟁을 하고 있다』. 홍천: GDC미디어, 2021.

KAIST 문술미래전략대학원.『카이스트 미래전략 2023: 기정학(技政學)의 시대, 누가 21세기 기술 패권을 차지할 것인가?』. 파주: 김영사, 2022.


## 2. 논문

김성우.「비대칭전 주요 사례 연구」.『융합보안 논문지』16(6), 2016.

김태현.「2022년 남북 군사관계의 전망과 정책적 고려사항」.『KDI 북한경제리뷰』2022년 2월호.

_____.「북한의 공세적 군사전략: 지속과 변화」.『국방정책연구』33(1), 2017.

박창희.「비대칭 전략에 관한 이론적 고찰」.『국방정책연구』24(1), 2008.

_____. "중국 인민해방군의 군사혁신(RMA)과 군현대화".『국방연구』50(1), 2007.

신치범.「비대칭성 창출 기반의 군사력 건설 관점에서 본 러시아 우크라이나 전쟁: 1단계 작전(개전~D+40일)을 중심으로」.『한국군사학논총』11(2), 2022.

차정미.「4차 산업혁명시대 중국의 군사혁신 연구: 군사 지능화와 군민융합(CMI) 강화를 중심으로」.『국가안보와 전략』20(1), 2020.

_____.「시진핑 시대 중국의 군사혁신 연구: 육군의 군사혁신 전략을 중심으로」.『국제정치논총』61(1), 2021.

## 3. 영어권 논문

Bruce W. Bennet, Christopher P. Twomey, and Gregory F. Treverton, What Are Asymmetric Strategies?, Santa Monica, CA: RAND, 1999.

Ivan Arreguin-Toft, "How the Weak Win Wars: A Theory of Asymmetric Conflict", International Security, Vol. 26, No. 1, 2001.

Jacqueline Newmyer, "The Revolution in Military Affairs with Chinese Characteristics", The Journal of Strategic Studies 33-4(August 2010).

Jagannath P. Panda, "Debating China's 'RMA-Driven Military Modernization': Implication for India", Strategic Analysis, Volume 33, 2009-Issue 2.

Vincent J. Goulding, Jr., "Back to the Future with Asymmetric Warfare", Parameters, Winter 2000-2001.

제3부

# 첨단 군사력 건설을 위한
# 국방전력체계 혁신

# 제7장
# 국방기획관리체계 개선을 위한
# 임무공학 적용방안

이상승

## 1. 서론

4차 산업혁명 시대라고 일컬어지는 현재의 과학기술과 이를 활용한 첨단 무기체계의 발전 속도는 예전과 비교할 수 없을 정도로 빠르게 진행되고 있다. 4차 산업혁명의 개념을 처음으로 제시한 클라우스 슈밥(Klaus Schwab)은 급격한 과학기술의 발전으로 인해 안보 위협의 성격 및 위협양상이 더욱 급변하고 다양해질 것으로 예측하며, 신기술을 적용한 기존의 무기체계와 완전히 다른 새로운 무기체계의 출현을 예상했다.[1] 클라우스 슈밥의 예측대로 세계 안보 정세는 미·중 전략적 경쟁, 우크라이나-러시아 전쟁 등으로 급변하고 있으며, 미·중 전략적 경쟁이 경제를 넘어 기술 영역으로까지 확대되고 있는 것을 볼 때 신기술의 중요성이 더욱 부각되고 있다.

이에 따라 미국은 국방혁신단(DIU: Defense Innovation Unit) 등의 조직을 활용하여 미래 첨단기술 확보와 민간 기술의 신속한 도입을 위한 다양한 채널을 구축하

---

**1**  클라우스 슈밥, 『4차 산업혁명』, 서울: 메가스터디, 2016, pp. 133-140.

231

고 있다. 중국은 군 현대화를 추구하는 가운데 인공지능, 드론, 우주 등 4차 산업혁명 핵심기술을 기반으로 한 첨단 무기체계를 개발하는 데 집중하고 있으며, 이스라엘은 국방연구개발국(Direct of Defense Research & Development)을 중심으로 핵심기술을 개발하고 이를 통해 세계 최고의 첨단무기를 개발하고 있다. 이와 같이 미국, 중국 등 군사 강대국들은 미래 전장의 변화에 대응하기 위해 과감한 국방혁신 정책을 추진하고 있는데, 군이 중심이 되어 연구를 수행하고 있으며, 첨단 과학기술을 신속하게 군에 접목하여 전장에서 우위를 차지하고자 노력하고 있다.

미국의 국방수권법(NDAA: National Defense Authorization Act, 2017) 제855조에서는 미 국방부에 획득, 공학 및 작전 공동체 내의 핵심활동으로 임무통합관리(MIM: Mission Integration Management) 활동을 설정하도록 지시했고, 이후 미 국방부는 '임무공학'을 2019년부터 공식적으로 적용하기 시작했다. 세계 최강의 군사력을 보유한 미국도 기존 체계에 임무 효과의 분석과 연구를 통해 과학적이고 체계적인 접근방법을 새롭게 발전시키고 있으며, 국방 분야에 임무공학을 활발히 적용하고 있다. 대표적인 사례로 미 육군은 중국의 반접근·지역거부(A2/AD: Anti-Access/Area Denial) 전략에 대응하기 위해 다영역작전(MDO: Multi-Domain Operations) 개념을 개발했고, 다영역작전을 수행할 수 있는 군으로의 변혁을 목표로 여섯 가지 현대화 전력 우선 사업(Six Modernization Priorities)을 선정하고 이에 필요한 무기체계를 조기에 전력화하기 위해 노력하고 있다.

미국이 추구하는 국방개혁 노력은 그동안 미국의 국방기획관리체계와 획득 제도를 벤치마킹하여 한국의 실정에 적용해온 우리나라에도 시사하는 바 크다. 미국의 국방기획관리 제도를 도입하여 사용하고 있는 우리나라는 여러 면에서 미국과 유사점이 많다. 이는 미국이 임무공학을 통해 체계적이고 신속하게 군 전력을 증강해나간다는 점에서 우리나라 역시 임무공학의 가능한 분야를 식별하여 적용할 필요가 있다.

따라서 이 연구의 목적은 한국이 미·중의 전략적 경쟁의 한복판에 있고, 북한이 첨단과학기술을 적용한 신무기를 전력화하고 있는 현 안보환경과 위협에 즉응하기 위해 미국과 같이 기존 국방기획관리체계에 임무공학을 적용하여 개념구현에 필요한 소요전력이 신속히 획득되도록 한국의 기존 국방기획관리체계를 개선하기 위한 방안을 제시하는 데 있다.

연구방법은 문헌연구와 사례분석 방법을 적용했다. 임무공학은 현재와 미래의 임무 영역을 포함하여 임무 달성 유무를 과학적이고 객관적으로 증명하는 방법론이다. 이 연구에서는 새로운 전략환경에 즉응할 수 있는 첨단 전력과 기존 프로세스를 어떻게 보강하여 효율적으로 개선할 것인가에 초점을 두었다. 따라서 우리 군의 기존 국방기획관체계를 완전히 새롭게 변경하는 것은 아니고 한국의 실정을 고려하여 당장 적용이 가능한 소요기획과 신속 획득 분야를 중심으로 개선 방안을 제시했다.

## 2. 이론적 고찰

### 1) 미국과 한국의 국방기획관리체계 비교

미군의 소요기획체계는 제2차 세계대전이 끝난 1945년부터 소련이 붕괴된 1991년까지 위협기반 접근방법에 근거하여 소요기획 하던 것을 2003년 이후부터는 능력기반 접근방법을 시행 중에 있다. 2001년 9.11테러는 미국에 새로운 위협으로 등장했고, 미군의 관심은 거의 20년 동안 중동에 집중되었다. 이 기간 동안 중국과 러시아는 4차 산업혁명을 활용하여 군사력 강화에 노력한 반면, 미군의 지상무기체계는 1970~1980년대 설계 및 생산된 이후 큰 변화 없이 정체되어 있었다. 이를 극복하기 위해 미 국방부는 2020년 중간단계획득(MTA)을 포함한 적응형 국방획득모델(AAF)을 발표하며 획득 절차의 유연성과 간소화를 추구하고 있다.

우리나라의 경우, 국방기획관리체계의 많은 부분에서 미국의 제도를 벤치마킹하여 적용 중이다. 최근 과학기술을 통해 무기체계의 첨단화를 추진 중인 북한 이라는 직접적인 위협, 미·중 전략적 경쟁의 한가운데 위치한 현실, 한반도 주변 강대국 등 미래 안보 상황이 불확실하다. 우리 군은 이러한 상황 속에서 국가안보 를 보장하기 위한 군사전략과 작전 개념을 발전시키고 있으며, 이러한 개념 구현 을 위해 능력기반의 소요기획체계로 발전하고 있다. 또한 소요전력의 적기 획득 을 위해 미국의 신속 획득제도와 유사한 신속시범획득사업, 신속연구개발사업 등 신속 획득제도를 시행 중에 있다.

미국과 한국이 동일한 환경은 아니지만 군의 국방기획관리체계 운용 방식과 개선 방향은 여러 면에서 유사한 점이 많다. 최근 미 국방부는 기술혁신과 임무를 강조하고 있는데, 그 중심은 임무공학(Mission Engineering)이 기반이 되고 있다. 미 군은 현재의 능력과 미래에 필요한 능력의 격차를 줄이기 위해 민간 기술을 신속 하게 접목하여 획득으로 전환하려고 노력하고 있다. 미군은 신속 획득을 위한 제 도 개선뿐만 아니라 의사결정 단계가 신속히 이뤄지도록 강조하고 있다. 대표적 인 사례로, 미 국방부 연구공학차관실[OUSD(R&E)]은 임무공학 방법론을 적용하 여 산출된 분석 결과를 의사결정권자에게 제공하여 의사결정을 지원하도록 강조 하고 있다. 이러한 점은 우리 군에도 시사하는 바 크다. 미군의 제도를 도입하여 발전시켜온 우리 군의 국방기획관리체계는 기본이 되는 틀이 전반적으로 유사하 다. 이는 우리 군의 국방기획관리체계에도 임무공학 방법론의 적용이 가능하다는 것이다. 이를 위해 미 국방부에서 강조하는 임무공학의 개념과 방법론 등에 대해 면밀히 분석하여 적용 가용한 범위를 식별하고 적용해보려는 혁신이 필요하다.

### 2) 임무공학(Mission Engineering)

임무공학에 대한 개념과 방법론은 미 국방부 연구공학차관실에서 발간한

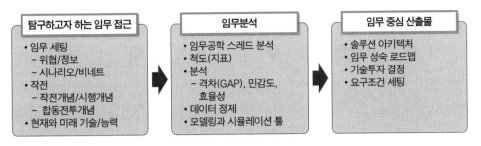

| 탐구하고자 하는 임무 접근 | 임무분석 | 임무 중심 산출물 |
|---|---|---|
| • 임무 세팅<br> – 위협/정보<br> – 시나리오/비네트<br>• 작전<br> – 작전개념/시행개념<br> – 합동전투개념<br>• 현재와 미래 기술/능력 | • 임무공학 스레드 분석<br>• 척도(지표)<br>• 분석<br> – 격차(GAP), 민감도,<br>   효율성<br>• 데이터 정제<br>• 모델링과 시뮬레이션 툴 | • 솔루션 아키텍처<br>• 임무 성숙 로드맵<br>• 기술투자 결정<br>• 요구조건 세팅 |

〈그림 7-1〉 임무공학 개념

출처: 황승현 외, 「임무공학을 적용한 운용요구서 작성방안」, 한국군사과학기술학회 추계학술대회, 2023.

『Mission Engineering Guide』(2020) [2]와 『임무공학 안내서』(2022) [3]를 참고하여 작성했다.

미 국방부의 2018년 의회 보고서와 국방획득 가이드북(DAG: Defense Acquisition Guidebook)에서는 임무공학을 요망하는 전투수행 임무 효과를 달성하기 위해 현재와 신규 작전 및 시스템 능력을 정교하게 계획, 분석, 조직 및 통합하는 것으로 정의하고 있다. 〈그림 7-1〉과 같이 임무공학은 탐구하고자 하는 임무에 접근하고 임무 분석을 수행한 후 임무 중심의 산출물을 얻을 수 있다. 구체적으로 임무공학은 참조임무(Reference Mission)를 달성하고, 임무 능력 격차를 좁히기 위해 개발, 시제, 실험과 복합시스템을 지원하여 향상된 능력, 기술, 시스템 상호의존성 및 아키텍처를 식별하는 데 공학적 결과를 제공하는 하향식(Top-Down) 접근법이다. 임무공학은 작전 임무 상황에서 체계와 복합시스템을 사용하여 전투원의 임무 요구를 해결하기 위한 능력과 기술을 제시함으로써 이해관계자에게 일을 올바르게 수행하는 것뿐만 아니라 올바른 일을 수행하도록 알려준다.

임무공학은 임무의 구성요소를 분해하고 분석하는 분석적 데이터 기반의 접근법이다. 임무공학 분석은 질문과 주어진 시나리오 및 관련 상황에 대한 이해 수

---

**2**    U. S. DoD Office of the Under Secretary of Defense for Research and Engineering, *Mission Engineering Guide* (2020)

**3**    U. S. DoD(2020), 황승현 역, 『임무공학 안내서』, 대전: 합동군사대학교, 2022.

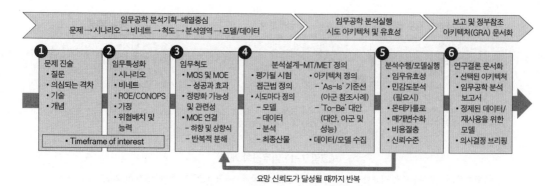

<그림 7-2> 임무공학의 접근법과 방법론

출처: 황승현 역, 『임무공학 안내서』, 대전: 합동군사대학교, 2022.

준을 바탕으로 미래 군사작전에서 '가치(Value)'를 산출할 수 있는 새로운 개념, 체계, 기술 또는 전술을 가설화(Hypothesize)할 수 있다. 그런 다음 임무공학 실무자는 각 대안 사례에 대한 임무를 완료하기 위한 기준선 접근법(Baseline Approach)을 측정하고 비교하는 분석 실험을 설계한다.

임무공학의 절차는 <그림 7-2>와 같이 문제진술(Problem Statement), 임무 특성화, 임무척도, 분석설계, 분석수행, 연구결론 문서화로 진행된다.

첫 번째 단계는 문제진술로 핵심질문을 식별하는 것이다. 분석이 올바르게 설계되었는지 확인하려면, 목적을 분명히 하고 답변할 관심질문을 개발하여 임무공학 연구를 시작하는 것이 필수다. 이 정보는 이해관계자 식별, 적절한 데이터 및 모델 수집, 의미 있고 측정 가능한 평가척도 식별과 같이 임무공학 분석 전반에 걸쳐 다른 요소에 작동하기 때문에 중요하다. 질문을 개발할 때는 정확히 무엇을 알아내고자 하는가? 무엇을 배우고 싶은가? 어떤 결정을 찾고 있는가? 등을 고려해야 한다.

두 번째 단계는 임무 특성화로 임무를 정의하고 조사할 문제 분석의 입력으로 사용될 적절한 작전 임무 상황과 가정을 제공한다. 문제진술은 조사하고자 하는 것을 설명하는 반면, 임무 특성화는 작전환경 같은 진입조건과 경계, 특정임무에 대한 지휘관이 요망하는 의도 또는 목표 모두를 기술한다. 임무공학 분석이 효

제3부 첨단 군사력 건설을 위한 국방전력체계 혁신

과적이려면, 임무 정의는 모든 대안 접근법에서 동일해야 한다. 임무 정의는 일단 설정되면 분석 전반에 걸쳐 변경되어서는 안 되며 임무공학 방법으로부터 얻어진 모든 결과물에 포함되어야 한다.

세 번째 단계는 임무척도(성공척도 및 효과척도)를 식별하는 것이다. 평가척도는 임무 또는 시스템의 성과를 평가, 비교 및 추적하는 데 일반적으로 사용되는 정략적 평가의 척도들이다. 측정 가능한 산물은 지휘관이 무엇이 작동하는지 아닌지를 판단하고 임무를 더 잘 수행하는 방법에 대한 통찰력을 제공하는 데 도움을 준다. 임무공학을 적용하기 위해서는 임무 가능 활동 구성요소의 완전성과 유효성(Efficacy)을 평가하는 데 사용할 수 있는 잘 정립된 평가척도 세트를 식별해야 한다. 임무척도는 임무 수행에 있어 각각의 대안 접근법을 평가하는 데 사용되는 기준을 나타낸다.

네 번째 단계는 분석의 설계다. 가장 간단한 형태의 임무공학 분석은 현재 또는 미래의 임무에서 사용되는 작전환경, 위협, 과업과 능력, 시스템 간의 상호작용을 조사하여 임무를 평가하는 것이다.

다섯 번째 단계는 분석수행이다. 임무공학 분석으로 데이터와 모델을 사용한다. 분석을 통해 산출된 결과물은 임무 능력 격차를 식별할 수 있고, 미래 전투에서 싸울 수 있는 새로운 능력과 새로운 방법에 투자 결정을 알려주는 평가척도를 제공한다. 임무공학의 마지막 단계는 연구 결론을 문서화하는 것이다. 임무공학 산출물과 부산물은 임무 능력 격차를 식별 및 정량화하며, 미래 임무 요구를 충족하기 위한 기술 해결책에 관심을 집중하는 데 도움을 준다. 또한 요구조건과 시제 및 획득 정보를 제공하고, 능력 포트폴리오 관리를 지원한다.

임무공학의 적용이 가능할 것으로 판단되는 영역으로는 첫째, 소요기획 단계에서 운용요구서 작성에 적용할 수 있다. 운용요구서에서 소요의 필요성과 운용개념, 요구성능 등을 작성하게 되는데, 국방기획관리체계 첫 단계부터 소요가 올바르게 가도록 임무공학 적용이 필요하다. 임무공학에서 제공하는 요구성능의 정량적 데이터는 우리 군에서 작전운용 성능을 설정하는 데 활용될 수 있다. 특히 미래의 불확실한 작전환경에서는 미래에 필요한 능력과 그 성능을 예측하기 어려운데, 임무공학은 능력 구현에 유용한 정보를 제공할 수 있다. 둘째, 정량화된 요구성능의 자료는 의사결심을 보조하여 획득 기간을 단축하는 데 기여할 수 있다. 미 국방부에서 임무공학에 기반하여 신속한 획득을 추진하듯이 우리 군 역시 획득 단계에서 임무공학 적용이 가능할 것으로 판단된다. 임무에 중심을 두고 국방 현대화를 추진하는 미 국방부의 임무공학 방법론을 벤치마킹함으로써 우리의 국방기획관리체계에 참고할 내용을 받아들여 국방 소요기획 및 획득 분야의 발전에 기여할 수 있을 것이다.

## 3. 임무공학 방법론을 적용한 주요 사례 분석

2022년 11월 국방산업협회(NDIA: National Defense Industrial Association) 시스템 및 임무공학 콘퍼런스에서 미 국방부 연구공학차관실(OUSD(R&E): Office Under Secretary of Defense for Research and Engineering)의 로만(Roman)과 다만(Dahmann)은 '미 국방부 신속국방실험(RDER)[4] 임무공학 분석'에 대해 발표했다.

로만이 발표한 자료에는 〈그림 7-3〉과 같이 미 국방부 연구공학차관실에서 2019년부터 2022년까지 임무공학을 적용한 연구사례를 제시했는데, 연구사례 중 관련 자료의 수집이 용이한 2019년 '신속정밀타격(Rapid Precision Strike)'과 2021년 '위치·항법·시간(PNT: Position, Navigation, and Timing)', 2022년 '신속국방실험(RDER) 임무공학 분석'을 고려했다. 신속정밀타격의 경우 미 육군의 현대화 사업과 관련이 있으며, 위치·항법·시간(PNT)의 경우 미 육군 우주작전과 연계된

---

**4** RDER(Rapid Defense Experimentation Reserve)은 시제품 제작과 실험에 중점을 두고 현대화를 신속하게 달성하기 위한 구체적인 계획을 의미하는 것으로, 미국에서는 '레이더(Raider)'라고 부른다. Grace Dille, "DoD Looks to Accelerate its Rapid Defense Experimentation Reserve." https://www.meritalk.com/articles/dod-looks-to-accelerate-its-rapid-defense-experimentation-reserve/(검색일: 2023.12.18)

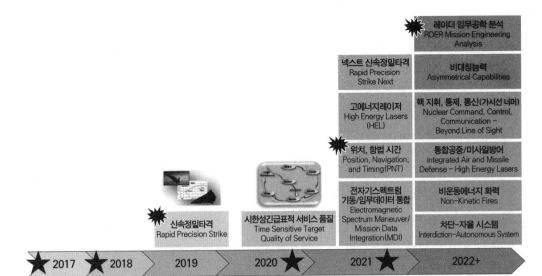

〈그림 7-3〉미 국방부의 임무공학을 적용한 연구사례

출처: Elmer Roman, Judith Dahmann, "Applying Mission Engineering to the U.S. Department of Defense Rapid Defense Experimentation Reserve," National Defense Industrial Association Systems and Mission Engineering Conference, 2022. p. 3. 연구자가 재구성.

다. 따라서 임무공학 방법론을 적용한 주요 사례로 '미 육군 현대화 사업', '미 육군 우주작전', '미 국방부 신속국방실험(RDER)' 등 3개를 제시했다.

## 1) 미 육군 현대화 사업

미 육군은 미래 전쟁에 선제적으로 대응하고자 2019년 '미 육군 현대화 전략(Army Modernization Strategy)'[5]을 발표했다. 미 육군은 2035년까지 다영역작전 수행 능력을 갖춘 육군으로 변화하기 위한 계획을 제시했고, 이를 구현하기 위해 여섯 가지 우선사업(Six Priorities)을 통해 체계적으로 준비하고 있다. 미 육군에 현 시기는 미래의 전쟁을 준비하는 기간으로 다영역작전 개념을 수행하는 데 필요한 능

---

**5** 미 육군은 2018년 중국의 반접근·지역거부 전략에 대응하는 작전 개념으로 다영역작전을 발표했다. 미 육군 현대화 전략은 다영역작전에서 요구되는 능력을 구비하기 위한 전략이다.

력을 단기간 내에 구비하여 경쟁국보다 우위를 달성하려는 것이다.[6] 미 육군 교육 사령부 팸플릿 『다영역작전(MDO: Multi-Domain Operations)』을 통해 임무공학 방법론 중 문제 제기와 임무 특성화 단계의 내용을 분석할 수 있었다.

미 육군의 현대화 사업에 관한 공개된 자료를 통해 임무공학 방법론 적용을 부분적으로 분석하는 것이 가능했다. 임무공학의 6단계 절차 중 임무척도, 분석설계, 분석수행은 자료 획득이 어려워 분석이 제한되었으며, 분석이 가능한 단계인 문제진술과 임무 특성화 그리고 연구결론 문서화 부분에 대해 분석을 진행했다.

문제진술에서는 중국의 급성장에 따른 위협, 반접근·지역거부(A2/AD) 전략에 대응하기 위한 미 육군의 다영역작전 개념이 고려되었다. 임무 특성화에서는 다영역작전 수행 개념, 임무 기준선 및 가정을, 연구 결론 문서화에서는 다영역작전 수행에 필요한 핵심요구 능력과 필요한 전력을 신속하게 획득하는 것으로 연계하기 위한 6대 현대화 전력 우선순위 및 중점사업 선정(대상 무기체계 선정)이 고려되었다.

### 2) 미 육군 우주작전

미국은 우주개발이 시작된 1950년대 후반까지 러시아와 더불어 우주 강대국으로서의 위치를 차지해왔으며, 특히 1990년대 러시아의 경제침체기 동안 우주 영역에서 독보적인 주도권을 누려왔다. 그러나 2000년대 후반 이후 중국과 러시아가 경제성장을 기반으로 우주 역량 강화에 집중하면서 새로운 우주경쟁 시대를 맞이하게 되었다.[7]

중국, 러시아 등 우주 강대국과의 우주경쟁 속에서 미국은 우주 영역의 주도권을 유지하기 위해 꾸준한 노력을 추진해왔으나, 이전 추진방식과 다른 변화를

---

**6**   이상승, 『다영역작전에서 지상기반 레이건 운용개념 연구』, 계룡: 육군미래혁신연구센터, 2020, p. 11.

**7**   손인근, 『미래 합동우주작전 수행개념과 육군의 역할』, 계룡: 육군미래혁신연구센터, 2020, p. 31.

요구받고 있다. 미국의 우주 관련 주요 정책 변화를 살펴보면 2018년 3월 트럼프 대통령은 '국가우주전략(National Space Strategy)'을 발표하면서 우주 영역을 강조했고, 그다음 해인 2019년 2월 미 정부는 4차 우주정책 지침(Space Policy Directive 4)을 발표하며 우주군의 창설과 필요성, 예산지침을 제시하기에 이른다. 2019년 12월 20일 트럼프 대통령은 국방수권법에 서명함으로써 공식적으로 우주군을 창설했으며, 우주 역량 강화의 필요성을 강조했다.

이러한 작전환경의 변화와 시대적 요구로 미국은 2019년 우주군(Space force)과 우주사령부(U.S. Space Command)를 창설했는데, 이는 미 국방우주작전 분야의 획기적인 변화였다. 하지만 창설 당시 완전한 임무수행 체계가 정립된 것은 아니었다.

우주 임무와 관련해서는 미 항공우주국(NASA)에서 임무공학 방법론을 오랫동안 사용해오고 있다. 미 항공우주국은 전체적인 관점에서 임무 설계와 기술에 중심을 둔 '설계 기반 접근방식'을 추구하고 있다. 미 국방부는 최근에 모든 분야에서 임무공학을 활용하기 시작했고, 우주 분야도 그 대상이다. 다만 신기술 등 새로운 환경변화 요소를 고려하여 기존 플랫폼에 적용 가능성 또는 새로운 체계개발의 필요성 등에 초점을 둔 '관리 중심 접근방식'을 추구한다는 점에서 NASA의 접근방식과 차이가 있다. 이렇게 볼 때 미 육군 우주작전은 우주 임무를 식별하고 임무 구현에 필요한 능력을 도출하는 관리 중심의 임무공학 방법이 적용된 사례라 할 수 있다. 미군에서는 미 합동교범 『우주작전』(2018)과 이를 기초로 미 육군 야전교범 『육군 우주작전』(2019)을 발간했는데, 임무공학 방법론에 대한 구체적인 설명은 없지만 임무를 접수받고 분석하여 능력을 도출하고 작전수행 개념을 발전시켜나가는 과정은 임무공학의 분석기획 과정에 기초하고 있다.

미 육군 현대화 사업 사례와 유사하게 미 육군 우주작전 사례 역시 공개된 자료를 통해 임무공학 방법론 적용을 확인할 수 있었다. 문제진술과 임무 특성화에서는 기술발전과 이에 따른 우주 영역에서 중국, 러시아 등 경쟁국의 도전 등 전략환경 변화, 이러한 도전에 대응하기 위한 임무분석, 우주작전 수행 개념을, 연구

결론 문서화에서는 연구 결과 산출물을 통해 미 육군 우주작전 임무 달성에 요구되는 능력 식별과 구현에 필요한 전력획득 시 의사결정 지원이 고려되었다.

### 3) 미 국방부 신속국방실험(RDER)

로만의 발표자료(2022)에 근거하여 미 국방부 신속국방실험(RDER: Rapid Defense Experimentation Reserve) 임무공학 적용 사례를 분석했다.[8] 로만은 임무공학이 미래의 임무 우위를 달성하는 데 도움이 되는 분석적(Analytical), 데이터 기반(Data-driven), 임무 중심(Mission-focused)의 일관된 방법론이라고 강조했다. 미 국방부 연구공학차관실은 2019년 첫 연구를 시작하여 2022년까지 임무공학에 기반하여 연구를 수행했고, 축적된 경험을 통해 임무공학 적용을 구현해나가고 있다. 그동안 수행된 임무공학 연구는 개념과 기술 사이의 격차를 줄이기 위해 신기술의 잠재력을 평가하거나 임무 격차 해소에 중점을 두었고, 현재 연구공학차관실의 임무공학 적용 우선순위는 '신속국방실험(RDER) 구상'이라고 밝혔다.

미 국방부 장관이 신속국방실험(RDER)을 추진한 목적은 다음과 같다. 첫째, 다중 구성요소 실험(Multi-Component Experimentation)에 중점을 둔다. 둘째, 합동임무와의 일치화(Alignment)와 단기적으로 전투 유용성(Warfighting Utility)을 입증할 수 있는 실험을 제안한다. 셋째, 신속국방실험(RDER)을 위한 시연(Demonstration)과 실험(Experiment)은 주요 훈련장소에서 실시한다. 넷째, 시연과 실험의 성공은 새로운 체계나 접근방식에 활용될 수 있도록 신속하게 전환하는 데 있다. 신속국방실험(RDER)을 통해 미 국방부는 합동전투 능력을 가속화할 수 있고, 국제 파트너십과 다자간 참여(Multi-Lateral Engagement)를 확대할 수 있다. 또한 혁신적인 아이디어를 신속하게 시연하거나 평가할 수 있고, 미래 전투개념발전(Future Warfighting

---

**8**　Elmer Roman, Judith Dahmann, "*Applying Mission Engineering to the U.S. Department of Defense Rapid Defense Experimentation Reserve*," National Defense Industrial Association Systems and Mission Engineering Conference, 2022.

Concept Development)에 대한 피드백을 제공받을 수 있다고 제시했다.

미 국방부 신속국방실험(RDER)은 임무공학 분석수행 절차와 방법이 신속국방실험(RDER)에 실제로 어떻게 적용되어 활용될 수 있는지 보여준 사례다. 이전 사례와 달리 임무공학 방법론을 사용하여 생산된 결과물의 활용에 중점을 두고 있다. 연구 결과 산출물을 통해 전투 유용성의 입증, 신속 시연 및 평가, 실험 결과의 피드백을 통한 미래 개념발전이 고려되었다.

## 4. 임무공학을 적용한 국방기획관리체계 개선 방안

미 국방부에서 적용하고 있는 임무공학의 개념, 방법론, 적용 사례를 살펴보았다. 미 육군 현대화 사업, 미 육군 우주작전, 미 국방부 신속국방실험(RDER) 등의 사례를 통해 임무공학 방법론이 미국 내에서는 활발히 적용되고 있고 임무에 기반한 운용 개념 정립, 요구성능 도출, 대안 제시 등 의사결정 지원을 통해 군에 필요로 하는 전력을 신속히 획득하려 하고 있다.

한국의 국방기획관리체계에서 임무공학 적용이 가능할 것으로 판단되는 분야로는 소요기획 단계에서 운용요구서 작성과 획득 단계에서 신속 획득을 우선적으로 고려했다. 임무에 기반을 둔 요구분석으로 운용요구서가 제시된다면 연구개발 기간 중 사용자와 개발자 간의 문제 발생 요인을 사전에 제거하는 것이 가능하고, 연구개발에 소요되는 기간 단축과 비용 절감이 가능할 것으로 기대된다. 또한 우리 군의 문제점으로 소요기획 단계에서 소요전력의 운영 개념이 모호하고, 미래 첨단 무기체계의 요구성능 설정 시 작전운용 성능이 과도하게 설정되어 무기체계 획득이 지연된다는 부정적 인식 역시 임무공학을 적용한 운용요구서 작성을 통해 개선이 가능할 것으로 판단된다.

미국은 획득체계에서 기술개발 단계에서 다수의 개발자를 동시에 참여시켜 경쟁적으로 시제품을 개발하고 시연하도록 함으로써 체계개발 단계에 발생할 수 있는 일정 지연이나 비용 초과 위험을 조기에 식별하고 완화 조치를 취할 수 있도록 하는 강력한 정책을 추진 중이다. 이러한 정책을 추진하려면, 기술개발 진입 시 운용요구서 초안이 필요하게 된다. 전력증강의 초기 단계에서부터 임무공학 적용을 통한 운용요구서 작성이 필요한 것이다.[9]

소요기획은 국방기획관리체계의 첫 단계로서 시작 단계부터 소요가 올바른 방향으로 나아가도록 임무공학을 기반으로 소요전력의 운용 개념과 요구성능의 발전이 필요하고, 이를 통해 신속획득으로까지 연계되도록 임무공학 적용과 이를 통한 개선이 필요하다. 우리 군에서도 임무달성에 필요한 소요전력이 어떻게 운용되고 어떤 능력과 성능을 갖춰야 하는지 명확하게 요구하도록 운용요구서 (ORD)에 반영할 필요가 있다.

### 1) 소요기획 단계에서 운용요구서 작성 개선 방안

소요기획에서 작성하게 되는 운용요구서(ORD)는 소요 무기체계의 임무요구 충족에 필요한 세부적인 운용 능력을 기술한 문서다. 운용요구서 작성 절차는 국방과학연구소에서 사전개념연구와 연계하여 운용요구서 초안을 작성한 후 소요제기 기관으로 제출한다. 소요제기 기관은 국방과학연구소가 제출한 운용요구서 초안을 검토하여 방위사업청으로 제출하며, 방사청은 운용요구서를 완성하고 연구개발하는 동안 보완 및 발전시킨다.[10] 기존에 운용 개념으로부터 체계 요구성능을 정량적인 수치로 설정하기 위한 논리로 주로 활용되어온 운용요구서를 임무에 기초하여 시나리오를 바탕으로 하는 운용 개념 등 핵심적인 내용이 기술되도록 개선되어야 한다.[11]

---

**9** 민성기, 『효율적인 무기체계 연구개발을 위한 운용요구서(ORD) 작성방안 연구』, 서울: 시스템체계공학원, 2011, p. 11.

**10** 국방부, 『국방전력발전업무훈령 제2742호』, 서울: 국방부, 2022.

**11** 민성기, 『효율적인 무기체계 연구개발을 위한 운용요구서(ORD) 작성방안 연구』, 서울: 시스템체계공

### (1) 임무 중심의 전력소요 창출 구조로 변화

첫째, 소요기획 단계에서 단일 무기체계의 관점이 아닌 여러 무기체계가 복합 운영되는 '임무 영역'에서부터 접근이 시작되어야 한다. 임무 중심의 구조로 변환하여 임무 달성에 필요한 능력을 도출하고 예산을 확보하여 최종적으로는 적기에 획득으로 이어져야 한다. 임무공학은 임무 중심의 전력소요 창출 구조, 즉 임무를 기반으로 개념에 맞는 능력을 식별하고 예산과 연결하여 능력을 구현에 필요한 전력을 획득하는 데 부합한다.[12]

둘째, 소요와 획득 간의 연계성이 확보되려면, 전력의 소요 제기자이며 사용자인 소요군이 소요기획과 획득 과정에서 더욱 적극적으로 참여할 필요가 있다. 그 시작이 운용요구서(ORD: Operational Requirements Document) 작성이다. 소요기획 단계에서 소요군은 '운용요구서(안)'를 방위사업청으로 제출하게 되어 있고, 방위사업청에서 운용요구서를 최종적으로 완성하게 된다. 운용요구서를 작성하는 동안 소요군이 참여하지 않는 것은 아니지만, 운용요구서를 완성할 책임을 방위사업청에 맡기지 말고 소요군에서 직접 작성할 필요가 있다. 합동성이 요구되는 전력소요는 합참에서 관장하고 각 군 고유의 특성을 고려한 전력에 대해서는 위임된 권한 내에서 소요군이 더욱 적극적으로 나서야 한다. 운용요구서(ORD)는 각 군의 작전임무 수행과 관련된 전력운용 개념과 요구 능력 등을 세부적으로 작성한 문서로, 소요제기 이후에 작전운용성능(ROC: Required Operational Capability)[13] 설정과 시험평가의 기준이 되므로 소요군에서 작성을 완성하고 획득 단계로 넘겨주는 것이 당연한 절차다. 이를 통해 소요군에서 필요로 하는 전력이 정확하게 획득 단계로 전달되어 전력증강으로 이어져야 한다.

임무공학 방법론은 소요군이 운용요구서를 책임지고 완성하도록 작성 방법

---

학원, 2011, p. 31.

**12** 전제국, 「국방획득시스템 재정비 방향: 분할 구조적 특성을 넘어」, 『국가전략』 28(2), 2022, p. 148.

**13** 소요군이 필요로 하는 무기체계의 성능 수준을 제시하는 것이다.

측면에서 활용이 가능할 것으로 기대된다.

### (2) 소요기획 사전개념연구 단계에서 임무공학에 기반한 운용요구서 작성

소요군에 운용요구서를 완성할 책임이 주어질 경우, 작성할 능력이 안 된다고 회피하기보다는 방법을 찾아 작성하려는 노력이 필요하다. 임무공학은 소요군이 사전개념연구 단계에서 운용요구서를 작성하는 데 도움을 줄 수 있다. 임무공학이 기존 방식과 다른 점은 임무 범위를 단일체계에 국한한 것이 아니라 소요가 제기된 체계를 포함하는 복합체계 이상의 임무 영역에서 접근을 시작한다는 것이다. 따라서 소요가 제기된 체계가 운용되는 전반적인 부대구조 및 전력구조를 다룰 수 있는 장점이 있다.

사전개념연구 단계에서 소요군이 작성하는 운용요구서의 세부 항목인 '운용능력(2.1 체계 필요성과 2.6 운용 개념 항목)'은 다음과 같은 임무공학 절차를 통해 작성이 가능하다. 소요제기를 위해 해당 체계가 운용되는 미래 작전환경에서의 복합체계 혹은 임무 영역에서의 임무 시나리오를 작성하고, 시나리오 내의 비네트, 세부과업의 연속된 임무 스레드를 포함한 임무 아키텍처를 작성한다. 이후 임무 성공 및 임무 효과 등 임무 평가척도를 설정하고, 분석실험을 통해 임무 유효성과 대안을 모색함으로써 운용요구서 작성의 필요성, 운용 개념을 보완하고 요구체계 및 대안에 따른 검토 결과를 문서화하여 작성한다. 운용 능력은 임무 아키텍처에서 기술한 임무공학 스레드의 신규 임무 능력을 검토하여 작전운용 능력을 전장기능별로 작성할 수 있다.

운용요구서 부록인 운용 형태 요약/임무 유형(OMS/MP: Operational Mode Summary/Mission Profile)은 해당 무기체계가 임무에 따라 어떻게 운용될 것인가를 체계적이고 정량적으로 분석한 것이다. 임무공학에서 다루는 임무 시나리오의 비네트, 그리고 과업이 킬체인과 같이 연결된 임무 스레드의 운용형태별 작동시간을 계량화하고 무기체계가 수행하는 임무 형태별로 핵심기능들을 계량화함으로써 OMS/MP를 작성할 수 있다. 임무 중심으로 군의 요구사항을 운용요구서에 명확히 반영함으로써 획득 단계에서 방사청 등 관계자에게 군의 요구사항을 명확히 전달할 수 있고, 이를 통해 군이 원하는 소요전력을 적기에 획득할 수 있다.

사전개념연구 단계에서는 임무공학 분석이 필요한 체계에 대해 분석모델을 적용하여 분석을 수행할 수 있는데, 분석에 필요한 체계 데이터의 구체성이 부족할 경우 정성적 방법을 사용할 수 있다. 미래학자, 개념연구관, 능력분석가 등의 주제전문가(SME: Subject Matter Expert)를 활용하여 정성적으로 분석한 후 연구 결과를 도출하며 이를 통해 운용 능력을 작성한다. 물론, 획득된 데이터의 정량화와 구체성에 따라 물리기반의 모델을 적용할 수 있는데, 소요의 신속성과 중요성을 고려하여 적용 여부 및 수준을 결정할 필요가 있다.

임무공학을 소요제기 작성 단계에 적용함으로써 소요군이 필요로 하는 전력이 제기되도록 운용요구서 작성의 개선이 가능하다. 운용요구서에서 작성된 체계의 필요성과 운용 개념은 획득 단계까지 활용되므로 임무공학의 방법론이 우선적으로 적용되어야 할 것이다.

## 2) 신속 획득을 위한 개선 방안

### (1) 의사결정 지원을 통한 획득기간 단축

미군에서 시행 중인 적응형 국방획득모델(AAF)은 유연성과 효율성에 중점을 두고 있다. 적응형 국방획득모델 중 중간단계획득(MTA)은 다른 획득모델로 전환되기 전에 기술 및 체계의 완성도를 가속화하기 위해 사용되거나, 신속 전력화에 필요한 최소한의 개발에 사용되도록 고안되었다. 이를 위해 사업 기간도 착수 이후 5년 이내에 완료하도록 제한하고 있다. 더불어 중간단계획득 모델은 신속한 기술도입과 전력화 지연을 방지하기 위한 '의사결정 기간의 축소'를 핵심적으로 강조하고 있다. 미 국방부 연구공학차관실은 동일한 맥락에서 임무공학 방법론을 적용한 분석을 통해 산출된 결과물들을 의사결정권자들에게 제공하여 획득 단계에서의 의사결정 기간이 단축되도록 지원하고 있다.

| 구분 | 소요제기 단계<br>(사전개념연구) | 획득 단계<br>(사업추진전략, 체계개발, 탐색개발) |
|---|---|---|
| 복잡성 | 임무 영역, 복합체계 | 복합체계, 단일체계(단순화) |
| 분석의 엄격성 | 전문가를 활용한 정성적 방법 | 물리기반 분석모델 사용, 정량적 방법(M&S) |

소요제기 단계에서 임무공학 적용은 미래 부대구조 및 전력구조 등 미래 작전환경이 개념적이고, 분석설계 단계에서 확보된 세부적인 데이터가 부족할 경우 분석적 엄격성을 적용하기 어려울 수 있다.

획득 단계에서 임무공학 적용은 〈표 7-1〉과 같이 복잡성 수준 측면을 임무 영역 및 복합체계에서 복합체계 및 단일체계 수준으로 단순화하되, 분석적 엄격성은 전문가에 의한 정성적 분석에서 모델링 및 시뮬레이션을 적용하여 더욱 구체화된 분석 결과를 획득하고 이를 통해 연구 결과를 도출할 수 있다. 최근 신속 소요를 사전개념연구 단계에서 검토할 때도 분석적 엄격성은 실 체계의 군사적 활용성을 통해 데이터를 획득하여 더욱 엄격하게 적용함으로써 분석수행 후 연구 결과를 문서화하여 임무공학을 적용할 수 있다.

### (2) 신속 획득에 소요되는 예산 배정

우리 군에서 신속 획득제도가 시행된 취지는 소요군에 필요한 무기체계를 민간의 성숙된 기술을 도입하여 신속하게 전력화하는 데 있다. 미국과의 차이점은 소요군에 필요한 무기체계를 소요군이 아닌 방위사업청에서 주관한다는 것이다. 미국은 획득정책과 사업관리 업무가 분리되어 있어 국방부가 정책을 결정하고 각 군이 사업관리를 담당하며, 각 군이 중기계획 및 예산을 요구하면 국방부 회계감사 및 재정차관이 중기계획을 수립하고 국방부 사업분석평가국에서 예산을 편성하여 각 군이 집행하는 절차로 획득업무가 진행된다. 미국은 '소요군 중심의 획득체계'를 운영하고 있고, 각 군 획득차관보가 독자적으로 사업관리를 담당하고 있

(단위: 백만 달러)

| 전력화 우선순위 | 2019년 예산 | 2020년 예산 |
|---|---|---|
| 미래 수직이착륙기 | 0.8 | 4.8 |
| 장거리 정밀화력 | 1.1 | 5.7 |
| 전투원 치명성 | 1.7 | 6.7 |
| 차세대 전투차량 | 5.2 | 13.3 |
| 네트워크 | 9.0 | 12.5 |
| 공중 및 미사일방어 | 6.5 | 8.8 |
| 시작품 제작 | 0 | 5.7 |
| 합계 | 24.2 | 57.3 |

출처: Congressional Research Service, *"The Army's Modernization Strategy: Congressional Oversight Considerations"*, 2020, p. 14.

으며 각 군은 R&D, 사업관리 시험평가에 대한 독자적 수행을 보장받고 있다.[14]

〈표 7-2〉는 미 육군의 현대화 사업 예산에 대한 미 의회 보고자료다. 미 육군에서는 다영역작전 구현에 필요한 전력 획득을 위해 예산을 요청하고 있고, 2019년에 비해 2020년 사업 예산이 증액된 것을 알 수 있다. 2020년에 시작품(Prototype) 제작 항목이 새로 추가되었고 2021년부터 2024년까지 사업예산으로 5,700만 달러, 한화로 약 75억 원이 편성되었다. 시작품 예산의 편성은 미군이 추구하는 획득정책과 연계하여 소요군에서 필요한 전력을 시작품 단계에서부터 확인하고 신속하게 획득하겠다는 것을 의미한다.

하지만 우리 군의 경우 소요와 획득이 구분되어 있어 소요군에서는 소요를 제기하고 방위사업청에서 획득을 담당하고 있다. 소요제기와 획득된 전력의 운용은 소요군에서 담당하고 있는데, 사용자인 소요군에서 획득에 직접 관여할 수 없는 상황이다. 신속 획득의 경우, 민간의 기술발전과 각 군의 고유한 특성을 고려하여 실제 사용자인 소요군에서 군 활용성을 확인하고 전력을 확보해나가는 것이

---

14    김영은, 「국방전력발전업무의 통합적 획득관리체계 제고를 위한 제언」, 『전략연구』 86, 2022, p. 45.

효과적이지만 현재는 예산을 가진 방위사업청 주관으로 추진되고 있다.

'임무'에 기반한 소요제기로부터 임무 달성에 필요한 전력이 신속하게 획득되기 위해서는 소요제기를 담당하는 소요군에서 획득까지 관리하도록 개선되어야 한다. 특히 방사청에서 시행하는 신속 획득사업의 경우 소요군에서 사업예산을 사용할 수 있도록 권한 위임 또는 예산 배정을 위한 법령, 제도 분야의 개선이 수반되어야 한다. 또한 미 육군의 시작품 예산 반영과 유사하게 군의 전투실험 예산을 방위력 개선비로 편성하여 민간의 최신 기술을 식별하고 군에 접목하기 위한 여건을 마련해야 한다. 소요기획 단계에서 군 주도로 운용 개념과 요구성능을 구체화하고 획득 단계까지 연계하게 된다면, 실사용자와 개발자의 시각차를 해소하여 군에서 필요로 하는 능력이 확보될 수 있을 것이다.

### (3) 신속 연구개발 수행을 위한 소요군의 역량 강화

신속 연구개발 수행을 위한 소요군의 역량 강화를 위해서는 첫째, 소요군이 자체적으로 연구개발을 수행할 수 있도록 미국의 '육군연구소(ARL: Army Research Laboratory)' 같은 전문 연구소를 조직하여 R&D 역량을 강화하도록 개선할 필요가 있다.

미군은 소요전력의 신속 획득을 위해 '육군연구소' 같은 연구조직이 각 군에 있고, 이를 통해 자체적으로 R&D를 수행할 역량을 갖추고 있다. 대표적인 사례로 1980년대 미 육군은 민간 대학 연구소 등에서 개발 및 연구되고 있는 과학기술들이 매우 혁신적이나 실제 전장에서 사용될 무기체계에 적용된다는 보장이 없고, 실전배치까지 시간이 오래 걸려 개발 및 연구된 혁신기술들이 실전배치 시점에는 폐기될 확률이 높은 것으로 결론 내렸다. 그 결과, 미 육군 주도하에 가능한 한 신속하게 혁신적인 과학기술들을 무기체계에 적용하기 위한 목적으로 미 육군 연구사령부(U.S. Army LABCOM: U.S. Army LABoratory COMmand)가 창설된 것이다. 이라크전 승리 이후, 미 육군은 연구사령부 주도하에 개발된 첨단 무기체계가 미 육군을 세계 최첨단 군으로 이끌었으며, 전쟁에서 최소한의 인명손실로 승리할 수 있었다고 평가했다. 이러한 평가를 토대로 미 육군은 1992년 미국 전역에 분산되어 있던 미 육군 연구사령부 예하 연구소들을 한 곳으로 모은 뒤 미 육군연구소를 창설했고, 2018년 미 육군은 과학기술의 발전 속도에 따른 소요기획의 문제점을 해결하고자 육군 미래사령부(AFC: Army Futures Command)를 창설했다. 이후 미 육군연구소는 미 육군 미래사령부 예하의 전투능력개발사령부(CCDC: Combat Capability Development Command)로 소속이 변경되었으며, 미래 미 육군의 싸우는 개념을 발전키는 미래개념센터와 함께 미 육군이 제시한 비전을 구현하는 역할을 담당하고 있다. 즉 미래 비전을 통해 미래 미 육군의 임무를 도출하고, 임무공학 접근방식을 통해 임무 달성에 필요한 능력이 신속하게 획득되도록 임무로부터 개념, 소요·획득 단계까지 연계하고 있다.[15]

미 육군연구소 사례에서 알 수 있듯이, 현장에서 소요군이 요구하는 전력소요가 중요하고 기술의 진부화에 도달하기 전에 신속하게 획득하는 것이 중요하다. 특히 신속 연구개발사업의 경우 소요군에 필요한 전력 획득과 연계되는 부분으로 미 육군연구소와 같이 우리 군도 각 군에 자체 연구소를 신설하고, 이를 통해 각 군의 미래 전력에 대한 요구사항과 운용 개념을 설계할 수 있도록 개선해야한다. 미래 전력에 대한 요구 능력과 운용 개념에 대한 설계는 임무공학 방법론을 통해 임무 기반의 미래 전력이 구축되도록 개선되어야 하며, 이를 통해 임무에 필요한 능력과 필요한 기술을 식별하고, 적극적인 산학협력을 통해 각 군에 필요한 핵심기술 확보가 가능할 것이다.[16]

둘째, 신무기체계와 민간의 최신기술을 신속히 우리 군에 접목할 수 있도록 미 육군 미래사령부에서 주관하는 '프로젝트 컨버전스(Project Convergence)' 같은 신속 획득 시연 프로젝트가 확대되도록 개선이 필요하다. 2022년 11월 실시한 프로젝트 컨버전스는 미 육군이 다영역작전(MDO)을 수행할 수 있는 능력 구비를

---

**15** 이상승 외, 「국방혁신 4.0 구현을 위한 소요군의 기획체계 발전방안」, 『Journal of the convergence on culture technology』 9(3), 2023, pp. 293-298.

**16** 한국전략문제연구소, 「육군 내 기술연구소 신설방안 연구」, 2020.11.30.

위해 추진한 대규모 시연 프로젝트다. 미군은 중국, 러시아 등 적성국가의 도전에 대응하기 위해 다영역작전(MDO) 개념을 개발했고, 이를 구현하는 데 필요한 능력을 구비하기 위해 박차를 가하고 있다. 이 중심에는 미 육군 미래사령부가 중대한 역할을 담당하고 있다. 미 육군 미래사령부의 주된 임무 중 하나가 미래 새로운 기술을 평가하여 기존 무기체계에 통합하는 것이다.

프로젝트 컨버전스는 현재의 개념과 능력으로 훈련을 숙달하고, 미래 작전 개념 구현을 위해 개발 또는 도입 중인 신무기체계나 시제품, 민간의 최신기술 등 각종 시연을 통해 군의 효용성을 분석하고 평가하는 자리다. 또한 훈련에 참가하는 부대를 지속적으로 확대하여 상호운용성도 검증하고 있다.[17]

이와 관련하여 임무공학의 산출물은 다양한 시제품과 민간의 기술성숙도에 대한 정보를 소요군에 제공하고 이러한 정보를 통합 및 분석하여 최적의 대안을 소요군에 추천함으로써 소요군이 시연된 장비를 도입할 것인지에 대한 결정, 그리고 도입한다면 연구개발을 할 것인지, 구매할 것인지 획득방법을 결정하고 적기에 획득되도록 지원한다. 임무공학의 장점을 활용하여 소요군에서는 첨단기술을 보유한 민간기업들이 시연에 활발히 참여할 수 있는 여건을 마련해주어야 한다. 소요기획 단계부터 민간기업이 참여할 수 있도록 제도를 개선하고 임무공학에서 도출된 운용 개념 및 요구성능 등 군의 요구사항(Needs)들을 민간기업과 공유함으로써 획득 단계에서 민간이 자발적으로 연구개발한 완성품 또는 시제품, 신기술들이 군에 제공되도록 개선해야 한다. 미국의 사례를 살펴보면, 미군은 자국 내 기존 보잉, 록히드마틴 등 대형 방산기업 외에도 마이크로소프트, 아마존, 구글 등 민간 대기업과도 협업을 통해 신속 획득이 가능하도록 적극적으로 활용하고 있다. 우리나라도 네이버 같은 민간 IT기업이 방위산업에 참여하도록 체계적인 절차나 인센티브에 대해 고민하고 혁신적으로 개선해나갈 필요가 있다.

---

**17** 김동수·서태호, 「프로젝트 컨버전스 2022 참관성과 및 발전 방향」, 『국방과 기술』 527, 2023, pp. 89-92.

셋째, 국내 민간 기술의 성숙도를 고려하여 국내 민간의 기술만으로 신속연구개발이 제한될 경우에 대비하여 해외 군사기술 선진국과의 군사협력을 통해 국제공동연구개발 등 국제기술협력을 활성화하도록 개선해야 한다. 우리 군의 경우 연구개발사업은 주로 미국과 기술협력을 통해 추진해왔다. AI, 레이저, 우주 등 첨단과학기술 분야의 기술혁신을 추진 중인 미국과 공동소요 발굴을 통해 실질적인 공동연구개발이 확대되도록 한·미 양국 간의 국방과학 기술협력을 강화해야 한다. 또한, 미국뿐만 아니라 국방기술을 보유한 해외 군사 선진국과도 군사협력을 강화할 필요가 있다. 2010년 한국과 인도네시아가 한국형 전투기사업을 공동 연구개발한 사례가 대표적이다. 국제 공동 연구개발을 통해 국내의 연구개발에 미흡한 분야를 보완할 수 있고, 연구개발에 대한 경제적·기술적 부담도 줄일 수 있다. 또한 연구개발 결과를 공유하여 개발된 기술 확보도 가능하다. 이를 위해서는 군사기술을 보유한 해외 국가를 식별하고, 국가 또는 국방부 차원에서 군사협력의 발판을 마련할 필요가 있다. 기존에 외국 기관과 체결한 협력 약정서를 재검토하여 국방과학기술 분야의 국제협력관계를 발전적으로 보완해나가야 한다. 국제기술협력의 활성화를 통해 우리 군에 필요한 기술을 확보하는 것도 중요하지만, 우리나라의 핵심기술이 유출되지 않도록 기술 보호 관점에서 문제점을 검토하고 기술협력을 추진할 필요가 있다.

넷째, 「국방혁신 4.0」 지침에 따라 전력증강 프로세스가 정립되도록 군 주도의 획득 절차가 구체화되어야 한다. 현 정부는 「국방혁신 4.0」 추진과제로 '한국형 전력증강 프로세스 정립'을 추진하여 무기체계 소요결정에 대한 효율성 증대와 신속성, 유연성을 보장하기 위해 일부 무기체계 소요결정 권한을 각 군으로 위임하는 것을 추진하고 있다.[18] 대표적으로 신속 연구개발의 일부를 각 군에 할당하고 예산집행 등의 기능 부여를 검토하고 있다. 이를 위해 현재 신속 획득사업 절차를 면밀히 검토하여 임무공학에 기반한 군 주도의 획득 절차로 개선되어야

---

**18** 국방부, 『2023-2037 국방과학기술혁신 기본계획(안)』, 서울: 국방부, 2023, p. 41.

한다. 첫 번째 단계인 대상사업 공모에서는 각 군의 특성과 임무에 기반하여 추진해야 할 사업을 계획하고 공모하도록 내용을 구체화할 필요가 있다. 두 번째 단계인 사업조사분석에서는 각 군에서 대상사업 선정(안)을 작성하고 결정하게 되는데, 임무공학에 기반하여 객관적인 데이터를 의사결정권자에 제공하여 결심을 지원토록 개선되어야 한다. 세 번째 단계인 중기계획 및 예산요구안 작성에서는 군 주도 신속시범사업에 대해 임무공학 분석 단계의 비용분석을 통해 예산요구의 타당성을 확보할 필요가 있다. 네 번째 단계인 제안서 작성 및 평가 업무에서는 임무 달성에 필요한 평가 기준 및 방법을 개발하고 사업설명회를 통해 사전에 공지할 필요가 있다. 이를 위해서는 소요군에서 임무공학에 대한 개념과 방법론을 적용할 수 있도록 관련 전문가를 양성할 필요가 있다. 네 번째 계약업무는 가격협상과 계약 등을 위해 국군재정단과 사전 협의를 통해 관련 법령과 지침을 개정할 필요가 있으며, 국군재정단에 전적으로 일임하기보다는 임무공학에 기반한 비용분석 및 기술성숙도, 시장조사 등을 통해 신속 획득에 소요되는 적정 비용을 산출하여 협상을 진행할 필요가 있다. 마지막 단계인 '성능입증시험'에서는 대상체계가 임무 달성에 필요한 요구성능을 충족할 수 있는지에 중점을 두고 진행해야 할 것이다.

임무공학에 기반하여 일부 위임된 권한 내에서 군 주도의 신속 획득 절차를 개선함으로써 군에서 요구하는 전력을 신속히 확보할 수 있으며, 비용절감과 품질향상 효과를 기대할 수 있을 것이다.

## 6. 결론

임무공학은 아직 우리 군에 익숙하지 않은 분야다. 본 연구에서는 임무공학의 필요성과 적용 가능성을 확인하고 가능한 범위 내에서 임무공학 방법론을 적용해서 기존 국방기획관리체계에 대한 개선 방안을 제시해보았다.

임무공학을 적용한 국방기획관리체계 개선 방안으로는 우선 임무 중심의 소요기획으로 변화되어야 한다는 것이다. 첨단과학기술의 급속한 발전과 전략환경의 변화 속에서 우리나라의 국가안보를 보장하기 위해 전략 개념에 맞는 전력증강이 요구되고 있다. 이를 위해 우리 군이 임무수행에 필요한 전력소요, 즉 현장의 전투원과 임무를 중심으로 전력소요 창출 방식을 바꿀 필요가 있다. 임무공학은 임무 중심의 전력소요 창출 구조, 즉 임무를 기반으로 개념에 맞는 능력을 식별하고 예산과 연결하여 능력 구현에 필요한 전력을 획득하는 데 부합한다.

둘째, 소요제기, 사전개념 연구 단계에서 임무 능력에 기반한 운용 개념이 작성되도록 개선되어야 한다. 임무공학은 소요군이 사전개념연구 단계에서 운용요구서를 작성하는 데 도움을 줄 수 있다. 임무공학이 기존 방식과 다른 점은 임무 범위를 단일체계에 국한한 것이 아니라 소요제기 체계를 포함하는 복합체계 이상의 임무 영역에서 접근을 시작한다는 것이다. 따라서 소요제기 체계가 운용되는 전반적인 부대구조 및 전력구조를 다룰 수 있는 장점이 있다.

셋째, 임무공학 방법을 통해 산출된 결과물을 제공하여 의사결정을 지원하고 이를 통해 획득 기간이 단축되도록 개선되어야 한다. 획득 단계에서 임무공학 적용은 복잡성 수준 측면을 임무 영역 및 복합체계에서 복합체계 및 단일체계 수준으로 단순화하되, 분석적 엄격성은 전문가에 의한 정성적 분석에서 모델링 및 시뮬레이션을 적용하여 더욱 구체화된 분석 결과를 획득하고 이를 통해 연구 결과를 도출할 수 있다. 임무 중심의 분석방법은 소요와 연계되어 연구 결과를 제시할 수 있고, 이를 통해 소요제기의 필요성과 획득의 타당성을 제시함으로써 획득 과정에서 요구되는 의사결정을 지원할 수 있다. 이는 소요군이 필요로 하는 전력을 임무에 기반하여 소요제기에서부터 획득까지 연계할 수 있다는 것이다.

넷째, 신속 획득에 소요되는 예산을 소요제기 기관이며 사용자인 소요군에 편성되도록 개선되어야 한다. '임무'에 기반한 소요제기로부터 임무 달성에 필요한 전력이 신속하게 획득되기 위해서는 소요제기를 담당하는 소요군에서 획득까지 관리하도록 개선되어야 한다. 특히 방사청에서 시행하는 신속 획득사업의 경우 소요군에서 사업예산을 사용할 수 있도록 권한 위임 또는 예산 배정을 위한 법령, 제도 분야의 개선이 수반되어야 한다. 소요군은 권한 내에서 전투현장에서 필요한 실질적인 전력소요를 임무공학에서 강조하는 '임무 중심'의 접근방법으로 도출하고, 민간의 기술 적용에 대해서는 임무분석을 통해 제시가 가능한 비용 대비 효과, 대안 제시 등을 통해 임무 달성에 최적화된 전력을 신속하게 획득으로 연계할 수 있다.

그리고 마지막으로 신속 연구개발 수행을 위한 소요군의 연구개발 역량 강화와 신속 획득 시연 프로젝트의 확대, 해외 군사기술 보유국과의 국제공동연구개발, 군 주도의 획득 절차 구체화 등에 대한 개선이 필요하다. 미군은 소요전력의 신속 획득을 위해 '육군연구소' 같은 연구조직이 각 군에 있고, 이를 통해 자체적으로 R&D를 수행할 역량을 갖추고 있다. 미 육군연구소는 미 육군 미래사령부 예하의 전투능력개발사령부로 소속이 변경되었으며, 미래 미 육군의 싸우는 개념을 발전시키는 미래개념센터와 함께 미 육군이 제시한 비전을 구현하는 역할을 담당하고 있다. 신속연구개발사업의 경우 소요군에 필요한 전력 획득과 연계되는 부분으로 미 육군 연구소와 같이 우리 군도 각 군에 자체 연구소를 신설하고 이를 통해 미래 전력에 대한 운용 개념과 요구성능을 설계할 수 있도록 개선해야 한다. 또한 미 육군에서 시행하고 있는 프로젝트 컨버전스 같은 대규모 시연을 확대하여 민간기업의 참여를 활성화하도록 개선하고, 연구개발 비용과 기술을 고려하여 국제공동연구개발이 활성화되도록 해외 군사기술 보유국을 식별하고 국가 차원에서 군사협력의 발판이 마련되어야 할 것이다. 또한 현 정부의 「국방혁신 4.0」에 따라 소요결정 권한 일부가 소요군에 위임 시 바로 적용이 가능한 신속 연구개발 등에 대해 군 주도의 획득 절차를 구체화할 필요가 있다.

향후 연구로는 임무공학 방법론의 기술기획체계 적용에 관한 연구가 가능할 것이다. 기술기획 역시 임무로부터 요구 능력(기술)이 도출될 수 있기 때문에 임무공학에 기반한 기술기획체계의 적용방안에 대한 추가 연구수행이 필요할 것으로 보인다.

# 참고문헌

## 1. 단행본

국방부.『국방전력발전업무훈령』제2742호. 서울: 국방부, 2022.

민성기.『효율적인 무기체계 연구개발을 위한 운용요구서(ORD) 작성방안 연구』. 서울: 시스템체
　　계공학원, 2011.

손인근.『미래 합동우주작전 수행개념과 육군의 역할』. 계룡: 육군미래혁신연구센터, 2020.

이상승.『다영역작전에서 지상기반 레이건 운용개념 연구』. 계룡: 육군미래혁신연구센터, 2020.

클라우스 슈밥.『4차 산업혁명』. 서울: 메가스터디, 2016.

U. S. DoD(2020). 황승현 역.『임무공학 안내서』. 대전: 합동군사대학교, 2022.

Congressional Research Service, *The Army's Modernization Strategy: Congressional Oversight Consid-
　　erations* (2020).

U. S. DoD Office of the Under Secretary of Defense for Research and Engineering, *Mission Engi-
　　neering Guide* (2020).

## 2. 논문

김영은.「국방전력발전업무의 통합적 획득관리체계 제고를 위한 제언」.『전략연구』86, 2022.

김동수 · 서태호.「프로젝트 컨버전스 2022 참관성과 및 발전 방향」.『국방과 기술』527, 2023.

이상승 외.「국방혁신 4.0 구현을 위한 소요군의 기획체계 발전방안」.『Journal of the convergence
　　on culture technology』9(3), 2023.

전제국.「국방획득시스템 재정비 방향: 분할 구조적 특성을 넘어」.『국가전략』28(2), 2022.

# 제8장
# 미래전장 주도를 위한 대드론체계 구축

안용운

## 1. 서론

인류의 역사를 돌이켜보면 과학기술의 발전은 무기체계의 발전을 가져왔고, 새로운 무기체계는 전쟁수행 양상과 전쟁의 판도를 바꾸어왔다.

증기기관의 개발은 전차와 함정 등 다양한 무기체계의 개발로 이어졌다. 현대에는 핵추진 항공모함이나 잠수함이 증기기관(내연기관)류 무기체계의 최정점에 있다고 할 수 있다.

21세기 현재 시대를 4차 산업혁명[1] 시대라고 한다. 정부에서도 4차 산업혁명 기술을 확보하고 발전시킬 뿐만 아니라, 이를 이용한 국가의 경쟁력 강화가 중요함을 인식하고 다양하게 이를 지원하기 위한 정책을 추진하고 있다. 4차 산업혁명 기술은 학자들마다 다르게 정의하고 있으나 '4차 산업혁명'을 최초 언급한 클라우스 슈밥의 정의에 따르면 일반적으로 인공지능(AI, Artificial Intelligence)과 로봇

---

**1**  AI, IoT, Big Data, Mobile 등 첨단 정보통신기술이 경제·사회 전반에 융합되어 혁신적인 변화가 나타나는 차세대 산업혁명을 말한다. 다보스 포럼 의장인 클라우스 슈밥이 처음 사용했다.

공학, 신소재, 3D 프린팅, 블록체인, 생명공학(Bio Tech), 가상현실 및 증강현실(VR/AR), 에너지 포집/저장/전송, 우주공학 등이다. 이종용은 4차 산업혁명 기술 중에서 특히 로봇 및 무인체계, 빅데이터, 양자 컴퓨팅, 사물인터넷(IoT, Internet of Things) 등이 군사적 활용도가 높다고 주장했다.[2]

　　4차 산업혁명 기술은 인류사회 전반의 편익을 증진시키고 인류가 그동안 극복하지 못했던 많은 난제를 손쉽게 해결할 수 있게 만들어주고 있다. 그러나 한편으로는 4차 산업혁명 기술을 활용한 첨단무기들이 속속 등장하면서 인류의 생명과 평화를 위협하고 있다. 그중에서도 드론은 4차 산업혁명 기술이 집약된 대표적인 무기체계라 할 수 있다.

　　드론을 이야기할 때 대부분의 사람은 쿼드콥터 형식의 무인항공기(UAV, Unmanned Aerial Vehicle)를 떠올리지만 사실 드론은 국제적인 용어 정의가 확립되지 않은 상태이며, 회전익·고정익을 불문하고 모든 무인항공기를 통칭하는 용어다.[3]

　　드론은 최초로 영국에서 대공화기 사격훈련을 위한 표적용 무인항공기로 개발되었으며, 이후 대부분 국가에서 정찰 및 공격용 무기로 발전해왔다. 1988년부터 2020년 사이에 있었던 아르메니아-아제르바이잔 간의 나고르노-카라바흐 지역 영토를 두고 두 차례 벌어진 전쟁, 2022년 2월 24일 러시아가 우크라이나 수도 키이우에 미사일 공격을 감행하면서 시작된 러시아-우크라이나 전쟁, 2023년 10월 7일 가자지구의 무장정파 하마스에 의한 이스라엘 기습공격으로 시작된 이스라엘-하마스 전쟁에서 보듯이 이제 드론은 소총이나 화포와 같이 전장에서 다양하게 운용되는 기본적인 무기체계가 되었다고 해도 과언이 아니다.

　　드론이 정찰 및 공격용으로 광범위하게 사용됨에 따라 세계 각국은 적대국의 드론을 조기에 탐지하고 무력화할 수 있는 기술 및 장비 개발과 드론 통제 방책을

---

**2**　이종용, 「4차 산업혁명시대 미래전 양상」, 『군사혁신논단』 2, 계룡: 육군미래혁신연구센터, 2018, p. 2. 4차 산업혁명 기술 중에서도 AI, 로봇 및 무인체계, 빅데이터, IoT, 모바일, 나노 기술이 군사적 활용성이 높은 기술이라고 꼽았다.

**3**　따라서 여기서는 드론과 UAV, 무인항공기, 무인기를 모두 유사한 용어로 사용한다.

발전시키고 있다.

　　드론은 조종사가 탑승하지 않으므로 인체 특성을 고려하지 않고 기계적 성능 고도화에만 집중하여 생산하므로 조종사 탑승 항공기에 비해 상대적으로 매우 저렴하게 생산할 수 있다. 따라서 드론은 탐지하기가 매우 어려울 뿐만 아니라 드론을 요격하기 위해 기존의 방공무기를 사용할 경우 비용 대비 효과 면에서 매우 불리하다. 이는 러시아-우크라이나 전쟁에서 우크라이나가 러시아의 Shahed-136 드론을 요격하기 위해 S-300 미사일을 사용했는데 전자가 약 2,500만 원(약 2만 달러), 후자가 약 1억 7천만 원(약 14만 달러)인 것을 비교해보면 분명하게 알 수 있다.[4]

　　북한은 상당히 오래전부터 드론 전력 확충을 해오고 있는 것으로 보이며 상당한 수량을 운용 중에 있다.[5] 이는 2014년 7월부터 12월까지 휴전선 일대에서 북한의 드론으로 보이는 무인기들이 연달아 추락한 상태로 발견되었으며, 2022년 12월 26일 북한의 드론 5대가 서울 및 경기도 강화와 파주 일대를 비행하다가 북으로 복귀한 사건[6]을 통해 볼 때 명백한 사실이다. 2014년 사건을 계기로 군은 대비책을 마련하겠다고 했다. 그러나 8년이 지난 2022년 12월 대한민국 수도 서울 상공을 휘젓고 다닌 북한의 드론에 대해 전투기, 헬기 등을 동원하고서도 요격 등의 효과적 조치를 취하지 못하여 그 드론들이 북으로 돌아가는 것을 허용할 수밖에 없었다. 군은 북한의 드론 능력에 비해 아측의 대응 능력이 미흡하다고 판단하여 드론작전사령부를 창설[7]하는 등 대비책 마련을 위해 노력 중이다.

---

4　서강일 외, 『국방로봇학회논문집』 2(1), 대전: 국방로봇학회, 2023, p. 27.

5　북한은 1970년대부터 중국에서 드론 기술을 도입하여 개발해온 것으로 보인다. 1990년대 소형 드론 '방현'을 개발했고, 지속적으로 성능 개량 및 다양한 드론을 개발해왔으며, 현재는 무인헬기 등 8종, 500여 대가 넘는 드론을 확보한 것으로 추정된다. 서강일 외, 『The Journal of the Convergence on Culture Technology(JCCT)』 9(2), 서울: 국제문화기술진흥원, 2023. p. 331.

6　이득수, "北무인기, 또 우리 영공 침범 ⋯ 6시간 동안 서울 휘저어", 『충청일보』, 2022.12.26. https://www.ccdailynews.com/news/articleView.html?idxno=2176478(검색일: 2023.11.10)

7　김용준, "적 무인기 대응 드론작전사령부 창설 ⋯ 도발시 압도적 대응", 『KBS뉴스』, 2023.9.1. https://news.kbs.co.kr/news/pc/view/view.do?ncd=7763370&ref=A(검색일: 2023.11.10)

본 논문은 장차 한반도 전장에서 드론위협이 어떤 형태로 나타날 것인지 전망해보고, 이에 효과적으로 대응할 수 있는 국가 차원의 대드론체계 구축 방향을 제시하는 것이다.

논지는 다음과 같은 순서로 전개했다. 먼저, 4차 산업혁명 시대의 전쟁 양상 변화와 드론 기술 발전추세 및 드론위협을 개괄했다. 그다음에는 한반도에서 전쟁이 일어날 경우 북한의 드론위협이 어떤 형태로 나타날지를 예측해보았다. 이어서 최근 발생한 러시아-우크라이나 전쟁과 이스라엘-하마스 전쟁에서 나타난 드론 및 대드론체계 운용 사례 분석을 통해 우리에게 주는 시사점을 도출했다. 이후 앞의 분석을 토대로 장차 한반도에서 발생 가능한 드론위협에 효과적으로 대응할 수 있는 국가 차원의 대드론체계 구축 방안을 제시하고 결론을 맺었다.


## 2. 4차 산업혁명 기술과 전쟁 양상 변화

2016년 1월 스위스 다보스에서 열린 세계경제포럼에서 의장인 클라우스 슈밥(Klaus Schwab)이 '4차 산업혁명'을 언급한 이래 대부분 사람들은 현대사회를 4차 산업혁명 시대라고 일컫는다.

인류 역사를 돌이켜볼 때 과학기술의 발전은 인류의 문명을 발전시키는 촉진 요소로 작용했으며, 산업혁명이란 그러한 과학기술 발전이 인류사회 전반을 변혁시키는 변곡점을 형성한 것을 지칭한다.[8] 〈그림 8-1〉은 산업혁명의 변천과 핵심 내용을 도식화한 것이다.

1차 산업혁명은 증기기관의 발명을 바탕으로 한 기계에 의한 운송수단의 비약적 발전으로 요약할 수 있다. 2차 산업혁명은 19세기 말부터 20세기 초까지 이뤄진 전기의 발명과 대량생산을 특징으로 한다. 3차 산업혁명은 1960년대부터

---

**8**    이종용, 「4차 산업혁명시대 미래전 양상」, 『군사혁신논단』 2, 계룡: 육군미래혁신연구센터, 2018, p. 2.

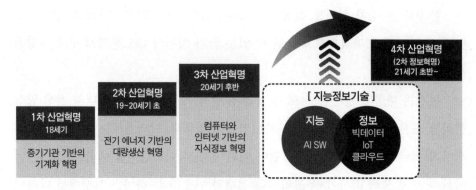

<그림 8-1> 산업혁명의 변천

시작된 IT 및 인터넷의 눈부신 발전이 인류의 삶에 급격한 변화를 초래한 시기를 말한다. 클라우스 슈밥은 3차 산업혁명 시대의 디지털 혁명을 기반으로 하여 4차 산업혁명 시대가 도래했다고 주장했다. 그는 유비쿼터스 모바일(ubiquitous mobile) 인터넷, 더 저렴하고 작고 강력한 센서, AI와 기계학습이 4차 산업혁명의 특징이라고 했다.[10]

4차 산업혁명 시대는 발전한 정보통신기술을 기반으로 하며, 실제로 AI, 빅데이터 등 다양한 신기술의 결합, 광범위하게 형성된 네트워크를 이용한 제품 및 서비스의 연결, AI를 이용한 사물의 지능화(intellectualization), 초연결(hyper connectivity)과 초지능(super intelligence)의 특징을 나타낸다. 이러한 기술 발전은 과거에는 상상도 할 수 없는 속도로 광범위한 영역에서 인간의 삶에 급격한 변화를 가져오고 있다, 사람들의 생활방식, 경제시스템 및 산업구조, 국가 및 정부 운영시스템, 국제관계 등 거의 모든 분야에서 파괴적 혁신이 일어나고 있다. 안보 분야에서도 전쟁의 본질, 작전개념, 조직편성, 교육훈련, 리더십, 군수지원 등 전쟁 및 군사 패러다임 전반에 혁명적 변화가 초래될 것으로 전망된다.[11]

---

**9**   IT 용어사전, "4차 산업혁명". https://terms.naver.com/entry.nave r?docId=3548884&cid=42346&categoryId=42346(검색일: 2022.7.25)

**10**   Klaus Schwab, *The Fourth Industrial Revolution* (Geneva: World Economic Forum, 2016), p. 24.

**11**   정춘일, 「4차 산업혁명과 군사혁신 4.0」, 『전략연구』 72, 2017, pp. 191-194.

세계 각국은 4차 산업혁명 기술을 무기체계에 빠르게 적용하고 있다. 이종용은 4차 산업혁명 기술 중에서도 AI, 로봇 및 무인체계, 빅데이터, IoT, 모바일, 나노 기술이 군사적 활용성이 높은 기술이라고 꼽았다. 미국, 영국, 러시아, 중국 등 군사 강대국들을 포함해 세계 40여 개국이 AI 기술을 접목한 무인전투기와 살상·정찰용 로봇을 개발하고 있으며, 이스라엘, 미국 등에서 개발한 자폭용 드론들이 아르메니아-아제르바이잔 전쟁, 러시아-우크라이나 전쟁에서 사용되고 있는 실정이다.

이와 같이 4차 산업혁명 기술을 적용한 무기체계가 속속 개발됨에 따라 미래전쟁은 이전과는 매우 다른 양상으로 전개될 것이다. 미래전 변화 양상에 대해 이종용은 사이버 및 우주 공간의 중요성 증가, 무인전투체계의 전장 활용 분야 증가, 각 군의 고유영역 모호화, 테러·분란전·국지전쟁 등 다양한 전투수행 능력의 중요성 등이 증가할 것으로 전망했다.[12] 이석수는 화약과 핵무기에 버금가는 '로봇 시대'가 도래하고 있다고 했고,[13] 김민석은 "현대전은 드론 전쟁"이 될 것이며 드론이 군의 기본 편제장비가 되고 있다고 했다.[14] 모용복도 미래 전쟁이 드론 전쟁이 될 것이라고 전망했다.[15] 특히 AI 기술이 적용된 드론이나 로봇 등의 무기체계가 전투현장에서는 물론이고 지휘통제, 감시 및 정찰, 방호 등 군사활동의 다양한 영역에서 인간 전투원과 협업하거나 독립적으로 광범위하게 운용될 것이다. 특히 많은 윤리적 문제가 예견되고 이에 따른 논란이 있음에도 완전 자율살상무기체계의 등장도 머지않은 것으로 예상된다.

김상배는 자율무기체계의 등장 등 4차 산업혁명 시대 기술변수가 미래전의

---

12  이종용, 「4차 산업혁명시대 한국군 군사혁신 방향」, 『한국국가전략』 13, 서울: 한국국가전략연구원, 2020, pp. 88-89.

13  이석수, "킬러로봇이 인간을 대체하는 날", 『한국일보』, 2021.12.30. https://www.hankookilbo.com/News/Read/A2021123014220003716(검색일: 2022.7.27)

14  김민석, "현대전은 드론 전쟁", 『중앙일보』, 2018.1.19. https://www.joong ang.co.kr/article/22300025 (검색일: 2022.7.27)

15  모용복, "미래 전쟁은 핵이 아니라 드론이다", 『경북도민일보』, 2020.1.12, 19면.

양상을 바꾸고 그 승패를 가를 것이라고 전망했다. 그는 4차 산업혁명 기술이 무기체계의 발전을 가져오고, 자율무기체계 등 신무기체계가 등장함에 따라 군사작전은 기존의 작전수행 방식이나 전투공간(영역) 운용 및 전쟁 양식도 변화를 가져올 것으로 예상한다. 전쟁수행 방식이 플랫폼 중심에서 네트워크 중심으로 변화하고, 자율무기체계가 도입될 것이며, 특히 드론의 발전으로 스워밍 작전이 이뤄질 것으로 보았다.

이상에서 살펴본 바와 같이 미래 전쟁은 재래식 무기를 활용하면서도 사이버전, 전자전, 미디어전, 비정규전 등이 특정 시간과 장소의 한계를 뛰어넘어 복합적으로 전개되는 하이브리드전 양상이 보편화되고 모자이크전 개념이 구현될 것으로 예상된다. 또한 무기체계들은 인간 전투원과 함께 드론이나 로봇이 대량으로 전장에서 운용되면서 '무인화, 자율화, 지능화, 군집화'의 특성을 보일 것[16]으로 전망된다.

인류의 역사는 전쟁의 역사라 해도 과언이 아니다. 새로운 과학기술은 혁신적인 무기체계의 출현으로 이어졌고, 새로운 무기체계는 기존의 전쟁수행 방식과 전쟁 양상의 변화를 가져왔을 뿐만 아니라 기존의 국제질서조차 요동 치게 만들었다. 〈그림 8-2〉는 신기술이 새로운 무기체계의 출현과 전쟁 양상 변화의 관계성을 나타낸 것이다.

4차 산업혁명은 현재 진행형이다. 새로운 기술이 쏟아지고 있는 가운데 그 기술 간의 융합을 통해 또 다른 신기술이 창출되고 있다. 이는 더 정밀하고 위력이 강한 무기체계의 개발로 이어질 것이며, 기존의 무기체계와는 완전히 다른 혁신적인 무기도 출현할 것이다. 다만 이러한 신무기는 대부분 공개하지 않기 때문에 개발 여부를 확인하기 쉽지 않다. 4차 산업혁명 시대를 이끄는 첨단기술들이 적용된 신무기체계는 전쟁이 실제 벌어진 이후에나 볼 가능성도 있다. 새로운 무

---

**16** 유혁, 「첨단 과학기술시대, 군·학간 새로운 협업모델」, 『제6회 AI·드론봇 전투발전 콘퍼런스』 자료집, 서울: 육군교육사령부, 2023, p. 18.

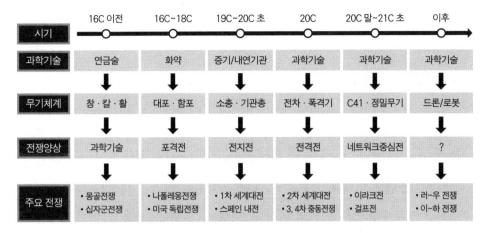

| 시기 | 16C 이전 | 16C~18C | 19C~20C 초 | 20C | 20C 말~21C 초 | 이후 |
|------|---------|---------|-----------|-----|--------------|------|
| 과학기술 | 연금술 | 화약 | 증기/내연기관 | 과학기술 | 과학기술 | 과학기술 |
| 무기체계 | 창·칼·활 | 대포·함포 | 소총·기관총 | 전차·폭격기 | C41·정밀무기 | 드론/로봇 |
| 전쟁양상 | 과학기술 | 포격전 | 전지전 | 전격전 | 네트워크중심전 | ? |
| 주요 전쟁 | •몽골전쟁<br>•십자군전쟁 | •나폴레옹전쟁<br>•미국 독립전쟁 | •1차 세계대전<br>•스페인 내전 | •2차 세계대전<br>•3, 4차 중동전쟁 | •이라크전<br>•걸프전 | •러-우 전쟁<br>•이-하 전쟁 |

〈그림 8-2〉 과학기술의 발달과 무기체계 및 전쟁 양상의 변화

기체계의 출현, 새로운 전쟁 양상의 전개가 예상되는 것은 이 때문이다.

과거에는 전략의 우위, 리더십의 탁월성, 승리를 향한 인간의 의지가 전승의 관건이었다면 4차 산업혁명 시대의 전쟁에서는 기술의 우월성, 즉 무기체계의 우수성이 전쟁의 판도를 좌우할 것으로 예상된다.[18] 특히 드론은 AI, 빅데이터 등 첨단기술의 집약을 통해 비약적으로 발전할 것이며, 많은 학자들이 전망하듯 미래 전쟁에서 게임체인저가 될 것이 분명하다.

---

**17** 이경록, 「4차 산업혁명 기술에 기반한 2050년 육군의 신개념 무기체계 구상」, 『ARMY FIT』, 계룡: 국군인쇄창, 2020, p. 3 일부 수정.

**18** 김상배, p. 25. 기술이 개인과 사회를 변화시킨다는 논리를 '기술결정론', 기술이나 지식은 인간의 경험으로부터 주관적으로 구성된 것이며 개인 간의 상호 역동적 관계 속에서 사회가 변화된다는 논리를 '사회구성론'이라 한다. 이는 무기체계와 군사작전 및 전쟁 양식의 변화를 바라볼 때도 적용된다.

## 3. 드론 기술의 발전과 드론위협

### 1) 드론에 적용되는 기술

드론에 적용되는 기술이란 드론을 제작하고 운용하는 데 사용되는 모든 기술이다. 드론시스템[19]의 구성을 보면 어떤 기술이 적용되는지 한눈에 가늠할 수 있다.

드론시스템은 비행체인 드론, 드론에 부착하여 인간을 대신해 특정 임무를 수행하는 임무수행장비, 드론의 이착륙·비행·임무수행·명령 및 데이터 송수신 등을 통제하는 지상통제장비, 지상지원체계로 구성된다. 이를 요약하면 〈표 8-1〉과 같다.

드론시스템 중에서 중심이 되는 '드론'은 통신부·제어부·구동부·페이로드(Payload)라는 4개의 모듈로 구성된다. 이 같은 드론 구성 모듈들은 드론의 성능을 향상시키는 데 필요한 기술 발전 분야와도 일치한다. 〈표 8-2〉는 위에서 설명한 비행체로서의 드론을 구성하는 하위 모듈 및 주요 기능을 나타낸 것이다.

'통신부'는 지상통제장비와의 명령 및 데이터 송수신 기능을 담당하는 부분이다. 이는 비행경로와 임무수행 조건 등을 비행하기 전에 세팅하는 프로그램 주

**〈표 8-1〉 드론시스템 구성**

| 구분 | 내용 |
|---|---|
| 드론(비행체) | 4개의 모듈(통신부, 제어부, 구동부, 페이로드)로 구성 |
| 임무수행장비 | 페이로드에 부착하는 장치 및 물자(드론의 용도 결정) |
| 지상통제장비 | 드론을 지상에서 조작하는 장치 |
| 지상지원체계 | 드론 유지관리와 관련된 일체의 장비 및 물자 |

---

**19** 드론시스템이란 드론을 포함하여 드론의 비행 및 임무수행이 유기적·체계적으로 이루어지게 만들기 위한 통신체계, 지상통제국(이·착륙장 및 조종인력 포함), 항행관리 및 지원체계가 결합된 것을 말한다. [법률 제16420호, 드론 활용의 촉진 및 기반조성에 관한 법률. 2019.4.30. 제정][시행 2020.5.1.] 제2조(정의) 2항.

**〈표 8-2〉드론 구성 모듈 및 주요 기능**

| 구분 | 주요 기능 |
|------|----------|
| 통신부 | 지상통제장비(조종자)와의 명령 송수신<br>드론에 의해 수집된 정보 송신 |
| 제어부 | 드론의 예상 비행 궤적 계산, 드론의 자세/방향/속도 제어 |
| 구동부 | 드론을 비행하게 하는 동력 제공(엔진, 프로펠러, 로터 등) |
| 페이로드 | 임무수행장비를 부착하는 장치 |

입식이든 지상통제인원에 의한 직접 통제방식이든 관계 없이 주파수 할당 및 운용, 데이터 링크 등과 직접적으로 관련이 있다. 통신기술이 발달할수록 더 많은 영상 데이터 및 기타 정보의 송수신량을 증가시킬 수 있다. 현존 드론에는 5G 통신기술이 적용되고 있다.

'제어부'는 드론의 비행을 계산하고 통제하는 부분이다. 드론의 예상 비행 궤적을 계산하고 드론의 자세와 방향, 속도 등을 제어하는 것으로 첨단 AI 기술이 집중적으로 적용된다.

'구동부'는 드론을 비행하게 만드는 동력을 제공하는 부분으로 '동력장치' 또는 '추진 시스템'이라고도 한다. 드론은 내연기관을 장착하거나 배터리를 동력원으로 활용하는 엔진이 탑재된다. 내연기관 드론은 소음과 열이 많이 발생하므로 배터리 이용 드론보다 쉽게 탐지될 수는 있으나 장시간·장거리·고중량의 임무를 수행하기에는 유리하다.

'페이로드'는 카메라 등 각종 임무수행장비를 부착하는 장치를 말한다.[20] 군사적으로는 정찰장비, 직사화기, 수류탄이나 폭탄, 로켓, 화생방 살포기, 통신중계장비, 운반장치 등의 임무수행장비를 부착할 수 있을 것이다. 즉, 어떤 임무수행장비가 부착되느냐에 따라 드론의 용도가 달라진다.

드론은 이와 같은 각 구성부의 기술 발전은 물론 관련 기술의 발전과 긴밀하

---

**20**  박승대·구본환, pp. 195-121.

게 연결되면서 더욱 고성능화되어가고 있다. 위치정보시스템(GPS: Global Positioning System. 이하 GPS)[21] 및 비행통제장치(FC: Flight Controller. 이하 FC), 각종 센서와 비행 컨트롤러의 조합에 의해 고도의 비행 성능을 발휘하게 된다.

드론은 유인비행체와 차별화되는 특징이 있다. 첫째, 간단한 조작성, 둘째, 안정된 호버링(Hovering; 정지비행 또는 제자리비행), 셋째, 장해물 회피기능, 넷째, 통제권자와의 통신 두절이나 배터리 출력 저하 등 문제 발생 시 자동으로 이륙지점으로 복귀하거나 지상에 안전하게 착륙하도록 하는 자기보정기능(Fail Safe)이다.[22] 드론은 유인비행체가 갖는 취약성, 즉 기체 결함이나 기술적 결함, 조작 실수, 대공무기에 의한 피격 등이 발생할 경우 인명 손실로 이어질 수 있는 부담을 배제할 수 있다. 또한 조종사가 탑승하지 않음으로써 제작비용을 획기적으로 낮출 수 있는 장점도 있다.

## 2) 드론 기술의 발전 전망

드론은 4차 산업혁명 기술이 급속도로 접목되고 융합되면서 지속적으로 발전하고 있다. 스마트폰 기술이 진화하듯 드론에 적용되는 기술도 빠르게 발전함에 따라 더욱 작고 조용하며 다양한 임무 수행이 가능한 드론이 개발되고, 그 활용 분야가 지속적으로 확대되고 있다.

드론에 적용되는 기술 중에서도 핵심기술이라고 할 수 있는 기술은 원격자동비행제어 기술, 충돌회피 및 자율비행 기술, 드론 탑재 첨단센서 및 임무장비 기술, 드론 교통 및 공역 관리시스템 기술, 동력시스템 기술, 데이터 링크 및 통신기

---

**21** 미국에서 운용하는 위성항법시스템(GNSS: Global Navigation Satellite System). 러시아에서 운용하는 GNSS는 'GLONASS', 유럽연합에서 운용하는 GNSS는 'Galileo', 중국에서 운용하는 GNSS는 'Beidou'라 부르고 있다.

**22** 센서로 세계로 미래로, "안티드론 기술이란?", p. 4. https://blog.naver.com /iotsensor/222258907296 (검색일: 2022.7.26)

술, 드론시스템 개발 기술이라고 할 수 있다.[23] 그러나 이러한 기술들은 상호 밀접하게 연결되어 있어 영향을 주고받는다. 즉, 어느 한 분야의 기술발전은 다른 분야의 기술발전에도 영향을 미치게 된다. 그 외에도 배터리, 소재, 카메라 등 드론에 적용되는 기초 기술과 임무수행장비의 기술도 지속적으로 발전하고 있다. 따라서 드론 기술의 발전 한계를 판단하기는 쉽지 않지만, 다음과 같은 방향성을 예측해볼 수 있다.

첫째, 드론에 사용되는 배터리의 성능(제조기술) 발전에 따라 체공 능력(비행시간 및 비행거리)이 획기적으로 증가할 것이다. 드론은 일반항공기와 같이 내연기관을 장착하여 운용되었지만, 최근에는 엔진 소음과 열 발생에 따른 피탐 취약성을 최소화하기 위해 배터리를 동력원으로 사용하는 것을 선호하기 때문이다. 둘째, AI 기술의 발전과 접목을 통해 원거리 자율비행과 군집비행이 가능하게 될 것이다. 이는 스와밍 전술을 구현하는 기반 기술이다. 셋째, 고도의 센서와 AI 기술을 복합적으로 적용하여 인간을 대신해 더욱 정확하고 대량의 정보수집 및 처리가 가능하게 될 것이다. 넷째, 페이로드에 장착하는 임무수행장비의 기술 발전으로 운용 분야가 더욱 확대될 것이다. 이와 같이 드론은 인간을 대신해 다양한 임무를 수행하는 '비행하는 로봇'[24]이다.

### 3) 드론위협

#### (1) 드론위협의 유형

평시에는 군사용 드론이 운용될 가능성이나 빈도는 낮을 것이며, 사용된다 하더라도 주로 은밀하게 정보를 수집하거나 테러를 목적으로 운용될 것이다. 그러나 전쟁 개시 직전 및 전쟁 중에는 정찰 및 공격용 드론이 전면적으로 운용될

---

**23** 박승대 · 구본환, pp. 202-207.

**24** 클라우스 슈밥, 김민주 · 이엽 역, 『클라우스 슈밥의 4차 산업혁명 The Next』, 서울: 메가스터디(주), 2018, p. 174.

것으로 예상된다.

전쟁 시 적이 드론을 어떻게 운용할 것인가를 예측하는 것은 적이 보유한 드론이 어떤 종류인지를 안다면 쉬울 것이다. 그러나 그에 대한 정보가 없다면 아측이 어떻게 드론을 운용하려고 하는가를 생각해보면 쉬울 것이다. 또한 최근 전쟁에서 드론이 어떻게 운용되었는가를 살펴보는 것은 드론위협을 예측하는 데 매우 유용할 것이다.

전쟁 시 군사용 드론은 정찰·감시 등 정보수집용, 자폭공격을 포함한 공격용, 인원·장비·물자 등의 운반을 위한 수송용, 난청지역 극복 및 원거리 네트워킹을 위한 통신중계용, 상대국의 통신망을 교란하기 위한 전자공격용, 상대국의 드론을 무력화하기 위한 대드론용 등으로 활용될 수 있다. 특히 우-러 전쟁 및 이-하 전쟁 사례에서 보듯 자폭드론은 매우 광범위하게 운용될 것이다.

전시 공격용 드론의 시초는 제2차 세계대전 중 독일에서 개발한 V-1 Flying Bomb(Buzz bomb 또는 Doodle Bug로 불림)이다. 이 드론은 pulse jet 엔진을 사용했고, 약 241km를 최대 초속 176m의 속도로 비행할 수 있었고, 길이는 약 8.3m, 폭은 약 5.3m, 탄두중량은 848kg에 달했다. 전쟁 기간 중 약 1만 기가 영국에 발사되어 약 25%(2,448발)가 목표를 타격했다.[25]

현대적 군사용 무인항공기의 시초는 1995년 미국이 보스니아에서 NATO 군사작전 간 운용한 RQ-1A(Predator, 프레데터)다. RQ-1A는 처음에 정찰 목적으로 개발되었으나 2001년부터는 'MQ-1'로 이름을 바꾸고 헬파이어(Hell Fire) 미사일을 장착하여 무인공격기로도 운용하기 시작했다. 무인기의 효용성에 주목한 미국은 개발에 더욱 박차를 가하여 2003년 이라크전쟁에서 6종의 무인항공기를 전장에 투입해 운용했으며, 2002년 'X-45'로 명명된 스텔스 무인전투기를 세계 최초로 개발하여 시험비행을 했다.[26]

---

25   Hickman, Kennedy. "World War II: V-1 Flying Bomb," https://www.thoughtco.com/ world-war-ii-v-1-flying-bomb - 2360702(검색일: 2022.10.18)
26   맥스 부트, 송대범·한태영 역, 『전쟁이 만든 신세계』, 서울: 도서출판 플래닛미디어, 2006, pp. 834-

군사용 드론은 대형의 고정익 무인기가 주종을 이루고 있다. 그러나 미국 해병대에서 운용하는 Dragon Eye와 같이 무게가 5파운드에 불과할 정도로 작은 기체도 있다. 회전익 드론으로는 미국의 MQ-8(Fire Scout)이 대표적이다. 이 무인 헬리콥터는 미 해군과 해병대에서 운용하고 있으며, 지상 및 수상 통제소를 중심으로 150NM 거리 내에 있는 적의 위협을 감시하고 표적의 위치 좌표를 실시간 제공하며 탑재된 레이저 지시기로 표적 정보를 정확하게 제공한다. 또한 헬파이어 미사일이나 로켓 등을 장착하여 공격 용도로 이용할 수도 있다.[27]

미국은 2001년 11월 1세대 드론이라고 할 수 있는 프레데터를 이용해 아프가니스탄에서 알카에다 핵심 지휘관인 무함마드 아테프를 저격용 미사일로 폭사시켰다.[28] 2020년 1월에는 2세대 드론이라 할 수 있는 MQ-9(Reaper, 리퍼)을 이용하여 헬파이어 미사일로 이란의 군부 실세 솔레이마니를 제거했다. 그 외에도 오사마 빈라덴, 리비아의 카다피 등을 제거할 때 드론을 활용했다.

2001년 당시 군사용 드론은 미국의 전유물처럼 인식되었으나 이제는 약 70여 개국이 보유하고 있으며, 대부분 국가가 드론을 차세대 전장의 게임체인저로 인식하고 치열한 개발 경쟁을 벌이고 있는 상태다. 특히, AI 기술을 적용한 자폭드론 개발이 가속화되고 있다. 이것의 선두주자는 이스라엘의 자폭드론 하피(HARPY)다.

군사용 드론은 사용자 측의 인명 손실을 최소화하면서 다양한 임무를 효율적으로 수행할 수 있다. 또한 비용 대비 효과 면에서 유인항공기에 비해 절대적으로 유리하다. 따라서 이러한 장점을 바탕으로 군사용 드론은 향후에도 지속적으로 늘어날 것이다.

4차 산업혁명 기술의 혁신과 이를 적용한 군사용 드론 확대는 전쟁 양상의

---

835.

**27**  Ibid., p. 836.

**28**  진종인, "드론(drone)", 『강원도민일보』, 2020.1.9, 8면.

변화를 예고한다. 드론에 장착된 센서와 다른 스마트 기기에서 수집된 엄청난 정보는 클라우드 컴퓨터, AI 기술에 의해 가공되어 드론 조종자 및 각 제대의 지휘관에게 제공될 것이다. 이를 바탕으로 '센서-결정-타격'의 효율화와 정밀화가 더욱 가속화될 것이다. 한국 육군에서 드론봇 부대를 편성하듯 국가별로 드론 및 로봇부대가 편성되고 드론 및 로봇 운용과 관련된 교리, 전술, 군수지원체계 등의 변화가 급격하게 나타날 것이며, 이는 어떤 의미에서 드론의 확산으로 인한 군사혁신이라고도 할 수 있을 것이다.[29]

상용드론도 급격히 늘어나고 있다. 중국은 상용드론 시장의 70%를 장악하고 있는 DJI사를 필두로 전 세계 상용드론 시장을 석권하다시피 하고 있다. 상용드론의 증가와 함께 드론이 테러에 이용되는 사건도 늘고 있다. 상용드론을 이용한 최초의 테러사건은 2016년 10월 이라크에서 극단주의 무장세력 IS[30]가 자폭드론으로 개조한 상용드론에 의해 4명의 사상자가 발생한[31] 사건이었다. 이후 IS에 의한 드론 테러는 대부분 DJI의 상용드론을 개조한 것이었다.

상용드론은 러-우 전쟁 사례에서 보듯 전쟁 시에도 매우 유용하게 그리고 활발하게 사용될 것이다. 상용드론을 간단히 개조하여 얼마든지 공격용 드론으로 개조할 수 있으며, 개조할 필요도 없이 곧바로 정찰감시용 드론으로 사용할 수도 있다.

### (2) 북한의 드론 능력

북한은 1970년대 초반부터 지금까지 30여 년간 드론을 개발해왔다. 북한이

---

29　이중구, 「4차 산업혁명과 군사무기체계의 발전」, 『4차 산업혁명과 신흥 군사안보』, 김상배 편, 경기 파주: 한울엠플러스(주), 2020, pp. 60-61.

30　Islamic State의 약자. 9.11테러를 주도한 알카에다의 이라크 지부로 출발했으며, 2014년부터 2017년까지 이라크 북부와 시리아 동부를 점령하고 국가를 자처했던 극단적인 수니파 이슬람 원리주의 무장단체를 지칭한다.

31　이영선, "벼랑 끝에 내몰린 IS, 이번엔 자살드론테러 … 사상자는?", 『코리아데일리』 2016.10.13. http://www.ikoreadaily.co.kr/news/articleView.html?Id xno=239542(검색일: 2023.12.12)

드론 개발을 추진하게 된 배경 및 원인은 다음 세 가지로 분석된다. 첫째, 1970년 2월 미국 UAV 중 하나인 AQM-34Q가 오산 공군기지에 전개하여 북한 해안을 따라 정찰 임무를 260여 회 수행했는데, 북한의 통신을 모니터링했고 이에 자극을 받아 UAV에 관심을 갖기 시작한 것으로 보인다. 둘째, 1973년 이스라엘과 아랍국(이집트, 시리아) 사이에 벌어진 4차 중동전쟁에서 이스라엘이 UAV를 사용하는 것을 보며 그 필요성과 효과성에 대해 확신한 것으로 판단된다. 셋째, 1988년 한국 국방부가 정찰용 UAV 도입을 위한 자금 조달을 모색하고 있다는 발표에 자극받은 것으로 보인다.[32]

북한은 1988년에서 1990년 사이에 중국을 통해 처음 UAV를 구입했다. 이는 D-4(나중에 Xian ASN-104라고 불림)라는 정찰용 UAV로 추정된다. 북한은 이를 기반으로 하여 정찰용 UAV를 모방 생산하기 시작했으며, 1993년 말까지 최소 1대 이상 제조했을 것으로 보인다. 이후에는 성능이 개량된 D-5(Xian ASN-105) 모델을 토대로 '방현 2'라고 불리는 드론을 자체 생산하고 있는 것으로 추정된다.[33] 이후 1994년 시리아로부터 소련제 Tu-143 Reys(또는 DR-3 Reys로 불리기도 함. 항속거리 60~70km, 고속·저고도 시스템)를 포함한 UAV에 대한 접근권과 작전 정보, 그 외 몇 가지 모델을 제공받은 바 있으며, 또한 1997~1998년에는 Pchela-1T라고 불리는 러시아제 정찰용 UAV 10대를 구입했다. 북한은 D-4의 경우처럼 DR-3를 모방 생산하고 있다고 판단된다.

북한의 무인기 전력 확대 시도는 2005년부터 2015년까지 계속되었으며, 2010년도부터는 미국의 고속표적기 MQM-107 스트리커(Streaker)를 시리아로부터 입수하여 이를 개조 또는 모방한 자폭드론도 생산하고 있다고 알려지고 있

32  Joseph S. Bermudez Jr., "North Korea Drones On," 38North(2014.7.1), https://www.38north. org/2014/07/jbermudez070114/(검색일: 2023.12.14)

33  김선한, "북한, 25년 넘게 드론 개발에 주력 … 300대 가량 운용", 「연합뉴스」, 2016.1.20. https://www. yna.co.kr/view/AKR20160120100500009?input=1195m(검색일: 2023.12.14)

〈그림 8-3〉 미국 드론 MQM-107(Streaker) 및 북한판 글로벌호크

다.[34] 북한은 다른 국가에서 도입한 무인기의 모방 생산은 물론 미국의 무인기 '글로벌호크'와 '리퍼' 제조기술을 해킹해 유사한 형태의 무인기를 개조하여 생산하고 있는 것으로도 보인다.[35]

북한은 2012년 4월 15일 평양에서 열린 열병식에서 신형 무인항공기를 처음 공개했으며, 이후 매번 군사 퍼레이드에서 드론을 전시해오고 있다. 2021년 1월 제8차 노동당 당대회에서 선언한 전략무기 과업 중 '반경 500km의 무인기 개발'이 포함되어 있는 것으로 볼 때 북한의 무인기 수준은 양적 증가만이 아니라 질적인 발전도 상당할 것으로 추측된다. 2022년 12월 영국의 『제인스 디펜스 위클리(Jane's Defence Weekly)』는 미국 막사 테크놀로지(Maxar Technology)사가 제공한 상업용 위성사진 분석을 통해 "북한 방현 공군기지에 날개 길이 18m, 동체 길이 8m의 무인기를 식별했다"고 보도했다. 이는 중국 항천과기집단공사(China Aerospace Science & Technology Corporation: CASC)가 개발한 CH-4형 무인기와 형상과 크기가 거의 판박이인 것을 볼 때, 북한이 중국의 CH-4형 무인기를 직접 도입한 것이거나 모방 생산한 것일 가능성이 크다.[36]

---

**34** 순정우, "美국방부, 北 '무인공격기' 휴전선 실전배치 확인", 「New Daily」, 2014.3.7. https://www.newdaily.co.kr/site/data/html/2014/03/07/2014030700113.html(검색일: 2023.12.16)

**35** 이상민, "전문가들, '북, 미국 무인기 기술 해킹해 개조한 듯'", 「RFA자유아시아방송」, 2023.7.27. https://www.rfa.org/korean/in_focus/nk_nuclear_talks/nkdrone-07272023163451.html(검색일: 2023.12.17)

**36** 북한군사문제연구원, 「북한 CH-4 도입 보도(제인스 국방주간)」, 『KIMA Newsletter』 1392,

북한의 드론 보유 현황은 정확히 파악되지는 않으나 2016년 당시 정찰용·공격용(자폭드론 포함)을 합쳐 300대 정도로 알려졌다. 2019년 10월 북한은 최대 1천 대의 드론을 보유한 것으로 보인다는 언론보도도 있었다.[37] 2023년 2월 개최된 '육군 대드론체계 전투발전 세미나'에서 제시된 자료에 따르면 북한은 미국의 MQM-107(Streaker)을 모방한 자폭드론을 포함해 공격용 드론 100~150여 대를 보유 중인 것으로 추측된다.

이와 같은 내용을 종합해볼 때 북한은 무인기를 정찰용과 공격용 모두 합하여 7개 유형,[38] 최소 300기에서 많게는 1천 기 정도 보유하고 있다고 판단된다. 그러나 러-우 전쟁의 사례를 보면서 김정은의 독려 아래 그 수량을 계속 늘려나가고 있을 것으로 보인다.

북한의 무인기 전력은 중국, 러시아, 이란 등 북한과 친밀한 관계에 있는 국가들의 기술적 지원을 받아 지속적으로 그 성능과 수량의 증가가 예상된다. 특히 북한이 보유한 대부분(5종) 무인기들이 중국의 것과 유사한 점을 볼 때 중국의 기술지원이나 영향을 많이 받은 것으로 보인다.

덧붙여 2023년 김정은이 러시아를 방문했을 때 푸틴에게서 선물로 받은 자폭드론 5대, 수직이착륙 기능의 정찰드론 1대가 있음을 볼 때 향후 러시아 드론과 유사한 드론의 모방 생산 및 보유도 예상된다.

---

2023.01.10. https://www.kima.re.kr/3.html?Table=ins_kima_newsletter&s=11&mode=view&uid=1438(검색일: 2023.12.16)

**37** 이옥진, "95개국 軍, 드론 보유 … 글로벌 안보지형 뒤흔든다", 『조선일보』, 2019.10.1. https://www.chosun.com/site/data/html_dir/2019/10/01/2019100100284.html(검색일: 2023.12.17)

**38** 북한군사문제연구원. 중국 CH-4형(북한은 정찰용을 '샛별-4형', 공격용을 '샛별-9'라 칭함), Pioneer 400형, 방현-Ⅰ/Ⅱ형, Sky-09P형, 러시아 Pchela-1T형, 미국 MQM-107형을 말한다. 북한이 보유한 CH-4형 드론은 중국의 CASC가 제작한 것을 직접 도입한 것이거나 이를 모방 생산한 것일 수 있다. CASC는 미국 제너럴아토믹스에어로노티컬시스템(GA-ASTs)의 MQ-9(Reaper)를 모방해 CH-4를 개발했으나 후방 꼬리날개를 V형으로 하여 차별화한 것이다.

## 4. 전쟁 시 드론 및 대드론체계 운용 사례

국가 간의 전쟁에서 드론이 본격적으로 활용된 것은 2003년 미국-이라크 전쟁이라고 할 수 있다. 이때 미국은 보유한 6종의 무인기를 운용했다. 그러나 이 전쟁은 미국의 압도적 전력 우위 속에서 치러진 일방적인 전쟁이었을 뿐만 아니라 미국만 무인기를 가지고 있었기 때문에 전쟁과 관련한 드론 및 대드론체계 운용과 관련하여 논하거나 교훈을 도출할 만한 가치를 찾기는 어렵다고 할 수 있다.

드론 운용 대드론체계와 관련하여 유의미한 최초의 전쟁을 찾는다면 아제르바이잔과 아르메니아 간의 2차 나고르노-카라바흐 전쟁이라고 할 수 있다.[39]

아제르바이잔과 아르메니아는 소련 시대에 잉태된 영토 문제와 고질적인 민족 갈등으로 여러 차례 무력충돌을 해왔다. 그중에서 2020년 9월부터 11월에 치러진 2차 전쟁에서 아제르바이잔은 드론을 다수 운용해 전쟁을 승리로 이끌었다. 그래서 많은 사람은 이 전쟁을 드론에 의해 승패가 결정된 현대 전쟁의 첫 번째 사례로 꼽고 있다.[40]

이 전쟁을 계기로 세계 각국은 드론을 전쟁의 주요 수단으로 여기고 그 능력을 확충하기 위해 경쟁을 벌이고 있다. 아울러 적국의 드론에 대응하기 위한 대드론 능력의 확충 경쟁 또한 병행되고 있다. 이는 창과 방패의 경쟁이라고 할 수 있다.

여기서 최근 전쟁에서 나타난 드론 및 대드론 능력과 운용 양상, 주요 국가들의 드론 및 대드론 능력을 살펴보면 향후 우리나라가 드론위협에 어떻게 대비해야 할 것인가에 대한 시사점을 얻을 수 있다고 판단된다. 이에 따라 2022년 2월 시작된 러시아-우크라이나 전쟁과 2023년 10월 7일 시작된 이스라엘-하마스 간의 무력충돌 사례를 분석해보고자 한다.

---

**39** 1988년부터 1994년까지 전쟁을 1차 전쟁, 2020년 9월 27일부터 11월 10일까지 전쟁을 2차 전쟁으로 구분한다.

**40** 김정래, "드론 전쟁시대의 서막을 보며", 『아주경제』, 김인호 과학기술정책연구원 초빙연구위원 칼럼, 2020.11.26. https://news.zum.com/articles/64415429(검색일: 2022.11.10)

## 1) 러시아-우크라이나 전쟁

2022년 2월 24일 러시아 푸틴 대통령은 "우크라이나 비무장화 및 돈바스 내 러시아인 보호, 우크라이나의 NATO 및 EU 가입 저지와 중립 유지"를 목표로 하는 전쟁을 개시한다는 담화문 "특수 군사작전의 실행에 대하여"를 발표했다. 발표가 나고 몇 분 후 키이우를 포함한 우크라이나 전역에 대한 러시아의 미사일 공습과 대규모 지상 공격이 이어지면서 러시아-우크라이나 전쟁이 시작되었다.[41]

러시아-우크라이나 전쟁은 쌍방이 드론을 전투수행의 주요 수단의 하나로 사용했고, 특히 자폭드론이 본격적으로 그리고 대규모로 운용된 최초의 전쟁이라 할 수 있다.

전쟁 초기 러시아는 2014년 우크라이나의 크림반도 합병 전쟁 시와 동일하게 소형 드론 Orlan-10을 활용해 우크라이나 지역 및 군 정찰, 전자전 등을 실시했다. 이를 통해 우크라이나의 지휘통제 마비를 시도하거나 획득한 표적 정보를 대대전술단(BTG: Battalion Tactical Group)의 포병에게 전달함으로써 즉각적인 공격이 이뤄지도록 하여 우크라이나군에게 심각한 피해를 주었다.

우크라이나의 젤렌스키 대통령은 침공이 시작되자마자 즉각 총동원령과 계엄령을 선포하고 러시아와 전쟁에 돌입했다. 우크라이나는 2014년 돈바스 전쟁에서 러시아의 드론에 호되게 당한 경험을 교훈 삼아 드론 전력을 대폭 증강해왔다. A1-SM(Fury), Leleka-100(정찰용)을 자체 개발 및 생산했으며, 터키산(産) 바이락타르 TB2(자폭드론)를 도입했다. 또한 민간 동호인 단체였다가 크림반도 전쟁이 발발하자 육군에 편입된 특수부대 아에로로즈비드카(Aerorozvidka: 러시아어로 '공중정찰'을 의미)가 자체 제작한 R18과 PD-1,[42] 미국이 우크라이나 신규 무기지원

---

41  안용운, 「국가중요시설 신방호체계 구축 방안 연구」, 건양대학교 일반대학원 박사학위논문, 2023, p. 76.

42  박형수, "매일 밤 러 탱크만 파괴 … '동호회 부대' 신출귀몰 병기 떴다", 『중앙일보』, 2022.3.18. https://www.joongang.co.kr/article/25056516(검색일: 2022.8.2)

리스트에 포함한 자폭드론 스위치블레이드-300 100대, 스위치블레이드-600 10대 등을 확보해 러시아에 대응했다.[43] 이후에도 우크라이나는 미국으로부터 피닉스 고스트(Phoenix Ghost), 알티우스(Altius) 등 무인기를 지원받았으며, 이스라엘의 자폭드론 하피, 터키의 바이락타르 등도 추가 도입하여 운용한 것으로 보인다. 우크라이나의 드론 전력 확보 효과는 2022년 9월경까지 우크라이나가 러시아의 정찰드론 오를란(Orlan)-10을 580여 대 격추[44]한 것에서 단적으로 나타난다.

러시아는 서방의 경제제재로 인해 드론 생산에 필요한 부품을 구하지 못했고 생산 및 전투현장 지원에 차질이 발생하여 드론을 활용한 전선 정찰 활동이 현격히 감소했다. 결국 우크라이나군의 위치 파악을 제대로 할 수 없게 된 러시아 지휘관들은 후퇴를 결정할 수밖에 없는 상황에 놓이게 되었다.[45] 러시아가 보유 및 운용 중인 드론은 자폭드론인 잘라 키브(Zala Kyb), 감시와 정찰에 사용되는 엘레론3SV(Eleron-3SV)와 오를란-10이 있다. 러시아의 유일한 대형 미사일 발사 드론은 크론슈타트 오리온(Kronshtadt Orion)이다. 이 드론은 미국의 킬러 드론인 'MQ-1 프레데터'와 유사한데, 정찰은 물론 정밀타격에도 사용된다.

러시아는 서방의 제재 등으로 인해 드론 자체 생산에 차질이 발생하자 이란의 샤헤드(Shahed)-136 자폭드론을 대량 도입하고 자국산 란셋(Lancet)의 생산량을 3배 이상 증가[46]시켰으며, 우크라이나의 전쟁지속능력과 의지를 저하시키고자 주로 기간산업시설을 공격했다.

우크라이나는 개전 초기 드론을 이용해 러시아군을 궁지로 몰아넣는 데 성공적인 모습을 보였지만, 전쟁 이전부터 전체적인 국력이나 전력 면에서 러시아에 열세였다. 따라서 러시아를 패배시켜 전쟁에 승리하기는 어렵다고 보는 것이 합

---

43  안용운, p. 78.

44  김홍철, 「러시아-우크라이나전 무인기 운용 사례분석을 통한 북한 무인기 대응방향」, 『2023-1차 KIMA FORUM』, 서울: 한국군사문제연구원, 2023, p. 35.

45  위의 논문.

46  방종관, "남들 90km 날아 전차 부수는데 … 자폭드론 210종 중 한국산 '0'", 『중앙일보』, 2023.12.12. https://www.joongang.co.kr/article/25214023(검색일: 2023.12.18)

리적인 판단이라고 할 수 있다.

전쟁이 장기화되면서 우크라이나는 자폭드론 전력을 대폭 보강한 러시아의 공격을 방어하는 데 취약성을 드러냈다. 우크라이나는 러시아의 자폭드론을 요격하기 위해 S-300 및 SA-11 같은 값비싼 대공미사일을 사용하거나 재래식 전투기를 이용한 공대공 미사일 요격방식을 사용했다.[47]

러시아는 우크라이나의 드론 공격에 호되게 당한 후 이에 대응하기 위해 드론건 같은 대드론 장비를 전선에 급하게 보급했으며, 재밍과 스푸핑 기능을 결합한 보리소글렙스크(Borisoglebsk) 2MT-LB와 R-330Zh 지텔(Zhitel) 시스템 등 전자전시스템을 주로 사용했다.[48]

이와 같이 양측은 드론 전력과 대드론 전력을 주 무기체계로 사용하고 있으며, 2023년 말 현재 어느 일방이 압도적인 우세를 점하고 있다고 보기는 어려운 상태다.

영국 왕립합동군사연구소는 2023년 5월 보고서에서 우크라이나군이 "매달 1만 대가량의 드론을 소진하는 것"으로 추정했으며, 우크라이나군 정보기관 HUR의 바딤 스키비츠키 소장은 10월 28일 『월스트리트저널(WSJ)』에서 "벌판에서 진격하는 탱크나 병력 대열은 3~5분 내에 발견되고, 이후 3분 내에 공격을 받는다. 따라서 이동하는 탱크, 트럭의 생존시간은 10분을 넘지 못한다"고 말했다.[49]

그만큼 많은 드론이 이 전장에서 운용되고 있으며, 그 효용이 매우 크다는 것을 알 수 있다. 저렴한 상용드론에 폭탄을 장착하는 식의 간단한 개조를 통해 대전차유도미사일과 동등한 효과를 얻을 수 있는 드론이 실제 전장에서 사용되고 있다. 자폭드론 중에서도 비싼 편에 속한다고 할 수 있는 튀르키예의 바이락타

---

**47** 김홍철, pp. 34-35.

**48** 이석수, "러시아·우크라이나 드론 전쟁", 네이버블로그 [이석수의 군사탐구]. https://blog.naver.com/officer80/222749159367(검색일: 2022.8.1)

**49** 이철민, "도처에 드론 … 우크라 벌판에선 전차든 병력이든, 10분 못 버텨", 『조선일보』, 2023.10.1. https://www.chosun.com/international/europe/2023/09/30/RFGJJP5PBVCNVLF3SFRIISULDI/ (검색일: 2023.12.20)

르-TB2라고 해봐야 약 1억 원 정도로 알려져 있다. 전차 1대에 몇십억 원씩 하는 것에 비하면 자폭드론이 얼마나 가성비가 뛰어난 무기체계인지를 단적으로 보여주고 있다.

## 2) 이스라엘-하마스 전쟁[50]

2023년 10월 7일 팔레스타인 테러조직 하마스가 가자지구에서 가까운 이스라엘의 레임 키부츠 인근에서 '슈퍼노바 초막절 행사' 음악제에 참석한 이스라엘 시민을 상대로 기습공격을 감행하여 1,200여 명을 살해하고, 250명을 납치[51]함에 따라 이스라엘이 전면적인 군사작전을 전개하면서 시작된 무력충돌을 말한다. 이는 알아크사 모스크[52]를 두고 오랫동안 이스라엘과 팔레스타인이 충돌해온 분쟁의 연속선상에 있다.[53]

하마스는 이스라엘의 아이언 돔을 무력화하기 위해 기습적으로 약 5천 발 이

---

**50** 국내외 언론 등에서 '이스라엘-하마스 전쟁'으로 칭하고 있으나 엄밀한 의미에서 '전쟁'이라 보기는 어렵다. 군사용 무기가 광범위하게 사용되고 여러 면에서 전쟁 같은 양상을 나타내고 있으나 국가 간의 무력충돌이 아니기 때문이다. 국방부, 합참 등 군에서는 '무력충돌'로 표현하고 있다. 따라서 이 장에서도 이하 '무력충돌'로 표기한다. https://ko.wikipedia.org/wiki/%EC%9C%84%ED%82%A4%EB%B0%B1%EA%B3%BC:%EB%8C%80%EB%AC%B8(검색일: 2023.12.26)

**51** 이를 팔레스타인 측은 '알아크사 홍수작전'이라고 부르며, 이스라엘에서는 '검은 토요일'이라고 부른다.

**52** 강보경, "이슬람교·유대교·기독교의 공동성지 '알아크사 모스크'란?", 「YTN」 홈페이지-국제상식, 2023.10.18. https://www.ytn.co.kr/_ln/0104_202310181458561971(검색일: 2023.12.23) 알아크사 모스크는 예루살렘 한복판에 위치한 이슬람교·유대교·기독교의 공동성지. 1948년 1차 중동전쟁 이후 요르단 관할, 1967년 3차 중동전쟁 후 이스라엘인이 점령, 1994년 이스라엘과 요르단이 "알아크사 모스크 관리를 '와크프'라는 이슬람 종교재단에 맡긴다"는 평화협정 체결(유대교 신자의 경우 알아크사 모스크 방문은 가능하나 내부에서 기도할 권리는 이슬람교도만 가짐). 2000년 이스라엘-팔레스타인 평화협상을 반대한 아리엘 샤론 전 국방장관이 무장 군인들과 함께 이 모스크를 기습 방문해 팔레스타인과 아랍계의 격렬한 반발을 불러와 제2차 인티파다(민중봉기)로 이어졌음. 2023년 이스라엘의 벤그비르 국가안보장관이 세 번 기습 방문하여 하마스 자극.

**53** "2023년 이스라엘-하마스 전쟁", 위키백과(2023.12.26). https://ko.wikipedia.org/wiki/2023%EB%85%84_%EC%9D%B4%EC%8A%A4%EB%9D%BC%EC%97%98-%ED%95%98%EB%A7%88%EC%8A%A4_%EC%A0%84%EC%9F%81(검색일: 2023.12.26)

상의 로켓을 텔아비브 등 다수의 이스라엘 도시를 대상으로 발사했다. 또한 원격으로 조종한 드론폭탄으로 스마트펜스를 통제하는 감시탑을 파괴했다. 군사·통신망이 마비되면서 이스라엘이 자랑했던 첨단센서와 원격 기관총은 무용지물이 됐다.

하마스의 기습공격에 대해 이스라엘은 전혀 방비가 되어 있지 않았다. 그야 말로 기습을 당한 것이다. 하마스는 스마트펜스의 감시탑과 이스라엘의 메르카바 전차 상부를 공격하는 데 드론을 사용했다. 저가의 드론에 폭발물을 장착하여 목 표물에 투하하는 방식이었다.

이스라엘은 1973년 일어난 4차 중동전쟁(욤키푸르 전쟁이라고도 함) 초기 이집 트에 기습을 당했던 경우와 유사하게 이번 무력충돌에서도 하마스가 대규모로 공 격하리라는 판단을 하지 않고 있다가 기습을 당했다. 이스라엘은 아이언 돔을 과 신했다. 아이언 돔은 박격포탄(엄밀하게는 155mm포탄 이상의 크기)도 요격 가능한 방 공무기라고 알려져 있다. 이스라엘은 하마스의 로켓을 아이언 돔으로 요격할 수 있다고 자신했다.

하마스는 이스라엘이 보유한 아이언 돔의 취약점을 공략했다. 아이언 돔은 발사대 1개에 요격 미사일을 20발 장전하고 1개 포대는 6개의 발사대를 운용한 다. 즉, 1개 포대가 재장전 없이 1회에 요격할 수 있는 목표물은 총 120개다. 이스 라엘이 보유한 아이언 돔 포대가 10개이므로 총 1,200개를 요격할 수 있는 것이 다. 하마스는 이러한 아이언 돔의 요격 능력을 훨씬 초과하는 다량의 로켓을 단시 간에 운용하여 아이언 돔을 무력화했다. 로켓 공격으로 인해 이스라엘이 잠시 혼 란에 빠진 상황을 이용해서 하마스 측은 드론을 운용해 스마트펜스의 감시탑들을 파괴했고, 이어 불도저를 이용해 스마트펜스를 제거하고 그 공간을 이용해 하마 스 대원들을 투입해 민간인 살상 및 인질을 납치했다.

결론적으로 이번 하마스의 기습공격에 국한해볼 때 아이언 돔에 의존하는 이스라엘 방공시스템은 로켓이나 드론을 요격하는 데 충분히 효과적이지 못했다.[54] 유사한 공격에 대비해 아이언 돔의 수량을 늘리는 것이 한 대안일 수도 있겠으나 가성비 면에서 불리하다. 적이 싸구려 로켓을 이전보다 더 늘려 공격한다면 유사한 결과가 초래될 수 있기 때문이다.

### 3) 시사점

러–우 전쟁과 이스라엘–하마스 무력충돌 사례가 우리에게 주는 시사점을 도출해보면 다음 세 가지로 요약할 수 있다.

첫째, 대드론 전력을 대폭 보강해야 한다. 드론은 피아 구분할 것 없이 장차 전쟁에서 핵심적 무기체계로 활용될 것이다. 두 전쟁은 공격용 드론의 운용과 함께 적의 드론 공격을 효과적으로 방어하는 것이 전쟁 주도권 장악에 관건임을 보여주고 있다. 북한이 드론 전력을 10여 년 넘게 확보해오고 있다는 점, 특히 군사 퍼레이드에서 선보인 것과 같이 공격용 드론들을 이미 확보하고 있는 점을 고려할 때 전시에 매우 심각한 위협 요인이 될 것이기 때문이다. 북한의 정찰드론들이 여기저기 은밀하게 돌아다니며 정보를 수집해 전송하거나 자폭드론들이 벌떼처럼 날아드는 경우를 상정해보라. 우리는 무엇으로 어떻게 그들을 탐지하고 요격할 것인지에 대한 실효적이고 가시적인 대책을 시급히 마련하지 않으면 안 될 상황이다.

둘째, 국가통합 대드론체계를 구축해야 한다. 드론이 전장의 주요 무기가 되었다는 것은 이미 부인할 수 없는 현상이다. 이에 더하여 드론이 평시 테러 수단으로도 널리 이용되고 있으며, 그 경제성과 효율성, 편리성 등을 고려해볼 때 이제까지 나타난 양상을 훨씬 뛰어넘는 다양한 형태로 테러 및 범죄에 이용될 것이다.

---

54 피해 유발이 가능한 로켓만 선별하여 그중 80% 이상을 아이언 돔으로 요격했다는 이스라엘의 주장을 볼 때 여전히 아이언 돔은 훌륭한 방어수단임에 틀림없다.

따라서 평시 드론테러 및 범죄에 대응할 수 있는 국가중요시설 단위 대드론체계 및 지역단위 경찰의 드론범죄 대응체계를 확립해야 한다. 하마스뿐만 아니라 전세계 도처에서 드론테러가 지속적으로 발생하는 점을 고려할 때 드론위협 대응은 국가 차원에서 종합적으로 이뤄져야 하며, 우선 시급한 것은 국가통합 대드론체계 구축이라고 판단된다.

셋째, 공격용 드론 전력을 시급히 확충해야 한다는 것이다. 우크라이나의 드론이 한 달에 1만 대씩 소모[55]된다는 것을 보면 드론이 전시에 얼마나 많이 사용되고 있는가를 쉽게 가늠할 수 있다. 군도 드론의 중요성을 인식하고 전력확충계획을 수립해 추진하고 있지만, 정찰용 드론에 편중된 느낌이다. 이는 전장가시화를 중시하는 기존 전쟁수행 방식의 틀에서 크게 벗어나지 못하고 있기 때문이다. 전장가시화와 함께 표적이 획득되면 즉시 공격하는 방식으로 전쟁수행의 틀 전환이 필요하다. 이 같은 관점에서 볼 때 현재의 드론전력확충계획은 검토 및 보완되어야 한다. 특히 자폭드론 등 공격용 드론의 종류를 제대별로 다양하게 구성하고 수량을 대폭 보강해야 한다. 그리고 전력화 시기도 획기적으로 앞당겨야 한다.


## 5. 미래 전장환경 주도를 위한 대드론체계 구축 방안

앞에서 논의한 북한의 드론위협과 러-우 전쟁 및 이-하 전쟁의 시사점을 토대로 미래 전장환경 주도를 위한 대드론체계 구축 방안을 제시하면 그것은 '국가 차원의 통합 대드론체계 구축'이라고 할 수 있다.

국가 차원의 통합 대드론체계가 구축되어야 하는 이유는 드론이 평시에도 심

---

**55** 조윤주, "AI가 조종하는 스텔스 드론 나온다 … 천하무적 될까?", 『The Drive』, 2023.6.20. 미국 방산업체 크라토스(Kratos)에 따르면 우크라이나 드론은 러시아의 전자전으로 인해 지속적으로 격추되고 있으며, 우크라이나는 매달 약 1만 대의 드론을 잃고 있다고 한다. https://www.thedrive.co.kr/news/newsview.php?ncode=1065583906013940(검색일: 2023.12.22)

각한 안보 위협 요인이며, 전시에는 적의 주 공격수단으로 이용될 가능성이 확실시되기 때문이다.

국가 차원의 통합 대드론체계를 구축하기 위해서는 다음의 네 가지가 추진되어야 한다. 첫째, 대드론체계를 구축해야 할 주체들을 중심으로 하는 '드론 대응 주체별 대드론체계 구축'이다. 둘째, 이들 주체별 대드론체계를 긴밀히 연계시켜 하나의 대드론체계로 만드는 것이다. 셋째, 국가 차원의 통합 대드론체계 구축과 실질적인 기능 발휘를 보장하기 위한 대드론 관련 법적·제도적 보완이다. 넷째, 공격용 드론이 대폭 확충되어야 한다. 이는 전시를 대비한 군의 대드론 능력의 확충을 골자로 한다. 이와 같은 추진방안은 아래에서 상세히 다룬다. 다만, 네 번째 추진사항은 본 논문에서 연구하는 논지와 대척점에 있으므로 논하지 않는다.

다음은 국가 차원의 대드론체계 구축을 위한 세부 방안으로서 대드론체계 구축 개념, 드론 대응 주체별 대드론체계 구축 방안, 국가 차원의 통합대드론체계 구축 방안 순으로 제시하겠다.

### 1) 대드론체계 구축 개념

'대드론체계 구축'이란 드론을 효과적으로 '탐지-식별-무력화'할 수 있는 물리적 수단을 확보하는 것이며, 아울러 이를 상시 운용할 수 있는 운영체계를 갖추는 것을 포함한다.

이러한 대드론체계 구축과 관련하여 미국의 월러스(Wallace)와 로피(Loﬁ)가 공동연구를 통해 제시한 '무인항공기 방어 심층 모델'[56]을 참고할 필요가 있다. 이들은 드론에 효과적으로 대응하기 위해서는 〈그림 8-4〉와 같이 동심원의 외곽에서부터 심부까지 '예방-억제-거부-탐지-차단-파괴'의 6단계 대응체계를 갖추어야

---

**56** 이동혁·강욱, 「안티드론 개념 정립 및 효과적인 대응체계 수립에 관한 연구」, 『시큐리티 연구』 60, 2019, pp. 19-20.

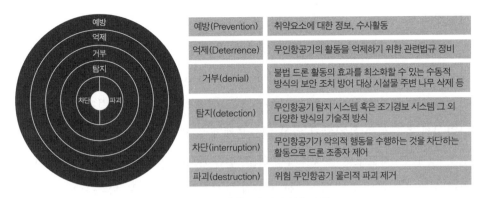

| | |
|---|---|
| 예방(Prevention) | 취약요소에 대한 정보, 수사활동 |
| 억제(Deterrence) | 무인항공기의 활동을 억제하기 위한 관련법규 정비 |
| 거부(denial) | 불법 드론 활동의 효과를 최소화할 수 있는 수동적 방식의 보안 조치 방어 대상 시설물 주변 나무 삭제 등 |
| 탐지(detection) | 무인항공기 탐지 시스템 혹은 조기경보 시스템 그 외 다양한 방식의 기술적 방식 |
| 차단(interruption) | 무인항공기가 악의적 행동을 수행하는 것을 차단하는 활동으로 드론 조종자 제어 |
| 파괴(destruction) | 위험 무인항공기 물리적 파괴 제거 |

〈그림 8-4〉 무인항공기 방어 심층 모델

한다고 했다.

외곽의 1~3단계는 평시 드론테러에 대비한 선제적 활동이고, 내측의 4~6단계는 드론위협이 실재할 경우 조치하는 군의 대공방어작전 단계 및 드론 대응 단계(탐지-식별-무력화)와 같다. 이 논문에서 제시하는 국가 차원의 통합 대드론체계 구축 방안은 이 모델의 개념과 유사하다.

특히, 3~6단계의 물리적 대응 단계는 군사교리에서 제시하고 있는 방호의 5원칙에 입각해 구축되고 운용되어야 한다. 방호의 5원칙은 '포괄성, 통합성, 다층성, 중첩성, 지속성'이다.[57]

'포괄성'은 위협에 대응하여 방호기능을 수행하기 위해 가용한 모든 자원을 광범위하게 활용하는 것을 의미한다. 포괄성은 한편으로 발생 가능한 모든 위협을 고려해야 한다는 의미도 내포하고 있다. 사회가 긴밀히 네트워크화됨에 따라 위협의 양상도 복잡해지고, 영향도 복합적으로 나타나기 때문에 위협을 포괄적으로 식별할 때 이에 대응하는 수단도 포괄적으로 망라될 수 있다.

'통합성'은 대드론 장비와 대드론 활동의 상승효과(synergy) 창출을 위해 가용한 제반 요소의 능력, 노력 및 활동, 물리적 시스템 등이 유기적으로 결합하여 일

---

**57** ADP 3-37, *Protection*, (Washington D.C.: Army Publishing Directorate, 2019, p. 1-1.

사불란하게 작동되는 것을 의미한다.

'다층성'은 다양한 대드론 장비 및 능력의 계층적 분산 운용을 통해 취약성을 감소시키고 방호 강도가 종심을 갖고 유지될 수 있도록 배비하는 것이다. 이는 1차 적으로 위협이 일시적이지 않고 시차를 두고 연쇄적으로 가중될 경우에도 방호의 탄력성과 효율성을 유지하기 위한 대드론체계 운용 방법을 말한다. 다층성은 고고도-중고도-저고도로 공역을 구분하고, 접근해오는 공중위협체 고도에 따라 최적의 전투력을 배비하여 최소 3회 이상의 교전을 보장하고자 하는 군의 방공작전 개념과 일치한다.

'중첩성'은 운용하는 다수의 대드론 작전 요소 중 개별요소들이 가진 약점을 보완하기 위해 적용해야 할 원칙이다. 이는 실제로 출현한 위협에 대응하기 위해 특정 수단을 운용했음에도 요망효과가 발휘되지 않은 경우에도 그것이 전체적 또는 결과적 측면에서 방호의 실패로 귀결되지 않도록 각 방호요소의 능력과 활동을 시공간적으로 중첩시키는 것이다. 다층성이 방호수단을 여러 단계에서 운용되도록 배비하는 것이라면, 중첩성은 배비된 각 방호수단의 임무수행 범위 및 시간을 상호 중첩되게 하여 임무수행의 성공 확률을 높이고 임무수행(특히 교전) 단절이 생기지 않게 하는 것을 말한다.

'지속성'은 방호기능 수행에 필요한 제반 작전 요소의 역량이 저하되거나 역량 발휘가 중단되지 않게 인적·물적 지원이 조직적으로 이뤄지도록 하는 것이다. 이는 탄약, 전기 등 장비 가동에 필요한 연료, 정비 물자, 고장 시 대체장비, 인력 등에 대한 보충소요를 적시적절하게 충족시키는 활동들이 해당한다.

이러한 방호의 5원칙은 방호 대상의 성격과 임무, 상황, 능력 등에 부합하도록 융통성 있게 적용해야 한다.

## 2) 드론 대응 주체별 대드론체계 구축

### (1) 군 소형드론 대응체계 구축

군의 대드론체계 구축은 드론 탐지 및 격멸이 제한되는 기존의 대공방어체계의 취약점을 보강하기 위한 소형드론 대응 능력을 구비하는 것을 말한다.

군은 2014년 및 2022년 북한 드론의 영공 침투사건 발생 시 무력화에 실패하여 언론의 질타를 받은 바 있다. 2014년 북한 무인기 침투사건 때는 탐지 자체를 하지 못했고, 2022년 침투사건 때는 탐지는 했으나 무력화에 실패했다. 이 사건 이후 군은 소형드론 대응 능력 구비를 위한 조치를 강화해오고 있다. 드론사령부 창설, 대드론 무기체계 도입 추진 등이 그것이다.

군의 기존 대공방어체계는 적 항공기나 미사일에 대한 탐지 및 식별, 경보전파, 격멸을 위함이다. 기존 방공레이더는 항공기나 미사일에 비해 소형인 드론을 탐지하기 어렵다. 그것은 드론의 RCS(Radar Cross Section: 레이더 반사면적)가 매우 작은 소형인데다 저고도로 비행하기 때문이다.

기존 방공무기체계들은 발칸, 비호 등과 같은 대공포와 미스트랄·신궁·천마 같은 유도탄이다. 이러한 방공무기들은 RCS가 작은 드론을 탐지하기 어렵고 탐지하더라도 격추하기 어려울 뿐만 아니라 비용 대비 효과 측면에서 고려할 때 비경제적이다. 군집드론이 출현할 경우에는 더더욱 대응이 제한된다. 따라서 소형드론 대응에 최적화된 무기체계 도입이 필수다.

군의 방공작전은 가용 방공수단을 전 국토에 균형 배비하여 외부로부터 대한민국 영토를 목표로 침투 및 접근해오는 적 미사일 또는 항공기의 감시 및 침투를 억제하고, 억제 실패 시에는 영토 도달 전에 최대의 화력을 집중하여 최소 3회 이상 교전을 통해 격멸하는, 〈그림 8-5〉 같은 '순차적 다중방어작전 개념'을 적용한다.

이러한 순차적 다중방어작전 개념은 군에서 추진하고 있는 소형드론 대응체계에도 동일하게 적용된다.

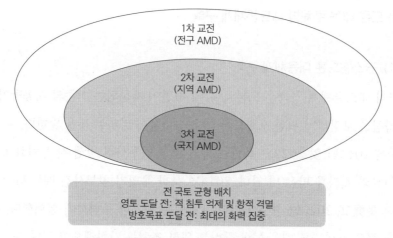

〈그림 8-5〉 순차적 다중방어작전 개념

출처: 합동교범 3-0, 『합동작전』, 2015, pp. 2-43.

### (2) 국가중요시설 단위 대드론체계 구축

국가중요시설은 적에 의해 점령 또는 파괴되거나 기능이 마비될 경우 국가안보와 국민 생활에 심각한 영향을 주게 되는 시설[58]을 말한다. 따라서 국가중요시설이 적대세력에 의한 테러나 전시에 적의 공격으로부터 피해를 입지 않도록 방호하는 것은 국가의 중요한 사무 중의 하나다. 이에 더하여 적대적 의도를 가지고 있지 않다 하더라도 금지된 지역에서의 드론 운행 등 예기치 않은 행위로 인해 국가중요시설의 기능이 마비될 수 있는 상황도 철저히 예방하지 않으면 안 된다.

국가중요시설을 드론위협으로부터 방호하기 위해서는 〈그림 8-6〉 같은 '3중 돔(Dome) 개념 대드론체계'를 구축해야 한다. 3중 돔 개념 대드론체계는 국가중요시설의 공중에 가상의 돔을 3중으로 설정하고, 각 돔의 영역 외곽에서 출현 및 접근하는 드론을 대드론 장비, 방호인력 등 가용한 모든 방호수단을 활용하여 방호의 5원칙에 따라 탐지-식별-무력화하는 것을 말한다. 이는 국가중요시설에 침투하여 파괴 등을 시도하는 지상위협에 대비하는 '3지대 방호 개념'을 드론위협(공중

---

**58** 국가법령정보센터, 통합방위법(일부 개정, 2021.3.23). https://www.law.go.kr/LSW/lsSc.do?section=&menuId=1&sub#undefined(검색일: 2022.7.26)

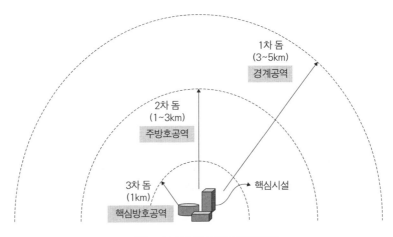

<그림 8-6> 3중 돔 개념 대드론체계

위협) 대비에 적용하는 것이다.

여기서 '3중'의 의미는 반드시 3중이어야 한다는 것이 아니라 최소한 3중은 되어야 한다는 것을 강조한 용어일 뿐이며, 군의 '순차적 다중방어 개념'과 같이 '다중'이라는 용어를 사용할 수도 있다.

1차 돔(경계공역)은 드론의 접근을 조기에 탐지하기 위해 핵심시설로부터 공중으로 5km 내외의 영역에 설정하면 적절하다. 이렇게 설정하는 이유는 국가중요시설을 향해 접근하는 드론을 조기에 탐지하여 최소한의 대응 시간을 확보하기 위함이다. '5km'는 드론의 최초 탐지가 이뤄져야 하는 최소 적정 거리를 의미하며, 1차 돔의 외적 한계선은 탐지장비의 능력에 따라 더 멀리 확장될 수 있다.

2차 돔(주방호공역)은 국가중요시설의 핵심시설로부터 공중으로 3km 내외의 영역에 설정하면 적절할 것으로 판단된다. 2차 돔 영역에서는 드론의 적성 또는 위해성 여부를 반드시 식별해야 하며, 적성 또는 위해성이 식별될 경우 가용역량을 통합 운용하여 드론 무력화 조치를 해야 한다.

3차 돔(핵심방호공역)은 핵심시설로부터 공중으로 1km 내외의 영역에 설정한다. 3차 돔 영역 이내로 진입한 허가받지 않은 드론은 핵심시설에 도달하기 전에 가용한 모든 역량을 통합 운용하여 반드시 무력화 조치를 해야 한다.

여기서 제시하는 각 돔의 핵심시설로부터의 거리는 방호의 5원칙 중 다층성의 원칙에 입각해 설정한 기준임과 동시에 하나의 예시다. 각 돔의 이격 고도는 개개 국가중요시설이 위치한 지역의 특성이나 국가중요시설의 특성 및 중요도, 구비하고 있는 대드론 장비의 성능 등에 따라 달리 선정할 수 있다.

### (3) 경찰의 대드론체계 구축

경찰의 대드론체계는 국가중요시설이나 군의 대드론체계 운용 목적과는 다소 차이가 있다. 경찰의 대드론체계는 주로 드론을 이용하여 각종 범법행위를 하는 인원 또는 불법적으로 드론을 운용한 인원을 색출하여 검거하기 위함이다. 드론을 이용한 범죄는 마약 등 허가되지 않은 물품의 수송, 드론을 이용한 불법 촬영, 드론 테러 등이다. 경찰은 그러한 드론을 발견하거나 범죄의심 신고 접수 시 해당 드론을 회수하거나 운용자를 색출 및 검거하는 데 대드론 장비를 활용할 수 있다.

경찰은 불법드론에 대해 상시 대응체계를 갖추고 있지 않고 실시간 또는 사후 대응 위주로 대드론체계를 운용한다. 실시간 대응이란 불법드론 출현 시 라이브 포렌식을 통해 비행 중인 드론의 정보 획득 또는 조종자의 위치를 찾거나 조종 신호를 파악하는 것을 말한다. 그리고 필요시 진행 중인 불법행위를 중단시키는 재밍 또는 스푸핑을 실시하며, 조종자를 검거한다. 사후 대응은 추락하거나 포획된 드론과 그 저장장치 등을 분석(디지털포렌식)하여 제조사, 비행경로, 촬영결과물 등에 대해 조사하는 것을 말한다. 이를 통해 그 드론이 어떤 목적으로 운용되었는지, 어떤 불법행위가 있었는지 파악하여 운용자 처벌 시 증거로 활용한다.

### (4) 국가통합 대드론체계 구축

국가통합 대드론체계 구축은 월러스와 로피의 무인항공기 방어 심층 모델을 전·평시 국토 전역에 걸쳐 적용할 수 있는 체계를 갖추는 것을 말한다.

제1단계 '예방'은 드론테러나 범죄 등이 발생하지 않도록 드론비행금지구역 설정, 대국민 홍보 및 교육, 취약요소에 대한 정보수집, 드론 관련 범죄에 대한 수사 활동을 포함한다. 이러한 활동은 주로 경찰과 국가중요시설 단위로 수행된다.

2단계 '억제'는 불법적 드론 운용을 억제하기 위한 관련 법규 제정 및 정비, 불법 드론 운용자 및 범죄자에 대한 처벌, 국가 차원의 드론 감시 및 관제 시스템 구축 등과 같은 입법·사법·행정적 노력을 말한다. 드론이 물류, 교통, 산업현장 등 사회 전반에 걸쳐 광범위하게 사용됨에 따라 이를 국가 차원에서 관리하는 체계를 갖춰야 한다.

3단계 '거부'는 불법 드론 활동의 효과를 최소화하기 위한 방호대상시설 주변에 나무를 식재하는 등의 수동적 방식의 조치다. 이는 국가중요시설 단위로 이뤄진다고 할 수 있다.

4~6단계는 앞에서 언급한 바와 같이 방호의 5원칙(포괄성, 통합성, 다층성, 중첩성, 지속성)에 따라 군, 국가중요시설, 경찰 등 대드론체계 구축이 필요한 주체들에 의해 이뤄진다.

여기서 중요한 것은 주체별로 구축한 대드론체계를 하나의 체계로 통합할 수 있어야 한다는 것이다. 이는 군의 방공작전체계를 중심으로 다른 주체들이 운용하는 대드론체계를 기술적으로 통합하여 드론위협정보의 실시간 공유 및 전파와 다중의 탐지 및 식별, 무력화가 가능한 통합된 체계가 구축되어야 함을 의미한다. 특히 우선 국가중요시설과 군의 대드론체계가 통합성을 달성해야 하고, 추가로 정부 및 지자체에서 운용하는 드론 운행 허가 및 공역통제 시스템이 통합되어야 한다. 평시에 중요한 역할을 하는 경찰의 대드론체계는 국가중요시설의 대드론체계와 통합하는 방안을 강구할 필요가 있다.

군의 방공작전은 MCRC(중앙방공통제소, Master Control and Report Center)를 중심으로 이뤄진다. 우리나라는 두 개의 MCRC가 있으며, 1MCRC는 오산, 2MCRC는 대구에 있다. MCRC는 한반도 상공을 비행하는 모든 항공기에 대한 정보를 여러 출처를 통해 접수하여 통합하고 24시간 추적·감시하며 방공무기 운용과 아군 전투기의 출격 및 임무 수행을 유도한다.

국가중요시설의 관리자(상황실의 근무자)는 자체 대드론체계를 구성하는 탐지

장비의 탐지범위 밖에서 국가중요시설을 향해 접근하는 북한의 드론이나 미사일, 항공기 등에 대한 정보를 MCRC로부터 제공받을 수 있다. 제공 경로는 'MCRC → 국가중요시설 인접 방공부대 → 국가중요시설 상황실'이 될 것이다. 이렇게 원거리에서부터 접근하는 공중위협에 대한 정보를 받게 되면 좀 더 충분한 여유시간을 가지고 대응 준비와 피해 최소화를 위한 조치를 할 수 있을 것이다.

방위사업청에서 신속시범획득사업제도를 통해 도입한 '레이더 연동 안티드론 통합솔루션'이 2021년 말까지 시범운용[59]을 마치고 실전배치에 들어갔다. 이 시스템은 육·해·공군의 주요 군사시설을 초소형 드론위협으로부터 방호하기 위한 것이다. 이 시스템이 전군에 걸쳐 구축되면 MCRC 통제 하의 군의 대드론체계가 갖춰지게 된다. 이 시스템은 군 시설에 접근하는 드론뿐만 아니라 인근 국가중요시설 일대를 비행하는 드론도 탐지할 수 있다. 그리고 그 부대는 탐지한 드론에 대한 정보를 해당 국가중요시설에 제공할 수 있다.

국가중요시설의 대드론체계와 군의 대드론체계를 직접적으로 연동시키는 것은 지금 당장은 제한될 수 있다. 그러나 어떤 방식으로든 상호 간의 정보유통 경로를 확립할 필요가 있다. 기술적 연동방식을 연구할 필요가 있고, 그러한 방식이 개발 및 적용되기 전까지는 유선통보 같은 수동적 방식을 사용하는 것이 불가피할 것이다. 이를 위해 각 국가중요시설과 인접 군 방공부대와 직통전화 개설 또는 상호 연락 가능한 전화번호 교환 등이 이뤄져야 한다. 아울러 MCRC는 전국 국가중요시설의 전화번호를 확보하고, 각 국가중요시설에서는 MCRC의 방공작전 상황실 또는 항적정보 관련 부서의 전화번호를 확보할 필요가 있다.

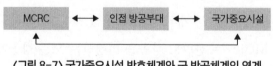

〈그림 8-7〉 국가중요시설 방호체계와 군 방공체계의 연계

---

**59** 방위사업청, 「산학연 협력으로 개발된 기술이 드론위협으로부터 군 중요시설을 보호한다」, 『방위사업청 보도자료』, 서울: 방위사업청, 2021, pp. 1-4.

이와 같은 국가중요시설 방호체계와 군 방공체계 간 드론정보가 유통되는 연계체계를 도식화하면 〈그림 8-7〉과 같다.

### 3) 첨단 대드론 장비 획득 및 배비

드론이 4차 산업혁명 기술을 집약한 새로운 무기체계로서 전쟁의 판도를 좌우하는 게임체인저가 되고 있다는 것은 앞의 두 전쟁 사례에서 살펴봤다. 특히 자폭드론 등 북한의 드론 역량이 계속 확대되고 있음을 볼 때 이에 효과적으로 대응하기 위해서는 우리의 대드론 무기체계가 북한의 드론보다 우수한 기술을 장착하지 않으면 안 된다.

또한 드론을 이용한 범죄와 테러가 늘어나고 있는 점을 감안할 때 평시 국가중요시설 단위 첨단 대드론체계를 구축하는 것 또한 시급하다.

대드론 장비 획득 시에는 드론 대응 단계(탐지-식별-무력화)별 필요한 첨단 능력을 구비하기 위해 노력해야 한다. 드론 대응의 성공 여부는 구축된 대드론 체계의 기술적 수준에 따라 달라질 것이다. 드론과 대드론 무기체계의 대결은 곧 이들의 기술적 우위의 대결이라고 할 것이다.

#### (1) 탐지 및 식별

드론위협 대응은 드론 탐지로부터 시작된다. 탐지 기술은 크게 능동(Active) 방식과 수동(Passive) 방식으로 구분하며, 탐지 방법에는 레이더 이용 탐지, 주파수 탐지, 음향 탐지, 영상 탐지 등이 있다.

레이더는 능동적으로 전파를 방사하여 그 전파가 물체에 부딪쳐 반사되는 것을 수신하여 물체의 위치와 이격거리, 이동 방향 등을 탐지하는 장비다. 레이더는 기후나 계절, 주·야간의 영향이 적어 상시 운용이 가능하고 원거리 탐지에 유용하다는 장점이 있다. 위협이 되는 드론을 원거리에서부터 식별하는 것은 대응의 성공 여부를 가름하는 것이며 첫 단추라고 할 수 있다. 따라서 모든 대드론체계에서 탐지는 첨단기술이 적용된 레이더 장비를 기반으로 하여 구축해야 한다.

레이더는 통상 X-band(8~12GHz) 및 Ku-band(12~18GHz) 대역의 주파수를 사용한다. 소형드론은 통상 0.01~0.1m²의 RCS를 가지고 있으며, X-band 레이더로 탐지할 경우 최대 3.2km 이격된 거리에서 탐지가 가능하다. 최근 국내에서 개발된 레이더는 8~10km 밖의 RCS 0.01m²인 초소형 드론 탐지 능력을 가졌다고 한다.

RF(Radio Frequency: 주파수) 스캐너는 통상 3km, 최대 8km 거리에서 드론 조종 주파수를 탐지할 수 있다. 따라서 드론탐지 주장비로 운용할 수도 있다. 그러나 상시 모니터링해야 한다는 측면에서 인력소요가 레이더보다 더 많이 발생하는 단점이 있다. 따라서 레이더 안정성과 신뢰성, 24시간 운용 등의 장점을 가진 레이더와 병행 운용하는 것이 탐지 효과를 극대화할 수 있다.

EO/IR 장비(군사용 제외)는 통상 2.5km 내외 탐지 능력(주간 3km, 야간 1.5km)을 가진 장비가 주종을 이루고 있으나 최대 20km 이격된 위치에서 드론을 탐지할 수 있는 장비도 있다. 최근 국내 한 방산기업에서는 40km 거리에서도 드론을 탐지할 수 있는 장비를 개발했다고 한다. 이는 군사 정찰감시용으로 적합할 것이나 이러한 장비를 국가중요시설에 갖춘다면 탐지 능력을 극대화할 수 있다.

음향탐지기는 탐지범위가 짧고 기술의 성숙도도 낮다. 탐지하더라도 대응에 필요한 시간을 확보하기 힘들다.

EO/IR 장비나 음향탐지기 등이 가진 취약점, 즉 악천후 시 탐지 능력이 급격히 저하되는 점, 탐지범위가 좁다는 점을 고려한다면 주 탐지장비로 운용하기는 곤란하다. 따라서 이것들은 레이더 및 RF 스캐너의 보조적 수단으로 운용하는 것이 적절하다.

위 내용을 종합하면, 탐지장비들은 복합적으로 운용하거나 복합형 장비를 운용해야 상호보완적으로 원거리에서부터 효과적으로 드론을 탐지할 수 있다. 〈그림 8-8〉은 탐지장비의 능력이 3중 돔 개념 대드론체계에서 어떻게 적용되는지를 나타낸 것이다. 이러한 대드론 탐지장비 운용 개념도는 군의 국지방공체계에도

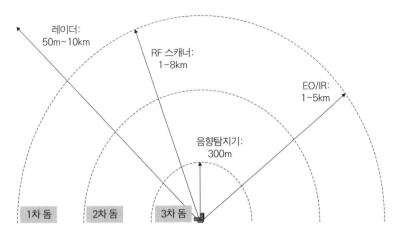

레이더:
50m~10km

RF 스캐너:
1~8km

EO/IR:
1~5km

음향탐지기:
300m

1차 돔    2차 돔    3차 돔

〈그림 8-8〉 3중 돔 개념 대드론체계의 탐지장비 운용 개념도

적용될 수 있다.

탐지된 드론의 위해성 여부 식별은 기술적으로 난해한 분야다. 이는 법적·제도적 문제와도 긴밀히 연결되어 있다. 군사용을 제외한 모든 드론의 사전 등록, 드론 비행계획의 사전 허가제, 드론위치자동송출장치 또는 피아식별장치 부착 의무화 등을 통해 불법 드론 발생을 억제하거나 자동식별이 가능하게 하는 것이다. 즉, 이와 같은 법 및 제도의 정립을 통해 허가받지 않은 드론이 탐지될 경우 즉각 무력화가 가능할 수 있다.

### (2) 무력화

무력화 기술은 소프트 킬(Soft Kill) 기술과 하드 킬(Hard Kill) 기술로 분류한다. 소프트 킬은 드론을 파괴하지 않고 조종 불능 상태로 만들거나 방호 대상시설에 접근 자체를 거부하는 기술이다. 하드 킬 기술은 물리적으로 드론 비행체를 파괴하거나 포획하며, 비행체에 내장된 전자부품 등을 파괴하거나 정상적으로 작동하지 못하게 만드는 기술이다.

소프트 킬 기술에는 통신(RF) 재밍, 위성항법(GPS) 재밍, 스푸핑(조종권 탈취), 지오펜싱(Geo-fencing) 등이 있다. 통신 재밍과 위성항법 재밍, 스푸핑은 소프트 킬

기술의 대표적인 형태다. 이러한 것들은 하드 킬 기술이 적용된 장비에 비해 구비하는 데 법적 제약이 적고 비용 대비 효과가 뛰어나기 때문에 대부분의 대드론 주체들이 우선적으로 관심을 가져야 한다.

통신 재밍은 RF 스캐너를 이용해 드론이 사용하는 주파수를 파악해 그보다 더 강한 세기를 가진 주파수의 전파를 발사해 드론과 조종자 간의 통신을 방해하는 것을 말한다. 이는 조종자가 실시간 드론이 전송하는 영상 모니터를 보며 수동 조작하는 대부분의 상용드론을 무력화하는 데 유용하나 GPS 신호를 받아 입력된 경로를 따라 비행하도록 프로그램된 드론에 대해서는 적용할 수 없다.

위성항법 재밍은 대부분의 상용드론이 사용하는 위성항법 주파수(1.5GHz)를 교란하는 신호를 방사하여 항로 이탈을 유도하는 것이다.

스푸핑은 GPS 신호 생성기에 의해 가짜 GPS 신호를 드론에 전달하여 조종권을 탈취하거나 추락시키는 기술이다. 2011년 12월 이란은 미국의 최신 스텔스 정찰 드론 RQ-170(Sentinel)을 이러한 스푸핑 기술을 사용하여 추락시키고 추락한 RQ-170을 역설계하여 고도의 드론 기술을 확보한 것으로 알려졌다.[60]

조종권 탈취는 소형드론들이 사용하는 MAVLink[61] 통신규약을 변조함으로써 드론의 조종 권한을 탈취하는 기술이다. 대표적인 조종권 탈취 방법은 'Replay Attack'이다. 이는 드론 컨트롤러(controller)나 드론에서 송출되는 신호를 녹음한 후 재생함으로써 드론의 조종을 방해하는 기술이다.

지오펜싱은 드론 운용 소프트웨어에 비행금지구역을 입력해두어 드론이 입력된 특정 위치(비행금지구역)에 도달하면 비행이 불가능하게 되는 기술이다. 이는 드론 제작자나 소유자의 협조를 전제로 하는 것이다. 따라서 불법적 의도를 가진 자나 세력들에게는 무효한 방법이다. 또 다른 방법은 울타리 상공에 강한 자기장을

---

**60** 강왕구, "사우디 테러 드론은 어떻게 1천km를 날아 정밀 타격했나", 인터넷 신문 『NEWSTOF』 2019.9.17. http://www.newstof.com/news/articleView.html?idxno=2003(검색일: 2022.10.29)

**61** 최진철·임승혁, p. 10. 리소스가 제한된 시스템과 대역폭이 제한된 통신을 위해 설계된 원격조종 프로토콜을 말한다.

방출함으로써 영향지역에 들어오는 드론을 조작 불능에 빠지게 하는 기술이다.

소프트 킬 기술은 드론 무력화 과정에서 드론 파손과 부수적 피해 등을 최소화할 수 있는 기술이다. 그러나 소프트 킬 기술로 모든 드론위협을 제거할 수는 없으므로 하드 킬 기술과 상호보완적 적용이 요구된다.

하드 킬 기술에는 그물을 발사하거나 맹금류를 이용한 드론 포획, 대응드론('킬러드론'이라고도 함)을 운용하여 위협이 되는 드론과 충돌시켜 파괴 및 기능 고장 유도 등이 평시 국가중요시설이나 경찰에서 운용할 수 있는 체계다. 이러한 무력화 방식은 그 효용성에 대한 신뢰도가 낮다. 좀 더 강력한 대드론 장비 도입이 요구되는 것은 이 때문이다. 따라서 법적 뒷받침이 선행되어야 한다는 전제가 있기는 하지만, 국가중요시설에서 대드론체계의 일부로 산탄총이나 지향성무기(레이저·EMP 발사장치 등) 등을 구비한다면 그에 대한 신뢰성이 높아질 것이다.

군은 기존의 대공화기·대공미사일을 사용하는 방식에 추가하여 재머 등 대드론체계를 확충해나가고 있다. 향후에는 레이저·EMP·Microwave 등을 발사하여 드론 자체를 파괴하거나 드론 내부의 전자부품을 파손시켜 결과적으로 드론을 무력화하는 무기체계도 조기 전력화가 되어야 한다.[62]

국가중요시설의 3중 돔 개념 대드론체계가 구축될 경우 드론 무력화 장비를 배비하는 안을 〈그림 8-9〉에 제시했다. 이 개념도는 탐지장비 운용 개념도의 경우와 마찬가지로 군의 무력화 장비 운용 시에도 적용 가능하다.

무력화 장비들의 사거리를 볼 때 RF 재머 또는 스푸퍼(Spoofer)가 기본적으로 갖춰져야 할 장비임을 보여준다. 법적인 제약이 적고, 소프트 킬 장비이면서 상대적으로 원거리에서도 드론 무력화를 수행할 수 있기 때문이다.

드론 파손이나 기능 고장을 발생시키는 것을 목적으로 하는 대부분의 하드 킬 장비는 법적인 제약으로 인해 국가중요시설이나 경찰에서 운용할 수 없다. 그

---

**62** 레이저·EMP·Microwave를 타깃에 발사하여 파괴하는 장비를 '고출력 지향성에너지무기'라 한다. '지향성' 대신 '직사'라는 용어를 사용하기도 한다.

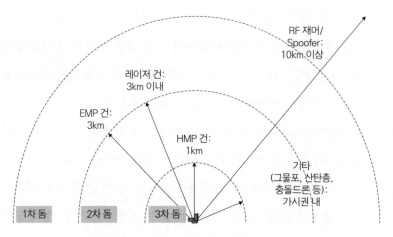

<그림 8-9> 3중 돔 개념 대드론체계의 무력화 장비 운용 개념도

러나 드론위협이 날로 심각해지는 상황을 고려할 때 법규의 보완이나 신규 제정을 통해 해결해야 할 문제다.

한두 대의 위해 드론이 아니라 다수의 드론, 또는 군집드론이라고 부를 만큼 많은 수의 드론을 무력화하기 위해서는 RF 재머와 스푸퍼를 기본으로 구비하고 그 외 무력화 수단들을 복합적으로 운용해야 한다. 특히 군집드론과 같이 다수의 드론을 동시에 무력화하기 위해서는 강력한 RF 재머가 필요하고, 재머가 효과를 발휘하지 못할 때를 대비해 레이저·EMP·HPM를 발사해 무력화하는 장비 도입이 시급히 이뤄져야 한다.

# 6. 결론

본 논문은 전·평시 드론위협에 효과적으로 대응할 수 있는 국가 차원의 통합 대드론체계 구축 방안을 제시한 것이다. 이는 드론이 각종 범죄와 테러, 전쟁의 주요 수단이 되고 있으며, 특히 드론이 국가중요시설 방호 및 전시 전장 주도권 장악에 심대한 영향을 미치는 핵심위협이라는 인식에서 출발한 것이다. 드론 대응체계를 국가 차원에서 통합적으로 구축해야 하는 이유는 그렇게 되어야만 기대하는 효과를 거둘 수 있기 때문이다.

앞에서 제시한 '미래 전장에서 주도권 확보를 위한 국가 차원의 대드론체계 구축 방안'을 요약하면 다음과 같다.

첫째, 대드론 전력을 대폭 보강해야 한다. 이는 북한의 무인기 능력이 지속적으로 증가하고 있고 평시 국가중요시설에 대한 드론테러, 드론범죄 등이 증가하는 데 따른 대응수단의 확충을 위한 것이다.

둘째, 국가 차원의 통합 대드론체계를 구축해야 한다. 전·평시 드론위협에 대응해야 하는 주체들은 크게 군, 국가중요시설, 경찰이라고 할 수 있다. 이 주체들은 자체적인 대드론체계를 우선적으로 갖춰야 한다. 군은 기존의 방공작전 태세에 소형드론 대응체계를 갖춰 통합운용될 수 있어야 한다. 주체별 대드론체계가 구축되면 이를 하나로 통합하여 운용될 수 있는 체계가 필요한데, 이를 '국가 통합 대드론체계'라 한다. 이는 군의 소형드론 대응체계를 포함한 군의 대공방어 체계를 중심으로 각 주체의 대드론체계가 상호 연결되어 드론위협 대응에 필요한 실시간 정보 공유체계를 갖추는 것이 시급하다. 국가중요시설은 '3중 돔 개념 대드론체계'를 구축하고, 군은 소형드론 대응체계를 구축하여 기존 방공작전체계와 통합 운용될 수 있도록 해야 한다. 이와 같이 주체별 대드론체계를 우선 구축한 후 국가 차원에서 통합적으로 드론위협 대응체계를 갖추는 것을 의미한다.

또한, 국가 차원의 통합 대드론체계 구축은 드론위협 대응 주체들의 독립적인 대드론체계 구축과 통합된 대드론체계 구축만으로는 그 목적을 달성하기 어렵다. 따라서 드론을 전·평시 심각한 국가안보 위협요소로 인식하고, 드론 관리 및 통제 제도화를 위한 기존 법령의 정비, 드론 생애 전주기 관리체계 정립, 전국 및 지역단위 드론 비행관제시스템 구축, UAM 및 UTM과 통합, 국가중요시설에서 산탄총, 레이저총 등을 대드론 장비의 하나로 보유 및 관리를 허용할 수 있게 하는 법령 제정 등이 이뤄져야 한다.

미래 전장에서 드론은 기존의 그 어떤 무기체계보다 다양한 분야(정찰, 공격, 수송, 통신중계, 심리전 등)에서 광범위하게 사용될 것이다. 테러와 밀수, 사생활 침해 등 범죄 수단으로도 이용 빈도가 늘어나고 있다. 이와 같은 안보 위협요소에 효과적으로 대응하기 위해서는 국가 차원의 통합 대드론체계가 구축되어야 한다. 국가의 고위 리더십과 정치가들이 드론위협의 심각성을 인식하고 조기에 국가의 대드론 능력과 체계를 확충하려는 노력을 하지 않는다면 하마스에게 당한 이스라엘, 드론으로 인해 전장의 주도권을 장악하지 못하는 러시아나 우크라이나 같은 곤경에 처할 수 있다. 중요한 것은 강력한 의지와 실행력이다.

## 참고문헌

### 1. 단행본

김상배 편. 『4차 산업혁명과 신흥 군사안보』. 파주: 한울엠플러스(주), 2020.

박승대·구본환. 『사회 대변혁과 드론시대』. 파주: 형설출판사, 2021.

신정호 외. 『드론학 개론』. 서울: 복두출판사, 2021.

이동규. 『드론의 위협과 대응』. 서울: 박영사, 2021.

ADP 3-37, *Protection*, Washington D.C.: Army Publishing Directorate, 2019.

Dan Gettinger, *The Drone Databook*, NY: Center for the Study of the Drone, 2019.

Klaus Schwab, *The Fourth Industrial Revolution*, Geneva: World Economic Forum, 2016.

### 2. 논문

김보람. 「안티드론 기술의 이론과 실제: 드론, 어떻게 방어할 것인가?」. 『시큐리티월드』 1, 2017.

김일곤. 「국가중요시설 및 다중이용시설에 대한 드론테러 대응방안」. 『융합과 통섭』 3(1), 서울: 한국안전문화연구원, 2020.

김태영·최원준. 「드론 테러 위협에 대비한 국가중요시설 방호체계 개선방안 연구: 물리보안 위험 평가모형을 중심으로」. 『한국치안행정논집』 17(4), 2020.

# 제9장
# 군사용 드론 표준화 추진실태 분석 및 발전방안

이기진

## 1. 서론

4차 산업혁명 과학기술의 급속한 발전과 융합을 통해 전쟁수행의 패러다임은 다변화한 안보위협 상황에 능동적이고 적극적으로 대처할 수 있는 작전수행 능력을 요구하고 있다.

특히, 육군은 병력자원 감소와 복무기간 단축 등에 대비하고 전투 효율성 향상과 인명피해 최소화로 작전 능력을 획기적으로 향상시킬 수 있으며, 최첨단 과학기술을 적용하여 변화하는 안보환경에 능동적으로 대응하기 위해 드론봇전투체계를 구축하고 있다.

그중에서 현재 전력화가 진행되고 있는 드론은 항공우주산업 전체 시장에서 가장 빠르게 성장하는 분야이며, 군사용 드론은 이미 감시정찰용으로부터 공격용에 이르기까지 다양한 분야에서 활용되고 있다. 나아가 지상, 해상, 항공 분야의 드론 개발이 활발하게 진행됨과 동시에 민·군이 통일된 드론 표준화도 함께 추진되어야 국내 드론산업 발전과 활성화를 통한 성장동력을 제공할 수 있다.

이렇게 드론 시장이 점점 확대되고 있는 현실에서 드론에 대한 분류기준과 용어, 설계 및 시험평가, 상호운용성, 보안 등의 표준화가 정립되지 않은 상태로 신뢰성이 강조되고 있는 군사용 드론의 표준화에 대한 필요성이 증대되고 있다. 그러나 국내 드론 분야 표준화는 기초 단계에 머물고 있는 실정인 반면 미국과 유럽, 중국은 군사과학기술이 발전함에 따라 이에 부합하는 민수용뿐만 아니라 군사용 드론의 표준화를 정립하여 추진하고 있다.

따라서 본 논문에서는 군사용 드론 수요급증에 따른 현상 진단 및 표준화 필요성을 제시하고, 국내·외 드론 표준화 추진현황과 발전추세를 분석한 후 군사용 드론 표준화 필요성 및 발전방안을 제시한다.

## 2. 국내·외 드론산업 동향 및 표준화 현상 분석

### 1) 드론 시장 현황 분석

구글이 선정한 세계적인 미래학자 토마스 프레이는 "2030년에는 약 20억 개의 직업이 사라질 것"이라고 예언했다.[1] 그러면서 미래를 선도할 여덟 가지 기술을 소개하고 있는데, 그중 하나가 바로 '드론'이다.

세계 드론 시장규모는 2016년 7조 2천억 원 대비 2022년에는 43조 2천억 원, 2026년에는 90조 3천억 원으로 연평균 125%의 급성장을 할 것으로 예측하고 있다. 세계 최대 드론 전문기업인 중국 DJI가 취미, 레저용 시장을 장악하고 있다. DJI의 현재 가치는 전 세계 시장점유율 70%를 차지하며 사실상 드론산업을 독점하고 있다. 현재 기업가치는 약 1,600억 위안(약 27조 5천억 원)에 이른다. 미국은 글로벌 정보통신 및 유통기업을 중심으로 비대면 배송 서비스에 집중하고 있

---

[1] "미래 드론산업, 과연 어디까지?? 테러위협 어떻게 대응할 것인가?"에서 발췌. https://biz.chosun.com/site/data/html_dir/2020/06/25/2020062503698.html(검색일: 2023.1.11)

다. 미국과 중국 등 주요 국가들은 한국보다 빨리 드론 관련 규제를 완화하며 드론산업 육성에 노력하고 있다.

세계 군용시장에서도 미국은 전 세계 드론시장의 약 60%(2017년 기준)를 점유하여 독보적인 우위를 점하고 있다. 세계 5대 군사용 드론 기업으로 제너럴아토믹스, 록히드마틴, 노스롭그루먼, 보잉 등 4개 기업이 미국 기업이며 중국의 항천과기집단그룹(CASC)[2] 등이 있다.

국내 드론산업은 2016년 704억 원이던 것이 2020년 4,945억 원에 이르러 약 7배 가까운 시장규모를 형성하고 있으며, 향후 2030년에는 약 2조 2천억 원으로 예상하고 있다.

2016년과 2021년도 통계를 비교해볼 때 드론 조종자격 취득을 위한 전문학원은 15배(2016년 15개, 2021년 10월 기준 232개), 드론 조종자격 취득자 수는 무려 54배(2016년 1,351명, 2021년 72,356명), 드론 기체신고 누적 대수도 24배(2016년 2,226대, 2021년 31,314대)에 이르는 등 엄청난 성장 속도를 나타내고 있다.

국토부에 신고된 국내 상업용 드론시장은 농업·임업·영상·건설 분야에서 연평균 34% 이상의 급격한 성장세를 보일 것으로 전망되며, 현재 군사용 드론 시장규모가 민수용 드론 시장규모보다 크게 형성되어 있다. 그러나 최근 민수용 시장규모가 커지면서 격차가 점차 좁혀지고 있다.

세계 속에서 한국 드론업계의 51.9%가 연 매출 10억 원 미만으로 영세하고, 특허 비중도 7%에 불과해 드론산업 활성화를 위한 육성 정책과 유연한 제도적 적용이 필요하다. 국내 지역별 드론업체 분포를 보면 수도권 132개(56.7%), 충청권 39개(16.7%), 경상권 38개(16.3%), 전라권 19개(8.2%), 제주 4개(1.7%), 강원권 1개(0.4%)로 나타나고 있다.[3]

국토부는 2022년 9월 28일 제2차 드론산업발전 기본계획('23~'33)안에 대한

---

**2**  China Aerospace Science and Technology Corporation

**3**  "국내 드론기업 지역별 분포 현황", 무인이동체기술개발사업단(2018).

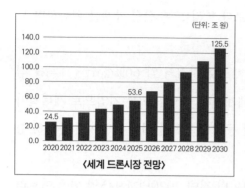
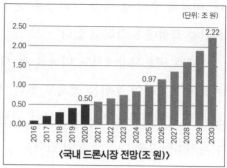

**〈그림 9-1〉세계 및 국내 드론시장 전망 비교**

출처: 제2차 드론산업발전 기본계획('23~'33)안에 대한 공청회(요약본) 자료

공청회를 개최했다. 여기서 드론 시장규모를 세계시장은 2025년 기준 53조 6천억 원에서 2030년 기준 125조 5천억 원으로 전망하고 있으며, 국내시장은 2025년 기준 9,700억 원에서 2030년 기준 2조 3천억 원으로 전망하고 있음을 보여주고 있다(그림 9-1).[4]

### 2) 주요 국가별 드론산업 동향

미국 연방항공국(FAA)은 2018년 말 기준으로 드론 조종자가 90만 명 등록했고, 약 125만 대의 드론을 보유한 것으로 예상되며, 상업용 드론시장은 2023년에는 2019년 27만 7천 대보다 3배 성장한 약 84만 대의 드론을 등록할 것으로 내다보고 있다. 미국의 상용드론 시장은 비록 중국과 같이 신속하게 성장하지는 않겠지만 빠른 성장이 예상되며, 미국은 민간과 기업시장의 규모가 2012년 4천만 달러에서 2018년 10억 달러로 25배 이상 성장했으며, 2024년에는 2018년 대비 거의 3배 이상의 성장을 기대하고 있다.

독일 무인항공협회(Verband Unbemannte Luftfahrt)에 따르면 2021년 3월 기준 독

---

**4**    제2차 드론산업발전 기본계획('23~'33)안에 대한 공청회(요약본) 자료, 한국교통연구원, 2022.9.28.

일의 드론 대수는 총 43만 700대로, 이 중 약 90%에 해당하는 38만 5,500대가 개인용 드론이며 약 10%인 4만 5,200대가 상업용 드론이다. 독일 전 지역에 약 400개의 드론 및 무인항공기술 분야의 업체가 있으며, 특히 바이에른주(19.7%)와 노르트라인웨스트팔렌주(14.6%)에 업체들이 많이 분포돼 있다. 또한 베를린(9.1%)과 함부르크(5.6%) 같은 대도시에도 많은 업체가 소재하고 있다. 2020년 평균 고용 인원은 전년 대비 2.9명 많아진 16.9명이고 평균 매출은 2019년 33만 유로 대비 약 두 배 증가한 67만 유로를 기록했다. 그리고 드론 및 무인항공 분야 종사자는 1만 4,100명으로 전년 대비 3,700명이 증가했다.

2021년 3월까지 기준으로 드론 시장규모는 총 8억 3,900만 유로로 2019년(5억 7,400만 유로) 대비 약 46%가 증가했다. 분야별로 시장규모를 살펴보면, 서비스시장이 6억 유로로 전체 시장에서 71%의 비중을 차지했고, 뒤를 이어 하드웨어시장이 2억 600만 유로로 25%, 소프트웨어시장이 3,300만 유로로 4%의 비중을 차지했다. 독일 무인항공협회는 독일 드론시장이 2025년까지 연평균 14.5% 성장해 2025년 시장규모가 약 16억 4,900만 유로에 달할 것으로 전망했다.[5]

중국의 상업용 드론시장은 군사용 드론시장에 비해 늦게 출발했으나, 2016년부터 민수용 드론시장의 성장에 힘입어 빠르게 성장하고 있다. 2019년 기준 중국의 드론 생산기업은 1,350여 개, 드론 등록 대수는 약 33만 대, 등록 이용자 수는 약 31만 명을 기록했다.[6]

일본의 드론시장 규모는 2018년 931억 엔, 2024년 5,073억 엔을 기록할 것으로 전망하고 있다. 분야별로는 서비스시장이 362억 엔으로 최대 규모이며, 기체시장 346억 엔, 주변 서비스시장 224억 엔 순이며, 서비스시장은 지속적인 성장이 예상된다.[7]

---

**5**   독일 상업용 드론 시장동향, KOTRA, 2022.9.22.

**6**   2020 드론 주요 시장 보고서, KOTRA 자료 19-077, 2019.12.

**7**   Impress '드론 비즈니스 조사보고서 2019'.

## 3) 국내 · 외 드론 표준화 현상분석

### (1) 표준의 정의

표준은 "일상적이고 반복적으로 일어나거나 일어날 수 있는 문제를 주어진 여건하에서 최선의 상태로 해결하기 위한 일련의 활동"으로 정의하고 있다.[8] 이러한 활동에 필요한 합리적 기준이 바로 표준을 의미하며, 표준은 합의에 따라 작성되고 인정된 기관에 의해 승인되며, 공통적이고 반복적인 사용을 위해 제공되는 규칙, 가이드 또는 특성을 제공하는 문서로 정의하고 있다.[9] 또한, 국제표준화기구(ISO)[10]와 국가기준법[11]을 기준으로 아래 표와 같이 정의하고 있다. 방위사업청은 매년 국가표준 기본 계획에 따라 국방 분야 표준시행계획을 수립하여 시행하도록 규정하고 있으며,[12] 국제 · 국가 · 국방표준과의 연관관계는 국제표준, 국가표준, 국방표준 순으로 적용하고 있다. 〈표 9-1〉은 국제표준과 국가표준 그리고 국

〈표 9-1〉 표준의 정의[13]

| 용어 | 정의 |
|---|---|
| 국제표준 | 국가 간의 물질이나 서비스의 교환을 쉽게 하고 지적 · 과학적 · 기술적 · 경제적 활동 분야에서 국제적 협력을 증진하기 위하여 제정된 기준으로서 국제적으로 공인된 표준(국가표준기본법 제3조) |
| 국가표준 | 국가사회의 모든 분야에서 정확성, 합리성 및 국제성을 높이기 위하여 국가에서 통일적으로 준용하는 과학적 · 기술적 공공기준으로서 측정표준 · 참조표준 · 성문표준 등 국가표준기본법에서 규정하는 모든 표준을 말함(국가표준기본법 제3조) |
| 국방표준 | 군수품의 조달 · 관리와 유지를 경제적 · 효율적으로 수행하기 위하여 표준을 설정하여 이를 활용하는 조직적 행위와 기술적 요구사항을 결정하는 품목지정, 규격화, 형상관리 등에 관한 제반 활동을 말함(표준화 업무지침) |

---

8    KS A ISO/IEC Guide 2.

9    「군수품 표준화 업무 가이드북」, 국방기술품질원, 2020.

10    ISO(International Organization for Standardization)

11    국가표준기본법, 법률 제15643호, 2018.6.1. 일부개정.

12    국방 표준화 업무지침, 방위사업청예규 제406호, 2018.1.3. 일부개정.

13    ISO, 국가표준기본법, 국방 표준화 업무지침에서 발췌해서 정리.

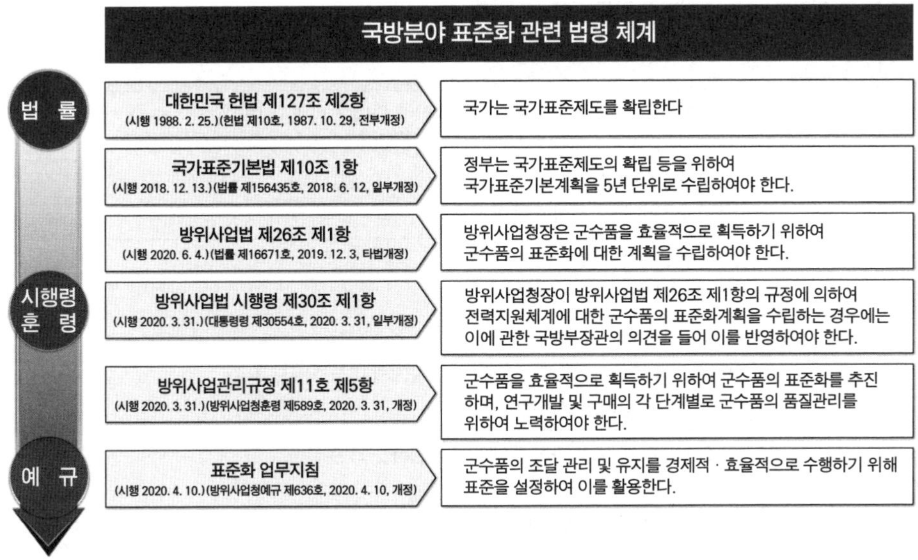

국방분야 표준화 관련 법령 체계

| 법 률 | 대한민국 헌법 제127조 제2항<br>(시행 1988. 2. 25.)(헌법 제10호, 1987. 10. 29, 전부개정) | 국가는 국가표준제도를 확립한다 |
| | 국가표준기본법 제10조 1항<br>(시행 2018. 12. 13.)(법률 제156435호, 2018. 6. 12, 일부개정) | 정부는 국가표준제도의 확립 등을 위하여<br>국가표준기본계획을 5년 단위로 수립하여야 한다. |
| 시행령<br>훈 령 | 방위사업법 제26조 제1항<br>(시행 2020. 6. 4.)(법률 제16671호, 2019. 12. 3, 타법개정) | 방위사업청장은 군수품을 효율적으로 획득하기 위하여<br>군수품의 표준화에 대한 계획을 수립하여야 한다. |
| | 방위사업법 시행령 제30조 제1항<br>(시행 2020. 3. 31.)(대통령령 제30554호, 2020. 3. 31, 일부개정) | 방위사업청장이 방위사업법 제26조 제1항의 규정에 의하여<br>전력지원체계에 대한 군수품의 표준화계획을 수립하는 경우에는<br>이에 관한 국방부장관의 의견을 들어 이를 반영하여야 한다. |
| | 방위사업관리규정 제11호 제5항<br>(시행 2020. 3. 31.)(방위사업청훈령 제589호, 2020. 3. 31, 개정) | 군수품을 효율적으로 획득하기 위하여 군수품의 표준화를 추진<br>하며, 연구개발 및 구매의 각 단계별로 군수품의 품질관리를<br>위하여 노력하여야 한다. |
| 예 규 | 표준화 업무지침<br>(시행 2020. 4. 10.)(방위사업청예규 제636호, 2020. 4. 10, 개정) | 군수품의 조달 관리 및 유지를 경제적·효율적으로 수행하기 위해<br>표준을 설정하여 이를 활용한다. |

〈그림 9-2〉 국방 분야 표준화 관련 법령체계[14]

출처: 연구자가 국가법령정보센터에서 관련 내용을 요약 재정리.

방표준의 정의에 대해 정리했고, 〈그림 9-2〉는 국방 분야 표준화 관련 법령체계를 정리한 내용이다.

## (2) 민수용 드론

미국 FAA[15]는 무게 250g 이상, 25kg 미만의 소형드론은 운용되기 전 웹사이트 기반 드론 플랫폼에 등록하도록 규정하고 있고, UAS ID ARC[16]는 드론을 0~3까지 4단계로 분류하여 식별 및 추적 기술을 차등으로 적용하는 것을 제안하고 있다. 다음 〈표 9-2〉는 미국 FAA의 소형드론 분류 단계와 단계별 주요 내용을 정리한 것이다.

---

14 국가법령정보센터

15 Federal Aviation Administration(연방항공청)

16 무인항공기시스템(UAS) 식별 및 추적

**〈표 9-2〉 미국 FAA의 소형드론 분류 단계**

| 단계 | 주요 내용 |
| --- | --- |
| 0 | • 드론과 조종자 간의 거리가 최대 122m(400ft) 이내 가시권 내 비행<br>• 14 CFR Part 101 준수하는 드론(일부 제외)[17]<br>• ATC 관리하에 운영되는 드론<br>• FAA에 의해 식별 및 추적이 면제되는 드론 |
| 1 | • 0, 2, 3단계에 속하지 않는 드론<br>• 14 CFR Part 107에 속하는 드론 |
| 2 | • 비가시권 비행 드론<br>• 14 CFR Part 107에서 정의한 최대고도 이상에서 비행하는 드론<br>• 보호되지 않는 사람이 운영하는 드론 |
| 3 | • 무게가 25kg 이상이고 비가시권 내에서 비행하는 드론<br>• IFR 조건에서 동작하는 드론[18]<br>• 통제된 공역에서 비행하는 드론 |

출처: https://www.faa.gov/uas/commercial-operators(검색일: 2023.2.15)

유럽은 유럽표준을 각 국가 차원에서 일단 수용하고, 제정된 유럽표준과 국가표준이 충돌하는 국가표준이 있으면 해당 국가표준을 철회하는 것을 원칙으로 하고 있다. 영국은 영국 국가표준(BS)을 제정하여 운용 중이고, 독일은 독일 표준화 기준(DIN)[19]을 제정하여 운용 중이다. 영국과 독일은 국가표준·유럽표준·국제표준(NATO 표준, ISO 표준 등)이 없는 경우에만 국방표준으로 작성한다.

일본은 드론기술 국제표준화를 주도하기 위해 경제산업성 주도로 우주항공연구개발기구(JAXA)[20]·산업기술종합연구소와 협력하여 충돌방지 기술과 자동관제 시스템 기술 관련 국제표준을 추진 중이다.

한국은 산자부 국가기술표준원 중심으로 드론 표준화를 추진하고 있다. 국내

---

**17** Title 14 of the Code of Federal Regulations (CFR)

**18** 관제 공역에서 계기 비행규칙(IFR: Instrument Flight Rules), 육안 시계선 비행(VFR: Visual Flight Rules)

**19** Deutsches Institute Nor mung

**20** Japan Aerospace eXploration Agency

항공법에 따라 자체 중량 150kg 이하 드론에 대해 국토부 항공안전기술원에서 안전인증을 하고 있으며, 150kg 초과 드론에 대해서는 표준제정이 진행되고 있다. 150kg 이하 드론에서도 안전운용 적합성에는 정부인증이 시행되고 있지만, 핵심기술 및 제작에 관련된 표준은 없는 실정이다. 현재 산자부 국가기술표준원에서 8대 혁신성장 선도산업으로 선정한 드론의 개발촉진 및 안정성 확보를 위해 '시스템 분류 및 용어(KS W 9000)', 무인동력 비행장치 및 설계(KS W 9001), 프로펠러 설계 및 시험(KS W 9002), 리튬배터리 시스템 설계 및 제작(KS W 8132) 표준 4종을 제정했다.

그러나 드론의 전략적 표준화 제품 산업화를 위한 표준화 6대 핵심기술 등에

**〈표 9-3〉 전략적 표준화 제품 대상 기술**

| 구분 | | 표준화 후보 기술 | 표준화 대상 기술 |
|---|---|---|---|
| 드론 | 비행 제어 | • 개방형 자율비행 제어<br>• 지상 조종장비의 조종자<br>• 인터페이스 | ① 개방형 자율비행제어<br>② 탐지 및 회피 기술<br>③ 암호화/보안체계 적용 기술<br>④ 배터리 관리 기술<br>⑤ 임무장비 통합 기술<br>⑥ 탐지영상 분석<br>⑦ 비행계획 생성 기술<br>⑧ 무인항공기 전자등록 관리체계<br>⑨ 화물탑재 하역처리 기술<br>⑩ 자동 이착륙 기술 |
| | 안전 | • 무인 PAV 인증기준<br>• 탐지 및 회피기술 | |
| | 보안 | • 암호화/보안 체계적용 기술 | |
| | 장비 | • 배터리 관리기술<br>• 임무장비 통합기술 | |
| | 형상 변경 | • 무인항공기 결합/분리 기술<br>• 비행 중 도킹 기술 | |
| 서비스 | 운항 | • 비행계획 생성기술<br>• 무인항공기 전자등록 관리체계 | |
| | 영상 | • 탐지영상 분석<br>• 영상정보 종합관리 기술 | |
| | 물류 | • 화물탑재 하역처리 기술 | |
| 항행 | 관제 | • 유·무인 복합공역 관제<br>• 자동 이착륙<br>• 다수 기종 정보처리 | |
| | 안전 | • 충돌방지 시스템 | |

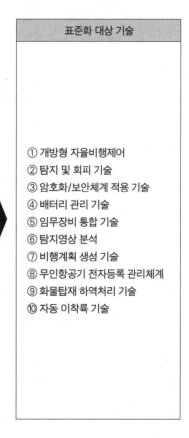

출처: 드론 해외기술규제 가이드, 국가기술표준원, 2018.

대한 표준화는 전혀 없는 상태로 드론 표준화 추진계획을 수립하고, 국제표준화에 대응하여 드론산업의 국제 경쟁력을 확보하는 노력이 필요하다. 또한, 핵심기술 분야 중에서 중복성과 유사성을 고려하여 드론·서비스·항행 분야로 구분하여 표준화 후보기술 대상 18개를 선정한 후 핵심기술 지표별 평가를 통해 최종 10개 표준화 대상 기술을 선정했다.

### (3) 군사용 드론

해외 여러 나라는 군수품의 효율적 획득을 넘어 합동 및 연합군의 상호운용성 향상과 총 수명주기 비용 절감, 전투준비태세 및 민·군 통합의 필수요소로 표준화가 필요하다고 인식하고 있다.

또한, 표준화 업무의 컨트롤타워 조직을 편성하여 체계적으로 추진하고 있으며, 미국은 목록화·표준화법, FASA법[21] 및 국방부 훈령 등을 근간으로 소형 무인체계 자율성 아키텍처 등을 개발하여 민간과 공유하여 표준화를 추진하고 있다. 중국은 표준화를 10대 국가정책으로 책정하고 국방 분야는 국방과학기술공업국을 중심으로 국방표준 관련 법규제정 및 집행현황 등을 감독하고 있다. NATO는 STANAG[22]를 표준으로 제정하고, 군수품뿐만 아니라 행정용품도 민·군이 호환할 수 있도록 표준화 업무를 활발하게 진행하고 있다.

국내는 국방정보화법과 방위사업법에 근거하여 상호운용성 평가, 규격 제·개정, 목록 및 형상관리 등을 위주로 표준화를 추진하고 있다.

국방부 정보화기획관실은 국방정보화에 필요한 국방정보기술, 국방 컴퍼넌트, 메타데이터에 대한 표준화 업무를 수행한다. 방사청은 체계개발 종료 이후 표준품목 지정, 규격관리 등의 업무를 수행하고 국방과학연구소, 항공우주연구원,

---

**21** Federal Acquisition Streamlining Act: 미 연방 조달법으로 조달 절차를 간소화하고 민수품의 기술에 대한 신뢰성을 향상시키기 위해 제정한 법

**22** Standardization Agreement: 북대서양조약기구(NATO) 회원국 간 작전호환성 등을 위한 규격 및 시스템 체계의 표준화를 위한 협정

한국전자통신연구원 등에서 드론 표준화 연구를 진행하고 있다.

국내 소형급 드론 제조 및 정비지원 등 2천여 개의 업체가 있으나 대부분 영세하고 연구개발 역량이 선진국에 비해 낮은 수준으로 다양한 업체가 드론 표준화보다는 업체 고유의 독자적 기술개발을 원하고 있어 군이 요구하는 성능과 업체의 기술 수준에 차이가 있어 군사용 드론 표준화 기술 수준을 식별하고 개발 방향을 설정하는 노력이 필요하다.

## 3. 군사용 드론의 표준화 필요성과 전략적 접근방법

### 1) 군사용 드론의 표준화 필요성

군사용 드론 표준화는 상호운용성 향상과 총 수명주기 비용 절감, 전투준비태세 제고 등을 위해 반드시 필요하다. 국방획득 과정에서 표준화가 안 될 경우 미치는 영향을 제시하면 다음과 같다. 운용 측면에서 비표준화로 인해 효율적이고 체계적인 군수지원이 제한되고, 장비관리 소요 증가 등으로 총 수명주기 비용이 증가할 뿐만 아니라 상호운용성이 제한된다.

기술개발 측면에서 표준항목에 대한 정보 부재로 적기 투자 및 기술개발이 제한되며, 부대별 시험평가 기준이 상이하여 분쟁 및 납품 지연사례가 빈번하게 발생하게 된다.

전력화 측면에서 소량 생산으로 구매단가가 증가하고, 생산자(업체) 중심의 개발로 소요군 요구를 미충족하게 된다. 현재 북한 및 주변국의 드론위협 대응 차원과 최근 우크라이나-러시아 전쟁 등 국제적 분쟁 양상 분석 결과를 고려해볼 때 제대별 다양한 군사적 드론 활용과 더불어 표준화 필요성도 증대되고 있다.

군사용 드론 표준화 필요성을 구체적으로 제시하면 다음과 같다.

첫째, 지상통제장비(GCS)[23]로 각기 다른 기종의 여러 대의 드론을 상호운용하는 데 필요하다. 지상통제장비가 고장이 나거나 파괴되면 다른 지상통제장비로 대체가 가능하고, 현재 조종자와 운용 드론 비율은 1:1이지만 표준화되면 1:N 방식으로 전환할 수 있어 드론 운용 조종병력 절감효과를 달성할 수 있다.

북대서양조약기구(NATO)는 연합작전 시 다른 기종의 드론 간 상호운용을 위해 STANAG[24]을 표준으로 적용하고 있다. 미 육군은 지상통제장비 SW 공통 아키텍처인 UCS(UAS Control Segment)를 적용하여 여러 대의 드론을 상호운용하기 위해 국제 공통 지상통제장비를 개발 중이다. 〈그림 9-3〉은 드론 통신 방식과 메시지 양식을 표준화함으로써 현재 드론 조종자 1명이 드론 1대를 운용하는 방식

<table>
<tr><td>현재 [1:1]</td><td>미래 [1(N):N]</td></tr>
<tr><td>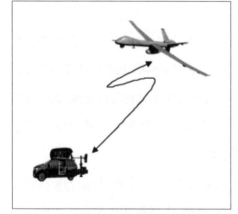</td><td>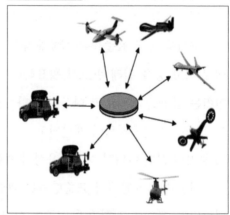</td></tr>
<tr><td>GCS ↔ 드론 간 통신방식 · 메시지 양식 통일<br>(표준화 불필요)</td><td>모든 GCS ↔ 드론 간 통신방식 · 메시지 양식 통일<br>(표준화 필요)</td></tr>
</table>

〈그림 9-3〉 드론 운용방식 변화(1:1 → 1:N 방식)[25]

출처: 연구자가 드론 운용방식에 대한 이해를 돕기 위해 도식화한 내용

---

**23** Ground Control Sysrem

**24** Standardization Agreement: NATO 회원국 간 작전 호환성과 보급 등을 위해 다양한 군사 분야의 표준규격을 제정한 협정으로 드론의 감지/회피 기능, 감항 조건, 통신 및 데이터링크 등에 군사적 표준 명시

**25** 드론 운용방식 이해를 돕기 위해 필자가 직접 작성

에서 1명이 서로 다른 종류의 많은 드론을 효율적으로 운용할 가능성을 표현한 것이다.

둘째, 유·무인 협업(MUM-T)$^{26}$ 구현을 위해서도 표준화가 필요하다. UCS에 공통 아키텍처 같은 데이터링크 프로토콜을 사용함으로써 지상통제장비로부터 유인기로 드론 통제권을 변경하거나 처음부터 유인기가 드론을 통제할 수 있다.

미 육군은 아파치헬기 조종사가 적의 타격에 직접 노출되지 않은 산악지역 후사면에서 상황인식 및 생존성을 향상하기 위해 드론 표준화를 개발하고 있다. 우리 군도 산악지역과 도시지역에서 다양한 작전 시나리오를 적용할 수 있어 운영 개념 구체화와 적용할 무기체계를 식별하여 표준화 적용기술을 개발해야 한다.

셋째, 주파수 자원의 효율적 운용을 위해서도 표준화가 필요하다. 군사용 드

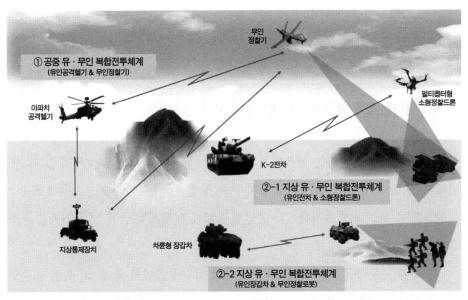

〈그림 9-4〉 지상과 공중에서 유·무인 복합(MUM-T) 운영개념(예)$^{27}$

출처: 연구자가 유·무인 복합(MUM-T) 운영 개념도를 직접 작성

---

**26** Manned Unmanned-Teaming

**27** 유·무인 복합(MUM-T) 운영 개념의 이해를 돕기 위해 필자가 직접 작성

론의 소요 증가에 따라 주파수 소요도 증가하나 주파수 자원은 국가자산으로 무한정 공급이 제한된다.

제대별 운용할 드론에 대한 주파수를 할당하는 기존방식은 체계적이고 배타적인 주파수 요청 및 할당으로 다량의 주파수 소요가 발생하게 된다. 드론 개발 선진국들은 드론 간 상호운용성 확보 및 주파수 소요 최소화를 위해 통신방식의 표준화 기술을 개발하여 적용하고 있다. 군사용 드론을 운용할 때 주·보조 링크에 주파수 소요를 최소화할 수 있는 통신방식에 대한 프로토콜 표준화가 필요하다.

넷째, 드론 분야의 경제 및 산업 활성화 측면에서 표준화가 필요하다. 소요군과 산·학·연이 공동으로 참여하여 군사용 드론 표준화 소요를 식별 및 개발하고, 개발된 표준을 사전에 공개하여 많은 불필요한 연구개발 예산투입을 방지할 수 있다. 또한, 주기적인 표준기술 최신화를 통해 국내 드론산업 기술발전에 이바지할 수 있으며 표준기술이 적용된 군사용 드론을 도입하여 운용함으로써 K-방산 수출 증대에도 이바지할 수 있다.

## 2) 군사용 드론 표준화의 전략적 접근방법

군사용 드론 표준화는 아직까지 국내·외에서 체계화되지 않았으며 필요성에 의해 추진 중이다. 군사용 드론 표준화 기준 정립 원칙은 '국가표준 > 국제표준 > 국방표준'을 고려하여 유사하거나 동일한 사항에 대해서는 국제 및 국가표준을 적용해야 한다.

군사용 드론 표준화 추진을 위한 전략적 접근방법에서 국내·외 드론 표준화 현상분석과 군사용 드론 표준화 실태분석은 산자부 국가기술표준원에서 제정한 드론 관련 국가표준(KS)을 참고하고, 미국 등 군사 선진국의 표준선정 사례, 국방기술품질원 등 표준화 관련 기관과 긴밀한 협업을 통해 네 가지 분야(① 드론 용어 및 분류기준 표준, ② 설계 안전성 및 감항인증 표준, ③ 통신 및 데이터링크 표준, ④ 사이버보안 표준)를 우선적으로 정립할 필요성이 있다.

첫째, 드론 용어 및 분류기준 표준은 플랫폼별 중량, 고도, 체공시간, 비행거리 등을 고려하여 추진해야 한다.

둘째, 설계 안전성 및 감항인증 표준은 드론의 기체구조, 추진계통, 비행제어시스템, 지상조정장비 설계 요구사항 등 군 임무 특수성을 반영하여 추진해야 한다.

셋째, 통신 및 데이터링크 표준은 연합 및 합동작전 등을 고려하여 상호운용성이 가능하도록 추진해야 한다.

넷째, 사이버보안 표준은 기술적·물리적·관리적 취약점을 분석한 후 적으로 인해 해킹 및 재밍 등으로 임무수행에 제한이 되지 않도록 추진해야 한다.


# 4. 군사용 드론 표준화 발전방안

## 1) 분류기준 및 용어 표준

드론은 전투수행을 위한 플랫폼으로 유사한 중량 및 성능별로 분류하고, 임무에 따른 장비장착 및 활용은 계열화하여 추진해야 한다. 군사용 드론 표준화는 국가표준(KS) 중량을 기준으로 분류하되 세계적 추세를 고려하여 고도와 체공시간 및 비행거리를 고려하여 표준을 설정하는데, 다음 〈표 9-4〉에 5단계로 분류하여 제시했다.

## 2) 설계 안정성 및 감항인증 표준

드론 시스템 중 드론 동력비행장치 설계는 드론의 기체구조, 추진계통, 비행제어시스템, 지상조정장비 설계 요구사항과 상승률, 수직이착륙 내풍성능 등 비행성능 시험, 진동시험, 날림먼지 등 신뢰성 시험방법 및 기준을 정해야 한다.

<표 9-4> 국방드론 표준 5단계 분류(안)

| 구분 | 대분류 | 최대 이륙중량(kg) | 운용 제대 |
|------|--------|-------------------|-----------|
| I형 | 대형 드론<br>(Large Drone) | 600kg 초과 | 지작사 |
| II형 | 중형 드론<br>(Medium Drone) | 150kg 초과 600kg 이하 | 군단 |
| III형 | 중소형 드론<br>(Small & Medium Drone) | 25kg 초과 150kg 이하 | 여단~사단 |
| IV형 | 소형 드론<br>(Small Drone) | 2kg 초과 25kg 이하 | 중대~대대 |
| V형 | 초소형 드론<br>(Micro Drone) | 2kg 이하 | 개인/특수~소대 |

출처: 연구자가 국가기술표준원에서 고시(2019.12)한 'KS-W-9000(무인항공기시스템 분류 및 용어)' 표준화와 제대별 드론 분류기준에 대해 정리하여 제시

150kg 이하 드론(회전익/고정익/복합형 포함)의 일반조건, 기체구조, 추진계통, 비행제어시스템, 임무탑재장비, 명령조종계통, 지상조종장비, 발사 및 회수 시스템의 설계 요구사항을 포함한다. 드론 진동시험 장치 신뢰성 평가 기준은 <그림 9-5>와 같다.

드론 시스템의 프로펠러 설계 및 시험표준은 프로펠러 설계와 제작 요구사항, 내구성 시험 및 성능시험으로 구성한다.

드론의 리튬배터리 시스템의 설계 및 제작 표준은 배터리의 용량표시, 커넥터 등 전기적 요구사항, 셀 연결을 위한 기계적 사항과 셀·팩 등 배터리 시스템을 검사한다.

설계 요구사항은 전기적 요구사항과 기계적 요구사항을 규정하고 배터리 시험은 물리적 검사, 출력전압 측정, 용량 시험, 제품표시 사항과 배터리 유지보수에 관련 사항을 규정한다. 설계안전 관련 표준은 우선적으로 국가표준(KS)을 준용하고, 군 임무의 특수성을 반영한 요구 및 보완 사항을 추가로 발전시켜야 한다.

베이스

요잉(yawing)
구동모터

롤링(rolling) 및
피칭(pitching)
구동모터

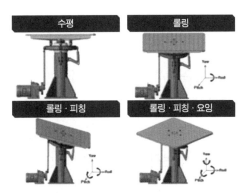

| 수평 | 롤링 |
| 롤링 · 피칭 | 롤링 · 피칭 · 요잉 |

* yawing:  수평축 풍력 터빈에만 있는 것
         수직축을 중심으로 한 풍력 터빈 로터의 운동
* rolling:  자동차, 배, 비행기 등이 주행 중에 좌우로 흔들리는 일
* pitching: 항공기, 차량선박의 기체, 차체, 선체 등의
         좌우 방향을 향하는 축주변의 진동

〈그림 9-5〉 드론의 진동시험 장치(신뢰성 평가)[28]

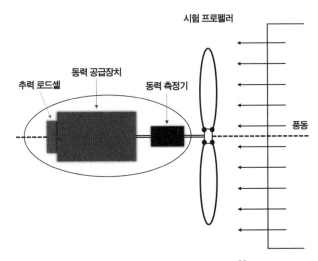

시험 프로펠러

추력 로드셀     동력 공급장치     동력 측정기

풍동

〈그림 9-6〉 프로펠러 시험장치 구성[29]

---

**28**  국가기술표준원(2023)

**29**  국가기술표준원(2023)

## 3) 통신프로토콜 및 데이터링크 표준

드론은 전통적으로 기체 플랫폼 위주로 발전하여 상대적으로 통신 및 데이터링크에 대한 표준화가 미흡하여 드론 간 상호운용성 부족한 상태다.

드론 통신 및 데이터링크 표준은 국제적으로 미국 등 북대서양조약기구(NATO)에서 연합작전을 위해 타 드론 운용이 가능하도록 통신체계 인터페이스 표준(STANAG-4586), 항공정찰 영상표준(STANAG-7023), 동영상 표준(STANAG-4609) 등을 적용한다.

군사용 드론에 대한 통신프로토콜 및 데이터링크 표준화를 위해 ① 공통 아키텍처 및 프로토콜 표준화 기술, ② C2[30]링크 전송 표준화 기술, ③ 지상통제장비(GCS) 공통 소프트웨어 기술, ④ 군사용으로 도입하여 운용할 소형 상용드론에 대한 데이터링크 및 지상통제장비(GCS) SW 표준화 기술을 조속히 개발해야 한다.

드론 간 상호운용성이 향상된다면 지상통제장비(GCS)와 다수의 다른 드론을 운용할 수 있어 획득한 적에 대한 정보를 근실시간 제대별 공유하게 되므로 아군의 전투 효율성을 크게 향상시킬 수 있다. 〈표 9-5〉는 상호운용성(LOI)[31]에 대한 1~5단계 주요 내용이다.

**〈표 9-5〉 상호운용성 수준**

| 구분 | 주요 성능 |
|---|---|
| LOI 1 | 지상통제소에서 드론 통제, 유인기는 간접 영상공유 가능 |
| LOI 2 | 유인기에서 드론의 영상을 직접 공유 가능 |
| LOI 3 | 유인기에서 드론에 탑재된 임무장비(EO/IR, 화기 등) 통제 가능 |
| LOI 4 | 유인기에서 드론의 이·착륙을 제외한 드론 통제 가능 |
| LOI 5 | 유인기에서 이·착륙을 포함한 드론 통제 가능 |

출처: 연구자가 상호운용성 1~5단계 정의 재정리.

---

**30** Control & Command
**31** LOI: Level of Interoperability

## 4) 사이버보안 표준

사이버보안 표준과 관련하여 드론의 보안 취약점은 크게 세 가지로 분석해볼 수 있다.

첫째, 기술의 취약점으로 드론의 인증 및 무선 네트워크의 취약점으로 드론의 조종권을 빼앗는 하이재킹을 당할 수 있다. 대응방안으로 드론과 서버 간의 기기 인증, 무선 네트워크의 암호화 인증, 드론과 드론 간의 인증표준 등이 필요하다.

둘째, 물리적 취약점으로 드론의 GPS 신호 전파교란(Jamming) 공격을 당할 수 있다. 이것은 드론 운용에 필요한 위성에서 보내는 GPS 신호보다 더 강한 신호를 보내 정상적인 GPS 신호를 차단하는 것이다. 스푸핑(Spoofing)은 위성의 신호를 해독해 내부 통신망에 침투해서 드론의 정상 항로 좌표를 임의로 변경하여 거짓 항법 정보를 입력시켜 비행을 방해하거나 원하지 않는 지역에 강제로 착륙 및 역으로 공격 및 추락 또는 납치하는 것이다.

대응방안으로 GPS 스푸핑 탐지 및 복원을 위해 드론 전용 장치를 내장하여 내장된 센서 정보와 카메라에서 수집되는 영상정보를 비교하여 GPS 스푸핑을 탐지할 수 있도록 하는 표준기술이 필요하다.

셋째, 관리의 취약점으로 드론으로 실시간 영상촬영 시 개인정보, 산업시설 정보 노출 등 2차 피해를 유발할 수 있으므로 보호해야 한다. 대응방안은 데이터 전송 시 암호화 및 KCMVP를 통한 데이터 전송으로 피해를 최소화하는 방법이다.

현재 각 군에서 상용드론을 군사용으로 많이 도입하여 운용 중이나 상대적으로 보안에 대한 취약점이 많다. 이에 따라 국방정보본부에서 상용드론 보안조치 문서를 하달[32]하여 군사용으로 활용하기 위해 도입한 상용드론은 암호키를 의무

---

**32** 국방정보본부, "군내 사용드론 통제지침 하달"(2017.11.20); 국방정보본부, "군내 상용드론 보안취약점 대책 통보(하달)"(2018.2.14)

제9장 군사용 드론 표준화 추진실태 분석 및 발전방안

<표 9-6> 군사용 상용드론 활용 시 저해요인(설문조사 결과)

| 구분 | 보안 | 파손에 대한 우려 | 비행체 파손 | 기타 |
|---|---|---|---|---|
| 비율(%) | 31 | 28 | 14 | 27 |

출처: 한국국방연구원, 「군사용 상용드론 확보 및 운영방안 연구를 위한 설문조사(2020.7)

적으로 장착해야 한다.

　군사용 드론에 적용할 KCMVP 적용 방안으로 Ⅱ·Ⅲ급 군사비밀에 해당하는 자료는 HW를 기반으로 한 국가급 초소형 암호칩을 적용하고, 비공개 업무자료는 민감자료, 중요자료, 특별취급 등 군사자료에 해당히는 자료로 KCMVP를 적용해야 한다.

　〈표 9-6〉은 2020년 7월 한국국방연구원에서 육·해·공군 본부와 협업하여 군사용 상용드론 활용 시 저해요인에 대해 설문조사한 결과로 보안문제가 가장 큰 원인으로 조사되었다.


# 5. 결론

　4차 산업혁명 핵심산업의 하나인 드론산업은 하루가 다르게 기술발전 속도가 가속화되고 있다. 아제르바이잔-아르메니아 전쟁과 우크라이나-러시아 전쟁에서 드론을 전장에 적극 활용함으로써 전투수행 방법의 패러다임 변화를 주도하고 있음을 실감하고 있다.

　우리 군도 이러한 전장의 패러다임을 바꾸기 위해 2018년 이후부터 많은 수량의 드론을 군사용으로 활용하기 위해 전력화를 추진하고 있다. 특히, 제2 창군 수준의 「국방혁신 4.0」 추진과 연계한 AI 과학기술 강군 육성을 위한 세부과제 중 하나인 'AI 기반의 유·무인 복합전투체계' 구축에서 군사용 드론 표준화는 매우 중요한 선결 요건이다.

이러한 상황을 고려해볼 때 드론산업 발전 및 전력화 추진과 관련된 산(産)·학(學)·연(硏)·관(官)·군(軍)이 협력체를 구성하여 드론 표준화의 중요성에 대해 이해하고 적극적인 표준화 추진 노력을 기울여야 한다.

앞에서 국내·외 드론산업 동향 및 표준화 현상 분석과 군사용 드론 표준화 필요성을 포함해서 발전방안을 제시했다.

군사용 드론 표준화는 민·관·군 소요를 견인하기 위해 국산화 및 총 수명주기 비용 절감, 안정적인 사업관리 등을 위해 반드시 추진되어야 한다. 만일 표준화가 미정립된다면 체계적인 전력운용을 위한 획득이 제한되고, 효율적인 군수지원 제한과 총 수명주기 비용증가 및 상호운용성이 제한되어 전투 효율성이 크게 저하될 것이다.

세계 군사 선진국들은 드론 분야 세계 시장을 선점하기 위해 민수용뿐만 아니라 군사용 드론의 국제표준화 제정 및 표준화 기구 참여를 활발하게 진행하고 있다. 국제표준화 기구(ISO, NATO STANAG, ICAO, IEC, ASTM 등)의 활발한 활동을 통해 자국의 드론 자율성과 활동 영역을 넓히고 있다.

국가기술표준원에서 상용드론 관련 국제표준 추진, 품질과 안전성 향상을 위한 수출 촉진, 저가 불량 수입제품을 차단하여 국내 드론 산업발전에 기여할 수 있도록 추진계획을 수립하여 추진하고 있다. 군사용 드론 표준화는 매년 방위사업청이 국가 표준기본계획에 따라 국방 분야 표준시행 계획을 수립 및 시행하고 있으나 아직도 초기 단계다.

군사용 드론 표준화 원칙은 국가기술표준원에서 추진되는 동일한 체계 또는 유사 체계를 선정해서 국제표준, 국가표준(KS) 등의 공통분야를 우선적으로 적용하되, 군의 특수성을 고려하여 더 엄격하고 가혹한 환경 및 운용 요구조건이 필요할 수 있으므로 표준화 추진에 많은 관심과 노력을 기울여야 한다.

# 참고문헌

## 1. 단행본

과학기술정보통신부. 『무인이동체 기술혁신과 성장 10개년 로드맵』, 2018.

국가표준원. 『국가표준(KS) 업무 실무핸드북』, 2016.

국방기술품질원. 『국방과학기술조사서』, 2019.

_____. 『국방용 상용드론 표준화 방안』, 2020.

_____. 『군수품 표준화 가이드북』, 2020.

방위사업청. 『군용항공기 표준감항인증기준(Part 3): 경량급 무인 비행기 시스템 감항인증기준』, 2017.

_____. 『국방표준업무 실무핸드북』, 2017.

## 2. 논문

국방기술품질원. 「국방용 상용드론 표준화 방안」. 『정책토론회』, 2020.

남현우. 「4차 산업혁명과 로봇기술 및 표준화 동향」. 『주간기술동향』, 2017.

「드론 ICT 보안기술 표준화 동향」. 『TTA 저널』, 2019.

서일수 · 김용우. 「드론봇 전투체계 발전방안 연구」. 『한국드론혁신협회』, 2021.

윤광준. 「드론 핵심기술 및 향후 과제」. 건국대학교, 2015.

조보근 외 4명. 「군용 무인항공기 비행안전성 증진을 위한 발전방안 연구」, 2014.

황미진. 「드론 KS 및 ISO 국제표준 개발동향」. 『한국소비자원』, 2018.

## 3. 관련 법규/규정/제도

「국방전력업무훈령」 제2845호. 2023.9.25. 일부개정

「군용항공기 운용 등에 관한 법률 시행규칙」. 국방부훈령 제01096호. 서울: 국방부, 2021.4.13. 일부개정

「군용항공기 운용 등에 관한 법률 시행령」. 대통령령 제27971호. 서울: 국방부, 2021.4.13. 타법개정

「군용항공기 운용 등에 관한 법률」. 법률 제117998호. 서울: 국방부, 2021.4.13. 일부개정

「군용항공기 표준감항인증기준(part3)」. 법률 제2020호, 2020.

「드론 활용의 촉진 및 기반조성에 관한 법률(드론법)」. 세종: 국토교통부. 국토교통부령 제01213호, 2023.5.16. 일부개정

_____. 세종: 국토교통부. 대통령령 제33467호, 2023.5.15. 일부개정

제3부 첨단 군사력 건설을 위한 국방전력체계 혁신

_____. 세종: 국토교통부. 법률 제19053호, 2022.11.25. 일부개정

「민·군규격 표준화 업무지침」. 방위사업청예규 829, 2022.12.19. 일부개정

「민군기술협력사업 촉진법 시행령」. 대통령령 제31349호. 서울: 국군인쇄창, 2020.12.31. 타법개정

「민군기술협력사업 촉진법」. 법률 제16998호. 서울: 국군인쇄창, 2020.2.11.

산업통산자원부. 제5차 국가표준기본계획('21~'25). 세종: 산업통상자원부, 2021.6.14.

「전파법 시행규칙」. 과학기술정보통신부령 제00106호. 세종: 과학기술정보통신원, 2023.1.18. 일부개정

「전파법 시행령」. 대통령령 제33517호. 세종: 과학기술정보통신원, 2023.6.7. 타법개정

「전파법」. 법률 제18957호. 세종: 과학기술정보통신원, 2022.6.10. 일부개정

「항공보안법」. 법률 제18354호. 세종: 정부세종청사 법제처, 2021.7.27. 일부개정

「항공안전법 시행규칙」 국토교통부령 제01252호. 세종: 정부세종청사 법제처, 2023.9.21.

「항공안전법 시행령」 제33622호. 세종: 정부세종청사 법제처, 2023.7.11.

「항공안전법」. 법률 제18789호. 세종: 정부세종청사 법제처, 2021.1.18.

## 4. 인터넷 검색

https://biz.chosun.com/site/data/html_dir/2020/06/25/2020062503698.html(검색일: 2023.1.11)

https://www.cctvnews.co.kr/news/articleView.html?idxno=209837(검색일: 2023.2.2)

https://www.korea.kr/news/pressReleaseView.do?newsId=156334669(검색일: 2023.2.5)

https://www.kats.go.kr/main.do(검색일: 2023.2.7)

https://law.go.kr/(검색일: 2023.2.11)

https://www.faa.gov/uas/commercial-operators(검색일: 2023.2.15)

http://www.vision21.kr/news/article.html?no=13620(검색일: 2023.2.21)

https://koreascience.kr/article/(검색일: 2023.2.23)

http://www.irobotnews.com/news/articlePrint.html?idxno=13514(검색일: 2023.2.25)

https://dream.kotra.or.kr/dream/cms/news/actionKotraBoardDetail.do?MENU_ID=2570&pNttSn=178179(검색일: 2023.3.2)

https://blog.naver.com/hyungrac1000(검색일: 2023.10.10)

https://ko.wikipedia.org/wiki(검색일: 2023.10.10)

http://www.irobotnews.com/news/articleView(검색일: 2023.10.12)

https://kiria.org/portal/policysut/(검색일: 2023.10.15)

https://ko.wikipedia.org/wiki/(검색일: 2023.1.~12)

http://www.kidd.co.kr/(검색일: 2023.10.15)
http://www.law.go.kr/(검색일: 2023.11.11)
https://www.ezsam.mil/(검색일: 2023.11.27)

# 국방혁신 성공을 위한 분야별 개선방향

# 제10장
# 전략적 인적자원관리 측면의 육군 ROTC 획득방안

김명렬

## 1. 서론

한국의 ROTC 제도는 1961년 유능한 초급장교 충원과 평시부터 예비전력을 확보하기 위해 미국으로부터 도입하여 현재 108개 대학에서 운영하고 있다. ROTC 장교는 매년 임관하는 소위의 70% 이상이며, 육군 중·소위급 초급장교의 85% 이상을 차지할 정도로 창끝 전투력의 중추적 역할을 담당하고 있다. 하지만 이렇게 육군 초급장교 획득원으로서 중요한 ROTC 제도가 지원율이 급락하는 심각한 위기에 직면해 있다. 그 이유는 저출산에 따른 인구절벽 현상으로 학령인구 및 병역자원이 감소하고 있고, 병 봉급의 대폭 인상과 복무기간이 18개월까지 단축되었으며, 과거에 비해 전역 후 사회진출 시 이점도 없다는 점이다. ROTC 후보생 선발 경쟁률이 지난 2015년 4.8 대 1에서 2022년 2.4 대 1로 50% 하락한 사실이 문제의 심각성을 방증해준다고 하겠다.

2000년대 후반에도 ROTC 지원율은 점점 하락하다가 2010년도에 급락했다. 이때부터 군의 정책부서 및 연구기관에서는 문제의 심각성을 인식하고 ROTC 제도의 발전 및 지원율 제고를 위한 다각적인 연구를 진행했다. 그 결과

단기복무장려금제도[1] 등의 도입으로 2015년까지는 ROTC 지원율이 일시적으로 상승했으나, 그 이후 현재까지 계속 하락하고 있다. 이러한 사실은 군의 정책들이 사회 및 국방환경의 변화를 제대로 인식하고 문제해결을 위해 추진되었는지 그 실효성에 의문을 갖게 한다.

기업들은 1997년 IMF 외환위기를 경험한 이후 글로벌 기업과의 경쟁에서 살아남기 위해 강력한 구조조정과 경영혁신으로 기업의 비교경쟁우위를 확보하기 위해 총력을 기울이고 있다. 그 변화의 중심에는 전략적 인적자원관리(SHRM: Strategic Human Resource Management)가 있다. 이것은 인적자원을 조직경쟁력의 핵심 원천으로 인식하고 저출산과 급속한 인구 고령화 상황에서 기업의 경영전략과 통합 및 연계하여 우수한 인적자원을 확보·활용·개발함으로써 지속적인 경영성과 달성과 경쟁우위 확보를 가능하게 한다는 개념이다.[2]

그러므로 지금의 위기를 극복하고 단순히 인력수급이 아닌 역량 있는 ROTC 획득을 위해서는 기업들과 같이 전략적 인적자원관리를 군의 인력획득 정책에 적용할 필요가 있다. 그 출발점은 과거의 접근방식을 완전히 탈피한 사고의 혁신이 전제되어야 한다. 기존 연구자들은 ROTC 제도가 대량획득-단기활용-대량유출 구조로 설정되어 있고, 병역의무 이행의 대체복무 의식이 문제라고 지적하면서 소수 획득-중·장기활용 구조로 전환해야 한다고 주장한다. 그러다 보니 대부분의 선행연구는 이런 문제에 초점이 맞추어져 연구가 진행되었고, ROTC 지원율 하락 문제는 아직도 진행형이다. 사고의 혁신이란 바로 기존 연구자들이 제기하는 ROTC 제도의 문제점을 인정하고 대안을 찾아야 한다는 것이다. 그것은 문제가 아니라 ROTC 제도의 특징이며, 창설 당시보다 ROTC 제도를 운영하는 대학이 증가하고 변화가 있었지만 징병제를 채택하고 있는 한국의 상황에서 대량획득, 병역의무 이행 대체복무의 특징은 바뀌지 않았다. 본 연구는 이러한 ROTC 제

---

1    2010년 도입된 제도로서 당시 ROTC 및 학사사관후보생 지원율이 급락하자 생긴 제도이며, 단기복무 장교 지원을 유도하기 위해 제공하는 지원금이다.

2    이학종 외, 『전략적 인적자원관리』 개정판, 서울: 오래, 2012, pp. 46-47.

도의 특징을 인정하고 대안을 모색했다는 점에서 기존 연구들과 차이점이 있다고 하겠다.

1916년 ROTC 제도를 도입한 미국도 1980년대 들어서면서 베트남전에 대한 정당성 문제가 이슈화되고, 국가적으로 출생률이 감소하여 ROTC 지원율이 점점 하락하는 위기가 있었다. 이에 육군 수뇌부는 ROTC 인센티브 확대, 운영체계 개선 등의 혁신적인 정책 변화를 추진함으로써 문제를 해결했다. 이러한 미국의 사례는 현재 한국 ROTC의 문제해결을 위한 대처방안을 정립하는 데 시사하는 바 크다고 할 수 있겠다.

따라서 본 논문의 연구목적은 미국과 한국 ROTC 제도의 인적자원 유인 및 선발체계를 중심으로 사례 간 비교기법을 적용하여 제도상의 차이점을 분석하고, 시사점 도출을 통해 전략적 인적자원관리 측면의 ROTC 획득방안을 제시하는 데 있다.


## 2. 이론적 고찰 및 분석 틀

### 1) 미국의 ROTC 제도

미국은 장교를 양성하기 위해 1800년대부터 일부 희망하는 학교를 대상으로 군사교육을 시작했다. 미국이 독립한 직후인 1819년 현재의 버몬트(Vermont)주에 위치한 노리치(Norwich) 대학에서 처음으로 정규과목에 군사교육을 포함하여 대학교육을 실시했고, 1862년 모릴법(Morrill Act)에 의해 모든 대학에 군사교육을 허가하면서 확산되었다.

남북전쟁(1861~1865) 당시 각 대학에서 군사훈련을 받고 임관한 장교 약 2,500명이 참전했다. 그 후 제1차 세계대전이 발발하자 미국의 윌슨(Wilson) 대통령이 연합군으로 참전을 결정하면서 군의 예비전력 확보와 초급장교 수요가 급격

히 증가하게 되었다. 이를 해소하기 위해 1916년 국가방위법(National Defense Act)을 제정하고 정식으로 ROTC 제도를 출범시켰다. 실제로 제1차 세계대전에 5만여 명의 ROTC 장교가 참전하여 승리의 결정적 역할을 수행했다. 따라서 제1차 세계대전 발발과 미국의 참전이 ROTC 제도를 도입하는 배경이 되었고, 그 방식은 각 주정부에서 실시하고 있던 군사교육을 연방정부 차원에서 국가방위법을 제정하여 제도화했다.[3]

ROTC 제도 변천 과정은 〈그림 10-1〉과 같이 1916년 ROTC 제도 창설 이전 시기, 제도창설 및 발전기(1916~1963), ROTC 활성화법(ROTC Vitalization Act)이 제정된 이후 제도 확장기(1964~1985), 학군사령부가 설치된 이후 현재까지의 제도 발전기(1986~현재)로 구분된다.[4]

## 2) 한국의 ROTC 제도

한국이 징병제 확립과 대규모 상비군이 필요하다는 인식을 가진 결정적 계기는 6.25전쟁이었다. 특히 휴전 이후 급격한 군비확장으로 기존의 사관학교와 갑종간부후보생 과정을 통한 장교 양성만으로는 그 소요를 충족시킬 수 없었다. 더욱이 6.25전쟁을 통해 초급장교 부족이 군 전투력에 미치는 영향이 지대하다는 것을 경험한 바 있는 군은 평시부터 예비전력을 확보하기 위한 대책을 강구하지

---

3  Gene M. Lyons & John W. Masland, "The Origins of the ROTC," *Military Affairs* Vol. 23, No. 1(Spring 1957), pp. 1-28.

4  Arthur T. Coumbe & Lee S. Harford, *U.S. Army Cadet Command: The 10 Year History* (Virginia: Office of The Command Historian U.S. Army Cadet Command. Fort Monroe, 1996), pp. 172-183.

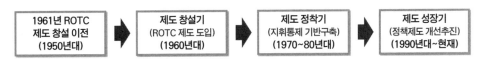

〈그림 10-2〉 한국의 ROTC 제도 변천 과정

않을 수 없었다. 이러한 군사적 필요성도 있었지만, 교육적 견지에서 보더라도 국가의 장래를 짊어질 청소년의 대학교육이 병역관계로 일시 중단되는 것은 국가적 차원에서도, 학생들의 입장에서도 바람직스럽지 못했다.

따라서 대학교육에 지장을 주지 않고 군사적 목적과 국가 교육시책을 동시에 충족시킬 수 있는 합리적인 방안을 모색했다. 이때 미국에서 유능한 초급장교를 충원하고 유사시 동원하여 초급장교 소요를 충당할 수 있도록 군 예비전력 확보 차원에서 적용하고 있는 ROTC 제도를 한국에 도입하게 되었다.

ROTC 제도 변천 과정은 〈그림 10-2〉와 같이 1961년 ROTC 제도 창설 이전 시기(1950년대), 창설기(1960년대), 정착기(1970~1980년대), 성장기(1990년대~현재)로 구분할 수 있다.[5]

## 3) 전략적 인적자원관리 이론

지식기반사회에서 인적자원이 조직체의 핵심 경쟁력 요인으로 작용함에 따라 인적자원관리가 조직체의 경쟁력에 결정적 영향을 미치고 있다. 이러한 인적자원의 특성은 대체로 자산(asset), 투자(investment) 그리고 경쟁력(competitiveness) 관점에서 이해될 수 있다. 우선 조직의 자산 관점에서는 인적자원을 조직체의 자산으로 여기고 조직체의 가치를 높이기 위해 우수한 인재를 확보하고, 그들을 효율적으로 활용하며, 항상 높은 가치를 유지하도록 노력하는 것을 의미한다. 두 번째

---

**5**   최광표 외, 『학군장교(ROTC) 종합발전 계획서 작성 연구』, 서울: 한국국방연구원, 2012, pp. 59-62; 김성진, 「한국 육군의 장교단 충원제도와 직업안정성에 관한 연구」, 국민대학교 박사학위논문, 2014, pp. 101-125; 육군학생군사학교, 『알고 하는 학군단 근무』, 2022, pp. 부록-12-15.

로 가치증대를 위한 투자 관점에서는 조직구성원들의 잠재 능력을 개발하여 자산으로서 그들의 가치를 높임으로써 조직체의 부(富)도 증가시키는 것을 의미한다. 마지막으로 경쟁력 관점에서 인적자원은 조직성과와 비교경쟁우위를 결정하는 핵심요소다. 과거 산업화 시대에 비교경쟁우위의 핵심이었던 기업의 자금력과 규모의 경제, 저임금 노동력, 보호무역 장벽 등은 현대의 세계화와 무경계화 같은 변화 속에서 무력화되어가고 있다. 따라서 새로운 경영환경에서 인적자원은 조직의 경쟁력을 결정하는 가장 중요한 원천이다.[6]

역사적으로 보면, 인적자원관리는 과거 100년 동안 학문적으로 경영학 연구와 더불어 구조적 접근으로 출발하여 인간적 접근을 거쳐 근대의 인적자원 접근으로 발전해왔으며, 현대조직에서는 점차 전략경영과 통합된 경쟁력 관점의 전략적 인적자원관리 접근으로 발전해나가고 있다.[7] 전략적 인적자원관리는 조직성과에 기여하기 위해 전략경영 과정과 잘 연계되고 인적자원관리 기능 상호 간에도 조화되어 효율적 기능 발휘를 통해 조직의 전략목적을 달성하는 과정이라고 할 수 있다.[8]

조직의 성과는 당면한 환경에 조직이 어떻게 적응해나가느냐에 달려있다. 그러므로 조직은 환경에 적합하게 경영전략을 수립하고, 조직의 전략목적을 효과적으로 달성할 수 있는 조직구조와 관리체계를 설계하며, 그것에 맞는 경영 과정과 경영행동을 형성해나가야 한다. 그렇게 함으로써 환경과 전략, 조직구조 및 경영 과정 간에 정합관계가 형성되고, 조직성과는 그 정합관계가 얼마나 일관성 있게 조화되느냐에 따라 결정된다. 이러한 정합관계를 도식화하면 〈그림 10-3〉과 같으며, 이를 '챈들러(Chandler) 모형'이라고 한다.[9]

---

**6** 이학종 외, pp. 17-19.

**7** 이학종 외, pp. 21-37.

**8** Wrigt P. M. & M. G., "Theoretical Perspectives for Strategic Human Resource Management," *Journal of Management*, 18 (1992), pp. 295-320.

**9** Miles R. E. et. al., "Organizational Strategy, Structure and Process," *Academy of Management Review* (July 1978), pp. 546-562.

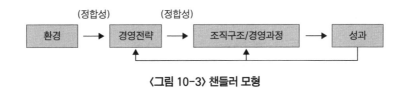

〈그림 10-3〉 챈들러 모형

조직은 경영전략 수립 과정에서 사회, 정치, 경제, 기술, 법규 등 외적 환경 분석으로 새로운 기회와 위협 요소를 파악하고, 내적으로는 제품, 기술, 자금, 인력 등의 자원 분석으로 조직의 강·약점을 진단한다. 이러한 내외환경 분석을 통해 적합한 경영전략을 수립하고, 효율적인 조직구조와 경영체계를 설계한다. 인적자원관리가 조직의 성과와 비교경쟁우위 확보에 기여하기 위해서는 조직의 전략수립 과정에 인적자원 기능들이 고려되고, 전략수행 과정에 조직의 전략목적이 인적자원관리에 반영되어 경영전략과 인적자원관리가 통합된 과정으로 전개되어야 한다.[10] 전략적 인적자원관리 과정을 도시하면 〈그림 10-4〉와 같다.

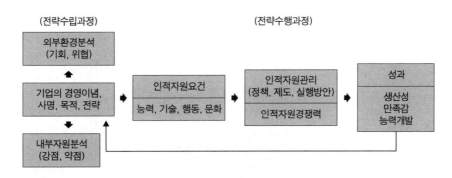

〈그림 10-4〉 전략적 인적자원관리 과정

**10** Lengnick-Hall C. A. & Lengnick-Hall M., "Strategic Human Resource Management: A Review of the Literature and a Proposed Typology," *Academy of Management Review*, 13 (1988), pp. 454-470.

## 4) 분석 틀

앞 절의 전략적 인적자원관리의 이론적 개념을 ROTC 획득에 대입하여 조작적 정의를 하면, "ROTC 획득환경을 고려하여 인적자원관리가 통합된 획득전략을 수립하고, 전략목적 달성이 가능한 조직구조와 관리체계를 설계하여 인적자원관리 기능(조직운영, 모집·선발, 양성교육, 복무관리 등) 간의 내적 정합성을 통해 역량 있는 ROTC 장교획득 성과를 달성한다"고 정의할 수 있다. 〈그림 10-5〉는 조작적 정의를 도식화한 것이다.

사실 한국 육군의 ROTC 획득 정책은 1961년 창설 이후 인적자원관리 기능 간의 정합관계를 고려하지 않고 개별 기능들의 분절적 발전이나 개선, 부분 최적화에 치중해왔다. 물론 이러한 정책들이 ROTC 획득에 기여한 것은 사실이지만, 시너지 효과를 발휘하지 못하여 현재 획득환경의 악화로 지원율 급락이라는 심각한 위기에 직면하게 되었다.

그렇다면 저출산에 따른 학령인구 및 병역자원의 감소, 병 복무기간의 단축

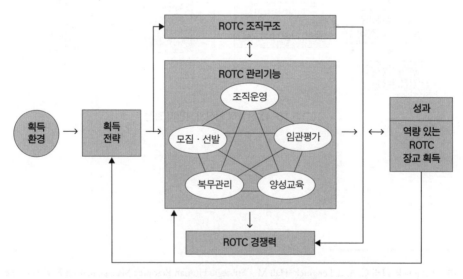

〈그림 10-5〉 ROTC 획득의 전략적 인적자원관리 과정

등 획득환경의 변화 속에서 어떻게 역량 있는 ROTC 장교를 획득할 것인가? 이 질문에 대한 대안을 제시하기 위해 본 연구에서는 역량 있는 ROTC 장교획득을 종속변수로 하고, ROTC 획득 동인으로 인적자원 유인 및 선발체계에 주요한 영향요인인 ① ROTC 모집·홍보·선발, ② J-ROTC 프로그램,[11] ③ 복무기간 및 지원금을 독립변수로 선정하여 체계적인 연구를 진행했다. 그 이유는 2000년대에 ROTC 지원율이 하락하자 선행연구자들도 이 변수들을 ROTC 획득의 주요 동인으로 판단하여 연구에 적용했고, 관련 이론을 검토하면서 이 변수들이 ROTC 획득의 전략적 인적자원관리 과정의 조작적 정의를 통해 역량 있는 ROTC 장교 획득이라는 성과달성에 기여하는 핵심요소로 분석했기 때문이다.

따라서 본 연구의 분석의 틀은 〈표 10-1〉과 같이 ROTC 획득에 영향을 미치는 환경요인, 즉 국방인력운영 환경의 변화, 사회 및 교육환경의 변화, ROTC 지원율 감소 영향요인을 토대로 미국과 한국 ROTC 제도의 사례비교를 통해 각 독립변수에 대한 양국 제도의 차이점을 분석한다. 그리고 사례비교 분석 결과를 바탕으로 전략적 인적자원관리 측면의 ROTC 획득방안을 인적자원 유인 및 선발체계를 중심으로 제시한다.

〈표 10-1〉 분석 틀

| 획득환경 | 한·미 ROTC 제도의 사례비교 분석 | | 발전방안 | 성과 |
|---|---|---|---|---|
| 국방인력운영 환경의 변화 | 인적자원 유인 및 선발체계 | ① ROTC 모집·홍보·선발 | 전략적 인적자원관리 측면의 ROTC 획득방안 | 역량 있는 ROTC 장교 획득 |
| 사회 및 교육 환경의 변화 | | ② J-ROTC 프로그램 | | |
| ROTC 지원율 감소 영향요인 | | ③ 복무기간 및 지원금 | | |

---

**11**  1892년 미국 네브래스카주 오마하 중앙고등학교에서 시작된 군사학 프로그램으로, 미 국방부 지원하에 고등학교 과정에서 실시되는 연방 교육과정이다.

## 3. ROTC 획득에 영향을 미치는 환경요인

### 1) 국방인력운영 환경의 변화

병역자원 감소, 4차 산업혁명 기술의 군내 적용 가속화, 사회 가치관 변화 등으로 급격한 국방인력운영 환경의 변화가 진행되고 있다. 특히 병역자원의 감소는 양적인 측면에서 국방인력의 규모와 충원에 절대적 제약 요소로 작용하고 있다. 이로 인해 국방부는 2006년 시작한 국방개혁에 따라 병력 규모를 68만 명에서 2022년까지 50만 명 수준으로 감축했으나 인구감소 추세를 고려할 때 병역자원 부족 현상은 더욱 심화될 전망이다.

또한, 초연결 기반 4차 산업혁명 기술의 군내 적용과 새로운 전장 환경이 도래할 전망이다. 미래의 전장은 시공간적 장벽이 제거되고, 전투와 비전투 영역이 모호한 업무와 전쟁수행 등으로 전통적인 군조직과 군인 직무의 특수성이 변화될 것이다. 특히 무인 및 자동화, 인공지능(AI), 스마트팩토리 개념과 유사한 스마트 부대 등 새로운 기술의 군내 적용으로 직무 대체가 가속화될 것이다. 이러한 변화는 전투병과 중심의 일반형 인재보다 새로운 기술과 업무환경에 특화된 맞춤형 인재에 대한 소요가 증가할 것이기 때문에 이에 대한 신속한 대책 마련이 필요하다.

그리고 새로운 가치관과 생활방식을 가진 세대의 등장과 이들의 군내 유입에 따라 우수한 인력을 획득하고 유지하기 위해서는 기존의 가치와 생활방식을 기준으로 한 인적자원관리로는 한계에 직면할 가능성이 크다.[12]

따라서 현재의 인적자원관리 방식에 대한 변화가 없을 경우 ROTC 지원자의 지속 감소로 인한 우수 인력의 확보가 곤란하고, 이에 따라 하부전투력 유지 측면에서도 문제가 더욱 악화될 것이다.

---

12 한국국방연구원, 『2021 국방정책 환경 전망 및 과제』, 2020, pp. 89-92.

## 2) 사회 및 교육환경의 변화

교육부는 초저출산이 본격화된 2000년대 출생자들의 대학 입학 시기가 되면서 입학가능자원 규모가 급격하게 감소했고, 2021년을 기점으로 대학 입학 연령(만 18세) 인구가 입학정원에 미달하기 시작한 것으로 분석했다. 그리고 이러한 학생 미충원은 앞으로 학령인구 감소로 더욱 심화되고 지방대학 중심으로 증가할 것이라고 했다.[13]

연덕원(2021)은 「대학 구조조정 현재와 미래: 정원 정책을 중심으로」라는 연구에서 '만 18세 학령인구' 추계를 바탕으로 대학 '입학가능인원(정원 내)'을 〈그림 10-6〉과 같이 추계했다.[14]

그 결과를 보면, 2021~2024년은 입학자 수가 줄어드는 1차 감소기, 2025~2031년 유지기를 거쳐 2032~2040년 2차 감소기로 나타났다. 전문가들은 입학 가능인원이 2032년 2차 감소기에 들어서기 전 향후 10여 년을 대학 구조개혁의 '골든타임'이라고 말한다. 즉, 지방대학 위주의 대규모 폐교 사태를 방지하기 위한

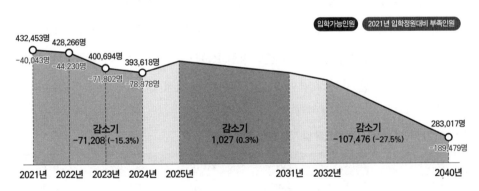

〈그림 10-6〉 2020~2040년 대학 입학가능인원 추계

출처: 연덕원, 앞의 논문, p. 33 참고하여 작성.

---

**13** 교육부, 「학령인구 감소 및 미래사회 변화에 대응한 대학의 체계적 관리 및 혁신 지원 전략」, 2021, p. 1.
**14** 연덕원, 「대학 구조조정 현재와 미래: 정원 정책을 중심으로」, 『대학교육연구소』, 2021, pp. 32-36.

대책 마련이 이 기간 내에 반드시 이루어져야 한다는 것이다.

이러한 학령인구 감소에 따른 대학의 위기는 ROTC 획득과도 무관하지 않다. 그 이유는 대학생이 수요자원인 ROTC 제도의 특성상 학령인구 감소는 ROTC 획득환경의 악화를 의미하기 때문이다. 따라서 더 늦기 전에 우리 군도 향후 10여 년의 '골든타임' 내에 역량 있는 ROTC를 안정적으로 획득할 수 있는 실질적인 대책을 조속히 마련해야 할 것이다.

### 3) ROTC 지원율 감소 영향요인

최근 10년간 ROTC 지원율은 〈표 10-2〉에서 보는 바와 같이 2015년을 정점으로 매년 지속적으로 감소해왔다.

본 연구의 기초자료 수집을 위해 ROTC 후보생 1,267명을 대상으로 실시한 자체 설문, 기존 연구들과 한국국방연구원, 육군학생군사학교(이하 학군교) 설문 결과 분석을 통해 ROTC 지원율 감소의 영향요인은 크게 다섯 가지로 도출되었다. 즉, ① 병보다 상대적으로 긴 ROTC 의무복무기간, ② ROTC 양성교육 여건 및 사회적 분위기 변화와 거리감이 느껴지는 체감도 낮은 경제적 지원, ③ 직업장교와 사회직업으로의 진출통로로서 불안정한 ROTC 직업성 부족, ④ 과거보다 낮아진 ROTC에 대한 사회적 평판과 모집홍보의 문제점, ⑤ 취업환경 변화에 따른

〈표 10-2〉 육군 ROTC 모집 경쟁률 및 지원 현황

| 구분 | 2013 | 2014 | 2015 | 2016 | 2017 |
|---|---|---|---|---|---|
| 경쟁률 | 3.5:1 | 4.4:1 | 4.8:1 | 3.8:1 | 3.3:1 |
| 지원인원(명) | 17,500 | 18,555 | 19,159 | 16,554 | 15,739 |

| 구분 | 2018 | 2019 | 2020 | 2021 | 2022 |
|---|---|---|---|---|---|
| 경쟁률 | 3.4:1 | 3.2:1 | 2.8:1 | 2.6:1 | 2.4:1 |
| 지원인원(명) | 12,698 | 11,670 | 9,636 | 9,407 | 7,680 |

출처: 육군학생군사학교 분석자료(2022)

제4부 국방혁신 성공을 위한 분야별 개선방향

학부 생활과 ROTC 후보생 생활 병행의 부담감이다.

이와 같은 분석 결과는 ROTC 획득과 관련된 환경의 변화를 정확히 인식하고 지금이라도 장기적인 안목의 종합적인 대책을 마련하지 않는다면 앞으로 더 큰 위기에 직면할 수 있음을 시사해준다. 주목할 점은 본 연구에서 분석된 내용이 2010년도에 ROTC 지원율이 급락한 이후 진행되어온 기존 연구들의 분석내용과 거의 동일했다는 것이다. 이것은 지금까지 군에서 추진해온 ROTC 획득정책들이 문제점을 인식하고도 근본적인 문제해결을 위해 제대로 추진되지 않았음을 방증해주는 결과라고 하겠다.

# 4. 미국과 한국 ROTC 제도의 사례비교 분석

## 1) 미국 ROTC 인적자원 유인 및 선발체계

### (1) ROTC 모집 · 홍보 · 선발

미국은 ROTC 획득업무의 효율적 수행을 위해 획득사령부와 학군사령부를 동일한 위치(Ft. Knox)에 배치하고 있다. 획득사령부는 ROTC 장교에 대한 양적 · 질적 요구수준을 결정하고, 학군사령부는 ROTC 모집 · 홍보 · 선발에 대한 구체적인 기준을 수립하여 예하 제대에 하달 및 감독한다.

대학별 ROTC 선발인원은 학교 상황에 따라 상이하지만 학력수준 상위 50% 이내로 지원자격을 부여하고 있는데, 자격기준은 미국 시민권자로서 17세 이상이며 임관 시 31세 미만이어야 한다. 학습활동 점수는 대학입학 자격시험인 SAT(Scholastic Aptitude Test)가 920점 이상이거나 ACT(American College Test)가 19점 이상이어야 하고, 평점평균(GPA)은 2.5 이상이 되어야 하며, 리더십 · 과외활동 · 체육활동 참여 실적이 있어야 한다. 그리고 학력은 고등학교 졸업 및 동등 자격자, 졸업 직후 임관동의자, 체력 적합자, 장학금을 지급받는 대학 합격자다.

선발 과정은 4년제와 2년제로 구분되는데, 4년제는 지원자 대다수가 선택하는 과정으로 1학년부터 입단하여 기초과정(BC: Basic Course)과 고급과정(AC: Advanced Course)을 이수한 후 졸업과 동시에 임관한다. 2년제는 ROTC 선택의 추가기회를 제공하는 과정으로 기초과정을 이수하지 않은 학생(전문대 ROTC 수료자 포함)이 2학년 수료 후 여름방학 기간에 실시하는 리더훈련 과정(LTC: Leader Training Course)을 이수할 경우 3학년부터 실시되는 고급과정에 편입하는 제도다.[15]

모집방식은 육군에서 필요한 병과 및 주특기를 고려하여 공과대학 20%, 자연과학 15%, 기술 및 기능 분야 30%, 기타 일반학 35% 등 다양한 전공분야별로 모집한다. 그리고 전체 모집인원 중 흑인 20%, 여후보생 25%, 아시아계 3%를 지정하여 선발한다.

임관인원은 ROTC 프로그램 등록에 비해 상대적으로 엄격한 훈련과 평가기준을 적용하여 25% 정도만 선발하고, ROTC 프로그램을 이수하고 3년 이내 학사학위 취득 시 조기 임관도 가능하다.[16]

한편, 후보생 선발을 위한 홍보활동은 국가적 차원에서 군과 대학, 동문회 등 가용한 모든 인적자원을 활용하여 다양하게 전개한다. 학군사령부는 1987년 홍보처를 신설하여 우수자 유인을 위해 고등학교 졸업예정자와 학부모를 대상으로 적극적인 홍보활동을 하고 있다. 홍보전략 중에 우편물 직접발송이 있는데, 이는 학군사령부가 가장 역점을 두는 전략으로 SAT나 ACT 점수가 ROTC 지원 자격기준 이상을 넘는 고등학생 전원의 인적사항을 입수하여 홍보자료를 발송한다. 또한, 민간 전문 광고회사에 홍보 의뢰, 대중매체를 이용한 홍보, 지역단위 홍보활동, 인터넷 및 설문 등 다양한 홍보전략을 추진하고 있다.[17]

---

**15** 미 학군사령부 홈페이지, https://armyrotc.army.mil/(검색일: 2023.7.24); 최광표 외, pp. 206-207, 212-213.

**16** 황의돈,「ROTC 제도」,『전투발전』, 육군교육사령부, 1998, pp. 120-121.

**17** Arthur T. Coumbe & Lee S. Harford, pp. 130-131.

## (2) J-ROTC 프로그램

미국의 J-ROTC(Junior Reserve Officers' Training Corps) 프로그램은 국방부 지원 하에 고등학교에서 실시하는 연방 교육과정으로 윌슨 대통령 시절인 1916년 국가방위법 제정을 기반으로 창설되었다.[18]

교육이념은 건전한 민주시민 육성이며, 교육목적은 'Motivating young people to be better citizens'라는 슬로건이 보여주듯이 학생들에게 민주시민의 가치와 국가에 대한 군무(軍務) 등을 고취하여 국가 및 사회의 리더로 육성하는 것이다. 지원자격은 고교 1학년(만 14세) 때부터 가능하고, 자격기준은 지원일 기준 6개월 이내 퇴학 조치된 사실이 없는 시민권자 및 합법적인 외국인이면 가능하다. 프로그램 등록은 학년에 상관없이 자유롭게 신청할 수 있으며, 교육내용은 일반학교 교과과정과 군에서 제공된 프로그램을 병행하여 진행한다. 학기 중에는 시민정신 실천, 리더십 이론, 건강과 응급처치, 지리·환경 인식, 정부시책 및 군복무 역사, 사격기술 등을 교육하고, 방학 중에는 병영체험, 군사훈련 등을 진행하며, 각종 경연대회 참가를 권장하여 명예심을 고양한다. 교육 중점은 리더십 역량 강화에 두고 4년 동안 LET(Leadership Education Training) 프로그램을 과정별로 구분하여 운영하며, 프로그램 가입비나 교육비는 별도로 없고 후보생들에게 필요한 제복, 장비, 교보재 등은 군에서 무료로 제공한다.

J-ROTC 프로그램은 1916년 국가방위법 제정 이후 ROTC 활성화법(1964), U.S. Code 및 NDAA(National Defense Authorization Act)에 설치목적과 지원범위를 명시했고, 교관자격 및 프로그램 형태를 AR(Army Regulation) 145-2와 CCR(Commission on Civil Rights) 145-2에 규정함으로써 국가 차원의 법률적 지지를 받고 있다.[19]

J-ROTC 프로그램 유치를 희망하는 고등학교는 학군사령부에 제안서 제출

---

**18** 김원대 외, 『J-ROTC(청소년 공동체 리더십) 프로그램 설계 및 적용방안 연구』, 서울: 한국국방연구원, 2013a, pp. 66-67.

**19** 김원대 외, 「J-ROTC 프로그램의 국내 적용 가능성 진단 및 실행방안」, 『국방정책연구』 29(2), 서울: 한국국방연구원, 2013b, pp. 206-208.

및 심사를 통해 자격승인을 받아야 한다. 프로그램 신설·인가는 자격심사기준표 (Order of Merit List Criteria)에 의거하여 유치 희망지역의 실업·문맹률 및 학생 참여 수준, 학교의 관심도·재정능력·편의시설 등의 평가지표를 점수화하여 높은 득점 순으로 프로그램을 인가하고, 프로그램 유치학교는 연방정부로부터 연간 13만 달러 정도의 예산을 지원받는다. 아울러 학군사령부는 3년 주기로 학교별 프로그램 추진현황을 정기 평가하여 프로그램과 예산의 확대 및 축소를 결정하는 기준으로 삼고 있다.

J-ROTC단의 지휘통제는 학군사령부 예하 8개의 학군여단이 대학의 학군 대대와 병행하여 통제하고, 군별 전국 고등학교에서 운영 중인 J-ROTC단은 3,200여 개에 이르는데, 육군은 1,647개를 운영한다.[20] 교관편성은 전원 예비역 으로 학사 이상 대위~대령의 장교와 고졸 이상 하사~준위의 준·부사관을 선발 하고, 급여는 군과 학교가 공동 분담한다.[21]

J-ROTC 프로그램에 대한 군과 사회의 평가는 상당히 긍정적이다. 각 군의 수장들은 J-ROTC 프로그램이 국가 인적자원개발 측면에서 효과를 발휘한다고 평가하면서 프로그램 이수자의 30~50%가 군에서 복무한다고 국회에서 증언했 다. 또한, 사회에서는 학생들의 학업성취도와 건전한 민주시민 육성에 많은 기여 를 하고 있으며, 특히 프로그램 이수 후 장학제도 등을 통한 학비 지원, 군인의 길 을 택하면 부여되는 다양한 기회, 사회진출 시 선·후배 관계로 형성된 인적 네트 워크를 활용한 취업 추천을 받을 수 있다는 점이 긍정적 요소로 작용하고 있다. 따라서 J-ROTC 프로그램은 사회적으로 장차 국가의 리더를 육성하고 학생들에 게 군에 대한 정보제공과 경험을 통해 군 복무 동기를 부여한다는 측면에서 고등 학교 교과과정의 확실한 진로교육 수단으로 자리매김한 것으로 평가받고 있다.[22]

---

[20] 김원대 외(2013a), pp. 69-71, 73-75.

[21] 김원대 외(2013b), p. 210.

[22] 김원대 외(2013a), pp. 76-77.

## (3) 복무기간 및 지원금

미국의 군 복무기간은 현역의무복무기간과 예비역복무기간을 포함하기 때문에 의무복무기간은 현역과 예비역 복무를 합한 것이다. 미 국방부는 연방법을 근거로 하여 국방부 훈령(DODI: Department Of Defense Instruction)에 모든 장교의 의무복무기간을 8년으로 규정하고 있는데, 각 군성 장관은 각 군의 상황을 고려하여 법령의 범위 내에서 현역의무복무기간을 조정할 수 있다. 이에 따라 ROTC 장교는 현역의무복무기간이 3년인데, 후보생 시절 장학금을 지급받은 경우 1년 연장하여 4년 동안 복무하도록 하고 있다. 따라서 ROTC 장교의 의무복무기간은 후보생 시절 장학금 수혜자는 현역으로 4년 복무 후 예비역으로 4년 복무(본인 선택 시 주방위군 또는 예비군으로 8년 복무 가능)하고, 자비 임관자는 현역으로 3년 복무 후 예비역으로 5년을 복무하도록 규정하고 있지만 인력충원소요에 따라 현역복무기간을 신축성 있게 적용하고 있다.[23]

미국 ROTC 지원금 제도는 1964년 ROTC 활성화법이 의회를 통과하면서 후보생 5,500명에게 장학금 지급이 시작되었고, 매달 생활보조금도 27달러에서 50달러로 인상되었다. 하지만 1970년대에 들어서면서 베트남전쟁의 여파로 ROTC 지원율이 급락하자 이에 따른 대책으로 1971년 의회는 장학금 수혜대상자를 5,500명에서 6,500명으로 증원하고 생활보조금도 매달 50달러에서 100달러로 증액했다. 그리고 1980년 장학금 수혜자를 6,500명에서 12,000명으로 대폭 증가시켰다.[24]

이와 같이 미국은 국가에서 정책적으로 ROTC 지원금 확대와 충분한 예산지원으로 교육여건 및 환경을 보장해줌으로써 우수한 자질을 갖춘 대학생이 ROTC에 지원하도록 동기를 부여해왔다. 현재도 지원금 제도를 통해 우수학생을 유인 및 선발하고 있는데 장학생 유형은 자격기준과 심사요소에 의거하여 2년제, 3년

---

**23** 미 학군사령부 홈페이지, https://armyrotc.army.mil/(검색일: 2023.7.31); 조관호 외, 『단기복무간부의 적정 의무복무기간 연구』, 서울: 한국국방연구원, 2016, pp. 60-61.

**24** 학생중앙군사학교, 「미 ROTC 교육기관 시찰 결과보고」, 1990, pp. 6-7.

제, 4년제로 구분하여 선발하고, 장학금은 등록금, 도서구입비, 실습비, 기타 교육비 일체를 지급한다. 매달 지급되는 생활보조금은 1999년 200달러로 증액했고, 그 이후로는 학년별로 300~500달러씩 차등 지급하고 있다.[25]

## 2) 한국 ROTC 인적자원 유인 및 선발체계

### (1) ROTC 모집 · 홍보 · 선발

ROTC 모집 · 선발 절차는 1단계(선발정원 할당) → 2단계(모집 · 홍보활동) → 3단계(후보생 선발)로 진행된다. 1단계는 육군본부로부터 모집인원을 하달받아 학교에서 기본 선발정원 할당 산출기준에 의거하여 학생군사교육단(이하 학군단) · 권역별로 선발정원을 할당하고 심의위원회에서 심의를 통해 최종 결정한다. 2단계는 육군본부 방침에 의거하여 학군교는 모집계획을 구체화하여 하달하고, 가용예산 및 여건에 따라 홍보활동 계획을 수립하여 시행한다. 3단계는 육군 규정에 의거하여 학군교장 책임하에 선발요소별 배점기준에 따라 평가하여 후보생을 선발한다.[26]

지원자격은 학군단이 설치되어 있는 대학에 재학 중인 자로 임관일 기준 만 20세 이상 29세 미만이어야 하는데, 제대군인의 경우 군 복무기간에 따라 1~3세까지 합산하여 적용한다. 정시선발 대상은 4년제 대학 2학년 재학생(5년제 학과는 3학년 재학생)이며, 사전선발[27]은 4년제 대학 1학년 재학생(5년제 학과는 2학년 재학생)이 대상이다. 대학성적은 지원 직전 학기까지 신청학점의 80% 이상을 취득하고 평점이 C 학점 이상인데, 사전선발 대상자인 1학년은 대학성적을 적용하지 않는다.[28]

---

**25**  최광표 외, pp. 207-210.

**26**  육군본부(육규 107), 『인력획득 및 임관규정』, 2022, pp. 19-20, 130; 육군학생군사학교(행정예규 180), 『장교획득 및 임관업무』, 2021, pp. 1-11.

**27**  병 복무기간 단축으로 장교후보생 지원율이 하락하고 대학생 대다수가 조기에 병으로 입대함에 따라 장교후보생 사전 확보를 위해 1학년 재학생을 선발하는 예비장교후보생 제도가 2009년부터 시행됨.

**28**  육군학생군사학교(행정예규 180), pp. 3-4.

하지만 평점 C 학점 이상 자격기준은 지금까지 ROTC 장교의 양적 소요 충족에는 기여했으나 군 인력획득환경의 변화로 지원율이 감소하면서 질적 수준을 점점 저하시키는 요인이 되고 있다.

선발인원은 남후보생의 경우 학군단 선발 80%, 권역 선발 20%를 적용하고, 여후보생의 경우 이화·숙명·성신여대는 학군단 선발 80%, 중앙 선발 20%, 그 외에 학군단 설치대학은 권역 선발 80%, 중앙 선발 20%를 적용한다.[29] 미국은 여후보생을 모집인원의 25%로 지정하여 선발하고 있는데, 한국은 학군교 분석자료(2022)에 의하면 최근 5년(2018~2022) 동안 여후보생 선발 비율은 11~14% 수준이다.

선발방법은 매년 육군본부 방침에 의거하여 학군교장 책임하에 세부계획을 수립하여 시행하는데, 2023년 평가요소별 배점은 〈표 10-3〉과 같다.

그리고 평가요소를 1·2차로 구분하여 1차 선발은 필기시험, 대학성적(1학년 제외), 수능 또는 내신 성적을 합산한 성적순으로 정원의 170%를 선발한다. 2차 선발은 1차 선발점수에 면접·체력평가 점수를 합산하고 신체검사와 신원조사 결과를 반영하여 종합득점 순으로 최종 선발하며, 포기자 발생 시 대체를 위해 선발정원 외 30%를 예비로 선발하고 있다. 모집·선발 기간은 3월부터 5~6개월 소요되며, 체력평가는 2020년부터 소집평가에서 국민체력인증센터를 방문하여 측정

〈표 10-3〉 ROTC 후보생 평가요소별 배점(2023)

| 구분 | 계 | 1차 선발평가 | | | 2차(최종) 선발평가 | | | |
|---|---|---|---|---|---|---|---|---|
| | | 필기 시험 | 대학 성적 | 수능/ 내신 | 면접 평가 | 체력 인증 | 신체 검사 | 신원 조사 |
| 정시(64기) | 1,000 | 200 | 200 | 200 | 300 | 100 | 합·불 | 최종심의 반영 |
| 사전(65기) | 1,000 | 200 | – | 400 | 300 | 100 | 합·불 | |

출처: 육군학생군사학교(2023), p. 2.

---

**29** 육군학생군사학교, 『2023년 학군사관후보생(64·65기) 선발계획』, 2023, p. 1.

한 체력인증서 제출로 대체되었고, 면접평가에 포함되는 가산점 목록은 언어(영어, 제2외국어) 등 10종이다.[30] 하지만 군 병과소요를 고려하지 않고 평가요소별 배점표에 의거하여 획득점수만으로 서열화하여 후보생을 선발하다 보니 상당수가 대학 전공계열과 무관한 병과로 분류되어 직무수행에 제한요인이 되고 있고, 후보생 선발이 곧 임관이라는 등식이 성립하는 현실은 질적 수준을 저하시키고 있다.

한편, 후보생 선발을 위한 홍보활동은 학군교 주관으로 연간 홍보활동 계획을 수립하여 각 대학 학군단과 연계하여 연중 지속적으로 실시하는데, 특히 모집·선발 기간인 2~4월에 집중적으로 홍보한다. 제대별 홍보활동 책임은 학군단이 주도적으로 책임을 지며, 학군교는 보조역할을 수행하고 있다. 학군교는 홍보활동 계획수립 및 시행상태를 감독하고 홍보지침 수립 및 홍보물을 제작하여 하달하며, 우수 홍보사례 전파 및 학군단별 홍보예산을 배정한다. 학군단은 홍보활동의 책임제대로 학군교 홍보지침에 의거 세부 홍보계획을 수립하여 다양한 홍보활동을 시행한다.[31] 하지만 문제는 컨트롤타워 역할을 할 수 있는 육군 차원의 홍보 전담조직도 없이 모집홍보담당관 1명이 편제되어 있는 학군교가 홍보전략을 발전시키고 조직적인 홍보활동을 전개한다는 것은 제한될 수밖에 없다. 그렇다 보니 조직편성도 부족한 학군단이 후보생을 동원하여 홍보활동을 전담하고 학군교는 홍보활동을 보조하는 실정이다.

### (2) J-ROTC 프로그램

한국의 J-ROTC 프로그램은 미국의 운영사례를 참고하여 2013년 한국국방연구원에서 국내 적용 가능성을 진단하고 실행방안을 구체화하면서 시작되었다.[32] 이러한 연구를 계기로 J-ROTC 프로그램의 국내 적용 여부는 군에 대한 배

---

**30**  육군학생군사학교(2023), pp. 2-9, 붙임#8-1.

**31**  육군학생군사학교(행정예규 180), pp. 2-3.

**32**  김원대 외(2013a), pp. 48-49, 78-98, 99-104, 108-113, 123-124.

타적 여론조성을 감안하여 국방부가 아닌 교육부 주관으로 추진했으나 2016년 4월 프로그램 운영 관련 정부 부처 간 이견으로 중단되었다.

하지만 이를 모델로 2014년 국방부가 설립한 한민고등학교에서 국내 최초로 J-ROTC 프로그램을 진행했고, 이어 2015년 인천 송도고등학교의 J-ROTC(해군) 창단을 기점으로 점진적으로 확대되고 있다.[33] 또한, 2016년 한국 주니어사관(J-ROTC) 연맹이 창립되었고 국방부가 이를 비영리 사단법인으로 승인하면서 프로그램 지원을 시작했으며, ROTC 중앙회는 J-ROTC 분과를 개설하여 연맹과 상호 연계하고 있다.[34]

현재 전국 고등학교에서 운영하고 있는 J-ROTC단은 2022년 6월 경북 상주고 등 3개교가 창단하면서 24개 고교까지 확대되었고, 프로그램 운영은 학교 내 자율 동아리활동 형태로 운영되고 있다. 교육내용은 안보교육과 군부대 병영체험 및 안보 견학, 민주시민의식(준법정신, 공동체의식 등)·리더십 함양, 인성교육, 체력단련, 다양한 봉사활동을 하고 있다.

그리고 지역대학 학군단 및 학군교와 연계하여 안보 강연 및 병영캠프를 실시하고, 한국에 주둔 중인 미8군 고등학교(서울 American High School, 평택 Humphrey High School)와 괌의 케네디고등학교 J-ROTC 학생들과 교류활동을 갖고 있다. 한편, ROTC 중앙회는 2021년 6월 전국 고등학교의 J-ROTC 대표 학생들에게 각각 50만 원의 장학금 지급을 시작했다.[35] 다음 〈표 10-4〉는 J-ROTC 프로그램 운영 고등학교 현황을 정리한 것이다.

---

**33** 육군학생군사학교, 『우수 단기복무장교 확보 전략 및 정책연구서』, 계룡: 국군인쇄창, 2018, pp. 89-91.

**34** (사)JROTC연맹, "법인소개", http://jrotc.kr/?act=main(검색일: 2023.10.13)

**35** "미래인재의 주역, 주니어 ROTC에게 장학금 수여", 『중앙일보』, 2021.6.10. https://news.joins.com/article/24079373#none(검색일: 2023.10.13)

| 구분 | 계 | 육군 | 해군 | 공군 | 해병대 |
|------|-----|------|------|------|--------|
| 고교 수 | 24 | 20 | 2 | 1 | 1 |

출처: 육군학생군사학교(2018), p. 91; (사)JROTC연맹(검색일: 2023.10.13)

그러나 문제는 한국의 J-ROTC 프로그램은 미국과 달리 법적 기반과 예산지원이 없다 보니 학교장 또는 이사장 의지로 창단하고 운영예산도 학생들이 부담하기 때문에 프로그램 운영에 어려움이 있는 실정이다. 또한, 일반대학 입학사정 시 비교과 영역인 창의적 체험활동으로 인정되지 않고, 사관학교 등 군 간부 지원 시 인센티브가 거의 없다.[36]

### (3) 복무기간 및 지원금

한국 ROTC 군 복무기간은 의무복무기간과 가산복무기간이 있는데, 의무복무기간은 「군인사법」에 명시된 기본복무기간이며, 가산복무기간은 양성교육 간 수혜받은 금전적 혜택에 대해 추가로 부여되는 복무기간을 말한다. ROTC 후보생은 입단 전 1·2학년(5년제는 1~3학년)이나 입단 후 3·4학년(5년제는 4·5학년) 때 군 가산복무지원금 지급대상자로 선발되면 의무복무기간에 지원금 수혜 기간인 4년의 가산복무가 부여된다. 현행 「군인사법」 제7조에는 "단기복무장교의 의무복무기간은 3년으로 하되, ROTC 장교는 국방부장관이 인력운영상 필요하다고 인정한 경우 1년 범위 내에서 단축가능하다"고 규정하고 있다.[37]

ROTC 의무복무기간은 1961년 창설 당시 최초 2년에서 1968년 1.21사태로 인해 2년 4개월로 연장된 이후 56년 동안 변화가 없었다. 반면 병 의무복무기간은 1.21사태로 30개월에서 36개월로 연장되었다가 그 이후 정치·사회적인 영향으로 계속 줄어들었고, 2020년 18개월로 단축되었다. 하지만 문제는 병보다

---

**36** 육군학생군사학교(2018), pp. 91-92.

**37** 조관호 외, pp. 40, 50-52, 83-85.

**〈표 10-5〉 ROTC 후보생 단기복무장려금 지급 현황**

| 구분 | 2010~2011 | 2012~2019 | 2020 | 2021 | 2022 | 2023 |
|---|---|---|---|---|---|---|
| | 선발순위별 차등 지급 | | 2020 | 2021 | 2022 | 2023 |
| 1인 지급액 | 75/150/300만 원 | 150/300만 원 | 300만 원 | 400만 원 | 600만 원 | 900만 원 |

출처: 최광표 외, p. 306 참고하여 작성

10개월이나 더 복무해야 하는 현실은 ROTC 지원율 감소의 직접적인 영향요인으로 작용하고 있다. 이는 본 연구를 위해 실시한 자체 설문, 2013년부터 2022년까지 실시한 한국국방연구원과 학군교의 설문 결과가 증명해주고 있는데, 간부 지원 기피 이유를 묻는 질문에 50% 이상이 병보다 긴 복무기간이라고 답변했다.[38]

지원금 제도는 의무복무 후보생에게 지급되는 단기복무장려금, 동·하계 입영훈련비, 교보재비, 역량강화비가 있고, 가산복무 후보생에게 4년간의 대학등록금 실비를 추가 지급하는 가산복무지원금 제도(1973년 도입)가 있다. 단기복무장려금은 3학년 때 전원 1회 지급하며, 〈표 10-5〉와 같이 2019년까지는 선발순위를 고려하여 차등 지급했으나 위화감 방지 및 지원율 제고 차원에서 2020년부터는 균등하게 지급하고 있다.[39] 하지만 단기복무장려금이 2023년 900만 원으로 증액되었으나 양성교육 2년 동안의 대학 학비로 충당하기에는 부족하다.

그리고 동·하계 입영훈련비는 방학 기간 입영훈련 시에만 사관학교 3·4학년생도 품위유지비와 동일하게 지급되며, 기타 월은 교보재비 명목으로 매달 68,120원씩 지급된다. 교보재비는 학기 중에 지급되는 유일한 생활지원금(역량강화비는 포인트로 지급)인데, 〈표 10-6〉과 같이 사관생도 품위유지비와 병 봉급에 비해 현저하게 낮은 수준이며, 2016년까지 매달 5만 원씩 지급하다가 2017년

---

**38** 이현지 외, 『인력획득 환경 변화에 따른 간부확보장학사업 발전방안 연구』, 서울: 한국국방연구원, 2018, pp. 129-130; 육군학생군사학교(2018), p. 293; 조관호 외, pp. 155-157; 조영진 외, 『군 인력획득 및 복무관리체계 개선 연구: 단기복무장교를 중심으로』, 서울: 한국국방연구원, 2013, pp. 144-147; 육군학생군사학교, 「학군후보생 획득 관련 설문조사 결과」, 2022, p. 5.

**39** 이현지 외, pp. 46-49; 최광표 외, pp. 305-307.

(단위: 만 원)

| 구분 | 사관생도 품위유지비 | | 병 봉급 | | | | ROTC 후보생 | |
|---|---|---|---|---|---|---|---|---|
| | 3학년 | 4학년 | 이병 | 일병 | 상병 | 병장 | 교보재비 | 역량강화비 |
| 지급액 | 100 | 110 | 60 | 68 | 80 | 100 | 6.812 | 8 |

출처: 육군본부, 『예산회계 실무기준(2023년 봉급 정액표)』, 2023.

68,120원으로 인상했고 현재까지 동일하다. 반면, 사관생도 품위유지비와 병 봉급은 사회적 변화에 맞춰 계속 인상되어왔으며, 특히 병 봉급은 병장을 기준으로 2025년에는 205만 원(내일준비지원금[40] 포함)까지 인상될 예정이다.[41]

또한, 본 연구의 자체 설문에서 ROTC 획득의 가장 중요한 요소에 대한 질문에 43%가 '초급장교 봉급 인상'이라고 응답한 사실은 병 처우 대비 상대적 박탈감을 느끼는 초급장교 처우도 ROTC 지원율과 직결됨을 간과해서는 안 될 것이다.[42]

### 3) 양국 제도의 차이점 분석

지금까지 미국과 한국 ROTC 제도의 인적자원 유인 및 선발체계를 세 가지 독립변수 측면에서 사례비교를 통해 분석했다.

그 결과를 보면, 한국은 미국에 비해 지원율을 제고하고 우수자를 획득할 수 있는 인적자원 유인 및 선발체계가 미흡한 실정이다. 즉, 대학성적 선발기준이 C 학점으로 낮고, 군 병과소요와 무관한 성적순 선발, 후보생으로 선발되면 95% 이상 임관, 홍보조직 부족으로 홍보활동이 제한되는 것이 현실이다. 또한, J-ROTC 프로그램은 법적 기반이나 예산지원 없이 학교 자체적으로 창단하고 학

---

**40** 장병내일준비적금 연도별 매칭 비율에 해당하는 금액을 전역 시 국가가 추가로 병역의무 이행자에게 지원하는 자산형성 지원금(사회복귀준비금)

**41** 육군학생군사학교(2018), pp. 38-39.

**42** 육군학생군사학교 문무대연구소, 「ROTC 후보생 설문분석 결과」, 2023, p. 6.

생 부담으로 운영되다 보니 대학입학이나 군 간부 지원 시 인센티브도 거의 없는 실정이다. 특히, 병보다 10개월 긴 ROTC 의무복무기간은 지원율 감소의 직접적인 영향요인이고, 지원금 수준도 3·4학년 등록금과 생활비 충당에는 부족하여 후보생 사기 및 지원율 저하요인으로 작용하고 있다. 아울러 병 처우 대비 상대적 박탈감을 느끼는 초급장교 처우도 ROTC 지원율과 직결되는 문제다.

이와 같이 세 가지 독립변수에 의해 분석한 양국 제도의 차이점을 종합하여 정리하면 〈표 10-7〉과 같다.

**〈표 10-7〉 미국과 한국 ROTC 인적자원 유인 및 선발체계 비교 ①**

| 구분 | 미국 | 한국 |
|---|---|---|
| ROTC 모집·홍보·선발 | • 지원자격: 연령, 성적, 학력, 학습 활동 등 (2년제와 4년제로 구분)<br>• 선발방법: 군의 병과소요 고려 전공 분야별 모집, 25%만 임관선발<br>\* 여후보생: 모집인원의 25% 지정·선발<br>• 홍보활동: 국가적 차원에서 전개, 학군사령부 홍보처 신설로 다양한 홍보수단을 이용한 활동 추진 | • 지원자격: 정시·사전선발로 구분, 낮은 평점은 질적 수준 저하 요인<br>• 선발방법: 군 병과소요와 무관한 성적 순 선발로 직무수행 제한 요인, 선발인원의 95% 이상 임관<br>\* 여후보생: 모집인원의 11~14% 정도 선발<br>• 홍보활동: 학군교는 보조 역할, 학군단이 전담, 홍보조직 보강 필요 |
| J-ROTC 프로그램 | • 국가 차원의 법률적 지지와 예산 지원을 받으며 국방부 지원 하 연방 교육과정으로 운영<br>• 교육내용은 리더십 교육훈련(LET) 프로그램 과정과 병영체험 및 군사훈련 진행 (학점 인정)<br>• 학군사령부는 신설·인가 희망 고교에 대해 승인권한이 있고 3년 주기로 정기 평가 실시<br>• 학군여단이 J-ROTC단 지휘통제, 교관은 전원 예비역으로 선발하고 급여는 군과 학교가 공동 분담 | • 법적 기반과 예산지원이 없어 학교 자체적으로 창단하고 학생 부담으로 자율 동아리활동 형태로 운영<br>• 교육내용은 안보·리더십 함양·인성교육, 병영체험·안보 견학, 봉사활동, 미8군 고교 등과 교류활동<br>• J-ROTC에 대한 학군교·권역통제 학군단[43]의 지휘통제 관계나 관리·통제 권한이 없음<br>• 학교 내에서 지도교사를 임명·운영 하며, 대학입학 시 점수반영이나 군 간부 지원 시 가점 거의 없음 |

---

**43** 학군교의 지휘통제 부담을 덜어주고 학군단 운영·관리의 효율성을 제고하기 위해 전국의 108개 학군단을 10개 권역으로 편성하여 중간 지휘제대 형식의 권역통제 학군단을 지정하여 운영하고 있다.

**〈표 10-7〉 미국과 한국 ROTC 인적자원 유인 및 선발체계 비교 ②**

| 구분 | 미국 | 한국 |
|------|------|------|
| 복무기간 / 지원금 | • 연방법에 현역 의무복무기간과 예비역 복무기간을 더해 의무복무 기간을 8년으로 규정<br>• 의무복무기간 산정은 장학금 수혜자는 현역 4년 + 예비역 4년 복무(본인 선택 시 주 방위군 또는 예비군으로 8년 복무 가능), 자비 임관자는 현역 3년 + 예비역 5년 복무(인력 충원소요에 따라 현역 복무기간 신축성 있게 적용)<br>• 지원금 제도는 1964년 ROTC 활성화법 제정 이후 지속 확대<br>• 장학생 유형은 2·3·4년제로 구분하여 선발, 생활보조금은 학년별로 매달 300~500달러씩 차등 지급 | • 「군인사법」에 명시된 의무복무기간과 수혜받은 지원금에 대해 4년 추가 복무하는 가산복무기간으로 구분<br>• 의무복무기간은 최초 24개월에서 1968년 1.21사태로 28개월로 연장 이후 56년 동안 변동 없음<br>• 지원금 제도는 단기복무장려금, 입영훈련비, 교보재비, 역량강화비, 가산복무지원금이 있음<br>• 지원금 수준은 3·4학년 등록금과 생활비 충당에 부족하여 후보생 사기 및 지원율 저하 요인<br>• 병 처우 대비 상대적 박탈감을 느끼는 초급장교 처우도 ROTC 지원율과 직결되는 문제 |

　　그리고 전략적 인적자원관리 측면에서 역량 있는 ROTC 장교를 획득하기 위해서는 인적자원 유인 및 선발체계 내에서 ① ROTC 모집·홍보·선발, ② J- ROTC 프로그램, ③ 복무기간 및 지원금 제도가 인적자원관리 기능으로서 상호 연계되고 균형과 조화를 통해 전략수행 과정이 일관성 있게 전개되는 내적 정합관계가 유지되어야 시너지 효과를 발휘할 수 있다. 이런 측면에서 미국은 인적자원관리 기능이 상호 연계된 내적 정합관계를 통해 역량 있는 ROTC 획득이 가능하도록 인적자원 유인 및 선발체계가 설계되어 있다고 평가할 수 있겠다. 반면 한국은 인적자원관리 기능 간의 내적 정합관계를 고려하지 않고 개별 기능들의 분절적 발전이나 개선, 부분 최적화에 치중해왔다고 볼 수 있다.

　　미국은 1916년 ROTC 제도를 창설한 이후 오랜 기간 동안 제도 시행 경험과 획득환경의 변화에 맞춰 이루어진 정책 전환을 통해 ROTC 제도를 발전시켜왔다. 반면 한국은 1961년 제도 창설 이후 장기적인 안목의 종합적인 대책 마련이 아닌 단기처방식 제도 개선을 추진하다 보니 현재 획득환경의 악화로 지원율 급락이라는 심각한 위기에 직면하게 되었다.

특히, ROTC 관련 정책을 가로막는 결정적인 요인은 ROTC 장교가 단기 활용자원이라는 고정관념 때문에 제도발전을 위한 큰 투자를 하지 않으려는 경향이 있다는 점이다. 이는 결국 ROTC 제도가 초급장교 획득의 핵심 통로임에도 안일하게 대처해오다가 ROTC 획득환경의 어려움까지 더해져 최근 지원율이 급락하는 결과가 초래되었다고 본다. 따라서 당면한 ROTC 지원율 감소 문제를 해결하고 역량 있는 ROTC 획득을 위해서는 과거의 접근방식을 완전히 탈피한 정책 전환을 통해 발전방안을 모색해야 한다.


## 5. 전략적 인적자원관리 측면의 ROTC 획득방안

### 1) ROTC 모집 · 홍보 · 선발

첫 번째로 선발성적을 상향하고 임관선발기준을 강화하여 ROTC 장교의 질적 수준을 향상시켜야 한다. 현재 대학 성적 기준이 C 학점으로 낮고 수능 또는 내신 성적을 등급 기준 없이 반영하고, 후보생 선발이 곧 임관이라는 등식이 성립하는 임관선발기준은 질적 저하의 요인으로 작용하고 있다. 따라서 질적 수준의 향상을 위해서는 지원율을 높이는 유인책을 강구하고 그에 따라 대학 성적 기준을 C 학점에서 B 학점 이상으로 상향하고 수능 및 내신 성적의 등급 기준을 설정해야 한다. 아울러 임관선발기준 강화를 위해 획득소요 대비 예비비율을 고려하여 후보생을 선발하고 임관 기회를 추가 부여하는 유예 · 유급제도[44]를 폐지하는 방안도 검토가 필요하다.

두 번째로 군 병과소요와 연계한 전공계열별 모집 · 선발로 임관 후 직무수행

---

[44] 임관선발기준에 미달한 후보생을 제적시키지 않고 임관자격 · 적부심의를 통해 4개월의 유예(대학 졸업 불가자, 신체검사 불합격자) · 유급(임관종합평가 불합격자, 군사교육 미이수자) 기간을 부여하는 제도

여건을 보장해야 한다. 앞으로의 국방인력운영 패러다임은 전투병과 중심의 일반형 인재보다는 새로운 기술과 직무환경에 특화된 맞춤형 인재소요가 증가할 것이다. 이현지 외(2020)는 국방인력 확보의 어려움에 대한 영국의 대처 사례 연구에서 핀치포인트 제도를 소개하면서 한국도 이 제도를 벤치마킹하여 인력획득정책을 수립해야 한다고 제언했다. 핀치포인트는 임무수행에 영향을 미치는 능력 부족(pinch)이 발생한 지점(point)을 뜻하고, 능력 부족은 필요한 인력 대비 가용인력 부족으로 임무수행이 제한되는 상태를 말한다. 영국은 핀치포인트 단위를 군별·병과별·계급별로 세분화하여 임무수행에 미치는 영향 정도를 1년, 5년 주기로 평가하여 분야별로 세분화된 능력 분석을 기반으로 인력획득정책을 추진함으로써 맞춤형 인재를 충원하고 있다.[45] 따라서 획득점수만을 서열화한 인력충원 형식의 선발방법은 국방인력운영 패러다임 변화에도 역행하고 직무수행 제한 문제를 지속적으로 발생시킬 것이므로 군 병과소요와 연계한 전공계열별 모집·선발방식으로 전환해야 한다.

세 번째로 우수자를 유인하고 지원율을 제고하기 위해 현재의 2년제 단일과정인 선발과정을 1학년(5년제는 2학년)부터 입단하는 4년제와 3학년(5년제는 4학년)부터 입단하는 2년제로 확대 개편해야 한다. 4년제 과정은 대학 입시와 병행하여 선발정원의 15% 이내로 장기(5%)·복무연장자(10%)를 전국단위 경쟁으로 선발하고, 2년제 과정은 현재의 정시·사전 선발방법을 동일하게 적용한다. 다만, 4년제 과정은 대학별 선발인원이 소수이므로 1·2학년 교내교육은 조직편성 보강을 전제로 권역통제 학군단에서 주 1~2회 통합교육하고, 훈육은 대학별 학군단이 전담하며, 입영훈련은 학군교 통제로 실시해야 할 것이다. 〈표 10-8〉은 ROTC 선발과정 개편안을 제시한 것이다.

---

45 이현지 외, 「국방인력 확보의 어려움, 영국은 어떻게 대처하고 있나?」, 『국방논단』 1806(23), 서울: 한국국방연구원, 2020, pp. 1-6.

<표 10-8> ROTC 선발과정 개편안

( ): 5년제 학과

| 구분 | 1학년(2학년) | 2학년(3학년) | 3학년(4학년) | 4학년(5학년) |
|---|---|---|---|---|
| 2년제 과정 | - | - | ←——————————→ | |
| | 사전선발(60%) | 정시선발(40%) | - | - |

개편

| 구분 | 대학입시 | 1학년(2학년) | 2학년(3학년) | 3학년(4학년) | 4학년(5학년) |
|---|---|---|---|---|---|
| 4년제 과정 | - | ←——————————————————————————→ | | | |
| | 최초선발(15%) | - | - | - | - |
| 2년제 과정 | - | - | - | ←————————————→ | |
| | - | 사전선발(50%) | 정시선발(35%) | - | - |

네 번째로 저출산에 따른 병역자원 급감으로 향후 남후보생 획득환경이 더 악화될 것이므로 여후보생 확대 선발을 추진해야 한다. 현 병역제도 유지와 간부 규모 20만 명을 전제로 20세 남성인구는 2025년 23만 명, 2040년 13.5만 명 수준으로 감소하는데, 이는 2020년 대비 절반이 안 되는 41% 수준에 불과하다. 이러한 결과는 징병제에 기반하여 간부를 확보하고 있는 현실을 고려할 때 향후 간부확보 전망을 어둡게 하고 있다.[46]

남군과 달리 여군은 지원에 의한 직업군인제도를 운영하고 있는데, 기술 중심의 전장 환경, 병역자원 감소, 여성의 사회진출 확대 등을 반영하여 2006년부터 「국방개혁에 관한 법률」에 의해 여군 확대가 본격적으로 추진되었다. 그 이후 지속적인 여군 확대를 목표로 「국방개혁 2.0」의 「'18~'22 여군인력 확대계획」을 통해 2020년 여군 규모는 1만 4천명으로 간부의 7.4%를 달성했고, 2022년에는 1만 7천명으로 간부의 8.8% 수준으로 확대되었다. 하지만 〈표 10-9〉와 같이 미

---

46  조관호, 「미래 병력운영과 병역제도의 고민」, 『주간국방논단』 1879(47), 서울: 한국국방연구원, 2021, pp. 5-6.

| 구분 | 전체 | 장교 | 부사관 |
|------|------|------|--------|
| 미국 | 17%(22.5만) | 18.5%(4.3만) | 16.7%(18.2만) |
| 한국 | 7.4%(1.4만) | 8.9%(0.6만) | 6.6%(0.8만) |

출처: 이은정, p. 3 참고하여 작성

국에 비하면 아직도 여군 비율 및 규모가 10% 정도 낮은 수준이다.[47]

향후 청년인구 절벽에 따른 병역자원의 급격한 감소로 ROTC 지원율을 제고하는 유인책을 강구하더라도 남후보생 획득환경은 점점 악화될 것으로 전망된다. 그리고 이러한 병역자원의 급감을 고려할 때 여군 확대는 필수이며, 그 증가 추세가 지속될 것이다. 따라서 미래 국방인력운영 환경의 변화에 선제적으로 대응하는 측면에서 남후보생보다 매년 선발 경쟁률이 높은 여후보생 확대 선발을 추진해야 한다.

마지막으로 제대별 홍보조직 보강 및 책임분장으로 효과적인 홍보활동체계를 구축해야 한다. 기존의 연구들은 홍보방법에 관련된 방안들을 주로 제시했는데, 홍보조직이 부족해서 제시된 방안들을 제대로 이행할 수 없다면 홍보 효과도 기대하기 어려울 것이다. 따라서 효과적인 홍보활동을 위해서는 〈표 10-10〉과 같이 제대별 홍보조직을 보강하고 적절한 책임분장이 우선되어야 한다.

홍보방법은 잠재적 지원자(고등학생, 육군사관학교 불합격자, 징병검사 대상자 등)에 대한 맞춤식 홍보가 중요하고, 홍보 수단은 모바일 환경과 Z세대[48] 특징 및 성향을 고려하여 대중매체(방송, 신문 등) 및 뉴미디어(온라인 신문, 블로그, 게임, SNS 등)를 활용한 홍보 비중을 높여야 한다.

---

**47** 이은정, 「여군 확대 추세 분석과 정책 방향」, 『주간국방논단』 1889(10), 서울: 한국국방연구원, 2022, pp. 1-5.

**48** 1990년대 중반부터 2000년대 초반에 태어난 젊은 세대를 말하며, 어릴 때부터 디지털 환경에서 자란 "디지털 네이티브(원주민)" 세대라는 특징이 있다.

| 구분 | 홍보조직 보강 | 홍보업무 책임분장 |
|---|---|---|
| 육군본부 | 홍보 전담조직 편성 | • 국가적 차원의 대국민 홍보, 컨트롤타워 역할<br>• 홍보 관련 정책개발 및 대외협력 전담 |
| 학군교 | 홍보기획실 신설 | • 대표기관으로서 전국단위 홍보활동<br>• 홍보전략 수립 및 홍보업무 조정 · 통제 |
| 권역통제<br>학군단 | 참모기능 증편<br>(인재선발과 모집홍보담당) | • 지자체와 협업하여 지역단위 홍보활동<br>• 대학별 학군단 홍보활동 확인 · 감독 |
| 학군단 | – | • 대학과 협조하여 대학교 내 전담 홍보활동 |

## 2) J-ROTC 프로그램

첫 번째로 단기적으로는 민·관·군 협력 강화를 통한 지원기반 마련으로 J-ROTC 프로그램 활성화를 유도해야 한다. 프로그램에 대한 수요 측면은 한국 국방연구원에서 2012년 11월 전국의 학생 및 학부모 1천여 명을 대상으로 한 수요조사 결과를 보면 상당수가 참여 의사(학생 45.2% / 학부모 80% → 인센티브 부여 시 64.4%/89.3%)를 밝히고 있다.[49]

이러한 결과는 수요는 충분한데 지원기반이 미흡하여 더 많은 고등학교의 참여를 제한하고 있음을 방증해준다고 하겠다. 따라서 「한국해양소년단 연맹 육성에 관한 법률」이나 「스카우트 활동 육성에 관한 법률」 등과 같은 관련법(예: J-ROTC 연맹 육성에 관한 법률)을 제정하여 법적 지원 기반을 마련해야 한다. 또한, 미국과 같이 프로그램 예산을 전액 지원하는 것은 현실적으로 제한되기 때문에 수요자 부담을 원칙으로 하되 범정부 차원에서 국방부, 지자체와 협조하여 예산지원을 확대해나가는 것이 바람직하다. 그리고 각 군은 시·도 교육청, 학교협의회 등과 업무협약을 통해 지도교사, 훈련캠프, 안보 견학 등을 적극 지원해야 할 것이다. 특히, 인센티브는 수요조사 결과에서 보듯이 프로그램 참여의 중요한 영향

---

[49] 김원대 외(2013b), pp. 83-87.

요인이므로 일반대학 입학사정 시 창의적 체험활동으로 인정하고, 사관학교나 ROTC 등 군 간부 지원 시 체감할 수 있는 가점 부여 방안을 긍정적으로 검토해야 한다.

　두 번째로 장기적으로는 2025년 전면 도입 예정인 '고교학점제'와 연계하여 J-ROTC 프로그램의 운영체계를 구축해야 한다. 고교학점제[50]는 경쟁과 입시 위주의 획일적인 고교교육에서 벗어나 학생의 소질과 적성에 따라 자신이 원하는 과목을 골라 시간표를 짜고 자기주도적으로 학습하며, 성적도 절대평가 방식의 '성취평가제'를 적용한다. 고등학교 수업·학사운영이 기존의 '단위'에서 '학점' 기준으로 전환되고, 학습량 적정화와 학사운영 유연성 제고를 위해 졸업 기준이 204단위에서 192학점으로 조정되며, 학점취득은 과목 이수기준(수업 횟수 2/3 이상 출석, 학업성취율 40% 이상)을 충족해야 한다. 특히, 비교과 영역인 창의적 체험활동을 재구조화하여 교과융합적 성격의 '진로 탐구활동'[51]을 도입하고, 다양한 학습 경험 제공을 위해 지역사회 기관에서 이루어지는 '학교 밖 교육'[52]을 학점으로 인

〈표 10-11〉 교과·창의적 체험활동 이수학점 및 시간 개편(안)

| 구분 | 현행 | | | 개편(2025년 이후) | | |
|------|------|------|------|------|------|------|
| 교과 | 보통·전문교과 | | 180단위 | 보통·전문교과 | | 174학점 |
| 창의적 체험활동 | 진로활동 | | 24단위 | 진로 탐구활동 | 9학점 | 18학점 |
| | 자율 활동 | 탐구형 | | | | |
| | | 자치형 | | 동아리, 자치활동 등 (운영방식: 학교 자율 결정) | 9학점 (144시간) | |
| | 동아리 활동 | | | | | |
| | 봉사활동 | | | | | |
| 합계 | 204단위 | | | 192학점 | | |

---

**50**　교육부, 「포용과 성장의 고교교육 구현을 위한 고교학점제 종합 추진계획」, 2021, pp. 1-36.

**51**　기존 창의적 체험활동의 진로활동을 탐구형 자율활동과 통합한 영역으로 진로 관련 프로젝트 학습, 교과 융합 활동 등 학생의 자기주도적 활동 지원

**52**　학생의 진로·적성과 연계된 내용으로서 학교 내 또는 학교 간 개설 및 운영이 어렵다는 학교장의 판

정한다. 〈표 10-11〉은 고교학점제에 따른 교과·창의적 체험활동 이수학점 및 시간 개편(안)이다.

또한, 학교교육은 교원자격 소지자가 담당하는 것이 원칙이나 표시과목이 없는 특정교과에 한해 학교 밖 전문가를 교원자격이 없더라도 기간제교사를 한시적으로 임용하는 제도개선을 추진한다는 것이 주요 개념이다.

이상에서 살펴본 고교학점제 학사운영에 J-ROTC 프로그램을 창의적 체험활동 영역에 접목한다면 법적 기반, 예산지원, 지도교사, 학점인정 등 현재 운영상의 제한 요인이 자연스럽게 해결되리라 판단된다. 즉, 현재 대학 학군단의 군사학 과목과 같이 교내교육 과목을 개설하여 창의적 체험활동 영역의 진로 탐구활동이나 동아리활동 형태로 운영한다면 고교학점제라는 제도권 내에서 법적·예산지원이 가능할 것이다. 또한, 방학 캠프활동은 '학교 밖 교육' 활동으로 추진하면 학점인정도 되고, 지도교사 문제는 특정교과 예외조항을 적용해 제대군인 취업지원과 연계하여 예비역을 기간제교사로 임용하면 될 것이다. 다만, 사관학교나 ROTC 등 군 간부 지원 시 인센티브 문제는 국방부와 교육부가 협업하여 적용방법을 강구할 필요가 있다. 그리고 각 군은 프로그램 운영과 관련된 교보재, 훈련

〈표 10-12〉 J-ROTC 프로그램 학사운영 과정(예)

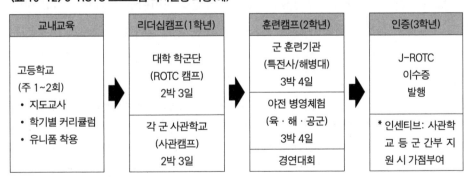

출처: 김원대 외(2013b), p. 221 참고하여 작성

___

단에 따라 지역사회 기관에서 이루어지는 교육활동

캠프 등 지원체계를 구축해야 한다. 이러한 운영방안이 정책화된다면 J-ROTC 프로그램의 활성화는 물론 미래 국가의 리더 및 군의 우수한 잠재인력을 육성하는 중요한 역할을 담당할 것으로 기대된다. 위의 〈표 10-12〉는 J-ROTC 프로그램 학사운영 과정을 예로 제시한 것이다.

### 3) 복무기간 및 지원금

첫 번째로 ROTC 의무복무기간을 18개월로 단축하고 그에 따른 초급장교 인력구조 및 순환율 증가를 고려하여 비상근예비군제도[53]와 연계한 선택적 가산복무제도를 도입하여 적용해야 한다. 왜냐하면 과거에 ROTC 지원율이 높고 인기가 좋았던 가장 큰 이유는 병보다 짧은 의무복무기간이었는데, 그러다 보니 경쟁률이 높아 우수자 획득이 가능했으며, 장교 복무를 통해 리더십까지 갖추고 전역하다 보니 취업 시 기업의 선호도가 높은 것은 당연했다. 이런 사실은 의무복무기간을 단축하면 현재 직면한 ROTC 지원율 감소 문제를 해결할 수 있고, 단축기간은 최소 병 복무기간과 동일해야 함을 방증해준다고 하겠다.

하지만 전문가들은 의무복무기간을 18개월로 단축한다면 인력순환율 증가와 인력구조상 '대량획득-단기활용' 문제가 지속될 것이라는 우려를 제기할 것이다. 그래서 초급장교 인력구조 및 순환율 증가 문제 해결이 가능하도록 의무복무

---

**53** 비상근예비군제도: 예비역(장교, 부사관, 병) 중 지원자를 선발하여 전시 핵심 직위에 평상시부터 소집하여 훈련하고, 전시 동일 직책에 동원하여 운용하는 제도(육군본부 내부자료, 2023)

| 구분 | 단기 비상근예비군 | 장기 비상근예비군 |
|---|---|---|
| 복무기간 | • 연간 30일 이내 | • 연간 30일 초과, 180일 이내 |
| 대상 | 예비역 장교, 부사관, 병 | |
| 업무성격 | • 작전계획에 따라 전투현장 지휘, 전투장비·물자 관리 | • 창설계획, 작전계획, 전투부대 편성 검토 등 장기·지속·전문성 업무 |
| 보상비 | • (평일) 10만 원, (휴일) 15만 원 | • 1일 15만 원 |
| 비고 | • 1년 단위 선발, 훈련(복무) 결과를 반영하여 재복무자 선발 시 우대 | |

기간 단축과 함께 비상근예비군제도와 연계한 선택적 가산복무제도 도입을 제언하는 바다. 이는 군이 지향하는 '소수획득-중·장기 활용체제'에도 부합될 것이라고 본다.

선택적 가산복무제도는 〈표 10-13〉과 같이 의무복무기간을 18개월로 단축하는 대신에 앞에서 제시했던 ROTC 모집·홍보·선발의 2·4년제 선발과정 개편안과 연계하여 가산복무지원금 수혜기간을 스스로 선택하게 하고 1~4년의 가산복무를 부여하자는 것이다. 즉, 대학입시 최초선발자(장기 5%, 복무연장 10%) 중 복무연장자는 대학 4년 동안 가산복무지원금을 받고 5년 6개월(의무 1년 6개월 + 가산복무 4년) 복무하며, 사전·정시선발자는 본인이 가산복무지원금 수혜기간을 1~3년 선택하고 그 기간만큼 의무복무기간에 추가하여 복무한다. 물론 사전·정시선발자 중 가산복무지원금을 선택하지 않으면 의무복무기간인 18개월만 복무 후 전역한다. 그리고 전역 후 본인 스스로 장·단기 비상근예비군 복무를 선택하여 단기복무자(1년 6개월)는 1년 동안 의무복무를 하도록 한 후 본인 희망에 따라 추가 지원복무를 승인하고, 가산복무자(1년 6개월 + 1~4년)는 의무복무 없이 본인이 원하면 지원복무를 할 수 있도록 선발한다.

**〈표 10-13〉 ROTC 선발과정 개편안과 연계한 선택적 가산복무제도**

( ): 5년제 학과

| 구분 | 대학 입시 | 1학년 (2학년) | 2학년 (3학년) | 3학년 (4학년) | 4학년 (5학년) | 선택적 복무기간 |
|---|---|---|---|---|---|---|
| 4년제 과정 | – | ←————————————————→ | | | | • 장기선발(5%): 10년<br>• 복무연장선발(10%): 5년 6개월(◆)<br>(의무복무 1년 6개월+가산복무 4년) |
| | 최초선발 (15%) | – | – | – | – | |
| 2년제 과정 | – | – | – | ←————————→ | | • 가산복무지원금 미 수혜자: 1년 6개월(●)<br>• 사전선발: 1년 6개월+1~3년(◆)<br>• 정시선발: 1년 6개월+1~2년(◆) |
| | – | 사전선발 (50%) | 정시선발 (35%) | – | – | |
| | * 가산복무지원금 수혜기간 선택: 사전선발(2~4학년), 정시선발(3~4학년) | | | | | |
| ※ 전역 후 비상근예비군 복무(장·단기 선택): 1년 의무+지원복무(●), 지원복무(◆) | | | | | | |

두 번째로 인력획득환경 변화에 맞는 금전적 인센티브 현실화로 우수자가 ROTC에 지원하도록 동기를 부여해야 한다. 본 연구를 위해 실시한 자체 설문에서 단기복무장려금이 증액되고 매달 일정 금액의 생활지원금을 지급한다면 91%가 ROTC 지원율이 상승할 것이라고 응답했다. 또한, ROTC 지원율 향상을 위해 3·4학년 후보생에게 사관생도에 준하는 경제적 지원의 필요성을 묻는 질문에 94%가 "필요하다"고 답변했다.[54]

　　이와 같이 경제적 지원금은 ROTC 지원율과 직접적인 연관관계가 있는데, 병역자원이 감소하고 병 의무복무기간이 단축된 상황에서 금전적 인센티브 현실화 없이 지원율을 제고하는 것은 현실적으로 불가능하다고 판단된다. 특히, 학기 중 후보생의 유일한 생활지원금으로 사관생도 품위유지비와 병 봉급에 비해 현저하게 낮은 교보재비(매달 68,120원)는 반드시 인상해야 한다. 매달 지급되는 교보재비를 후보생 품위유지비로 명목을 전환하여 사관생도와 동일하게 지급한다면 후보생은 생활비 걱정 없이 학부 및 학군단 생활에 전념할 수 있고, 이는 지원율 제고에도 긍정적인 영향을 미칠 것이다. 그리고 학자금 문제는 국가장학금을 비롯한 다양한 장학제도, 대학에서 후보생에게 지급하는 특별장학금, 앞에서 제시한 선택적 가산복무제도의 가산복무지원금 등을 활용한다면 해결할 수 있다고 본다. 아울러 장기적으로는 지속적인 우수 인적자원 유인을 위해 가산복무 조건이 아닌 순수 장학금 제도를 확대해나가는 방안이 바람직할 것이다.

　　마지막으로 병 처우 대비 상대적 박탈감을 느끼는 초급장교 처우를 개선하여 ROTC 지원율 제고 및 우수자를 유인해야 한다. 본 연구를 위해 실시한 자체 설문에서 ROTC 획득의 가장 중요한 요소에 대한 질문에 43%가 "초급장교 봉급인상"이라고 응답한 사실은 의무복무기간 단축과 함께 초급장교 처우도 지원율과 직결되는 또 다른 문제로 인식되었다. 병 봉급은 2000년대에 들어서면서 본격적으로 인상되기 시작했는데, 특히 노무현 정부에서 병 봉급 현실화를 추진하여

---

[54]　육군학생군사학교 문무대연구소, pp. 9-10.

2011년 병장 기준 처음으로 10만 원을 넘었다. 그 이후 정권이 교체될 때마다 병 봉급 인상을 공약과제로 추진하면서 지난 12년 동안 무려 926%(2011년: 108,000 원→2023년: 1,000,000원)가 인상되었다.[55]

반면, 초급장교 봉급은 2018년 26.7%(2017년: 1,357,900원→2018년: 1,720,100 원) 인상을 제외하고 매년 공무원 봉급 인상률 수준으로 1~3.8% 인상되었다.[56] 이는 징병제 국가인 한국에서 대학생 대다수가 병역의무이행 대체복무를 목적으로 ROTC에 지원하는데 병보다 10개월이나 더 복무하는 현실에서 봉급까지 별반 차이가 없다면 ROTC 지원율은 하락할 수밖에 없다고 판단된다.

또한, 병 처우 관련해서 봉급과 별도로 전역 시 국가가 추가로 병역의무 이행자에게 지원하는 사회복귀준비금 명목의 장병내일준비적금에 대한 재정지원금(내일준비지원금)을 월 단위로 지급하고 있는데, 〈표 10-14〉와 같이 2025년까지 55만 원으로 인상할 계획이다. 하지만 초급장교에게는 내일준비지원금을 지원하지 않고 있어 이 또한 형평성의 문제로 거의 대다수가 단기복무 후 전역하는 ROTC 장교 입장에서 상대적 박탈감을 느끼는 것은 당연할 것이다.

따라서 ROTC 지원율 제고 및 우수자를 유인하기 위해서는 의무복무기간 단축과 함께 병 처우 대비 상대적 박탈감을 느끼는 초급장교 처우 개선, 즉 봉급을 인상하고 내일준비지원금 지급방안을 적극 검토해야 한다.

〈표 10-14〉 장병내일준비적금 재정지원금(내일준비지원금) 인상계획

| 구분 | 2022 | 2023 | 2024 | 2025 |
|---|---|---|---|---|
| 내일준비지원금(원) | 141,000 | 300,000 | 400,000 | 550,000 |

출처: 국방부, 『2022 국방백서』, 2023, p. 259 참고하여 작성

---

**55** 김세용 외, 「국방환경 변화에 대응하는 육군 ROTC 제도 개선방향 탐색 연구: 관련 법령을 중심으로」, 『한국군사학논집』 79(1), 서울: 육군사관학교 화랑대연구소, 2023, p. 185.

**56** 육군본부, 『예산회계 실무기준(봉급 정액표)』, 2017~2023.

# 6. 결론

한국의 ROTC 제도는 6.25전쟁 이후 부족한 초급장교 충원을 위해 미국의 제도를 모방하여 1961년 도입되었다. 하지만 창설 이후 제도발전을 위한 정책추진이 장기적인 안목의 종합적인 대책 마련이 아닌 단기처방식의 개별 기능들의 분절적 발전이나 개선, 부분 최적화에 치중했다. 그 결과 저출산에 따른 학령인구 및 병역자원 감소, 병 복무기간까지 단축되는 획득환경의 악화로 인해 ROTC 지원율이 점점 하락하여 이제는 인력충원 자체를 걱정해야 하는 심각한 위기에 직면하게 되었다.

ROTC 제도는 초급장교 획득의 핵심 통로로서 매년 임관하는 소위의 70% 이상이며, 군에서 중·소위급 장교의 85% 이상을 차지할 정도로 창끝 전투력의 중추적 역할을 담당한다. 또한, 지난 63년 동안 전역 후에는 사회 각 분야에 진출하여 민주시민의 리더로서 주도적인 역할을 수행해왔다. 이러한 사실은 ROTC 획득 문제가 군의 하부 전투력과 직결될 뿐만 아니라 사회에서 국가발전의 기여 측면에서도 중요하다고 할 수 있다.

그러나 1961년 제도 도입 이후 ROTC 정책은 과거의 틀에서 벗어나지 못하고 단순히 초급장교 확보라는 1차 목표에 초점이 맞춰져 있었다. 이로 인해 2000년대의 시대 상황과 획득환경의 변화에 선제적으로 대응하지 못하고 인력수급에 급급한 관행적인 정책추진으로 지원율 급락이라는 현재의 위기가 초래되었다고 본다. 또한, ROTC 장교가 단기 활용자원이라는 고정관념 때문에 제도발전을 위한 큰 투자를 하지 않으려는 경향이 있다는 점이 ROTC 정책발전을 가로막는 장애요인으로 작용하고 있다.

4차 산업혁명으로 전쟁수행 패러다임이 급변하고 있고 저출산의 여파로 국방인력획득 환경이 악화되고 있는 상황에서 민간 분야와 경쟁하면서 역량 있는 ROTC 획득을 위해서는 더 늦기 전에 과거의 접근방식이 아닌 새로운 시각에서 획기적인 정책 전환이 시급하다.

이에 이 글에서 연구자는 기업경영에 적용하고 있는 전략적 인적자원관리 이론을 준거로 하여 미국과 한국 ROTC 제도의 인적자원 유인 및 선발체계를 중심으로 사례비교 분석을 통해 ROTC 획득방안을 제시했다. 이러한 획득방안은 전략적 인적자원관리 측면의 역량 있는 ROTC 장교획득이 가능하도록 인적자원 유인 및 선발체계 내에서 인적자원관리 기능(① ROTC 모집·홍보·선발, ② J-ROTC 프로그램, ③ 복무기간 및 지원금) 간의 내적 정합성을 통해 시너지 효과를 극대화하는 방향으로 추진되어야 한다.

기존 연구자들은 대량획득-단기활용-대량유출 구조와 병역의무이행 대체복무 의식을 ROTC 제도의 문제점으로 지적하고 연구를 진행했다. 반면 연구자는 징병제 국가인 한국의 상황을 고려하여 이것을 문제점이 아닌 ROTC 제도의 특징으로 인정하고 새로운 관점에서 기존 연구들과 차별화된 대안을 제시했다. 따라서 기존 연구와 비교하여 연구자가 제시한 발전방안은 혁신적인 안으로 ROTC 획득정책에 바로 반영하기에는 군 운영 여건상 제한사항이 있을 것으로 판단된다.

하지만 현 상황을 고려한다면 ROTC 관련 정책은 과거와 같이 단편적으로 검토해서는 안 되며, 전력투자 개념으로 더욱 과감하고 혁신적인 정책적 마인드를 견지할 필요가 있다고 본다. 이러한 거시적 관점에서 연구자가 제시한 전략적 인적자원관리 측면의 ROTC 획득방안이 긍정적으로 검토되어 정책에 반영되기를 기대한다.

## 참고문헌

### 1. 단행본

국방부. 『2022 국방백서』, 2023.

김원대 외. 『J-ROTC(청소년 공동체 리더십) 프로그램 설계 및 적용방안 연구』. 서울: 한국국방연구원, 2013.

육군학생군사학교. 『우수 단기복무장교 확보 전략 및 정책연구서』. 계룡: 국군인쇄창, 2018.

_____. 『알고 하는 학군단 근무』. 계룡: 국군인쇄창, 2022.

이학종 외. 『전략적 인적자원관리』 개정판. 서울: 오래, 2012.

이현지 외. 『인력획득 환경 변화에 따른 간부확보장학사업 발전방안 연구』. 서울: 한국국방연구원, 2018.

조관호 외. 『단기복무간부의 적정 의무복무기간 연구』. 서울: 한국국방연구원, 2016.

조영진 외. 『군 인력획득 및 복무관리체계 개선 연구: 단기복무장교를 중심으로』. 서울: 한국국방연구원, 2013.

최광표 외. 『학군장교(ROTC) 종합발전 계획서 작성 연구』. 서울: 한국국방연구원, 2012.

한국국방연구원. 『2021 국방정책 환경 전망 및 과제』, 2020.

Arthur, T. Coumbe & Lee, S. Harford, *U. S. Army Cadet Command: The 10 year History*, Virginia: *Office of The Command Historian U.S Army Cadet Command. Fort Monroe*, 1996.

## 2. 논문

김성진. 「한국 육군의 장교단 충원제도와 직업안정성에 관한 연구」. 국민대학교 박사학위논문, 2014.

김세용 외. 「국방환경 변화에 대응하는 육군 ROTC 제도 개선방향 탐색 연구: 관련 법령을 중심으로」. 『한국군사학논집』 79(1), 2023.

김원대 외. 「J-ROTC 프로그램의 국내 적용 가능성 진단 및 실행방안」. 『국방정책연구』 29(2), 2013.

연덕원. 「대학 구조조정 현재와 미래: 정원 정책을 중심으로」. 『대학교육연구소』, 2021.

이은정. 「여군 확대 추세 분석과 정책 방향」. 『주간국방논단』 1889(10), 2022.

이현지 외. 「국방인력 확보의 어려움, 영국은 어떻게 대처하고 있나?」. 『국방논단』 1806(23), 2020.

조관호. 「미래 병력운영과 병역제도의 고민」. 『주간국방논단』 1879(47), 2021.

황의돈. 「ROTC 제도」. 『전투발전』. 육군교육사령부, 1998.

Gene, M. Lyons & John, W. Masland, "The Origins of the ROTC," *Military Affairs*, Vol. 23, No. 1, Spring, 1957.

Miles, R. E. et al., "Organizational Strategy, Structure and Process," *Academy of Management Review*, July, 1978.

Lengnick-Hall, C. A. & Lengnick-Hall, M., "Strategic Human Resource Management: A Review of the Literature and a Proposed Typology," *Academy of Management Review*, 13, 1988.

Wrigt, P. M. & M. G., "Theoretical Perspectives for Strategic Human Resource Management," *Journal of Management*, 18, 1992.

## 3. 인터넷, 기타

교육부. 「포용과 성장의 고교교육 구현을 위한 고교학점제 종합 추진계획」, 2021.

_____. 「학령인구 감소 및 미래사회 변화에 대응한 대학의 체계적 관리 및 혁신 지원 전략」, 2021.

미 학군사령부 홈페이지. https://armyrotc.army.mil/(검색일: 2023.7.24~31)

(사)JROTC연맹. "법인소개". http://jrotc.kr/?act=main(검색일: 2023.10.13)

육군본부. 『예산회계 실무기준(봉급 정액표)』, 2017~2023.

_____(육규 107). 『인력획득 및 임관규정』, 2022.

육군학생군사학교. 『2023년 학군사관후보생(64·65기) 선발계획』, 2023.

_____. 「학군후보생 획득 관련 설문조사 결과」, 2022.

_____(행정예규 180). 『장교획득 및 임관업무』, 2021.

육군학생군사학교 문무대연구소. 「ROTC 후보생 설문분석 결과」, 2023.

중앙일보. "미래인재의 주역, 주니어 ROTC에게 장학금 수여", 2021.6.10. https://news.joins.com/article/24079373#none(검색일: 2023.10.13)

학생중앙군사학교. 「미 ROTC 교육기관 시찰 결과보고」, 1990.

# 제11장
# 예비전력 정예화 방안

박종현

## 1. 예비전력의 개념과 역할

### 1) 예비전력의 개념

우리나라에서 논의되고 있는 예비전력(Reserve Power)의 개념은 학문적 접근보다는 실무적으로 정립된 개념이다. 현실적으로 '예비전력'이라는 용어도 개념적 정의 없이 '동원'과 혼합하여 사용하거나 예비로 동원 가능한 자원 전체를 의미하기도 하며, 때로는 '동원전력'과 동의어로 사용하기도 한다. 심지어 군사력을 조직화할 수 없는 자원들의 집합도 예비전력으로 이해한다.[1]

일반적인 관점에서 예비전력 개념은 상비전력의 대응 전력으로, 대부분의 연구자는 이를 준용하고 있다. 즉, 예비전력은 국가 잠재력을 전력화함으로써 생성

---

[1] 학문적 개념으로 볼 때 국방개혁 2020 이전에는 군사대학 중심으로 '동원전력'이라는 용어를 주로 사용했고, 이후에는 민간대학 중심으로 '예비전력'이라는 용어를 사용했다. 실제 예비전력 연구 경향을 분석한 결과를 보더라도 2005년 이전에는 '예비전력'이라는 용어를 거의 사용하지 않고 주로 '동원전력'이라는 용어를 사용했다. 이세영 외, 「국방개혁 2.0과 연계한 예비전력 정예화 혁신적 개선방안 고찰」, 『한국군사학논총』 8(2), 2019, pp. 79-80.

되는 군사력으로 전시에 동원할 수 있는 인적·물적 자원과 전·평시 향토방위를 위한 인적·물적 능력 그리고 예비군, 민방위대, 전쟁예비를 포함한 전력으로 해석한다.

광의의 의미로는 유사시 동원을 통해 전력화되는 잠재적인 군사적 요소이며 협의적 의미로는 단순히 예비군만을 지칭한다. 이처럼 예비전력은 개념적으로 비상시 전력으로 전환될 수 있는 국가의 인력, 물자, 정신전력 등의 전력을 말하며, 실체적으로는 전시 상비군사력의 확장 및 보충을 위해 동원 대상이 되는 인적·물적 자원의 집합으로 규정하고 있으며 평시에는 비상근 자원을 조직적으로 관리하는 군사력을 뜻하기도 한다.

이처럼 산재한 예비전력의 개념을 종합해 보면, 예비전력은 평시 가시화되지 않은 잠재적 전력으로서 유사시 동원을 통해서 실질적인 전력으로 가시화되는 것이다.

또한, 예비전력은 국가가 동원 가능한 모든 자원을 총망라한 총체전력으로 상비전력과 함께 전쟁을 수행할 수 있는 능력을 말한다. 군사적 자원뿐만 아니라 민생 안정 용도의 자원, 그리고 정부 기능 유지 용도의 자원도 포함하고 가시적 가용 자원뿐만 아니라 잠재 자원에 대한 개발은 물론이고, 전시에 필수로 있어야 하나 현시점에 존재하지 않은 부대 자원에 대한 생산과 획득 개념도 포함하는 것을 의미한다.[2]


## 2) 예비전력의 역할

상비전력과 함께 군사력의 주요 구성요소에 포함되는 예비전력은 전략적 역할에 기여하고 있다. 전략적 역할은 국가이익과 국방목표를 토대로 군사력의 역할로부터 도출할 수 있으므로 예비전력 역시 전략적 역할에 우선 기여해야 한다.

---

**2**   권태영 외, 『육군비전 2030연구』, 서울: 한국전략문제연구소, 2009, p. 280.

일반적으로 예비전력은 상비전력과 더불어 전쟁을 억제하는 역할을 하고 있으며, 전시에 국가전쟁목표 달성에 기여해야 하고, 나아가 세계 평화유지활동에도 기여하는 역할을 부여할 수 있다.

이를 종합해보면 정예화 측면에서 예비전력의 역할은 두 가지로 함축할 수 있다. 첫째, 전쟁도발을 억제(Deterrence)하고 국가 차원의 동원태세를 확립하여 적정 규모의 총체전력을 유지하는 데 기여하는 것이며, 인적·물적 자원을 경제적이고 효율적으로 동원하는 대비태세를 과시함으로써 적의 전쟁도발 의지를 포기하게 하는 전쟁예방(Preventive) 역할을 수행한다.[3]

이러한 예비전력을 미국의 경우 동반전력으로 보고 있으며, 한국과 중국은 보조전력, 이스라엘은 핵심전력, 스위스는 필수전력으로 보고 있다.

보조전력은 전시 상비전력의 확장을 보장하는 역할로 정의하는데, 중국은 징병제를 근간에 두고 모병제를 혼합하고 있으며, 예비역과 민병을 혼합한 병역제도를 도입하고 있다.

동반전력의 관점에서 보고 있는 미국은 상비전력을 감축하는 대신 그 공백을 예비전력으로 보강하고 있는데, 현역과 예비역의 신분을 자유롭게 전환할 수 있다는 특징이 있으며 모든 제도를 동일한 기준으로 적용하고 있다.

예비전력이 핵심전력 역할을 담당하는 이스라엘은 평상시부터 전쟁억제와 초기 대응 등 전쟁이 발발할 경우 전쟁 승리의 주역이자 전력의 핵심 역할을 수행한다. 이러한 예비전력이 핵심전력으로서의 역할을 수행할 수 있도록 무기를 비롯한 모든 장비를 100% 보유하고 있다.

필수전력으로 예비전력을 운용하고 있는 스위스는 소규모 상비전력보다 대규모 예비전력이 전쟁억제 역할을 수행하고, 만약에 있을 전시에는 예비전력이 필수전력으로 역할을 담당한다.

이처럼 예비전력의 역할은 나라마다 안보환경에 따라 조금씩 차이는 있으나,

---

3   이세영, 「예비군 평화유지활동 참여에 관한 국민 인식 연구」, 대전대학교 박사학위논문, 2017, p. 31.

총체전력의 일부로 평시부터 전략적 역할을 수행하여 전쟁을 억제하고 전쟁에 유리한 여건을 조성하는 데 기여한다는 공통점을 지니고 있다.[4]

한편 한국은 인구절벽의 사회적 문제가 야기한 병력자원의 감소, 주변국들의 다변성 등 여러 가지 현안 문제를 해결해야 하는 가운데 다음과 같이 예비전력의 역할을 요구하고 있다.

첫째, 전쟁을 예방하는 수단으로서의 역할이다. 예비전력을 전쟁을 예방하는 역할을 수행할 수 있도록 핵심전력으로 발전시켜야 한다. 이를 위해 무엇보다 예비전력에 대한 신뢰도 회복이 중요하다. 그러므로 강력한 군사적 능력과 전투력으로 전쟁을 예방할 수 있는 역량을 보유하는 무기와 장비를 포함한 인력 그리고 강도 높은 교육훈련이 수반되어야 할 것이다.

둘째, 후방지역작전을 수행할 수 있는 적절한 대응 수단으로서의 소임이다. 대부분 전문가는 국제정세의 변화와 한반도 안보환경을 불안한 시선으로 바라보고 있다. 한국의 안보환경에 대해 분쟁 가능성을 암시하고 있으며, 다양한 국지전이 증가할 가능성을 시사하고 있다. 이에 탄력적으로 대응하기 위해서는 즉응 대응전력이 무엇보다 필요하다.

셋째, 한반도에서 전쟁이 발발한다면 북한군의 배합전에 대비할 수 있는 핵심적 수단으로서의 역할을 수행해야 한다. 또한 효과적인 통합방위작전을 수행하고 증원전력의 전개를 보장하는 완벽한 후방지역 작전을 달성할 수 있도록 능력을 보유하는 것이다.

끝으로, 한국군의 국제적 역할을 확대하고 국제적 위상을 높이는 데 기여할 수 있는 능력을 보유해야 한다. 한국군은 국제분쟁 지역에 UN과 더불어 평화유지 활동에 많은 기여를 해왔다. 그러나 국제분쟁은 기본적인 임무 이외에 다양한 역할을 요구하고 있으며, 미국이나 독일은 예비전력이 이를 대신하고 있듯 한국군은 상비군이 감축되고 있는 현실에서 임무와 역할에 대한 편견을 없애야 할 것이다.

---

**4**  정성희 외, 「국방혁신 4.0 구현을 위한 예비전력 정예화 추진전략」, 『국방연구』 65(4), 2022, p. 148.

## 2. 예비전력 정예화의 필요성

### 1) 미래 안보환경에 탄력적 대응

한반도를 둘러싼 안보 상황은 매우 복잡하고 다변적이다. 주변국들은 첨단 군사력을 지속적으로 확충해가고 있으며, 군사 영역은 공간을 초월하고 있는 가운데 한반도 주변국인 중국, 러시아, 일본 그리고 북한의 안보 상황은 다음과 같다.

먼저 중국은 일대일로(一帶一路)를 통해 주변 국가들을 자신들의 영향권 아래 끌어들이고 있으며, 상업적 목적보다는 군사적 목적을 강하게 드러내고 있다. 이와 더불어 중국몽에는 2050년을 목표로 세계 최고의 강군육성에 사활을 걸고 있으며, 중국 중심의 신국제질서를 구축하기 위한 대외정책을 추진할 것으로 예상된다.[5]

러시아의 푸틴몽은 '강한 러시아 재건'을 위해 국제무대에서 더욱 강력한 대외정책을 추진하고 있다. 2015년 발표한 '신해양 독트린'에서는 해군의 작전범위를 대서양과 태평양 등을 6개 권역으로 구분하고 있는 것으로 보아 과거의 강한 해군으로 회귀(回歸)하는 것을 유추할 수 있다.[6] 더불어 중국과 전략적 협력을 통해 아시아-태평양 지역에서 미국에 대응한 군사적 영향력을 늘리고 있다.[7]

일본은 중국이 센카쿠제도(尖閣諸島) 일대를 비롯한 동중국해, 이즈·오가사와라제도(伊豆·小笠原諸島) 주변 등 이른바 제1열도선을 넘어 제2열도선으로 진출하는데 예민하게 반응하고 있다는 것은 중국을 가장 큰 위협으로 지목하고 있음을 알 수 있다. 이러한 위협에 대응하고자 세 가지 방위목표를 제시했다. 첫 번

---

**5** 국민호, 「중국몽과 일대일로」, 전남대학교 글로벌디아스포라연구소, 전남대학교 세계한상문화연구단 국내학술회의, 2018, p. 118.

**6** 구동회 외, 『세계의 분쟁』, 서울: 푸른길, 2018, p. 119.

**7** 김성진, 「푸틴 집권4기 러시아국가안보전략의 변화」, 『한양대학교 아태지역연구센터』 45(4), 2022, p. 118.

째는 힘에 의한 일방적인 공격을 허용하지 않는 안보환경을 구축하는 것이다. 예를 들어 남중국해에서 중국의 군사활동과 북한의 미사일 능력의 고도화, 러시아의 극동지역 확장 등에 대해 안보의 위협으로 규정했다.[8] 두 번째는 힘에 의한 무력행사에 대해 조기에 대응하고 억제하는 것이다. 이를 위해 동맹국들과 군사적 협력을 강화하고자 한다. 세 번째는 힘에 의한 공격이 발생했을 때 일본이 주도적으로 대응하고 동맹국들의 협조를 받아 전쟁을 종결하는 것이다. 여기서 주목할 것은 미국의 동맹에 절대적으로 의존하기보다는 독자적인 방위력 증강에 핵심을 두고 있다는 것이다.[9]

동북아 지역에서 최대의 관심은 북한의 동향변화다. 2011년 김정은의 집권은 핵보유국가의 인정을 가시화하고자 국가핵무력 완성을 선언했다. 2022년 12월에 개최한 제8기 제6차 당중앙위원회에서는 한국을 명백한 적(敵)으로 공식화했으며, 핵무기를 방어가 아닌 공격용으로 사용하겠다고 밝혔다.

북한의 현재 연간 농축우라늄 생산능력은 최대 170.4kg, 플루토늄은 7.4kg으로 추정할 수 있으며 2030년까지는 각각 3,408kg, 123kg을 생산할 것으로 추정하고 있다. 이는 우라늄탄 핵탄두 136발과 플루토늄 핵탄두 30발 정도의 양을 보유할 수 있다는 것을 의미한다.[10]

이러한 북한의 과감한 행동에 유엔 안보리에서는 강력한 조치가 필요하다는 공감대를 형성하고자 했으나 이념의 구도에 얽혀 중국과 러시아의 동의를 얻어내지 못한 한계에 부딪혔다.

또한 북한은 핵탄두 투발수단을 고도화하고자 다양한 종류의 미사일을 시험 발사하고 있으며, 추가적인 핵실험 가능성도 예고하고 있다. 여기에 러시아-우크라이나 전쟁에서 러시아의 전술핵 사용 가능성이 제기되고 있는데, 이는 북한의

---

**8** 防衛省, 『防衛白書』, 日本防衛省, 2023, pp. 14-15.

**9** 防衛省, 『国家防衛戦(別紙)』, 日本防衛省, 2022, p. 7.

**10** 김열수, 『국가안보 위협과 취약성의 딜레마』, 경기: 법문당, 2006, p. 375.

핵보유국으로서 확신을 심어주는 것으로 평가되고 있다.

## 2) 전쟁의 지속성 보장

냉전 시기에는 핵무기에 내재된 딜레마가 국가 간의 분쟁을 억제하는 측면이 강하게 작용한 반면, 탈냉전기 이후 종교와 민족 등 다양한 이유가 전쟁 발발을 유도하고 있다.

소련의 붕괴는 미국과 중국의 새로운 비대립적 관계를 형성하게 한 결정적 원인이기도 했으며, 중국을 염두에 둔 미국은 국방정책지침(DSG: Defense Strategic Guidance)을 통해 동아시아 지역에 대한 새로운 대응책을 구상했다.[11]

한편, 러시아-우크라이나 전쟁은 러시아의 압승으로 종결될 것이라는 예측과 달리 쉽게 종지부를 찍지 못하고 있다. 그 결정적인 이유는 우크라이나가 충분한 예비전력을 보유하고 있기 때문이다.[12]

2022년 러시아가 침공하기 직전 우크라이나 정부는 이미 정규군에 예비군 20만 명을 추가하여 전력을 보강했으므로 러시아의 침공에 맞설 수 있었다.

우크라이나의 예비군은 이미 미군과 NATO군 등 다국적군과의 연합훈련에 참가한 경험이 축적되어 있는 상태에서 2014년 돈바스 전쟁에서도 러시아군에 대응할 수 있는 전투력을 발휘했다. 대표적으로 시가전에서는 예비군의 활약이 효과적이었다. 민간 통신전문가와 드론 전문가들이 전장을 가시화하여 화력을 유도하고 민간 드론부대는 육군 정규군과 합동으로 다양한 근접전투가 가능했다.

이와 같은 사례는 2022년 인도네시아의 예비군 창설에 기인했고, 대만은 전민방위동원서(全民防衛動員署)라는 예비군 전담조직을 신설하는 등 주변국들에 예

---

11  The White House, "Sustaining U.S. Global Leadership: Priorities for 21st Century Defense." https://www.globalsecurity.org/military/library/policy/dod/defense_guidance-201201.pdf(검색일: 2023.12.13)

12  양승봉, 「예비전력분야 연구 및 교육역량 확충 방안에 관한 연구」, 『한국군사』 11, 2022, p. 223.

비전력의 중요성을 강하게 인식시키는 계기가 되었다.[13]

### 3) 상비군의 감축

상비군의 병력구조에 직접적인 영향을 미치는 변수는 인구구조의 변화이다. 2020년 출생아 수는 27만 2,400명, 합계출산율은 0.84명으로 매년 최저치를 기록하고 있는 가운데 통계청은 한국의 장래 총인구를 2028년 5,194만 명(중위 추계)을 정점으로 급속하게 감소할 것으로 전망했다.[14]

만약 현역 복무 기간이 현재와 같이 18개월로 유지되고 연간 입영소요 인원을 22,000명으로 가정할 때 상비군의 인력 유지가 어려워지는 시기는 2035년 이후가 될 것이다. 인구 추계 시나리오를 바탕으로 입영소요와 비교하면 〈표 12-1〉과 같다.

이러한 문제는 예비군의 수적인 면에도 영향을 초래한다. 한국군은 2000년대를 기점으로 상비군을 계속해서 감축하고 있고 전·평시 정원의 비율을 감소하는 추세다. 이는 상비군의 수적 규모를 감축하면서 전시 부대확장 소요에 예비군의 의존도가 높아짐을 의미한다.

〈표 12-1〉 연도별 입영소요 비교

| 구분 | 2020 | 2024 | 2035 | 2040 |
|---|---|---|---|---|
| 병역 가용자원 | 309,950명 | 227,215명 | 215,586명 | 182,633명 |
| 입영소요 | 220,000명 | 220,000명 | 220,000명 | 220,000명 |
| 과부족 | +89,950명 | +7,215명 | -4,414명 | -37,367명 |

출처: 이소영 외, 「출생 및 인구 규모 감소와 미래 사회정책」, 『한국보건사회연구원』연구보고서(2019), p. 317.

---

**13** 양승봉, 「예비전력분야 연구 및 교육역량 확충 방안에 관한 연구」, 『한국군사』 11, 2022, p. 223.

**14** 고시성, 「미래 한국군의 상비병력과 예비병력 적정 규모 판단을 위한 실증적 연구」, 『군사논단』 101, 2020, p. 23.

그러나 상대적으로 예비군 자원도 동시에 감소하는 문제점은 간과할 수 없다. 이를 단순히 비교하더라도 현재 예비군의 복무연수가 8년임을 고려했을 때 2035년에는 172만 명, 2040년에는 146만 명 수준에 머무를 수 있다는 예측을 할 수 있다.[15]

「국방개혁 2.0」에서는 동원훈련 대상을 4년에서 3년으로 줄이고자 하지만 예비군 자원이 풍부했던 과거와 달리 미래에는 상당한 제한이 따른다는 것을 간과하고 있다. 이에 따라 예비군을 양적으로 유지할 것이냐 아니면 질적으로 정예화 할 것인가는 심도 있게 고려되어야 한다.

## 3. 세계 주요국의 예비전력 정예화

### 1) 미국

미국은 1973년 예비전력을 총체전력(Total Force)으로 인정했고 지속적인 변화를 통해 현재까지도 강한 군사력으로 평가하고 있다. 미국이 상비군의 동반전력으로 예비전력을 운영하는 이유는 최소의 비용으로 가장 유연하고 효율적으로 활용할 수 있는 군사력이라는 점이다.[16] 특히, 9.11테러 사태 이후에는 예비전력의 확장에 전례없는 변화가 있었고 전략적 역할을 증대시키고 있다.

총체전력으로서 예비전력의 정책적 목표는 가장 경제적인 비용으로 상비군과 통합하여 동일한 임무를 수행하고 지원하는 것이다. 그 일환으로 예비군 정책은 다음과 같다. 첫째, 현역의 최초 증편 요원으로서 신뢰 형성, 둘째, 모든 가용전력의 통합 활용, 셋째, 국가안보정책 및 군사전략 그리고 해외 파병 군사력 등에

---

**15**  조관호 외,「장기 인력구조 변화를 고려한 인력기획 이슈」,『국방논단』1832, 2020, p. 5.

**16**  안기현,「미국의 1973년 총체전력정책 형성에 대한 연구」,『한국군사학논집』65(2), 2009, p. 113.

소요 지원, 넷째, 비용과 효과 측면에서 상비군과 능력 통합 등이다.

이처럼 미국은 총체전력 구성에서 예비군에 대한 의존도가 절대적인 국가다. 평시에 상비군 운용을 최소화하고 비용 대비 효과 측면에서 예비전력을 통합하고 자 한다. 현재 상호 협동적인 관계에서 예비군의 상비화가 선행되지 않는 전선의 투입은 제한적이며, 이러한 정책이 성공적으로 추진되기까지 국민과 정부 그리고 군의 강력한 지원이 있었다.

또한 1990년 10월 1일 예비군사령부 설치를 시작으로 예비군부대의 지휘통 제를 일원화하고, 유사시 전력 발휘를 위한 전투준비태세를 강화했으며, 본토 기 지로부터 해외로 전력을 투사할 수 있도록 부대구조를 전환했다.[17]

미 국방전략지침에는 2020년 합동군 건설 방향에서 예비전력의 단계별 소 수정예화 방안을 추진하고 있다. 이는 혁신적이고 저비용으로 미군이 요구하는 효과적인 군사력을 발휘하기 위함이다.[18]

특히, 미군도 상비군의 감축으로 예비전력의 중요성을 강조하고 있는바, 예비 군의 감축을 최소화하고 전투준비태세를 완비하도록 추진하는 것을 골자로 한다.

현재 미국 예비군의 예산 편성상 특징적인 것은 상비군과 독립된 예산을 편 성하고 집행하는 것이다. 그 규모는 국방비의 9~15% 수준이며, 2015년 미 육군 의 136조 원 예산 대비 평균 19%를 차지한다.

**〈표 11-2〉 미국의 예비전력 예산**

| 국방비 | 육군 예산 | 예비전력 예산(육군 대비) |
|---|---|---|
| 650조 원 | 136조 원 | 25조 원 |
| 100% | 21% | 19% |

출처: 박종길, 「한국군 예비전력 건설의 발전방향에 관한 연구」, 전북대학교 박사학위논문, 2018, p. 72.

---

**17** 국가안전보장문제연구소, 『예비전력 정예화 및 미래혁신』, 충남: 국방대학교, 2022, p. 15.
**18** 안기현(2009), p. 121.

이는 상비군 대비 예비군이 약 53% 수준이라고 볼 수 있으나 실제 소집일이 38일임을 감안한다면 오히려 상비군보다 많은 예산을 편성한 셈이다.

또한 연중 지속적으로 예산획득에 노력을 기하고 있으며 중장기 정책을 수립하여 예비전력을 운영하는 데 필요한 예산편성 및 획득업무 등 전략적 차원의 임무를 수행할 수 있다.

### 2) 독일

통일 이후 독일은 직접적인 위협이 사라지자 상비군을 대대적으로 감축했고, 이에 따른 전력보강을 예비전력으로 충당했다. 군대의 임무는 자국의 재난관리와 유럽 역내에서 발생하는 다양한 갈등을 관리하는 쪽으로 맞추어졌다.[19]

2010년 6월 독일 정부는 800억 유로의 지출 절감이라는 긴축재정을 결정하게 되는데, 이에 따라 국방부도 군의 슬림화를 통해 8억 유로를 절감했고, 향후 5년간 100억 유로의 지출을 절감하겠다고 발표했다.[20] 이처럼 과감한 정책적 결정은 내부적으로 예비전력이 유지되고 있기 때문에 가능했다.

독일 역시 저출산으로 인해 인구구조의 변화가 심각한 사회문제로 대두되면서 그동안 유지해오던 징병제를 폐지하고 2011년부터는 모병제로 전환했다. 이러한 변화는 군구조의 변화와 더불어 예비군의 개혁을 동반했다. 즉, 예비전력의 전략적 중요성이 강조되는 계기가 된 것이다.

이와 같은 개혁적인 군구조의 변화는 다음과 같은 예비전력의 질적 정예화를 도모했다.

첫째, 예비전력의 임무와 역할이 명확히 설정되었다. 상비전력의 전략적 임무수행을 위해 예비전력은 향방사령부를 핵심으로 본토 방위를 담당하게 되었다.

---

19  박종길, 「한국군 예비전력 건설의 발전방향에 관한 연구」, 전북대학교 박사학위논문, 2018, p. 71.

20  배안석, 「변화된 오늘날의 독일연방군」, 『독일학연구』, 30, 2014, p. 89.

이러한 독일 예비군은 한국의 향방예비군과 유사한 임무를 수행하지만, 필요시 해외파병 임무도 수행한다는 점에 주목할 필요가 있다.

둘째, 복무제도에서 상비군과 차별을 두지 않고 있다. 예비역 복무기간에도 상비군과 동일하게 진급이 가능하며 부사관은 특무상사까지, 장교는 대령까지 진급을 보장해줌으로써 의욕적인 복무 여건을 마련해주고 있다. 보수 역시 상비군 수준을 고려하여 해당 계급에 상응하는 봉급을 지급하며, 훈련 일수에 따른 100% 생업보장비를 별도로 지급한다.

셋째, 법적인 신분과 지위를 보장하고 있다. 독일 예비군의 법적 지위는 「예비군 법적 지위에 관한 법」에 기반을 두고 있으며, 예비군 복무 및 법적 지위를 보장했고,[21] 특히 「예비군」 지침에는 복무활동의 기본원칙과 인사관리, 해외파병 활동에 예비군의 참여 등 제반 여건을 제도적으로 보완했다.[22]

한편, 독일은 50만 명에 달하는 동원예비군을 해체하여 전력강화예비군, 인력보충예비군, 일반예비군으로 재편성했다.

전력강화예비군은 동원보충부대와 지역방위부대에서 평시에 상근으로 복무하는 예비군이며, 상비군 편제에는 포함되지 않지만 전시 동원 속도를 보장하기 위한 편성이다.

인력보충예비군은 상비군이 수행하는 임무를 보충하거나 대체하는 역할을 하며, 상비군 편제에 포함되어 평시에 상근으로 복무한다. 이들은 주로 상비군이 일신상 또는 공무상의 사유로 장기간 공석이 발생한 직위에 대신하여 복무한다. 따라서 상비군과 동일한 수준의 능력이 요구되며, 현역과 함께 정기적으로 직무 수행 능력 향상을 위한 교육훈련에 임한다.

일반예비군은 18세에서 60세까지 남성 중 예비역 편성대상자가 이에 해당

---

**21** 주목할 점은 예비군 복무자(Reservistendienst Leistende, RDL)는 현역 시 계급을 계속 사용하며 지원하여 복무할 경우 65세까지 근무할 수 있다는 것이다. 김태산, 「독일 예비군의 변천과정과 그 시사점」, 『국방연구』, 63(2), 2020, p. 206.

**22** 정철우 외, 「독일 예비군 개혁과 시사점」, 『국방논단』 1804, 2020, p. 5.

하며, 평상시에는 특정한 역할이나 임무를 부여받지 않으나, 동원령이 선포되면 즉각 소집되는 예비군이다.

전력강화예비군과 인력보충예비군은 계획상 9만 5천 명 규모이지만 보직은 4만 5천 명 수준이다. 이들의 발령계획에 근거하여 운용되는데, 그 규모는 지속적으로 감소하는 추세다.

〈표 11-3〉은 독일 상비군과 평시복무 예비군의 규모를 나타낸 것이다.[23]

평시복무 예비군은 군인으로서 모든 능력이 요구되며, 대신 상비군에 준하는 신분을 보장받는다.[24] 이들은 계약에 의해 복무가 이루어지지만, 이러한 신분적 보장이 안정적인 직업임을 입증하고 있다.[25]

또한, 평시 복무예비군은 현역과 동일하게 해외파병에도 참여하고 있으며 주로 예비군의 생업과 관련된 직위에 적합한 보직을 부여한다, 예를 들어 통역이나 민군협조 등의 분야에 집중되고 있다.[26]

**〈표 11-3〉 독일 상비군과 평시복무 예비군의 연도별 규모**

| 구분 | 상비군 | 평시복무 예비군 | |
|---|---|---|---|
| | | 발령계획 | 운영 |
| 2004~2010 | 252,500명 | 95,000명 | 2010년 45,000명 |
| 2012~2017 | 185,000명 | 61,000명 | 2017년 28,000명 |

출처: 정철우 외, 「독일 예비군의 개혁과 시사점」, 『국방논단』 1804, 2020, p. 6.

---

23  전력강화예비군과 인력보충예비군은 평시 군에 복무하는 예비군으로서 연중 10개월까지 복무가 가능하다. 기간 연장이 필요한 경우에는 국방부의 승인이 필요하다.

24  생계를 유지할 수 있는 충분한 봉급을 받으며, 자녀들에 대한 가족수당 및 해외 활동 시 특별수당도 받을 수 있다. 이 외에도 무료로 군의관 진료가 제공되고, 공무 중 다친 예비군은 상해보상도 받을 수 있다. 배안석, 「변화된 오늘날의 독일연방군」, 『독일학연구』 30, 2014, p. 86.

25  연방군이 예비군과 맺은 복무관계를 종료하려면 사전에 계약 취소를 알려야 하며, 퇴직한 예비군은 연금 및 실업보험금을 수령할 수 있다.

26  실제로 2006년 파병된 8,400여 명의 독일군 중 예비군이 500여 명이었다. 정철우 외, 「독일 예비군 개혁과 시사점」, 『국방논단』 1804, 2020, p. 6.

이러한 독일 예비군의 제도적 특징은 합동참모부에서 책임을 지고 정책지원을 하고 있다는 것이다. 이는 독일군의 제도와 정책발전에 대해 최고의 권한을 가진 합동참모부에서 예비전력 정책을 지원함으로써 일관된 지속성을 유지할 수 있고, 더불어 명확하게 정책을 추진하겠다는 의지가 내포되어 있다.

### 3) 싱가포르

싱가포르는 말레이시아군이 철수한 1996년부터 이스라엘의 군사 자문을 받아 예비군 개념을 도입했다. 병역제도를 살펴보면 한국과 동일하게 징병제를 채택하고 있으면서 시민권자에게도 병역의무를 부과하는 것이 특징이다. 민족과 인종을 불문하며 병역특혜는 극히 제한적이다.[27]

군 복무에 대한 국민적 지지도가 높은 싱가포르는 예비군 복무를 국민의 책무로 인식한다. 즉, 현역 의무복무를 거쳐 예비군으로 복무하지 않으면 공무원도 될 수 없는 사회적 구조다.[28]

현재 상비군은 7만 2천 명을 보유하고 있는 반면, 예비군은 31만 2천 명으로 상비군 대비 4.5배 수준이다. 주변국인 말레이시아나 태국에 비하면 수적으로 적은 병력이지만, 전력 수준이 대등하다는 것은 싱가포르의 예비전력이 국방의 중추적인 역할을 담당하고 있다는 것을 보여준다.[29]

싱가포르가 예비전력을 총체전력으로서 상비전력과 대등한 전력으로 활용하고 있는 점에서 다음과 같은 시사점을 안겨주고 있다.

첫째, 미국과 독일에 버금가는 예비군 복지제도다. 예비군협회(SAFRA: Singapore Army Forces Reserve Association)를 통해 각종 복지혜택을 제공받고 있으며, 특히

---

**27** 다음 두 가지 경우에는 병역이 면제된다. 첫째, 싱가포르군 의료위원회에서 병역을 수행할 수 없을 것으로 결정할 경우, 둘째 시민권을 포기한 경우 등이다.

**28** 육군동원전력사부, 『동원전력사 비전 2030 부록』, 대전: 육군본부, 2020, p. 113.

**29** 박민형, 「전쟁억제와 예비전력: 싱가포르 사례를 중심으로」, 『국방연구』 61(3), 2018, p. 70.

세금감면 및 의료지원 등이 상비군과 동일하다.

둘째, 과감한 예산 투자다. 각 사단은 예비군 여단과 현역 여단이 혼합되어 편성되는데 예산 역시 구분 없이 집행되고 있다. 그 규모는 동남아시아 국가 중 가장 막대한 국방비를 투자하고 있으며, GDP 기준 6%를 국방비가 차지한다.

셋째, 예비전력이지만 현역과 동일한 수준의 물자장비를 보유하고 있다. 앞서 언급했듯이 예비전력을 위한 별도 예산은 없으며, 상비전력에 포함되어 집행하기 때문이다.

## 4. 한국의 예비전력 정예화를 위한 선결과제

예비전력의 정예화에 관한 정책적 관심을 보이기 시작한 시기는 노무현 정부가 들어서면서부터였다. 가장 특징적인 것은 국방개혁 2020을 법제화 하기 위해 국방개혁기본법안이 마련되었고, 그 일부로서 예비전력에 관한 정책이 구체화되었다는 점이다.[30]

이명박 정부에서는 군구조 분야에서 지상작전사령부, 9해병여단, 서북도서방위사령부 등 전략적 부대를 창설하여 국방환경의 변화에 시의적(時宜的)으로 대처하는 성과를 거두었다. 예비전력 분야에서는 선진국형 예비군 복무제도인 비상근 복무제도를 시험 적용하기 시작했고, 북한의 연평도 포격 도발사건을 계기로 충무 3종 사태 시에도 예비군 동원이 가능하도록 부분동원제도를 법제화하여 제도적인 측면에서 예비전력의 정예화를 도모했다.

문재인 정부는 동원전력사령부를 창설했다는 데 큰 의미를 두고 있다. 이는

---

[30] 첫째, 상비군 수준의 전투력을 발휘할 수 있도록 예비군 조직의 과감한 변화를 주었는데, 핵심은 새로운 예비군 조직 기구(동원지원단, 향방대대, 훈련대)를 창설한 것이다. 둘째, 과학화 훈련장을 신설하여 체계적인 훈련 시스템을 도입하기 시작했고, 복잡한 훈련유형을 동원훈련과 향방훈련으로 단순화하여 예비군 훈련체계를 대폭 개선했다.

상비병력의 감축에 따른 선제적인 대응이었으며, 미국의 예비군 전력사령부를 벤치마킹하여 전시 초기 부대 확장 여건을 보장하게 한 정책적 결정이라고 할 수 있다. 그러나 국방개혁 2020에서부터 추진해오던 예비전력 정예화를 위한 몇 가지 핵심과제[31]는 종결짓지 못한 아쉬움이 있다. 특히, 양적으로만 방대한 전력을 보유하고 있는 한계를 벗어나지 못하고 있다.

한편, 미국이나 독일 그리고 싱가포르와 같이 예비전력을 상비전력에 버금가는 대체전력으로 활용하는 국가들은 구조적인 재정비를 통해 예비전력의 정예화에 성공했다. 결국 이러한 국가들은 양적이 아닌 질적으로 우수한 예비전력을 보유하기 위해 제도적 근거를 마련한 것이다.

이러한 관점에서 한국 예비전력의 정예화를 위해 선결되어야 할 과제는 크게 세 가지로 함축된다.

첫 번째는 예비군의 복무제도 및 여건에 대해 다시 한번 돌아보아야 한다. 한국은 275만 명의 예비군을 보유하고 있으며 병사는 전역 후 8년차까지, 간부는 현역 정년 연령까지 예비군으로 복무한다. 이처럼 양적으로 방대한 예비군은 동원예비군과 지역예비군 그리고 직장예비군으로 신분이 다양하며 복무 연차나 군사특기에 따라 가변적이다. 그러므로 체계적인 훈련시스템을 갖춘다고 하더라도 잦은 신분의 변화 때문에 전투력 향상에는 지수의 변화가 없다.

무엇보다 상비군을 감축하는 시대에 예비군의 임무는 창설 이후 큰 변화가 없었으나, 미래 안보환경과 4차 산업혁명의 기술발달에 융통성 있는 대응을 위해서는 임무의 재설정이 필요하다.

또한, 복무에 따른 다양한 혜택도 부여되어야 한다. 희생에 대한 보상은 인간의 본성이며 당연한 요구다. 그러나 현재 우리나라는 의무만 강요할 뿐 그에 따른 사기 복지를 포함한 제반 여건은 미비한 상태다.

---

**31** '국방개혁 2020'에서부터 추진했던 예비전력 정예화 핵심과제는 예비군 규모 및 편성 조정, 복무유형 단순화, 전투물자 확보, 적정 규모의 예비전력 예산 확보, 대학생 보류제도 개선 등이다.

두 번째는 충분하지 않은 예산이 가장 심각한 문제다. 국방예산 구조는 전력 운영비와 방위력개선비로 이루어지는데, 예비전력관리 예산은 전력운영비 중 전력유지 항목으로 편성되어 있어 예비전력 전력화를 위한 방위력개선비는 편성되지 않고 있다.

최근 6년간 국방예산 증가에 비해 예비전력관리 예산의 변화를 보면, 예비전력관리 예산은 국방비 대비 0.3%를 상회하고 있으며 주로 훈련비와 전투시설 유지비로 현상유지에 급급한 수준이다. 2018년의 경우 예비전력유지 예산(1,031억 원)은 급식지원(85억 원), 전투장구지원(85억 원), 동원훈련(127억 원), 일반훈련(417억 원), 예비전력운영지원(317억 원)으로 편성되어 실제 예비군 무장에 투자할 수 있는 예산은 전투장구 구매에 불과할 정도로 비현실적이다. 「국방혁신 4.0」에서 목표로 하고 있는 상비전력 수준의 '예비전력 정예화'는 현 수준 같은 예비전력 예산편성으로는 제한적이다. 그러므로 예비전력의 정예화를 위해 충분한 예산을 획득하는 것은 예비전력 정예화의 시발점이라 할 수 있다.

세 번째는 예비전력에 관련된 법령을 재·개정하는 것이다. 그 이유는 충분한 예산확보를 위한 시발점이며, 예비군의 복무 및 신분을 보장함으로써 예비전력의 정예화에 기여할 수 있기 때문이다.

먼저 현행법에는 예비군의 복무에 관한 별도의 규정은 미미하며 군에 소집되어 복무하는 경우에만 군인의 지위 및 복무에 관한 기본법에 국한적으로 적용받고 있으므로 평상시에는 그 지위가 보장되지 않고 있다. 따라서 의무복무제도를 적용하고 있지만, 예비군의 복무가 병역의무의 일부라고 단정하기에는 제한적인 구조다. 따라서 예비군의 복무에 관한 규정을 마련하고 기준을 명확히 정립할 필요가 있다.

여기서 또 하나의 딜레마는 예비군에게 적용되는 법령은 임무수행 유형에 따라 상이하다는 것이다. 앞에서 언급했듯이 예비군이 전시에 동원될 경우에만 군인 신분을 취득하도록 규정하고 있는데, 이는 병역법에 근간을 두고 있으며, 지역방위 향토작전에 동원되는 예비군은 이 범주에 들어가지 못하고 있다.

이러한 예비군의 처우에 관해 관련 법령을 개정하려는 노력은 계속해서 이루어지고 있으나,[32] 현실적으로 정치적인 이슈나 국민적 관심을 받지 못하고 있으므로 국방위에 계류되거나 파기되고 있는 현실이다.


## 5. 한국 예비전력의 정예화 방안

### 1) 예비군의 복무제도 및 여건 보장

지금까지 예비전력의 정예화를 논하면서 항상 논쟁이 되었던 부분 중 하나가 역할에 대한 정체성이었다. 다시 말해 동원예비군과 향방예비군의 정체성이 모호했으며, 궁극적으로는 전투력 저하의 원인이 되기도 했다. 따라서 한국국방연구원에서 연구한 미국식 예비군 제도 그리고 독일식 예비군 제도를 한국형으로 검토하는 것도 고려할 필요가 있을 것이다.

또한, 현재의 복무제도를 그대로 유지한 상태에서 지원예비군제도를 적극적으로 도입해야 한다. 예비군은 다양한 직업적 특성이 있다. 이를 가장 잘 활용하는 독일은 예비군의 직업이나 특기를 활용하고 있는데, 예를 들어 민사업무, 사이버 관련 업무 등 전쟁에서 상비군을 절약할 수 있는 분야에 예비군의 직업적 특성을 적절하게 활용하고 있다.

예비군 복무제도의 선진화를 위해서는 선택적 복무제도에 대한 검토도 필요하다. 병역자원이 지속적으로 감소하는 추세에서 예비군의 감소는 당연한 것이며, 이를 해결하기 위해서는 미국이 적용하고 있는 현역과 예비군 복무를 혼합한 선택적 복무제도의 도입이 이루어져야 한다. 미국의 경우 입대하면서 본인이 현역으로만 복무할 것인지, 예비군으로만 복무할 것인지, 아니면 현역과 예비군을

---

**32** 예비군의 처우에 관한 법안을 발의한 국회의원은 서영교 의원(2016.12.22), 김종대 의원(2017.3.20), 신보라 의원(2018.5.31)이다.

혼합하여 복무할 것인지를 결정한다.

그러나 우리나라의 예비군 제도는 현실적으로 매우 빈약한 수준이며, 예비역 진급제도가 있으나 전역 당시 계급에서 1단계 상위 계급까지만 진급이 가능하다. 특히, 예비군 훈련에 대한 보상비는 최저시급에도 미치지 못하고 있다. 국방부에서는 장기적으로 예비군 훈련으로 인한 생업손실보전비까지 지급하고자 2조 5천억 원의 예산을 확보할 계획이라고 하지만 현실적인 어려움에 봉착해 있다.

예비군에 대한 복지는 이들의 복무 의욕 고취와 자긍심을 심어주는 데 가장 중요한 요소다. 따라서 상비군 수준의 복지 차원에서 접근하는 것이 중요하다. 예비전력 정예화에 성공한 외국의 사례를 보더라도 상비군과 동일한 복지혜택이 부여되고 있다. 세금혜택뿐만 아니라 연금수혜까지 가능하고, 예비군으로 복무하는 동안 상비군과 동일하게 진급도 가능하며, 훈련 보상비의 경우 이스라엘은 사회소득 기준, 미국은 현역과 동일한 기준으로 적용하고 있다.

### 2) 적정예산의 확보

국방예산 구조는 전력운영비와 방위력개선비로 이루어지는데, 예비전력관리 예산은 전력운영비 중 전력유지 항목에 편성되어 있어 예비전력 전력화를 위한 방위력개선비는 편성되어 있지 않다. 즉, 대부분 예비군 처우 개선에 필요한 예산에만 집중 편성되었다. 이는 예비전력 정예화를 위해 충분한 전투력을 발휘하는 데 제한적이다. 그 원인은 상비전력 보강이라는 우선순위에 비해 예비전력의 방위력개선사업은 후순위로 인식되고 있기 때문이며 정상적인 정예화는 제한적일 수밖에 없다.

한편, 앞으로 군사력 운용 방향은 4차 산업혁명 기술과 연계하여 전쟁 지속능력을 확보하고 후방지역 안정을 위한 통합전력 위주로 강화하고자 한다. 즉, 제반 작전 요소를 통합하는 데 4차 산업혁명 기술의 활용이 중요하다. 이러한 관점에서 예비전력에 소요되는 예산의 우선순위를 판단할 때 현실적인 분석이 이루어져야 한다.

현재의 「국방개혁 2.0」에서는 예비전력관리 예산을 국방예산의 1% 이상 수준까지 증액을 목표로 하고 있으며, 예비전력 비전 2030에 반영된 예산은 동원위주부대 전력 강화, 과학화 예비군 훈련, 예비역 간부자원 확보, 예비군 처우 개선, 차세대 기술 도입 등 약 13조 억원이 소요될 것으로 판단하고 있다.[33]

한국전략문제연구소의 연구에 따르면, 2026년 이후에는 국방예산의 2% 이상이 확보되어야 예비전력 정예화가 달성될 수 있다는 연구 결과를 제시했다. 다시 말해 예비전력 비전 2030에서 제시한 소요예산보다 약 22% 증액이 필요하다는 결론을 얻을 수 있다.

예비전력 정예화를 달성하기 위해 4차 산업혁명 시대와 연계하여 첨단과학화 시스템을 도입하고, 유사시 상비전력과 예비전력을 통합하여 운영하기 위해 예비군도 현역과 동일한 장비와 전투체계를 갖추어야 한다.

그러나 현실적으로 상비전력에 대한 높은 관심과 달리 예비전력의 정예화에 필요한 가시적인 예산획득은 기대하기 어렵다. 이러한 문제는 지속적으로 제기되고 있으나 확고한 정책적 논리와 접근이 부족하기 때문이다.

이를 극복하기 위해서는 예비전력 정예화를 위한 사업의 필요성과 당위성에 다음과 같은 논리적 대안이 필요하다. 첫째, 예비전력 정예화에 필요한 우선순위를 명확히 결정해야 한다. 모든 사업을 동시에 추진하기란 현실적으로 불가능하다. 따라서 목표 달성을 위한 중장기 계획을 전략적으로 수립하여 단계적으로 추진할 수 있도록 해야 한다. 둘째, 예산획득을 위해 전략적 정책 논리를 개발할 필요가 있다. 국방개혁과 맞물려 이를 더욱 강력하게 추진하는 방향으로 진행되는 최근에는 그 중요성과 필요성이 더욱 증대되고 있다는 것은 분명하다. 이러한 측면에서 오히려 예비전력의 중요성과 필요성을 강조함으로써 예산획득의 기회가 될 수 있다는 것을 명확히 인식하고 노력을 집중하여 이를 공감하는 지지층의 폭

---

**33** 박무춘 외, 『예비전력 정예화를 위한 적정 예산확보 방안』, 서울: 한국전략문제연구소, 2020, p. 18.

을 확대해나가야 할 것이다.

또한 정책결정에 있어서 국민의 지지가 필요하다. 예비전력에 관한 정책결정 과정에서 국민의 지지는 절대적이다. 즉 예비전력의 정예화는 곧 국민의 동의를 구하는 것이며, 국민의 동의 없이 정책의 정당화는 현실적으로 불가능하다. 싱가 포르 같은 경우만 보더라도 예비전력의 정예화를 이룰 수 있었던 결정적 요인은 정책적 결정에 국민의 동의와 지지가 있었기 때문이다.

### 3) 법적·제도적 개선

상비군과 동일한 법적 지위를 보장받기 위해서는 우선적으로 예비군이 「국 군조직법」과 「군인사법」에 포함되어야 한다.

예비군의 정예화를 위해서는 명확한 법적 지위를 보장하지 않는다면 그 활동 범위나 영역에 많은 제한을 받을 것이다. 따라서 예비군의 정예화를 위해 「국군조 직법」의 개정 소요를 검토하면 〈표 11-4〉와 같다.

예비군의 신분적 보장을 위해서는 「국군조직법」 제2조(국군의 조직), 제4조(군 인의 신분 등), 제16조(군무원)에 대한 개정 소요가 필요하다.

먼저, 제2조는 국군의 조직에 관한 사항으로 현재 헌법에는 파병 대상을 국 군으로 한정하고 있는바, 예비군은 국군의 범주에서 벗어나고 있기에 그 대상에 서 제외된다.

**〈표 11-4〉 파병에 관련된 법령 개정 소요 및 방향**

| 구분 | | 관계 법령 |
|------|------|------|
| 국군조직법 | 제2조 | (국군의 조직) 국군은 육군, 해군 및 공군으로 조직한다. '예비군' 추가 |
| | 제4조 | "군인"이란 전시와 평시를 막론하고 군에 복무하는 사람을 말한다. 추가 |
| | 제16조 | 국군에 군인 외 군무원을 둔다. '예비군' 추가 |
| 군인사법 | 제2조 | (적용범위) 예비군(역)을 군인 신분으로서 복무 형태 규정 |

출처: 각 법령을 참조하여 재정리.

그러므로 예비군의 파병을 위해서는 "국군은 육군, 해군 및 공군으로 조직하며, 해군에는 해병대를 두고 각 군에는 예비군을 둔다"로 수정함이 타당할 것이다.[34]

제4조는 국군의 신분에 관한 규정이며, 예비군의 신분을 법적으로 보장하기 위해서는 "군인이란 전시와 평시를 막론하고 군에 복무하거나 예비군에 복무하는 사람을 말한다"로 수정·보완해야 한다.

제16조는 국군의 구성원에 대한 내용을 명시했으며, 군인 외에 군무원을 군인으로 보았다. 하지만 제2조와 제4조의 수정·보완과 연계하여 "국군에는 군인 외에 군무원과 예비군을 둔다"로 개정해야 한다.

「국가공무원법」에서는 군인의 신분을 경력직공무원 중에서 특정직공무원에 포함하고 있다. 그리고 「군인사법」은 군인의 공무원 신분에 대한 특례를 규정하는 법률이며 군인의 임용과 복무 등을 규정한 법률이지만, 군인을 개념적으로 정의하지 않았다. 예비군 역시 신분적으로 보았을 때 국민으로서, 국방의무 수행자로서 특수한 성격을 지닌 조직이지만 「군인사법」상 평상시에는 그 적용 범위에 포함되지 않고 있다. 그러므로 예비군을 정군인으로서 신분적 지위를 보장해야 한다.

따라서 「군인사법」 제2조(적용 범위)를 검토했다. 먼저, 제2조는 군인의 적용 범위, 즉 대상에 대한 규정인데 "제1호에는 현역에 복무하는 장교, 준사관, 부사관 및 병, 제2호에는 사관생도, 사관후보생, 준사관후보생 및 부사관후보생, 제3호에는 소집되어 군에 복무하는 예비역 및 보충역"을 들고 있다. 이처럼 예비군은 소집되어 군에 복무할 경우 그 신분이 보장되고 있으며, 앞서 「국군조직법」 제4조와 연계하여 그 신분이 보장될 수 있도록 해야 한다.[35]

현행법상 예비군은 현역의 연장선에서 복무가 이루어지고 있다. 징병제를 채

---

**34** 박종현, 「국제 평화유지활동에 한국 예비군의 파병 방안에 관한 연구」, 건양대학교 박사학위논문, 2021, pp. 133-134.

**35** 박종현(2021), p. 135.

택한 우리나라는 현재의 예비군 복무를 부가적인 병역의 의무로 이해하는 경향이 지배적이므로 병역제도와의 통합이 필요하다.

이러한 관점에서 현재 전시임무 수행 능력을 제고하고자 평시복무 예비군 제도를 운용하고 있다. 이 제도는 2014년 간부예비군 비상근복무제도를 시작으로 단계적으로 확대하여 2018년부터 상근복무로 확대·정착시키려는 노력을 기울이고 있다.

그러나 이러한 제도는 시작에 불과하며 다양성을 가미하여 예비군의 복무 의욕을 고취시킴으로써 정예화에 이바지할 수 있는 대안이 되어야 한다.

미국이 예비전력을 제도적으로 성공시킨 근본 이유는 1920년 「국가방위법」을 제정하여 법적인 신분보장과 임무수행의 융통성을 보장했기 때문이며, 1973년 총체전력 정책을 도입하여 예비전력을 「국군조직법」에 포함함으로써 지금의 모병제가 안착되는 데 기여했다.

## 참고문헌

고시성. 「미래 한국군의 상비병력과 예비병력 적정 규모 판단을 위한 실증적 연구」. 『군사논단』 101, 2020.

구동회 외. 『세계의 분쟁』. 서울: 푸른길, 2018.

국가안전보장문제연구소. 『예비전력 정예화 및 미래혁신』. 충남: 국방대학교, 2022.

국민호. 「중국몽과 일대일로」. 전남대학교 글로벌디아스포라연구소. 전남대학교 세계한상문화연구단 국내학술회의, 2018.

권태영 외. 「육군비전 2030 연구」. 한국전략문제연구소 연구보고서, 2009.

김성진. 「푸틴 집권4기 러시아국가안보전략의 변화」. 『한양대학교 아태지역연구센터』 45(4), 2022.

김열수. 『국가안보 위협과 취약성의 딜레마』. 경기: 법문당, 2006.

김태산. 「독일 예비군의 변천과정과 그 시사점」. 『국방연구』 63(2), 2020.

박무춘 외. 『예비전력 정예화를 위한 적정 예산확보 방안』. 서울: 한국전략문제연구소, 2020.

박민형. 「전쟁억제와 예비전력: 싱가포르 사례를 중심으로」. 『국방연구』 61(3), 2018.

박종길. 「한국군 예비전력 건설의 발전방향에 관한 연구」. 전북대학교 박사학위논문, 2018.

배안석. 「변화된 오늘날의 독일연방군」. 『독일학연구』 30, 2014.

박종현. 「국제 평화유지활동에 한국 예비군의 파병 방안에 관한 연구」. 건양대학교 박사학위논문, 2021.

안기현. 「미국의 1973년 총체전력정책 형성에 대한 연구」. 『한국군사학논집』 65(2), 2009.

양승봉. 「예비전력분야 연구 및 교육역량 확충 방안에 관한 연구」. 『한국군사』 11, 2022.

육군동원전력사부. 『동원전력사 비전 2030 부록』. 대전: 육군본부, 2020.

이세영. 「예비군 평화유지활동 참여에 관한 국민 인식 연구」. 대전대학교 박사학위논문, 2017.

이세영 외. 「국방개혁 2.0과 연계한 예비전력 정예화 혁신적 개선방안 고찰」. 『한국군사학논총』 8(2), 2019.

이소영 외. 「출생 및 인구 규모 감소와 미래 사회정책」. 한국보건사회연구원 연구보고서, 2019.

전재성. 「우크라이나 전쟁이 국제 안보정세와 한반도에 미치는 영향과 함의」. 『국방정책연구』 38(4), 2023.

정성희 외. 「국방혁신 4.0 구현을 위한 예비전력 정예화 추진전략」. 『국방연구』 65(4), 2022.

정철우 외. 「독일 예비군 개혁과 시사점」. 『국방논단』 1804, 2020.

조진구. 「한국과 아세안에 대한 일본의 외교정책과 역사 인식」. 『한국동북아학회』 27(2), 2022.

The White House, "Sustaining U.S. Global Leadership: Priorities for 21st Century Defense," 2012.

防衛省. 『防衛白書』. 日本防衛省, 2023.

_____. 『国家防衛戦(別紙)』. 日本防衛省, 2022.

# 제12장
# 육군 군무원의 군대조직 특성 이해와 적응에 대한 실증 분석

최용성

## 1. 서론

2018년 7월 27일 대한민국 국군에 승인된 「국방개혁 2.0」은 군구조 분야, 국방운영 분야, 병영문화 분야, 방위산업 분야, 국방예산 등 국방 전반에 대한 계획을 포함하고 있다. 그중 국방운영 분야의 인력운영체계 개선계획은 본질적으로 병력감축계획이다.[1] 인구절벽에 의한 병역자원의 부족은 병역자원의 주요 대상인 20세 남성인구의 증감추세를 통해 예측할 수 있다. 대한민국 20세 남성인구는 감소추세에 있으며, 2025년에는 2017년 대비 12만 명이 감소할 것으로 예상하고 있다. <표 12-1>은 연도별 20세 남성인구 추세를 예상한 것이다. 따라서 감소하는 병역자원을 대체할 민간인력을 적극 활용해야 하며, 특히 창군과 더불어 현역군인과 함께 국방의 일익을 담당해온 군무원을 효과적·효율적으로 활용하는 것은 당면한 병역자원 부족 문제를 해결하는 데 핵심적인 역할을 할 것이다.

---

**1** 국방부, 『국방개혁 2.0』, 서울: 국방부, 2019.

<표 12-1> 연도별 20세 남성인구 추세 예상

| 구분 | 2017 | 2022 | 2025 |
|---|---|---|---|
| 인원 | 35만 명 | 26만 명 | 23만 명 |
| 2017년 대비 | - | -9만 명 | -12만 명 |

출처: KIDA, 『인력획득 환경 변화에 따른 간부 확보 장학사업 발전방안 연구』, KIDA, 2018, p. 22.

<표 12-2> 「국방개혁 2.0」 연도별 군무원 정원 계획

| 구분 | 2019 | 2020 | 2021 | 2022 | 2023 | 2024 |
|---|---|---|---|---|---|---|
| 인원(명) | 31,655 | 36,227 | 40,047 | 41,508 | 43,303 | 44,161 |
| 전년 대비 순증(명) | | 4,572 | 3,820 | 1,461 | 1,795 | 858 |

출처: KIDA, 『국방개혁에 따른 군무원 정책발전 방향 연구』, 서울: KIDA, 2020, p. 39.

군무원은 직접적으로 교전에 참여하지는 않지만, 군의 임무완수를 지원하는 다양한 분야에서 중요한 책임과 역할을 수행하는 군의 핵심적인 인력이다.[2] 「국방개혁 2.0」을 추진하는 과정에서 최근 몇 년간 군무원 정원은 폭발적으로 증가하고 있으며, 그 규모는 2019년 3만 2천 명에서 2025년 4만 4천 명으로 1만 2천 명이 증가하여 그 역할도 확대될 전망이다. 〈표 12-2〉는 「국방개혁 2.0」에 따른 2019년부터 2024년까지 연도별 군무원 증원 계획이다.

군대는 전쟁을 수행하는 조직이기 때문에 그에 부합하는 조직의 특성을 가지고 있다. 군대조직의 특수성은 개인의 자율성을 제약할 수밖에 없고 군대에서 기대되는 행동방식은 일반사회와 다르다. 따라서 현역과 함께 군의 목표를 달성해야 하는 군무원은 군대조직을 잘 이해하고 적응할 필요가 있다. 그러나 70여 년의 역사와 그 역할의 증대에도 불구하고 군무원의 정신전력교육은 소속부대 교육훈련에 포함하여 현역과 함께 동일한 교육을 하고 있으며, 보수교육에서는 3주간의 교육기간 중 기본정훈을 교육하는 수준이다. 따라서 본 연구는 군대조직의 특성에 대해 군무원이 어떻게 인식하는지를 만족도를 통해 분석하고 교육이 필요한

---

2    육군본부, 『군사용어』, 충남: 육군본부, 2017, p. 28.

분야와 대상을 식별하여 이를 정신전력교육에 반영하도록 제언했다.

　본 연구는 육군 군무원을 대상으로 연구했다. 육군 부대는 그 규모와 지역에 따라 군무원의 임무와 역할, 복지환경이 다르고, 교육훈련과 조직에서의 사회적 관계, 군대조직의 특성에 대한 인식도 크게 다른 경향이 있다. 따라서 본 연구는 육군 전체 군무원에 대한 설문이 필요하여 육군 직할부대, 지상작전사령부와 그 예하부대, 2작전사령부와 그 예하부대 등 육군의 대부분 부대에 근무하고 있는 군무원을 대상으로 선정했다.


## 2. 이론적 검토

### 1) 군무원에 대한 개관

　군무원은 국군을 구성하고 있는 특정직 국가공무원으로서 국방부 직할기관 및 육·해·공군의 각급 부대에서 정비, 보급, 수송 등의 군수지원 분야, 정보 및 작전 분야의 행정업무를 담당하는 민간인력이다.[3]

　군무원에 대한 법적 기원은 1948년 7월 5일 미군정(美軍政) 시기에 공포된 「국방경비법」에 있고, 같은 해 11월에 제정된 「국군조직법」 제19조에 "국군은 현역 외에 민간인을 두며 이를 문관이라 칭한다"라고 명시하여 군무원 제도의 근거가 되고 있다.[4] 군무원의 인사관리와 보수체계는 1948년 11월 창군 시기에는 「국방경비법」을 적용했고, 1950년부터는 「군속령」, 「군속인사법」 등을 적용했다. 군무원에 대한 명칭은 1948년 11월부터 1950년 3월까지 「국방경비법」이 적용되던 시기에는 '문관'으로 칭했고, 1950년 4월 「군속령」이 제정되면서 '군속'으로

---

3　육군본부, 『군사용어』, 충남: 육군본부, 2017, p. 28.
4　현 「국군조직법」(법률 제10821호, 2011) 제16조에는 "국군에 군인 외에 군무원을 둔다"라고 개정되었다.

변경되었으며, 1980년 12월 개정된 「군무원인사법」에 의해 '군무원'으로 명칭이 변경되어 현재까지 사용하고 있다.[5]

군무원의 신분은 국가공무원이다. 국가공무원은 경력직공무원과 별정직공무원으로 구성되어 있고, 경력직공무원은 일반직공무원과 특정직공무원으로 구분된다. 일반직공무원에는 행정·기술직, 전문경력관, 임기제공무원이 있으며, 특정직공무원에는 법관, 경찰·소방·교육공무원, 군인, 군무원이 있다. 군무원은 특정직공무원으로서 일반군무원과 전문군무경력관, 임기제(일반군무원)로 구분된다. 일반군무원은 예비전력, 행정관리, 기술분야 등에서 근무하며 직급은 1~9급까지

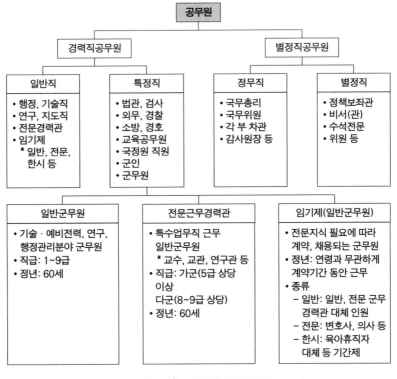

**〈그림 12-1〉 군무원의 신분체계**

출처: 「국가공무원법」(법률 제18237호) 제2조.

---

**5**　　육군본부, 『군무원』, 대전: 육군교육사령부, 2019, p. 1-1.

다. 전문군무경력관은 특수업무에서 근무하는 교수, 교관, 연구관을 말하며, 직무의 특성을 고려하여 일반적으로 동일 직급, 직위에서 근무한다. 임기제(일반군무원) 전문지식의 필요에 따라 계약에 의해 채용되는 군무원이며, 일반군무원 및 전문군무경력관의 대체소요가 있을 경우 이를 대체하여 일정 기간 근무한다. 위의 〈그림 12-1〉은 군무원의 신분체계를 도식화한 것이다.

### 2) 군대조직의 특성

군대는 일정한 규율과 질서를 가지고 조직된 군인의 집단이며, 국가와 국민을 보호하기 위해 공인된 무력 사용이 가능한 군인으로 구성된 국가 조직이다. 군대는 물리적 폭력수단을 합법적으로 독점하고 있는 최상위의 권한을 가진다. 군대조직은 일반적인 조직구조의 개념을 적용하는 보편성과 군대조직만의 특수한 형태를 가지는 특수성을 동시에 갖고 있으며 그 기능에 따라 지휘·통제부대, 전투부대, 전투지원부대, 작전지속지원부대, 교육훈련부대 등으로 구분된다. 군대조직은 그 존재이유가 일반사회와 다르기 때문에 군대만의 독특한 특성이 있다. 일반사회의 조직은 각각의 성격과 내용은 다르지만 기본적으로 조직과 구성원의 사익을 추구하는 것이 그 존재이유다. 그러나 군대는 국가의 생존과 사활적 이익을 지키기 위해 존재하며 때로는 국가를 위한 헌신과 희생을 중요한 가치로 설정하고 있다.

군대조직의 특성에 대한 선행연구는 다음과 같다. 육군사관학교에서는 군대조직의 목표를 국가방위를 위해 평시에는 완벽한 준비태세를 갖추어 전쟁을 억제하고, 전시에는 적을 섬멸하는 것이며, 군대조직의 특성은 경직성, 규범성, 업무의 표준화, 의식주의, 엄격한 규율과 벌, 카리스마적 리더십으로 설명하고 있다.[6] 심상용(1987)은 군대조직의 특성을 조직목적의 절대성, 권위주의적 명령체계 조직,

---

**6**　육군사관학교, 『국방관리론』, 서울: 경문사, 1984, pp. 322-354.

집단적 결속, 어느 정도의 자족성으로 설명하고 있다.[7] 이종인·독고순(1999)은 군대조직의 특성을 구조적 특성으로 공식적 위계와 집권화 정도가 높고, 사회심리적 특성으로 개인의 욕구보다 조직의 욕구가 우선시되며, 명령과 통제가 일반사회보다 보편화되어 있음을 연구했다.[8] 육군본부에서는 군대조직의 특성을 조직구조상의 특성과 조직구성원의 특성으로 구분하여 조직구조상의 특성은 임무완수의 절대성, 상하서열의 위계조직, 조직의 집단성, 조직의 강제성과 규범성으로 설명하고 있고, 조직구성원의 특성은 구성상의 이질성은 높으나 명령과 통제가 일반사회보다 강한 것으로 설명하고 있다.[9] 국방부 『정신전력교육 기본교재』에서는 군대조직의 특성을 임무완수가 최우선, 권위적 위계구조와 상명하복의 계급질서, 무한한 희생과 헌신 요구, 단결과 협동을 중시하는 운명공동체, 엄정한 군기확립, 정치적 중립의 의무로 설정하여 교육하고 있다.[10]

### 3) 만족도 분석에 대한 선행연구

만족도 결정에 영향을 주는 요인들에 관한 연구는 매우 다양하지만 명확하고 일관성 있는 이론은 현재까지 정리되어 있지 않은 상황이다. 어떤 연구는 직무의 여러 단면을 포괄적으로 다루고 있지만 어떤 연구는 직무와 관련된 몇 가지 측면만을 집중적으로 다루는 등 직무만족의 구성요소에 대한 통일된 의견이나 연구방법은 아직 정립되어 있지 않으며, 연구의 목적에 따라 변수를 설정하여 측정에 이용하고 있는 실정이다.

남재일(2020)은 학군사관후보생의 양성교육에 대한 만족도 분석을 제도적 요인, 교육훈련 요인, 사기·복지 요인, 사회적 관계 요인, 학군단장 리더십 요인으

---

**7** 심상용, 『군대문화의 정립』, 대전: 국군정신전력학교, 1987, pp. 8-9.

**8** 이종인·독고순, 「한국군의 리더십 역할모델」, 『한국군 리더십』, 서울: 박영사, 1999, pp. 344-346.

**9** 육군본부, 『지휘통솔』 야교 6-0-1, 대전: 육군대학, 2004.

**10** 국방부, 『정신전력교육 기본교재』, 서울: 국방부, 2019, pp. 197-201.

로 구분하여 양성교육에 대한 만족도를 측정했다. 제도적 요인에서는 학군장교의 복무기간에 대한 불만족도가 높았으며, 교육훈련 요인에서는 군사교육 평가의 공정성과 객관성에 불만족도가 높게 나타났다. 사기·복지 요인에서는 학군사관후보생들의 급여와 대학에서 학군단에 지원하는 예산에 대한 불만족도가 높은 것으로 나타났다.[11]

한동주(2019)는 직업군인 복지제도의 하위 변수인 보수 및 처우개선, 주거지원, 교육여건 보장, 문화 및 복지 인프라 등은 직무만족도에 직접적으로 유의미한 영향을 미치는 것으로 보았다. 매개변수인 사기진작도 직무만족도에 직접적으로 유의한 영향을 미치는 것으로 나타났다. 이들 변수가 직무만족도에 미치는 영향력은 사기진작이 가장 크게 나타났으며, 다음으로 교육여건 보장, 가족복지, 문화 및 복지 인프라, 주거지원, 보수 및 처우개선 순으로 나타났다.[12]

이병곤(2017)은 사회적 범주, 환경적 범주, 사기적 범주와 관련한 문항으로 구성하여 만족도를 측정했다. 만족도 연구 결과 사회적(관계적) 요인, 환경적 요인은 긍정적 의견을 제시했으나. 관리적 요인 중 인사교류 제도에 대한 인식과 사기적 요인 중 전역 후 취업보장에 대한 기대인식에서는 부정적인 의견이 높게 나타났다. 병과별·근무지역별·복무구분별·근무제대별·직책별로 나누어 사회적·환경적·사기적·관리적 요인별로 분석한 결과, 급여(수당 포함), 인사교류 제도, 전역 후 취업보장, 포상의 적절성 등에 부정적 의견이 높게 나타났다.[13]

최해석(2005)은 직무만족도를 구성하는 총 6개의 하부 만족요인을 도출하여 연구했다. 제시한 만족요인은 조직만족, 관계만족, 근무환경만족, 진급평가만족, 업무만족, 그리고 보수만족이었다. 각 만족도를 분석한 결과 조직만족 > 관계만

---

**11** 남재일, 「학군사관후보생 양성교육 만족도 분석에 관한 연구」, 상지대학교 박사학위논문, 2019, pp. 210-216.

**12** 한동주, 「직업 군인의 복지제도가 직무만족도에 미치는 영향: 사기진작의 매개효과를 중심으로」, 한양대학교 박사학위논문, 2019, pp. 97-98.

**13** 이병곤, 「육군부사관 복무자의 만족도 개선에 관한 연구」, 한남대학교 박사학위논문, 2017, pp. 161-165.

족 > 근무환경만족 > 업무만족 > 진급평가만족 > 보수만족 순으로 나타났다.[14]

## 4) 분석의 틀

본 연구에서 군대조직의 특성에 대한 만족도 측정 요인은 기존 연구논문과 육본·국방부에서 선정하여 교육하고 있는 군대조직의 특성을 고려하여 다음과 같이 도출했다. 먼저 국방부 『정신전력교육 기본교재』(2019)에서 제시한 군대조직의 특성인 임무완수가 최우선, 권위적 위계구조와 상명하복의 계급질서, 무한한 희생과 헌신 요구, 단결과 협동을 중시하는 운명공동체, 엄정한 군기확립, 정치적 중립 의무를 준용했다. 다만 군무원에게 직접적으로 적용되지 않는 엄정한 군기확립, 임무수행과 관련이 없는 정치적 중립의 의무를 제외하고 다섯 가지 요인을 만족도 측정 요인으로 선정했다. 또한 군대조직의 특성을 도출하기 위한 군대조직의 가치, 상황, 환경에 대해서는 민진(2009)의 「군대조직의 특성에 관한 연구」를 적용했다.[15]

임무에 대한 책임감이 군대조직의 특성으로 중요한 이유는 군대조직이 추구하는 제1의 가치가 국토를 방위하고 국민의 재산과 생명을 보호하는 것이기 때문이다. 또한 전쟁은 사느냐 죽느냐의 문제이므로 군대에서 부여된 임무를 반드시 완수하는 것은 국가의 존망과 개인의 생사에 직결되는 중요한 문제이기 때문이다.[16] 군은 전쟁에서 반드시 승리해야 하고, 전쟁에 이기기 위해서는 개인과 조직이 맡은 각자의 임무를 완수해야 한다. 전쟁 수행 간 예기치 않은 부분에서 발생한 문제가 승패에 결정적 영향을 미치는 경우를 많은 전사로 확인할 수 있고, 전쟁의 승리는 지휘관 또는 일부 구성원에 의해 달성되는 것이 아니라 부대원 전원

---

**14** 최해석, 「육군 기술직 군무원의 직무만족에 관한 실증적 연구」, 경남대학교 박사학위논문, 2004, pp. 68-70.

**15** 국방부, 『정신전력교육 기본교재』, 서울: 국방부, 2019, pp. 197-200.

**16** 민진, 「군대조직의 특성에 관한 연구」, 『국방연구』 51(3), 2008, p. 71.

의 통합된 노력과 제 기능의 조화를 통해 얻어지는 것이기 때문이다. 따라서 군인 뿐만 아니라 군무원도 개인의 이해관계를 떠나 소속부대의 목표를 위해 본인에게 주어진 임무를 반드시 완수해야 한다.

상명하복은 권위 있는 상관의 정당한 명령에 복종하는 것이며, 이는 군대가 피라미드형 위계구조를 바탕으로 생명을 건 전투를 수행해야 하므로 필요한 특성 이다. 「군인의 지위 및 복무에 관한 기본법」 제25조(명령복종의 의무)에는 "군인은 직 무를 수행할 때 상관의 직무상 명령에 복종하여야 한다"고 규정하여 상명하복을 법으로 보장하고 있다. 적과 교전하고 있거나 정보의 불확실성으로 혼란과 공포가 지배하는 전장의 상황에서 상관을 믿음으로써 두려움을 극복하여 운명공동체로 서 임무를 완수하는 군대 집단의 힘은 바로 상명하복으로부터 나오는 것이다.[17]

엄격한 위계질서는 군대조직에서 계급에 의해 유지되고 의사결정권은 지휘 관에게 집중되어 있다. 이를 보완하면서 합리적인 의사결정을 위해 참모조직의 보좌를 받도록 조직되어 있지만 의사결정의 권한과 책임은 지휘관에게 있고, 지 휘관이 아닌 경우도 적절한 조직에 의해 보좌를 받으며 의사결정에 대한 권한과 책임을 갖는다.[18] 일반기업에서도 계급질서는 존재하고 계급에 따라 담당할 직무 와 권한을 부여하지만 군대에서 계급의 의미는 좀 더 특별하다. 군대계급의 특수 성은 직무와 관련하여 절대적 복종을 요구하는 명령을 내릴 수 있다는 점이다. 상 황에 따라 부상과 죽음을 감당해야 하는 명령에도 복종해야 하는 것이 군인이다. 엄격한 위계질서는 소통을 제한할 수도 있지만 군대와 같이 많은 인원과 조직들 이 계층화·서열화되어 있는 구조에서 우수한 소수의 상급자를 통해 집단적 의사 결정을 효율적으로 하는 것이다.

희생과 헌신은 군대조직이 개인보다 집단을 강조하는 집단성과 일사불란한 통일성의 특성을 갖고 있기 때문에 요구된다. 「군인의 지위 및 복무에 관한 기본

---

17  「군인의 지위 및 복무에 관한 기본법」(법률 제16584호) 제21조.
18  민진, 「군대조직의 특성에 관한 연구」, 『국방연구』 51(3), 2008, p. 75.

법」 제21조(성실의 의무)에는 "군인은 직무수행에 따르는 위험과 책임을 회피하지 아니하고 성실하게 그 직무를 수행하여야 한다"라고 명시하고 있다. 개인에게 목숨만큼 귀한 것은 없지만 전쟁을 수행해야 하는 군의 특성상 국가에 대한 충성과 성실한 이행은 고귀한 생명을 요구하기도 한다. 어떤 조직에서도 개인에게 이와 같은 높은 수준의 희생과 헌신을 요구하지 않는다. 전투가 없는 상황에서 군대는 일반사회 같은 출퇴근이 가능하지만 사실상 24시간 대기상태를 갖추고 일상생활을 한다. 이는 군인이 자신을 희생해서라도 완수해야 할 과업이 있기 때문이며, 따라서 희생과 헌신은 일반사회에서 볼 수 없는 군대조직만의 독특한 특성이다.

동료와의 신뢰감은 구성원들의 단결과 협력에 따라 임무수행의 결과가 크게 다르게 나타나기 때문에 요구되는 특성이다. 조직의 역량은 구성원 역량의 산술적인 합과 일치하지 않는다. 이러한 단결과 협력을 달성하기 위해서는 동료와의 신뢰를 바탕으로 공동운명체가 되어야 하며, 군대에서는 전투에서 동료를 믿고 목숨을 걸고 싸우는 전투동기를 '전우애'로 표현한다.

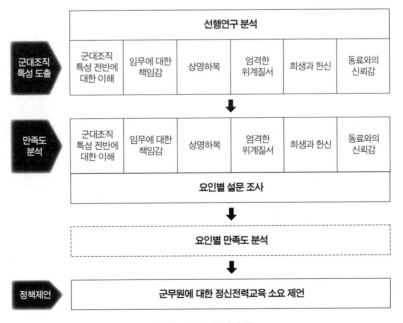

〈그림 12-2〉 분석의 틀

본 연구를 하기 위한 분석의 틀은 〈그림 12-2〉와 같이 구성했다. 군무원, 군대조직의 특성, 만족도에 관한 문헌연구를 통해 군대조직의 특성 중에서 군무원과 관련된 요인을 선정하고, 선정된 요인에 대한 설문과 만족도 분석연구를 통해 군무원에게 필요한 정신전력교육의 소요를 도출하여 정책제언을 하고자 한다.

## 3. 군무원의 군대조직 특성에 대한 만족도 분석

### 1) 조사설계

본 연구에서는 ① 군대조직 특성 전반에 대한 이해 ② 임무에 대한 책임감 ③ 상명하복 ④ 위계질서 ⑤ 희생과 헌신 ⑥ 동료와의 신뢰감 등 6개 문항과 응답자 특성에 따른 분석을 위해 성별, 근무지역, 부대유형, 직급, 근무기간에 대해 질문했다. 설문의 척도는 5점 척도(Likert five-point scale)를 적용하여 강한 부정에서 강한 긍정의 순서로 배열했다. 연구의 조사대상은 〈표 12-3〉과 같이 육군에서 근무하고 있는 군무원 1,008명을 표본으로 선정하여 설문조사를 실시했다.

〈표 12-3〉 표본 산정

| 구분 | | 인원(명) | 비율(%) |
|---|---|---|---|
| 설문인원 | | 1,008 | 100 |
| 성별 | 남성 | 758 | 75.2 |
| | 여성 | 250 | 24.8 |
| 근무지역 | 지작사(전방) | 761 | 75.5 |
| | 2작전사(후방) | 247 | 24.5 |
| 근무제대 | 작전사급 | 66 | 6.5 |
| | 군단급 이하 | 726 | 72.1 |
| | 군수부대 | 216 | 21.4 |

| 구분 | | 인원(명) | 비율(%) |
|---|---|---|---|
| 직급 | 5급 이상 | 36 | 3.6 |
| | 6급 이하 | 972 | 96.4 |
| 근무기간 | 10년 이하 | 680 | 67.5 |
| | 11~20년 | 142 | 14.0 |
| | 21년 이상 | 186 | 18.5 |
| 연령 | 20~30세 | 277 | 27.5 |
| | 31~39세 | 306 | 30.4 |
| | 40~49세 | 268 | 26.6 |
| | 50~60세 | 157 | 15.5 |

## 2) 만족도 설문 결과 분석

### (1) 군대조직 특성 전반에 대한 이해

〈표 12-4〉 군대조직 특성 전반에 대한 이해의 만족도 분석

| 항목 | | 특성(%) | | N | 평균 | 표준편차 | t | p |
|---|---|---|---|---|---|---|---|---|
| | | 긍정 | 부정 | | | | | |
| 성별 | 남성 | 70.45 | 04.88 | 758 | 3.85 | 0.852 | 3.209 | 0.001 |
| | 여성 | 58.00 | 07.20 | 250 | 3.65 | 0.842 | | |
| 근무지역 | 전방(지작사) | 68.46 | 04.86 | 761 | 3.84 | 0.845 | 2.233 | 0.029 |
| | 후방(2작사) | 63.97 | 07.29 | 247 | 3.70 | 0.875 | | |
| 부대 유형 | 작전사급 | 81.82 | 03.03 | 66 | 4.06 | 0.742 | 3.323 | 0.036 |
| | 군단급 이하 | 65.84 | 06.47 | 726 | 3.78 | 0.888 | | |
| | 군수부대 | 68.06 | 02.78 | 216 | 3.80 | 0.755 | | |
| 직급 | 5급 이상 | 72.22 | 05.56 | 36 | 3.81 | 0.856 | 0.028 | 0.977 |
| | 6급 이하 | 67.18 | 05.45 | 972 | 3.80 | 0.854 | | |
| 근무기간 | 10년 이하 | 65.15 | 06.18 | 680 | 3.77 | 0.886 | 1.979 | 0.139 |
| | 11~20년 | 66.20 | 03.52 | 142 | 3.82 | 0.804 | | |
| | 21년 이상 | 76.34 | 04.30 | 186 | 3.91 | 0.762 | | |

군대조직 특성 전반에 대한 이해의 만족도 분석은 "군대조직의 특성을 이해하고 군의 임무수행을 위해 필요하다"라는 문항으로 질문했다. 성별로는 남성의 긍정적 의견 70.45%, 부정적 의견 04.88%로 긍정적 의견이 높게 나타났으며, 여성은 긍정적 의견 58.00%, 부정적 의견 07.20%로 긍정적 의견이 높게 나타났다. 근무지역별로는 전방(지작사)은 긍정적 의견 68.46%, 부정적 의견 04.86%로 긍정적 의견이 높게 나타났으며, 후방(2작사)은 긍정적 의견 63.97%, 부정적 의견 07.29%로 긍정적 의견이 높게 나타났다. 부대 유형별로는 작전사급에서 긍정적 의견 81.82%, 부정적 의견 03.03%로 긍정적 의견이 높게 나타났고, 군단급 이하는 긍정적 의견 65.84%, 부정적 의견 06.47%로 긍정적 의견이 높게 나타났으며, 군수부대는 긍정적 의견 68.06%, 부정적 의견 02.78%로 긍정적 의견이 높게 나타났다. 직급 면에서 5급 이상은 긍정적 의견 72.22%, 부정적 의견 05.56%로 긍정적 의견이 높게 나타났으며, 6급 이하는 긍정적 의견 67.18%, 부정적 의견 05.45%로 긍정적 의견이 높게 나타났다. 근무기간 면에서 10년 이하 근무자는 긍정적 의견 65.15%, 부정적 의견 06.18%로 긍정적 의견이 높게 나타났고, 11~20년 근무자는 긍정적 의견 66.20%, 부정적 의견 03.52%로 긍정적 의견이 높게 나타났으며, 21년 이상 근무자는 긍정적 의견 76.34%, 부정적 의견 04.30%로 긍정적 의견이 높게 나타났다.

군대조직의 특성에 대한 이해는 모든 응답자 특성의 집단에서 전반적으로 긍정적 의견이 높게 나타났다. 그러나 남성은 긍정적 의견 70.45%, 여성은 긍정적 의견 58.00%로 남성의 긍정적 의견이 12.45%p 높게 나타났다. 이는 남성이 임용선발 시 병역을 마쳐야 하므로 대부분 군 생활의 경험이 있지만 여성은 군 생활 경험이 있는 인원이 많지 않은 것이 원인으로 평가된다. 따라서 육군의 정신전력교육에 군 생활의 경험이 없는 군무원에 대한 교육 프로그램이 반영되어야 할 것으로 판단된다.

## (2) 임무에 대한 책임감

임무에 대한 책임감의 만족도 분석을 위해 "나와 우리 부대(부서)는 임무에 대한 책임감이 강하다"라는 문항으로 질문했다. 성별 면에서 남성은 긍정적 의견 83.25%, 부정적 의견 02.24%로 긍정적 의견이 높게 나타났으며, 여성은 긍정적 의견 70.80%, 부정적 의견 04.00%로 긍정적 의견이 높게 나타났다. 근무지역별로는 전방(지작사)은 긍정적 의견 81.34%, 부정적 의견 02.37%로 긍정적 의견이 높게 나타났으며, 후방(2작사)은 긍정적 의견 76.52%, 부정적 의견 03.64%로 긍정적 의견이 높게 나타났다. 부대 유형별로는 작전사급에서 긍정적 의견은 86.36%, 부정적 의견은 03.03%로 긍정적 의견이 높게 나타났고, 군단급 이하에서는 긍정적 의견 78.93%, 부정적 의견 03.17%로 긍정적 의견이 높게 나타났으며, 군수부대에서는 긍정적 의견 82.41%, 부정적 의견 00.93%로 긍정적 의견이 높게 나타났다. 직급 면에서 5급 이상에서는 긍정적 의견 80.56%, 부정적 의견 05.56%로 긍정적 의견이 높게 나타났으며, 6급 이하에서는 긍정적 의견 80.14%, 부정적 의견

**〈표 12-5〉 임무에 대한 책임감의 만족도 분석**

| 항목 | | 특성(%) | | N | 평균 | 표준 편차 | t | p |
|---|---|---|---|---|---|---|---|---|
| | | 긍정 | 부정 | | | | | |
| 성별 | 남성 | 83.25 | 02.24 | 758 | 4.12 | 0.759 | 3.594 | 0.001 |
| | 여성 | 70.80 | 04.00 | 250 | 3.91 | 0.836 | | |
| 근무지역 | 전방(지작사) | 81.34 | 02.37 | 761 | 4.08 | 0.775 | 1.326 | 0.195 |
| | 후방(2작사) | 76.52 | 03.64 | 247 | 4.01 | 0.806 | | |
| 부대 유형 | 작전사급 | 86.36 | 03.03 | 66 | 4.27 | 0.775 | 3.191 | 0.042 |
| | 군단급 이하 | 78.93 | 03.17 | 726 | 4.03 | 0.805 | | |
| | 군수부대 | 82.41 | 00.93 | 216 | 4.11 | 0.697 | | |
| 직급 | 5급 이상 | 80.56 | 05.56 | 36 | 4.08 | 0.841 | 0.139 | 0.897 |
| | 6급 이하 | 80.14 | 02.57 | 972 | 4.06 | 0.781 | | |
| 근무기간 | 10년 이하 | 76.47 | 03.82 | 680 | 4.01 | 0.832 | 6.465 | 0.002 |
| | 11~20년 | 87.32 | 00.70 | 142 | 4.15 | 0.673 | | |
| | 21년 이상 | 88.17 | 00.00 | 186 | 4.22 | 0.641 | | |

02.57%로 긍정적 의견이 높게 나타났다. 근무기간 면에서 10년 이하 근무자는 긍정적 의견 76.47%, 부정적 의견 03.82%로 긍정적 의견이 높게 나타났고, 11~20년 근무자는 긍정적 의견 87.32%, 부정적 의견 00.70%로 긍정적 의견이 높게 나타났으며, 21년 이상 근무자는 긍정적 의견 88.17%, 부정적 의견 00.00%로 긍정적 의견이 높게 나타났다.

임무에 대한 책임감의 이해는 성별, 근무지역, 부대유형, 직급, 근무기간 등 모든 응답자 특성의 집단에서 전반적으로 긍정적 의견이 높게 나타났다. 군대조직 특성 전반의 이해에 대한 긍정적 의견은 60~80%로 높은 편이었지만, 임무에 대한 책임감의 이해는 긍정적 의견이 70~90%로 매우 높은 수준으로 다소 차이가 있었다. 부정적 의견도 군대조직 특성의 전반에 대한 이해는 10% 이하로 낮게 나타났지만, 임무에 대한 책임감의 이해는 5% 이하로 매우 낮게 나타나 차이가 있었다. 이와 같은 결과에 따라 군무원의 임무에 대한 책임감은 대단히 높은 것으로 평가된다.

### (3) 상명하복

상명하복에 대한 만족도 분석은 "상급부대나 상관이 내린 정당한 명령에 대해 복종할 것을 강조하는 상명하복의 명령체계에 대해 적응이 잘 되는가?"라는 문항으로 질문했다. 성별로는 남성의 경우 긍정적 의견 42.35%, 부정적 의견 21.90%로 긍정적 의견이 높게 나타났으며, 여성은 긍정적 의견 24.80%, 부정적 의견 32.00%로 부정적 의견이 높게 나타났다. 근무지역별로는 전방(지작사)의 경우 긍정적 의견 39.42%, 부정적 의견 24.44%로 긍정적 의견이 높게 나타났으며, 후방(2작사)의 경우 긍정적 의견 33.60%, 부정적 의견 24.29%로 긍정적 의견이 높게 나타났다. 부대유형별로는 작전사급에서 긍정적 의견 50.00%, 부정적 의견 12.12%로 긍정적 의견이 높게 나타났고, 군단급 이하에서는 긍정적 의견 36.09%, 부정적 의견 27.27%로 긍정적 의견이 높게 나타났으며, 군수부대에서는 긍정적 의견 40.74%, 부정적 의견 18.52%로 긍정적 의견이 높게 나타났다.

<표 12-6> 상명하복에 대한 만족도 분석

| 항목 | | 특성(%) | | N | 평균 | 표준편차 | t | p |
|---|---|---|---|---|---|---|---|---|
| | | 긍정 | 부정 | | | | | |
| 성별 | 남성 | 42.35 | 21.90 | 758 | 3.24 | 1.060 | 4.526 | 0.000 |
| | 여성 | 24.80 | 32.00 | 250 | 2.90 | 0.979 | | |
| 근무지역 | 전방(지작사) | 39.42 | 24.44 | 761 | 3.17 | 1.052 | 0.642 | 0.520 |
| | 후방(2작사) | 33.60 | 24.29 | 247 | 3.12 | 1.044 | | |
| 부대 유형 | 작전사급 | 50.00 | 12.12 | 66 | 3.53 | 0.948 | 6.682 | 0.001 |
| | 군단급 이하 | 36.09 | 27.27 | 726 | 3.09 | 1.075 | | |
| | 군수부대 | 40.74 | 18.52 | 216 | 3.26 | 0.964 | | |
| 직급 | 5급 이상 | 44.44 | 19.44 | 36 | 3.25 | 0.967 | 0.531 | 0.569 |
| | 6급 이하 | 37.76 | 24.59 | 972 | 3.16 | 1.053 | | |
| 근무기간 | 10년 이하 | 36.32 | 28.09 | 680 | 3.09 | 1.109 | 7.352 | 0.001 |
| | 11~20년 | 32.39 | 20.42 | 142 | 3.15 | 0.886 | | |
| | 21년 이상 | 48.39 | 13.98 | 186 | 3.42 | 0.898 | | |

직급 면에서 5급 이상은 긍정적 의견 44.44%, 부정적 의견 19.52%로 긍정적 의견이 높게 나타났으며, 6급 이하에서는 긍정적 의견 37.76%, 부정적 의견 24.59%로 긍정적 의견이 높게 나타났다. 근무기간 면에서 10년 이하 근무자는 긍정적 의견 36.32%, 부정적 의견 28.09%로 긍정적 의견이 높게 나타났고, 11~20년 근무자는 긍정적 의견 32.39%, 부정적 의견 20.42%로 긍정적 의견이 높게 나타났으며, 21년 이상 근무자는 긍정적 의견 48.39%, 부정적 의견 13.98%로 긍정적 의견이 높게 나타났다.

상명하복에 대한 이해는 성별을 제외한 근무지역, 부대 유형, 직급, 근무기간 등 모든 응답자 특성의 집단에서 전반적으로 긍정적 의견이 높게 나타났다. 하지만 군대조직 특성 전반에 대한 이해의 긍정적 의견이 60~80%로 높게 나타난 것에 비해 상명하복에 대한 긍정적 의견은 30~50%로 군대조직의 특성에 대한 긍정적 의견에 비해 낮은 수준으로 차이가 있었다. 부정적 의견도 군대조직 특성 전반에 대한 이해는 10% 이하로 낮게 나타났지만, 상명하복에 대해서는 20~30%

로 상대적으로 높게 나타나 차이가 있었다. 성별에 있어서는 남성의 경우 긍정적 의견 42.35%, 부정적 의견 21.90%로 긍정적 의견이 20.45%p 높게 나타났으나, 여성의 경우는 긍정적 의견 24.80%, 부정적 의견 32.00%로 부정적 의견이 오히려 07.20%p 높게 나타났다. 이와 같은 결과는 군대조직의 특성에 대해 전반적으로 필요하다고 인식하고는 있지만 상명하복에 대해서는 합법적인 정당한 명령이라 할지라도 '복종'에 포함된 강한 구속력에 대해 부정적 인식이 강한 것으로 평가된다. 특히 여성의 경우는 부정적 의견이 오히려 높게 나타난 결과에 대해 육군에서 정신전력교육에 상명하복이 필요한 이유와 상황에 대한 이해와 교육이 필요할 것으로 판단된다.

### (4) 엄격한 위계질서

엄격한 위계적 권위에 대한 만족도 분석은 "군은 계급과 직책으로 대표되는 엄격한 위계적 권위로 군의 질서를 유지하고 있으며 이에 대한 문화의 특성을 이해하면서 근무하는가?"라는 문항으로 질문했다. 성별로는 남성의 경우 긍정적 의견 63.85%, 부정적 의견 06.07%로 긍정적 의견이 높게 나타났으며, 여성은 긍정적 의견 50.40%, 부정적 의견 08.40%로 긍정적 의견이 높게 나타났다. 근무지역별로는 전방(지작사)의 경우 긍정적 의견 61.76%, 부정적 의견 06.57%로 긍정적 의견이 높게 나타났으며, 후방(2작사)의 경우 긍정적 의견 56.68%, 부정적 의견 06.88%로 긍정적 의견이 높게 나타났다. 부대유형별로는 작전사급에서 긍정적 의견 69.70%, 부정적 의견 01.52%로 긍정적 의견이 높게 나타났고, 군단급 이하에서는 긍정적 의견 59.37%, 부정적 의견 07.99%로 긍정적 의견이 높게 나타났으며, 군수부대에서는 긍정적 의견 61.57%, 부정적 의견 03.70%로 긍정적 의견이 높게 나타났다. 직급 면에서 5급 이상은 긍정적 의견 58.33%, 부정적 의견 02.78%로 긍정적 의견이 높게 나타났으며, 6급 이하에서는 긍정적 의견 60.60%, 부정적 의견 06.79%로 긍정적 의견이 높게 나타났다. 근무기간 면에서 10년 이하 근무자는 긍정적 의견 57.79%, 부정적 의견 08.68%로 긍정적 의견이

**〈표 12-7〉 위계질서에 대한 만족도 분석**

| 항목 | | 특성(%) | | N | 평균 | 표준편차 | t | p |
|---|---|---|---|---|---|---|---|---|
| | | 긍정 | 부정 | | | | | |
| 성별 | 남성 | 63.85 | 06.07 | 758 | 3.69 | 0.847 | 3.457 | 0.000 |
| | 여성 | 50.40 | 08.40 | 250 | 3.48 | 0.788 | | |
| 근무지역 | 전방(지작사) | 61.76 | 06.57 | 761 | 3.66 | 0.841 | 1.535 | 0.121 |
| | 후방(2작사) | 56.68 | 06.88 | 247 | 3.57 | 0.823 | | |
| 부대 유형 | 작전사급 | 69.70 | 01.52 | 66 | 3.85 | 0.707 | 2.829 | 0.060 |
| | 군단급 이하 | 59.37 | 07.99 | 726 | 3.61 | 0.870 | | |
| | 군수부대 | 61.57 | 03.70 | 216 | 3.69 | 0.749 | | |
| 직급 | 5급 이상 | 58.33 | 02.78 | 36 | 3.56 | 0.695 | -0.630 | 0.529 |
| | 6급 이하 | 60.60 | 06.79 | 972 | 3.65 | 0.842 | | |
| 근무기간 | 10년 이하 | 57.79 | 08.68 | 680 | 3.59 | 0.889 | 5.111 | 0.006 |
| | 11~20년 | 61.97 | 02.82 | 142 | 3.72 | 0.718 | | |
| | 21년 이상 | 69.35 | 02.15 | 186 | 3.79 | 0.693 | | |

높게 나타났고, 11~20년 근무자는 긍정적 의견 61.97%, 부정적 의견 02.82%로 긍정적 의견이 높게 나타났으며, 21년 이상 근무자는 긍정적 의견 69.35%, 부정적 의견 02.15%로 긍정적 의견이 높게 나타났다.

위계질서에 대한 이해는 성별, 근무지역, 부대 유형, 직급, 근무기간 등 모든 응답자 특성의 집단에서 전반적으로 긍정적 의견이 높게 나타났다. 그리고 군대조직 특성 전반에 대한 긍정적 의견이 60~80%로 높게 나타난 것과 같이 위계질서에 대한 긍정적 의견도 50~70%로 높게 나타났다. 부정적 의견도 군대조직 특성 전반에 대한 이해가 10% 이하로 낮게 나타난 것과 같이, 상명하복에 대해서도 10% 이하로 낮게 나타났다. 이와 같은 결과는 조사에 응한 군무원 대부분이 군은 엄격한 위계질서에 의해 지휘되어야 한다고 인식하고 있음을 의미한다.

(5) 희생과 헌신

희생과 헌신에 대한 만족도 분석은 "군은 국가보위를 위해 군 조직뿐만 아니라 개인에게도 희생과 헌신을 요구하며 훈련과 작전이 있을 경우 자유의 제한이 불가피하다. 이에 대해 적응되는가?"라는 문항으로 질문했다. 성별로는 남성의 경우 긍정적 의견 46.57%, 부정적 의견 20.98%로 긍정적 의견이 높게 나타났으며, 여성은 긍정적 의견 30.40%, 부정적 의견 34.80%로 부정적 의견이 높게 나타났다. 근무지역별로는 전방(지작사)의 경우 긍정적 의견 44.28%, 부정적 의견 25.10%로 긍정적 의견이 높게 나타났으며, 후방(2작사)의 경우 긍정적 의견 37.25%, 부정적 의견 22.27%로 긍정적 의견이 높게 나타났다. 부대 유형별로는 작전사급에서 긍정적 의견 50.00%, 부정적 의견 10.61%로 긍정적 의견이 높게 나타났고, 군단급 이하에서는 긍정적 의견 41.05%, 부정적 의견 27.55%로 긍정적 의견이 높게 나타났으며, 군수부대에서는 긍정적 의견 45.37%, 부정적 의견 18.06%로 긍정적 의견이 높게 나타났다. 직급 면에서 5급 이상은 긍정적 의견

〈표 12-8〉 희생과 헌신에 대한 만족도 분석

| 항목 | | 특성(%) | | N | 평균 | 표준편차 | t | p |
|---|---|---|---|---|---|---|---|---|
| | | 긍정 | 부정 | | | | | |
| 성별 | 남성 | 46.57 | 20.98 | 758 | 3.28 | 1.046 | 4.935 | 0.000 |
| | 여성 | 30.40 | 34.80 | 250 | 2.91 | 1.051 | | |
| 근무지역 | 전방(지작사) | 44.28 | 25.10 | 761 | 3.20 | 1.075 | 0.366 | 0.706 |
| | 후방(2작사) | 37.25 | 22.27 | 247 | 3.17 | 1.010 | | |
| 부대 유형 | 작전사급 | 50.00 | 10.61 | 66 | 3.56 | 0.994 | 6.491 | 0.002 |
| | 군단급 이하 | 41.05 | 27.55 | 726 | 3.13 | 1.084 | | |
| | 군수부대 | 45.37 | 18.06 | 216 | 3.30 | 0.962 | | |
| 직급 | 5급 이상 | 55.56 | 08.33 | 36 | 3.50 | 0.811 | 1.781 | 0.027 |
| | 6급 이하 | 42.08 | 25.00 | 972 | 3.18 | 1.066 | | |
| 근무기간 | 10년 이하 | 41.18 | 27.94 | 680 | 3.13 | 1.124 | 7.327 | 0.001 |
| | 11~20년 | 36.62 | 23.94 | 142 | 3.16 | 0.950 | | |
| | 21년 이상 | 52.15 | 11.83 | 186 | 3.46 | 0.832 | | |

55.56%, 부정적 의견 08.33%로 긍정적 의견이 높게 나타났으며, 6급 이하에서는 긍정적 의견 42.08%, 부정적 의견 25.00%로 긍정적 의견이 높게 나타났다. 근무기간 면에서 10년 이하 근무자는 긍정적 의견 41.18%, 부정적 의견 27.94%로 긍정적 의견이 높게 나타났고, 11~20년 근무자는 긍정적 의견 36.62%, 부정적 의견 23.94%로 긍정적 의견이 높게 나타났으며, 21년 이상 근무자는 긍정적 의견 52.15%, 부정적 의견 11.83%로 긍정적 의견이 높게 나타났다.

희생과 헌신에 대한 이해는 성별을 제외한 근무지역, 부대 유형, 직급, 근무기간 등 모든 응답자 특성의 집단에서 전반적으로 긍정적 의견이 높게 나타났다. 하지만 군대조직 특성 전반에 대한 긍정적 의견이 60~80%로 높게 나타난 것에 비해 희생과 헌신에 대한 긍정적 의견은 30~50%로 낮은 수준이었다. 부정적 의견도 군대조직 특성 전반에 대한 이해는 10% 이하로 낮게 나타났지만, 희생과 헌신에 대해서는 10~30%로 높게 나타났다. 성별에 있어서는 남성의 경우 긍정적 의견 46.57%, 부정적 의견 20.98%로 긍정적 의견이 25.59%p 높게 나타났으나, 여성의 경우는 긍정적 의견 30.40%, 부정적 의견 34.80%로 부정적 의견이 오히려 04.40%p 높게 나타났다. 이와 같은 결과는 개인의 사생활과 자유를 중요시하는 사회적 분위기에 의한 것으로 이해되며, 단지 군무원에 국한된 결과는 아니라고 평가한다. 다만 여성의 경우 부정적 의견이 높은 것에 대해서는 상명하복과 마찬가지로 군 생활에 대한 경험이 없는 인원이 많아 군의 작전과 훈련의 필요성이나 중요성을 충분히 경험하거나 이해하지 못한 결과라 평가된다. 따라서 군의 존재목적과 이에 따라 개인의 헌신과 희생이 필요한 이유와 상황에 대한 교육이 필요한 것으로 판단된다.

### (6) 동료와의 신뢰감

동료와의 신뢰감에 대한 만족도 분석은 "우리 부대(부서)는 동료들과 상호 신뢰감이 형성되어 있다"라는 문항으로 질문했다. 성별로는 남성의 경우 긍정적 의견 67.81%, 부정적 의견 08.44%로 긍정적 의견이 높게 나타났으며, 여성은 긍정

<표 12-9> 동료와의 신뢰감에 대한 만족도 분석

| 항목 | | 특성(%) | | N | 평균 | 표준 편차 | t | p |
|---|---|---|---|---|---|---|---|---|
| | | 긍정 | 부정 | | | | | |
| 성별 | 남성 | 67.81 | 08.44 | 758 | 3.78 | 0.969 | 2.891 | 0.003 |
| | 여성 | 57.60 | 10.00 | 250 | 3.58 | 0.903 | | |
| 근무지역 | 전방(지작사) | 67.81 | 07.88 | 761 | 3.77 | 0.932 | 2.580 | 0.014 |
| | 후방(2작사) | 57.49 | 11.74 | 247 | 3.59 | 1.020 | | |
| 부대 유형 | 작전사급 | 66.67 | 09.09 | 66 | 3.70 | 0.859 | 0.471 | 0.625 |
| | 군단급 이하 | 66.67 | 09.50 | 726 | 3.75 | 0.992 | | |
| | 군수부대 | 60.19 | 06.48 | 216 | 3.68 | 0.861 | | |
| 직급 | 5급 이상 | 52.78 | 11.11 | 36 | 3.36 | 0.833 | -2.343 | 0.019 |
| | 6급 이하 | 65.74 | 08.74 | 972 | 3.74 | 0.959 | | |
| 근무기간 | 10년 이하 | 66.18 | 09.41 | 680 | 3.75 | 0.996 | 0.776 | 0.461 |
| | 11~20년 | 65.49 | 07.04 | 142 | 3.70 | 0.873 | | |
| | 21년 이상 | 61.83 | 08.06 | 186 | 3.66 | 0.870 | | |

적 의견 57.60%, 부정적 의견 10.00%로 긍정적 의견이 높게 나타났다. 근무지역 별로는 전방(지작사)의 경우 긍정적 의견 67.81%, 부정적 의견 07.88%로 긍정적 의견이 높게 나타났으며, 후방(2작사)의 경우 긍정적 의견 57.49%, 부정적 의견 11.74%로 긍정적 의견이 높게 나타났다. 부대 유형별로는 작전사급에서 긍정적 의견 66.67%, 부정적 의견 09.09%로 긍정적 의견이 높게 나타났고, 군단급 이하에서는 긍정적 의견 66.67%, 부정적 의견 09.50%로 긍정적 의견이 높게 나타났으며, 군수부대에서는 긍정적 의견 60.19%, 부정적 의견 06.48%로 긍정적 의견이 높게 나타났다. 직급 면에서 5급 이상은 긍정적 의견 52.78%, 부정적 의견 11.11%로 긍정적 의견이 높게 나타났으며, 6급 이하에서는 긍정적 의견 65.74%, 부정적 의견 08.74%로 긍정적 의견이 높게 나타났다. 근무기간 면에서 10년 이하 근무자는 긍정적 의견 66.18%, 부정적 의견 09.41%로 긍정적 의견이 높게 나타났고, 11~20년 근무자는 긍정적 의견 65.49%, 부정적 의견 07.04%로 긍정적 의견이 높게 나타났으며, 21년 이상 근무자는 긍정적 의견 61.83%, 부정

적 의견 08.06%로 긍정적 의견이 높게 나타났다.

동료와의 신뢰감에 대한 이해는 성별, 근무지역, 부대 유형, 직급, 근무기간 등 모든 응답자 특성의 집단에서 전반적으로 긍정적 의견이 높게 나타났다. 하지만 군대조직 특성 전반에 대한 긍정적 의견이 60~80%로 높게 나타난 것에 비해 동료와의 신뢰감에 대한 이해는 긍정적 의견이 약 60%로 다소 낮은 수준이었다. 부정적 의견은 군대조직 특성 전반에 대한 이해는 10% 이하로 낮게 나타났고, 동료와의 신뢰감도 약 10% 수준으로 비슷하게 나타났다. 설문 결과 군무원의 동료에 대한 신뢰감은 높은 것으로 평가된다.

# 4. 결론

본 연구는 현역과 함께 국가방위의 임무를 수행해야 할 군무원이 군대조직의 특성에 어떻게 이해하고 있는지 분석하여 육군의 정신전력교육 소요를 도출하기 위해 수행했다. 이를 위해 육군 전·후방의 다양한 직책에서 근무 중인 군무원 1,008명을 대상으로 ① 군대조직 특성 전반에 대한 이해 ② 임무에 대한 책임감 ③ 상명하복 ④ 위계질서 ⑤ 희생과 헌신 ⑥ 동료와의 신뢰감 등 6개 문항의 설문조사를 수행해 분석했다.

연구 결과를 요약하면 ① 군대조직 특성 전반에 대한 이해에서는 성별, 근무지역, 부대 유형, 직급, 근무기간에 관계없이 모두 긍정적 의견이 높게 나타났지만, 여성에 비해 남성의 긍정적 의견이 12.45%p로 높게 나타났다. 이는 여성이 남성에 비해 군 생활의 경험이 있는 인원이 적기 때문에 군대문화에 대한 이해가 낮은 것으로 평가된다. 이에 따라 육군의 정신전력교육 프로그램에 군 생활의 경험이 없는 군무원을 대상으로 군대조직의 특성에 대한 교육을 반영할 필요가 있다. ② 임무에 대한 책임감은 성별, 근무지역, 부대 유형, 직급, 근무기간에 관계없이 모두 긍정적 의견이 높게 나타나 군무원은 임무에 대한 책임감이 대단히 높은 것으로 평가된다. ③ 상명하복에서는 성별을 제외한 근무지역, 부대 유형, 직급, 근무기간에서 전반적으로 긍정적 의견이 높게 나타났다. 그러나 군대문화 전반에 대한 긍정적 의견에 비해 30%p 정도 낮은 수준이었으며 여성의 경우는 남성에 비해 부정적 의견이 높게 나타났다. 군대문화에 대해 긍정적 인식은 가지고 있지만 상명하복과 같이 정당한 명령일지라도 '복종'에 대한 부정적 인식이 강한 것으로 평가된다. 따라서 군의 임무수행상 상명하복이 필요한 이유와 상황에 대해 교육이 필요한 것으로 판단된다. ④ 위계질서에서는 성별, 근무지역, 부대유형, 직급, 근무기간에 관계없이 긍정적 의견이 높게 나타났고, 이에 따라 군무원 대부분이 군은 엄격한 위계질서에 의해 지휘되어야 함을 인식하는 것으로 평가된다. ⑤ 희생과 헌신에서는 성별을 제외한 근무지역, 부대 유형, 직급, 근무기간에서 전반적으로 긍정적 의견이 높게 나타났다. 그러나 군대문화 전반에 대한 긍정적 의견에 비해 30%p 정도 낮은 수준이었으며 여성의 경우는 남성에 비해 부정적 의견이 높게 나타났다. 그러나 이와 같은 결과는 개인의 사생활과 자유를 중요시하는 사회적 분위기에 의한 것으로 이해되며 여성의 부정적 의견이 높은 것은 상명하복과 마찬가지로 군 생활에 대한 경험이 없는 것이 원인으로 평가된다. 이에 따라 개인의 헌신과 희생이 필요한 이유와 상황에 대한 교육이 필요한 것으로 판단된다. ⑥ 동료와의 신뢰감은 성별, 근무지역, 부대 유형, 직급, 근무기간에서 전반적으로 긍정적 의견이 높게 나타나 군무원의 동료에 대한 신뢰감은 높은 것으로 평가된다.

　　연구 결과에 따른 정책제언은 첫째, 군대조직 특성에 대한 이해도가 군 생활경험에 따라 다른 점을 고려하여 군무원의 정신전력프로그램에 성별, 연령, 군 복무 유무 등 과거 경력에 따른 맞춤형 교육을 반영해야 한다. 둘째, 상명하복은 장기간 양성과정을 거치지 않은 인원들이 쉽게 이해할 수 없는 분야이므로 군대조직에서 왜 상명하복이 필요하며, 상명하복의 범위는 무엇인지에 대한 집중적인 교육이 필요하다. 셋째, 희생과 헌신은 개인의 사생활을 중시하는 사회적 분위기를 고려하여 군대조직의 존재이유를 중심으로 희생과 헌신의 중요성과 필요성에 대한 심도 있는 교육이 필요하다.

　이러한 연구 결과에도 불구하고 본 연구는 다음과 같은 제한점이 있다. 첫째, 군대조직의 특성을 분석하기 위해 임무에 대한 책임감, 상명하복, 위계질서, 희생과 헌신, 동료에 대한 신뢰감에 대해 질문을 했으나 이것이 군대조직 특성을 대표한다고 할 수 없는 한계가 있다. 따라서 국방부 또는 육군 차원에서 군대조직의 특성에 대한 깊이 있는 연구가 필요하다. 둘째, 상명하복, 희생과 헌신, 수직적 의사소통에 대한 긍정적 의견이 군대문화 전반에 대한 이해에 비해 낮게 나타나고, 여성의 부정적 의견이 높은 것으로 분석된 것에 대한 평가를 군 생활에 대한 경험 유무로 평가한 것에 대한 한계가 있다. 향후 그 이유에 대한 체계적인 연구가 필요할 것으로 판단된다.

## 참고문헌

### 1. 단행본

국방부.『국방개혁 2.0』. 서울: 국방부, 2019.

_____.『정신전력교육 기본교재』. 서울: 국방부, 2019.

심상용.『군대문화의 정립』. 대전: 국군정신전력학교, 1987.

육군본부.『지휘통솔』 야교 6-0-1. 대전: 육군대학, 2004.

_____.『군무원』. 대전: 육군교육사령부, 2019.

_____.『군사용어』. 충남: 육군본부, 2017.

육군사관학교.『국방관리론』. 서울: 경문사, 1984.

이종인 · 독고순.「한국군의 리더십 역할모델」.『한국군 리더십』. 서울: 박영사, 1999.

KIDA.『국방개혁에 따른 군무원 정책발전 방향 연구』. 서울: KIDA, 2020.

### 2. 논문

남재일.「학군사관후보생 양성교육 만족도 분석에 관한 연구」. 상지대학교 박사학위논문, 2019.

민진.「군대조직의 특성에 관한 연구」.『국방연구』 51(3), 2008.

이병곤. 「육군부사관 복무자의 만족도 개선에 관한 연구」. 한남대학교 박사학위논문, 2017.

최해석. 「육군 기술직 군무원의 직무만족에 관한 실증적 연구」. 경남대학교 박사학위논문, 2004.

한동주. 「직업 군인의 복지제도가 직무만족도에 미치는 영향: 사기진작의 매개효과를 중심으로」. 한양대학교 박사학위논문, 2019.

# 제13장
# 장병 노후소득보장을 위한 군인연금제도 개선

이병두

## 1. 서론

이 장에서는 국방정책 중에서 전 국가적으로 함께 해답을 찾아가야 할 군인연금개혁에 대해 논하고자 한다. 군인에게는 목숨을 걸고 전투에 임해야 하는 사명이 있다. 군인은 국민과 국가를 지켜야 한다. 오로지 이에 전념하고 복무한 군인이 퇴직하거나 사망하게 되면, 국가는 그와 가족의 생계를 지켜준다. 군인의 퇴직급여와 유족연금 등이 그것인데, 이를 위한 것이 군인연금제도다. 이러한 역할에도 불구하고 군인연금제도는 많은 논란의 대상이 되어오고 있다.

정부는 공무원과 군인의 연금충당부채가 1,138조 원이라고 2021회계연도 국가결산서에 반영했다. 1년 만에 93.5조 원이 증가했다. 이에 대해 정부는 미래 70년이 넘는 기간 동안 분산해서 지급할 미래 부담을 계산한 가상의 숫자라고 설명하고 있다. 반면에 공무원과 군인연금에 대한 재무건전성을 강화하는 방안을 고민하고, 사회보험의 지속가능성을 위한 개혁이 필요하다는 연구와 여론이 제기되고 있다.

군인은 일정 기간 성실히 복무하고 퇴직하게 되면 퇴직급여를 연금으로 선택하여 받게 된다. 현재 퇴직하는 공무원과 군인은 대부분 연금을 선택한다. 제도를 시행했던 1960년대 당시에는 이자율이 높았고 기대여명도 길지 않아 연금 가치가 높지 않았다. 1980년대 초까지 퇴직공무원의 연금선택률은 30% 수준이었다.[1] 현재는 초저금리시대로 접어들었고, 연금의 가치는 매우 높게 평가되었다.[2] 사회보장제도의 대표인 국민연금의 미래 재정적자 문제가 대두되면서 2007년 「국민연금법」이 개정되었다. 「국민연금법」 개정과정에서 공적연금 간의 급여수급에 대한 형평성 논란이 대두되었다. 그 결과, 2009년 「공무원연금법」 개정과 함께 2013년 「군인연금법」이 대폭 개정되었다. 2020년 국회 예산정책처는 공적연금에 대한 장기 재정전망을 제시하면서, 공무원연금이 2015년 제4차 연금개혁을 한 바와 같이 군인연금도 개혁에 대한 논의가 필요한 시점이라고 제시했다.[3] 정부의 국정과제로 공적연금개혁이 제시되고 있어 군인연금의 개혁에 대한 논의가 본격화되고 있다.

군인연금의 개혁을 논할 때는 국가보상 기능과 군인의 특수성을 반드시 고려해야 한다. 이러한 고려를 하기 위해서는 우선 피용자로서 민간근로자와 제도적 형평성을 먼저 비교해야 한다. 법정최저퇴직금, 급여에서 공제하여 납부한 보험료 등 후불임금의 성격이 어느 정도인지를 확인한 다음 군인의 특수성과 국가보상적 부분은 어느 정도인지를 가늠하고 합리적인 수준에서 보상하는 것이 타당하다. 국민연금에 비해 금액이 많다는 이유로 이를 국가보상으로 여기는 것은 타당하지 않다. 단지 국가보상으로서 군인연금을 바라본다면, 국민에게 부담을 주며 받는 연금이기에 국민연금 수준의 연금으로도 군인은 감사하게 받아야 한다. 그러나 군인연금이 후불임금이라고 확인되면 주장이 달라진다. 군인연금제도는 공

---

1   공무원연금공단, 『공무원연금통계 1999』, 2000, p. 24.

2   매달 100만 원을 받는 50세 남성의 종신연금 가치는 1970년에는 5,195만 원(정기예금이자율 22.8%, 기대여명 19년)에서 2020년(기대여명 32.2년)에는 국채수익률 2.49%를 적용하여 평가 시 2억 6,350만 원(1970년 대비 5.1배), 국민연금 누적수익률 6.76% 적용 시 1억 5,591만 원(3.1배)으로 높아진다.

3   국회예산정책처, 『4대 공적연금 장기 재정전망』, 서울: 유월애, 2020, p. 192.

무원연금제도와 같이 퇴직급여로 출발했다. 민간근로자의 노후소득은 후불임금, 생활보장, 공로보상으로 구분할 수 있다. 일반적으로 법정최저퇴직급여와 개인납입보험료에 대해서는 후불임금으로서 인정하고, 이를 초과한 부분은 생활보상이나 공로보상의 영역이 될 수 있음이 법학적 관점에서 제시되고 있다. 후불임금은 사용자가 반드시 지급하도록 법적으로 강제하고 있다. 지금까지 이러한 구분은 하지 않고 군인의 특수성과 국가보상을 이유로 지급의 타당성만을 논해왔다. 그 결과, 군인의 퇴직급여는 공적연금이라는 이유만으로 국민연금의 노령연금과 동일하게 비교되었다. 국민연금의 노령연금은 사회보장 차원에서 시행되는 것이고, 군인연금은 후불임금 성격이 강한 퇴직급여를 주기 위해 시행된 제도다. 서로 다른 제도임에도 국민연금의 노령연금액보다 군인연금의 퇴역연금액이 많다는 이유로 지금까지 수차례 개혁이 진행되어왔다. 국민연금의 보험료가 군인연금에 비해 훨씬 낮으므로 급여액의 형평성을 맞추기 위해 더 이상 군인의 퇴역연금을 줄일 수 없을 정도가 되었다.[4] 공무원연금은 2015년 4차 개혁 이후 공무원연금의 퇴직급여가 국민연금 수준으로 낮춰지면서 근로자의 법정최저퇴직금의 최대 39%만 지급하는 퇴직수당을 최소한 법정최저퇴직금 수준으로 지급할 것을 공무원노조 등은 요구하고 있다. 그동안 역사적 과정과 국가의 재정경제 상황이 복합적으로 상호작용해오면서 형성된 공무원의 노후소득보장체계가 민간근로자보다 후퇴하게 된 것이다. 군인연금도 공무원연금의 개혁을 따라간다면 동일한 상황이 발생할 것이다. 이 장에서는 민간근로자와 형평성 차원에서 군인연금이 담당해온 피용자의 노후소득보장체계 성격을 역사적 고찰을 통해 규명하고, 이를 토대로 관련 보험료 등의 부담 주체별 적절성, 그리고 군인과 근로자의 급여수준을 비교하여 보여준다. 그리고 재정상태 불균형의 실체인 연금충당부채에 대해 정부의

---

[4]　후불임금인 퇴직급여와 노인의 생활보장인 노령연금의 성격 차이를 배제하더라도 군인과 근로자가 납부하는 보험료만으로도 급여수준이 달라야 함을 알 수 있다. 예를 들어 월 800만 원의 소득이 있을 경우, 국민연금 보험료는 235,800원이나, 군인연금 보험료는 560,000원이다. 따라서 국민연금의 노령연금액보다 군인의 퇴역연금액은 그만큼 더 많아야 한다.

대응방안을 평가하고 대처방안을 제시한다. 마지막으로 현재 진행되고 있는 개혁의 한계점을 극복하기 위해 다층 노후소득보장체계 모델을 제시하고 대한민국 국민으로서 형평성을 갖출 수 있는 구조적인 개선방향을 제시한다.

## 2. 우리나라의 다층 노후소득보장체계와 군인연금제도

### 1) 우리나라의 다층 노후소득보장

우리나라의 소득보장체계는 공적연금인 국민연금제도를 기반으로 하고, 공적연금의 부족한 점은 기초연금, 퇴직연금, 개인연금 등으로 보완하는 구조다.

국민연금은 대한민국 국민의 노령·폐질 또는 사망에 대해 연금급여를 실시하는 사회보험제도다.[5] 국민연금 급여에는 노령연금, 장애연금, 유족연금, 사망일시금 등이 있다. 공무원 등과 함께 군인은 가입대상에서 제외하고 있다.[6] 이 중 노령연금은 노인의 노후소득보장을 위한 급여이며, 국민연금의 기초가 되는 급여다. 노령연금은 1988~1998년까지는 소득대체율 70%를 목표로 설계했으나, 2028년 이후에는 40%를 지급하는 것으로 변경했다. 2022년 기준소득월액의 상한선은 524만 원이고 가입자의 평균소득월액은 268만 1천 원이다.[7] 평균소득으로 40년을 가입한 경우 지급목표액은 107만 원으로 소득대체율 40% 수준이고, 상한액으로 가입한 경우 160만 원으로 소득대체율은 30% 수준으로 추산된다.[8]

기초연금은 국민연금을 받지 못하거나 낮은 연금액을 받는 노인에게 연금을

---

**5**　「국민복지연금법」(1973.12.24. 제정, 법률 제2655호) 참조.

**6**　「군인연금법」(1963.1.28. 제정, 법률 제1260호) 제6조 참조.

**7**　2022년 상한액을 524만 원으로 제한하므로 실제 국민의 평균소득보다 매우 낮다.

**8**　연금액은 연금 수급 전 3년간 전체 가입자의 평균소득월액의 평균액과 개인의 가입기간 중 기준소득월액의 평균액을 가입기간별 소득대체율에 따른 산출식으로 계산하여 지급한다.

지급하는 제도다. 안정적인 노후소득 기반을 제공하고, 노인의 생활안정 및 복지 증진을 위해 「기초연금법」을 제정하여 2014년 7월부터 도입·운영되고 있다. 기초 연금 수급 대상은 65세 이상 노인 중 소득인정액이 선정기준액 이하인 70%의 노인을 대상으로 한다.[9] 공무원연금, 사립학교교직원연금, 군인연금, 별정우체국연금 수급권자와 그 배우자는 원칙적으로 기초연금 수급 대상에서 제외된다. 기준연금액은 2014년 월 20만 원에서 시작하여 2018년 월 25만 원, 2021년 월 30만 원,[10] 2024년 월 33만 4,810원[11]이고, 2028년까지 월 40만 원으로 인상될 예정이다.

퇴직연금제도는 기존의 퇴직금제도 등 퇴직급여제도의 문제점을 해결하고, 국민연금을 보완하는 노후소득보장체계로 2005년 도입되어 시행되고 있다. 대한민국의 근로자는 「근로자퇴직급여보장법」에 따라 퇴직급여를 지급받도록 되어 있다. 퇴직근로자를 위해 기업은 퇴직금, 퇴직연금 등 퇴직급여제도를 설정해야 한다.[12] 퇴직금제도는 계속근로기간 1년에 대해 30일분 이상의 평균임금을 퇴직금으로 지급하는 것을 말한다. 2005년부터 도입된 퇴직연금제도는 근로자가 받을 퇴직금을 회사가 아닌 금융기관, 근로복지공단 등 퇴직연금사업자에게 맡기고, 기업 또는 근로자가 관리하여 퇴직시 일시금 또는 연금으로 지급받는 제도다. 퇴직금과 확정급여형 퇴직연금에서는 미래 지급해야 할 퇴직급여를 회사가 확정급여채무로 관리하고, 사외에 적립하여 연금수급권을 확보토록 했다.[13] 확정기여형 퇴직연금제도에서는 회사가 노사 간 합의한 퇴직보험료를 매년 근로자 개인의 퇴직연금 계좌에 납입함으로써 회사의 퇴직급여의무도 종결된다.

---

**9** 「기초연금법」(법률 18213호, 2021.6.8. 개정, 2022.1.1. 시행) 제3조(기초연금 수급권자의 범위 등) ② 보건복지부장관은 선정기준액을 정하는 경우 65세 이상인 사람 중 기초연금 수급자가 100분의 70 수준이 되도록 한다.

**10** 「기초연금법」(법률 18213호) 제5조(기초연금액의 산정) 참조.

**11** 2021년 월 30만 원 이후 연간 물가상승률을 적용하여 정함.

**12** 「근로자퇴직급여보장법」(약칭: 퇴직급여법, 2022.1.11. 개정, 법률 제18752호) 제4조 참조.

**13** 「퇴직급여법 시행령」 제5조 제1항, 「퇴직급여법 시행규칙」 제4조의 2 참조.

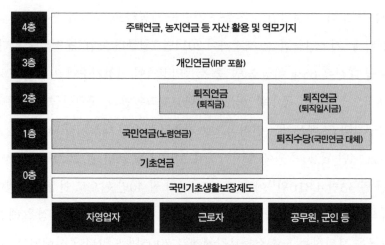

| 4층 | 주택연금, 농지연금 등 자산 활용 및 역모기지 | | |
|---|---|---|---|
| 3층 | 개인연금(IRP 포함) | | |
| 2층 | | 퇴직연금<br>(퇴직금) | 퇴직연금<br>(퇴직일시금) |
| 1층 | 국민연금(노령연금) | | 퇴직수당(국민연금 대체) |
| 0층 | 기초연금 | | |
| | 국민기초생활보장제도 | | |
| | 자영업자 | 근로자 | 공무원, 군인 등 |

**〈그림 13-1〉 우리나라의 다층 노후보장체계**

출처: 강성호, 「고령화와 노후소득보장체계 구축」, 보험연구원 정책토론회, 2019.9.27에서
제시한 자료; 고용노동부의 퇴직연금 소개 자료; 황신정, 「퇴직연금 수급권 보장에 대
한 연구」, 서울대학교 박사학위논문, 2021을 토대로 하여 현행 제도에 맞게 재정리. 해
외제도와 비교 가능성을 위해 기초연금을 0층으로 함.

〈그림 13-1〉은 우리나라 다층 노후보장체계를 기존 연구과 관련 법령을 토
대로 정리한 것이다. 근로자에게는 국가가 사회안전망 차원에서 기초연금과 국민
연금을 보장하고, 사용자인 기업이 퇴직급여를 책임지고 있다. 반면에 공무원과
군인에게는 국가가 기초연금, 국민연금을 제공하지 않고, 퇴직(퇴역)연금, 퇴직일
시금 등의 퇴직급여와 퇴직수당으로 노후소득보장을 제공하고 있다.

개인차원에서 개인연금을에 가입하거나 자신의 자산을 활용하여 다층의 노
후소득보장체계을 보강하고 있다. 농지연금과 주택연금 등은 자신의 자산을 연금
화하는 제도다.

## 2) 군인연금의 개요

군인연금은 「군인연금법」에 따라 군인이 상당한 기간을 성실히 복무하고 퇴
직하거나 사망한 경우 본인이나 그 유족에게 적절한 급여를 지급함으로써 생활안

정과 복리 향상에 이바지하기 위해 실시하는 제도다.[14] 1960년 「공무원연금법」에 포함되어 시행되었으며, 1963년 「군인연금법」을 별도로 제정하여 분리되었다. 주무 부처는 국방부이며, 군인연금기금을 설치하여 수입과 지출을 관리한다. 집행기관은 국군재정관리단 급여연금처다.

**〈표 13-1〉 군인연금 급여 종류와 지급액**

| 구분 | | 대상 | 지급액 |
|---|---|---|---|
| 퇴직<br>급여 | 퇴역연금 | 연금 신청자(19년 6개월 이상 복무) | 전 기간 평균기준소득월액 × 보정률 × 복무연수 × 1.9÷100 |
| | 퇴역연금<br>일시금 | 일시금 신청자(19년 6개월 이상 복무) | 기준소득월액 × 복무연수 × [0.975 + (복무연수 - 5) × 0.0065] |
| | 퇴역연금<br>공제일시금 | 연금 대상자 중 부분 일시금 신청자 | (0.975 + 공제복무연수 × 0.0065) × 기준소득월액 × 공제복무연수 |
| | 퇴직일시금 | 5~19년 6개월 복무 퇴직자 | [0.975 + (복무연수 - 5) ×0.0065)] × 기준소득월액 × 복무연수 |
| | | 5년 미만 복무 퇴직자 | 기준소득월액 × 복무연수 × 78÷100 |
| 유족<br>급여 | 퇴역유족<br>연금 | 퇴역연금 수급자 중 사망자, 20년 복무 중 공무 외 사망자 | 퇴역연금의 60%: 2013.7.1. 이전 임용자는 퇴역연금의 70% |
| | 퇴역유족<br>연금부가금 | 유족연금 선택자(19년 6개월 이상 복무 중 사망) | 퇴역연금일시금의 25% |
| | 퇴역유족<br>연금<br>특별부가금 | 퇴역, 상이연금 수급월로부터 3년 이내 사망자 | 퇴역유족연금부가금×(36 - 퇴역 · 상이연금수급 월수)/36<br>* 상이유족연금을 받는 경우도 포함 |
| | 퇴역유족<br>연금일시금 | 퇴역연금 수급권자가 군복무 중 사망한 경우 | 퇴역연금일시금액과 동일<br>유족이 원할 때 |
| | 퇴직유족<br>일시금 | 공무 외 사망자의 유족<br>(19년 6개월 미만 복무) | 퇴직일시금과 동일 |
| 퇴직수당 | | 1년 이상 복무 후 퇴직 또는 사망한 자 | 기준소득월액×복무연수×복무연수별 지급 비율(6.5~39%) |

출처: 「군인연금법」(법률 제18803호)과 시행령(국방부령 제1022호)을 요약함.

---

14  「군인연금법」(2019.12.10. 전부개정, 법률 제16760호) 제1조(목적)

〈표 13-1〉은 군인연금 급여 종류와 지급액을 보여준다. 급여는 퇴직급여, 유족급여, 퇴직수당이 있다. 퇴직급여란 퇴직하는 군인에게 지급하는 급여이고, 유족급여란 군인이 사망한 경우 유족에게 지급하는 급여를 말한다. 퇴직수당이란 1년 이상 복무 후 퇴직한 군인에게 지급하는 것이다.

## 2. 군인연금의 역사와 역사적 고찰을 통한 군인연금의 성격

### 1) 노후소득보장체계를 중심으로 본 군인연금의 역사

1949년 8월 12일 「국가공무원법」을 제정했고, 제3장에 공무원의 보수에 대해 대통령령으로 정하도록 하여 보수에 관한 규정에는 일반생활비, 민간의 임금 기타사정을 고려하도록 했다.[15] 공무원으로서 상당한 연한 성실히 근무하여 퇴직했거나 공무로 인한 부상 또는 질병으로 퇴직 또는 사망했을 때에는 법률이 정하는 바에 의해 연금을 지급한다고 하여 퇴직급여의 근거를 마련했다.[16] 그러나 퇴직급여와 재해보상급여는 후속 법령을 마련하지 못하여 시행하지 못했다.

한편 1953년 5월 10일 정부는 「근로기준법」을 제정했다. 이 법에 따라 근로자는 재해보상 급여와 해고자 급여를 받게 되었다.[17] 해고자 급여는 이후 1961년 "퇴직금"으로 전환되었다. 정부 부처의 직할 기업체는 「근로기준법」을 적용받고 있었다.

1959년 12월 30일 국회에서 「공무원연금법」안이 통과되었다. 「공무원연금법」의 목적은 공무원이 그 맡은 바 직무에 전력을 다하게 하고 재직 중의 공적을

---

**15** 「국가공무원법」(1949.8.12. 제정, 법률 제44호) 제22조, 제23조

**16** 「국가공무원법」(1949.8.12. 제정, 법률 제44호) 제27조

**17** 「근로기준법」(1953.5.10 제정, 법률 제286호) 제8장 참조.

보상하려는 데 있었다.[18] 군인에게 퇴직급여를 지급하는 근거가 마련된 것이다. 이병두(2023)의 연구에 따르면,[19] 한국전쟁 후 얼마 되지 않아 상이군경연금 96억 환을 2년간이나 지급하지 못할 정도로 국가재정이 어려운 상태에서 재무부 주도로 시작된 이 제도는 기금을 형성하는 재정적 목적으로 시행되었다. 20년 이상 퇴직자는 일시금이 아닌 연금 형태로 지급했고, 퇴직급여 재원을 마련하기 위해 공무원과 군인도 갹출금을 거두었다. 이를 통해 연간 60억 환의 기금을 마련했다. 당시 고금리와 인플레이션으로 공무원의 반대 목소리에도 제도는 시작되었다.

1970년 1월 1일부터 정부는 군인연금 시행 전 기간에 대해 소급기여금제도를 시행했다. 정부가 수립된 1948년부터 1959년까지 12년간에 대한 복무기간을 추가적인 비용 부담 없이 인정하여 급여를 지급했다. 소급기여금제도를 시행하게 된 원인은 재원 부족에 대한 대책이었다. 시행 당시 복무 중인 군인으로서 그 임용된 날로부터 1959년 12월 31일까지의 기간에 해당하는 기여금으로 1970년 이후 매달 봉급월액의 3.5%에 상당하는 금액을 퇴직 또는 사망할 때까지 납부하게 되었다.[20] 반면에, 정부는 소급기여금에 해당하는 부담금을 납부하지 않았다.

연금으로 시작한 공무원 및 군인의 퇴직급여제도는 당시 높은 시중금리와 퇴직 후 생계유지로 인해 도전받게 되었다. 25.2%라는 높은 시장이자율로 공무원이 연금을 기피하게 되었고, 일시금을 타기 위해 중견 공무원들이 20년이 되기 전에 퇴직하여 행정 각 분야에서 큰 문제로 대두되었다. 이로 인해 연금재정 역시 부족하게 되었으므로 대책 마련이 시급했다. 이에 1969년 7월 28일 「공무원연금」은 법률 2119호 개정으로 1970년 1월 1일부터 퇴직연금일시금과 유족연금일시금을 신설했다.[21] 20년 이상 근무한 경우도 일시금을 받을 수 있도록 하고, 재

---

**18** 「국회속기록」 제33회 제27호(1959.12.30) pp. 38-42. 구태회 재정경제위원장대리 「공무원연금법」안·공무원연금특별회계법안 제1·2독회 참조.

**19** 이병두, 「군인연금제도 안정화 및 개선방안 연구」, 건양대학교 박사학위논문, 2023, pp. 42-45.

**20** 「군인연금법」(1970.1.1. 일부개정, 법률 제2173호) 부칙 2항 참조.

**21** 최재식, 「공무원연금 50년사, 성공과 실패의 경험」, 『GEPS 연금포럼』 1, 2010, pp. 24-25.

원 부족에 대비하기 위해 기여금과 부담금을 각각 3.5%에서 5.5%로 올림과 함께 지급률 상한을 70%까지로 상향했다.[22] 1983년부터는 군인연금도 이를 도입했다.

퇴역연금일시금이나 퇴직일시금으로 받은 퇴직급여는 민간근로자가 받는 법정 퇴직급여에 미치지 못했다.[23] 더구나 민간근로자는 기여금을 납부하지 않고 회사에서 퇴직급여 전액을 부담하는 데 반해, 공무원과 군인은 기여금을 매달 납부하고 있었다. 따라서 민간근로자와 형평성을 유지하고자 일시금으로 지급하는 금액의 20%를 추가로 지급해야 했다. 1984년 7월 6일 박찬긍 총무처 장관은 당시 퇴직급여 수준이 5년 미만인 근속퇴직자는 「근로기준법」상 일반노동자에게 지급하는 퇴직금액의 73% 수준에 불과하고, 5년 이상 근속퇴직자의 경우도 보수월액이 낮아 20년 근속한 중앙행정기관 과장급의 퇴직금이 1,630만 원으로 이는 민간기업 및 국영기업에 비해 현저히 낮은 수준이라고 개정 사유를 설명했다.[24] 「군인연금법」도 동일한 사유로 퇴직일시금부가금, 퇴역연금일시금부가금 등 퇴직급여가산금과 유족연금일시금부가금 등의 유족급여가산금을 신설했다.[25] 그러나 이는 급여 지급 산식을 기준으로 하여 근로자와의 형평성을 이루었을 뿐 공무원 및 군인이 부담하는 기여금에 대한 추가적인 보상은 없었다. 1988년 12월 29일에는 법률 제4033호로 개정하여 장기근속자를 우대토록 재직기간에 따라 일시금의 20~30% 상당액으로 상향조정하여 부가금을 지급하도록 했다.

1986년 12월 31일 「국민연금법」이 제정되었다. 이 법을 통해 1988년부터는 전 국민을 대상으로 노령연금 등을 지급하는 국민연금제도가 본격적으로 시행되었다.[26] 전 국민이 가입대상인 국민연금에서 공무원과 군인 등은 제외했다. 민

---

22  「제70회 국회법제사법위원회회의록」 제5호(1969.7.7), pp. 10-12.

23  「근로기준법」(1961.12.4. 개정, 법률 제791호) 제28조 참조.

24  「제122회 국회내무위원회회의록」 제1호(1984.7.6) p. 14. 총무처 장관 설명 참조.

25  「군인연금법」(1984.12.31. 일부개정, 법률 제3759호) 개정 사유 참조.

26  「국민연금법」(1986.12.31. 제정, 법률 제3902호) 참조.

제4부 국방혁신 성공을 위한 분야별 개선방향

간근로자와 형평성을 고려하여 1991년 10월 1일에는 퇴직수당제도를 만들었다.[27] 그러나 기존의 퇴직급여가산금과 유족급여가산금을 폐지하고 퇴직수당으로 대체하도록 했다. 일시금을 선택하는 퇴직자의 경우에는 기존 대비 일시금의 10~20%만 추가된 것이다.

퇴직수당이 군인의 퇴직금이라고 주장하는 이들이 있다. 그러나 신설된 연역과 배경을 보면 퇴직수당이 부족한 퇴직급여를 보충하는 수당적 성격임을 이해할 수 있다. 퇴직수당은 퇴직금이 아니라 퇴직급여가 부족한 부분을 보충해준 가산금과 국민연금 가입대상에서 제외하는 대안으로 지급한 보충적인 급여라고 보는 것이 타당하다. 퇴직수당의 신설은 단기적으로 정부 재정 측면에서는 유리한 결정이었으나, 이는 향후 퇴직급여에 대한 논란을 일으키고 민간근로자와 형평성을 비교하기 어렵게 만드는 제도가 되었다. 일시금을 퇴직급여로 수령하는 퇴역군인은 연금이 없다. 퇴역군인은 국민연금과 기초연금 가입대상에서 제한하고 있다. 일시금을 선택하여 노후에 연금 없이 소득을 상실한 퇴직군인도 기초연금 수급을 가로막게 하는 정책이 되었다.[28]

「고용보험법」이 법률 제4644호로 제정되어 1995년 7월 1일부터 근로자에게 고용보험제도가 시행되었다. 군인을 포함한 공무원과 사립학교 교직원은 고용보험 가입대상에서 제외했다.[29] 정년 등 다른 제도에 의해 보호받거나 연금의 수혜대상이라는 이유였다.[30]

한편, 국가는 「군인연금법」 시행 이전인 1959년 12월 31일 이전에 퇴직한 군인에게 퇴직금을 주기 위해 특별법[31]을 제정하여 소급 지급했다. 2005년부터

---

**27** 「군인연금법」(1991.1.14. 일부개정, 법률 제4318호) 개정 주요 내용 참조.

**28** 이병두, 「군인연금에 관한 연구: 피용자간 형평성을 중심으로」, 『한국군사학논총』 11(2), 2022, p. 205.

**29** 「고용보험법」(1993.12.27. 제정, 법률 제4644호) 제8조 참조.

**30** 「제165회 국회노동위원회 회의록 제8호」, p. 36.

**31** 「1959년12월31일이전에퇴직한군인의퇴직급여금지급에관한특별법」(약칭: 1959이전군퇴직금법, 2004.3.22. 제정, 법률 제7199호) 제정 사유 참조.

2012년까지 총 42,690명의 군인에게 804억 원(1인 평균 188만 원)의 퇴직금이 지급되었고,[32] 법령을 개정하여 신청기한을 2025년까지 연장하여 지급하고 있다.[33]

1997년 외환위기와 이에 대한 국가적인 변화는 공무원과 군인 연금제도에도 크게 영향을 미쳤다. 군인과 공무원연금제도 개혁에 대한 여론이 가중되었다.[34] 초기 재원을 적립 받지 않고 출발한 군인연금은 정부 보전금을 지속적으로 지원받게 되면서 수차례의 공무원연금개혁에 따라 2000년 개혁, 2013년 개혁 등 현재까지 연금개혁이 진행되어왔다. 이들 개혁은 근로자와 노후소득보장의 형평성을 고려하기보다는 "재정이 어려우니 더 내고 덜 받는" 개념 중심으로 이루어졌다.

## 2) 역사적 고찰을 통한 군인연금의 노후소득보장적 성격

역사적 고찰을 통해 도출된 군인연금의 성격을 정리하면 다음과 같다. 첫째, 1960년대 민간근로자의 퇴직금제도와 같이 군인의 퇴직급여로 시행했다. 그러나 20년 이상 근속자에게는 일시금(lump sum)이 아니라 연금(annuity) 형식으로 지급하는 퇴직금제도(pension)였다. 1959년 당시 전몰군경연금 96억 환을 지급하지 못하고 있는 정부의 재정 상태 국면에서 공무원과 군인의 기여금을 갹출하여 매년 60여억 환의 기금을 생성하는 데 더 큰 의의를 두고 시행했다. 반면, 근로자는 퇴직급여를 위해 보험료를 납입하지 않고 기업이 전액 비용을 부담했다. 둘째, 한국전쟁과 이후 전·사상자에게 상이연금과 유족연금 등을 지급한 재해보상급여였다. 이는 2019년에 와서야 「군인 재해보상법」으로 분리되었다. 셋째, 부분적으

---

**32**  국방부, 「1959년 이전에 퇴직한 군인의 퇴직급여금 신청기간 연장 입법예고」(2018.7.26. 배포, 국방부 보도자료)

**33**  이석종, "국방부, 1959년 12월말 이전 퇴직군인 중 퇴직급 7780명 못받아", 『아시아투데이』, 2020.6.2. https://www.asiatoday.co.kr/view.php?key=20200602010001139(검색일: 2022.9.25)

**34**  차경상, 「군인연금제도의 개선에 관한 공법적 연구」, 고려대학교 박사학위논문, 2016, p. 181.

로 고용보험제도를 대신하고 있다. 1995년 근로자에게 시행되는 고용보험에서 군인과 공무원은 연금을 받는다는 이유로 제외되었다. 그러나 현재 80% 이상의 군인이 연금을 받지 못하고 퇴역하고 있어 고용보험의 사각지대로 남아 있다. 넷째, 국민연금 역할을 수행하고 있다. 1988년 전 국민을 대상으로 시행된 국민연금에서 군인과 공무원을 제외했다. 대신하여 1991년 퇴역연금일시금 등 가산금을 제도를 폐지하고 퇴직수당을 신설하여 지급했다.

## 3. 해외 군인 노후소득보장제도의 시사점

미국, 일본, 독일의 군인연금제도를 연구한 결과 시사점은 다음과 같다.[35] 첫째, 연금개혁을 완료한 미국과 일본은 다층연금체계로 전환하여 제도를 유지하고 있으며, 독일은 1층과 2층을 통합한 단층 연금체계를 유지하고 있다.

〈그림 13-2〉는 미국 노후소득보장체계를 보여준다. 군인은 1957년부터 공

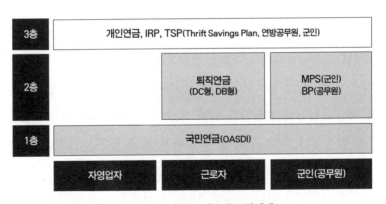

〈그림 13-2〉 미국 노후소득보장체계

출처: 공무원연금공단, 『해외주요국 공무원연금제도 2022』, p. 18을 기반으로 문헌 검색을 통해 재구성함.

---

**35** 이병두(2023), 앞의 글, pp. 61-71.

| 구분 | 한국 | 독일 | 미국 | 일본 |
|---|---|---|---|---|
| 군인 노후소득 보장체계 | 단층형 | 단층형 | 다층형 | 다층형 |
|  | 퇴직수당+ 군인연금 | 공무원연금 | TSP+MRS+ OASDI | 퇴직수당+ CBP퇴직연금+ 후생연금+ 국민연금 |
| 재정 부담 | • 퇴직수당 정부 전액 <br>• 군인연금 군인: 7% 정부: 7% | 전액 국가부담 (부양제도) | • TSP 군인: 개인 설정 정부: 1~5% <br>• MRS: 정부 <br>• OASDI 군인: 6.2% 정부: 6.2% | • 퇴직수당: 정부 <br>• 후생연금 군인: 9.2% 정부: 25.8% <br>• 국민연금: 정액 개인 부담 |

출처: 차경상,「군인연금제도의 개선에 관한 공법적 연구」, 2016, p. 208을 근거로 국방부 자료와 최신 수집한 자료를 통해 정리함.

무원연금제도에서 분리하여 본인의 부담 없이 국가의 재원으로 충당하는 MRS의 적용을 받고, 우리나라의 국민연금에 해당하는 OASDI도 적용을 받아왔다.[36]

둘째, 군인의 기여에 대해 독일은 국가가 전액 부담하고, 미국은 군인연금을 국가가 전액 부담하며, 군인은 전 국민에게 시행하는 국민연금(OASDI)에 6.2%의 사회보장세만 납부하고 있다. 일본은 후생연금에 개인기여금 9.2%를 납부하고 있고, 신공무원퇴직연금과 퇴직수당 등 25.8% 수준을 국가에서 부담하고 있다.

셋째, 재정건전성을 유지하기 위해 정부의 역할이 지대하다. 독일은 완전적 립방식으로 변경하여 책임준비금을 확충하고 있고, 일본은 정부의 높은 부담을 통해 공무원공제조합에서 관리하는 후생연금기금이 다른 기관의 후생연금기금 보다 튼튼하게 적립되고 있다. 미국은 1984년 개혁을 통해 보험수리적으로 산정한 연금충당부채를 2026년까지 42년간 분할하여 상환하고 있고, 당해연도에 발

---

**36** Social Security Administration, "Covered employment and self-employment provisions, by year enacted," Annual Statistical Supplement (2017), https://www.ssa.gov/policy/docs/statcomps/supplement/2017/2a1-2a7.html(검색일: 2022.10.30)

생한 보험수리적 연금비용, 즉 정상비용(Normal Cost)을 정부예산으로 기금에 납입하고 있으며, 매년 재무보고서를 통해 미래연금 지급 가능성을 제시하고 있다.


# 4. 노후소득보장제도의 형평성 비교

## 1) 연금 수익비와 내부수익률 비교

공무원연금과 국민연금을 수익비로 비교한 기존 연구들은 공무원연금과 군인연금 개혁의 주된 타당성을 제시해왔다. 공무원연금의 퇴직급여와 퇴직수당을 합하고, 국민연금 수급자의 퇴직급여와 국민 노령연금을 합한 금액을 비교하는 이후의 생애급여 연구에서도 수익비를 두고 공무원연금과 군인연금의 개혁을 지속적으로 요구하고 있다. 그러나 이병두(2023) 연구를 통해 확인한 결과, 수익비는 할인율에 의해 매우 민감하게 변화한다. 낮은 할인율로 인해 미래연금가치를 높게 평가하여 공무원연금과 군인연금의 가치가 매우 부풀려져왔음을 확인되었다. 보험수리적 관점에서 할인율은 기대수익률을 반영한 예정이율로 설정함이 타당함에도 공무원연금, 국민연금 등의 기간운용수익률을 반영하지 않고 낮은 국채수익률을 반영한 결과다.

이론적 고찰과 기존 연구를 통해 확인된 한계를 극복하기 위해서는 군인연금의 실상을 반영한 연구가 필요하다. 부담주체별 보험료와 급여수준을 민간 노후소득보장체계와 비교하여 기존 개혁에 문제점은 없는지 점검이 요구되고, 특히 군인연금 재정불균형의 근본적인 원인인 군인연금충당부채에 대한 해결방안이 무엇인지 분석이 요구되었다.

기존 연구의 문제점은 다음과 같이 개선하여 분석했다. 첫 번째 분석에서는 공무원과 다르게 80% 이상 연금을 받지 못하고 조기 퇴직하는 군인들의 상황을 반영하기 위해 〈그림 13-3〉과 같이 퇴직률을 기대현금흐름에 반영하여 수익비

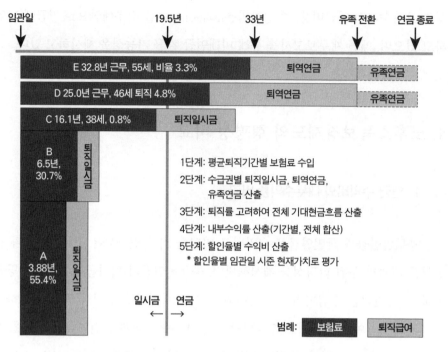

임관일      19.5년      33년      유족 전환      연금 종료

E 32.8년 근무, 55세, 비율 3.3%    퇴역연금    유족연금

D 25.0년 근무, 46세 퇴직 4.8%    퇴역연금    유족연금

C 16.1년, 38세, 0.8%    퇴직일시금

B 6.5년, 30.7%   퇴직일시금

A 3.88년, 55.4%   퇴직일시금

1단계: 평균퇴직기간별 보험료 수입
2단계: 수급권별 퇴직일시금, 퇴역연금, 유족연금 산출
3단계: 퇴직률 고려하여 전체 기대현금흐름 산출
4단계: 내부수익률 산출(기간별, 전체 합산)
5단계: 할인율별 수익비 산출
* 할인율별 임관일 시준 현재가치로 평가

일시금 ← | → 연금

범례: 보험료   퇴직급여

**〈그림 13-3〉 수익비와 내부수익률 산출 개념 및 과정**

와 내부수익률을 산출했다.

산출 결과 부사관 그룹의 내부수익률은 4.05%에 불과했다. 퇴직 시기별로 산출된 내부수익률도 26년 퇴직자는 6.24%, 33년 퇴직자는 5.18%였으나, 퇴직일시금으로 퇴직급여를 받는 17년 퇴직자는 1.42%였다.

이를 국민연금연구원(2019)에서 제시한 노령연금의 내부수익률과 비교했다. 2018년 이후 국민연금에 가입하고 유족연금을 고려한 남성의 내부수익률은 7% 이상이다. 연구에 적용한 물가상승률 2.0%를 고려하여 하면 실질수익률이 5% 이상인 것이다. 이와 비교하면, 군인연금 가입자가 1% 정도 낮은 수익구조를 가지고 있음을 확인할 수 있다. 할인율별로 산출한 수익비는 0.43%일 때 2.4배, 5%인 경우 0.34배, 6.76%인 경우 0.25배로 매우 낮아졌다. 국민연금연구원이 산출한 1.9~2.8배까지의 수익비에 비하면 할인율에 따라 매우 다른 수치가 제시됨이 밝혀졌다.

<표 13-3> 군인연금 내부수익률과 수익비(현재)

(단위: 만 원, 배)

| 구분 | | 임관자 | 17년 퇴직 | 25년 퇴직 | 33년 퇴직 |
|---|---|---|---|---|---|
| 임관 대비 퇴직인원 비율 | | – | 0.82% | 4.81% | 8.32% |
| 내부수익률 | | 4.05% | -1.42% | 6.24% | 5.18% |
| 할인율 0.00% | 납입보험료 | 5,106 | 10,182 | 17,742 | 27,035 |
| | 퇴직급여 | 16,606 | 9,116 | 102,569 | 126,622 |
| | 수익비(배) | 3.25 | 0.90 | 5.78 | 4.68 |
| 할인율 0.43% | 납입보험료 | 4,859 | 9,794 | 16,713 | 24,932 |
| | 퇴직급여 | 13,691 | 8,475 | 84,270 | 102,195 |
| | 수익비(배) | 2.82 | 0.87 | 5.04 | 4.10 |
| 할인율 5.00% | 납입보험료 | 3,209 | 6,710 | 9,489 | 11,803 |
| | 퇴직급여 | 2,595 | 3,977 | 12,996 | 12,437 |
| | 수익비(배) | 0.81 | 0.59 | 1.37 | 1.05 |
| 할인율 6.76% | 납입보험료 | 2,857 | 5,896 | 7,878 | 9,323 |
| | 퇴직급여 | 1,677 | 2,998 | 6,924 | 5,946 |
| | 수익비(배) | 0.59 | 0.51 | 0.88 | 0.64 |

* 납입보험료는 14%(기여금 7%, 정부부담 7%)이며, 17년 퇴직자는 일시금임.

추가적인 모수개혁안에 의하면, 연금지급률을 복무연수별 1.9%에서 1.7%로 변경할 경우 내부수익률은 3.83%이고, 보험료를 18%까지 인상하는 방안까지 더해지면 3.20%까지 내려간다. 이는 더 이상 모수개혁을 진행할 수 없는 상태다. 2022년 말 현재 우리나라 국채수익률은 4%에 달한다. 군인에게 국채수익률보다 못한 퇴직연금보험에 가입하라고 제시할 수는 없을 것이다. 현재 상태에서도 많은 퇴직자들은 납입한 보험료보다 퇴직급여를 적게 받고 있다. 급격한 금융시장 환경에 노출된 국채수익률로 연금가치를 평가한 연구들에 따라 지속되어온 공무원연금개혁의 결과 큰 혼란이 초래될 것으로 예상된다. 2015년 추가로 실시한 공무원연금개혁 이후 지속적인 불만과 반대행동이 나오고 있음은 당연한 것으로 판단된다.

〈표 13-4〉 모수개혁안별 군인연금 내부수익률과 수익비

(단위: 만 원, 배)

| 구분 | | 현재 | 지급률 인하 | 보험료 인상 지급률 인하 | 비고 |
|---|---|---|---|---|---|
| 모수 | 보험료율 | 14% | 14% | 18% | 2013년 이전 11% |
| | 지급률 | 1.9% | 1.7% | 2013년 이전 2.21% 이상 | |
| 내부수익률 | | 4.05% | 3.71% | 2.72% | 임관자 기준 |
| 할인율별 수익비 (배) | 0% | 3.25 | 2.94 | 2.28 | 할인 없는 현금 수지 |
| | 0.43% | 2.80 | 2.55 | 2.0 | 연금충당부채 실질할인율 |
| | 5.0% | 0.81 | 0.75 | 0.59 | |
| | 6.76% | 0.59 | 0.56 | 0.43 | 국민연금 누적수익률 |

## 2) 납입자 보험료 형평성 비교

사회보험을 유지하기 위해서는 보험료를 적절하게 납입해야 한다. 군인연금이 담당해온 성격 중 비교 가능성이 높은 퇴직급여, 국민연금, 고용보험으로 한정하여 보험료를 분석했다. 매달 받는 소득월액에 대비하여 정부와 군인, 기업과 근로자가 얼마를 부담하는지 비교했다.

〈표 13-5〉는 55세에 퇴직하는 군인의 기준소득월액과 동일한 근로자를 가정하고 보험료를 비교한 결과를 보여준다. 기업의 경우 근로자의 보험료율은 고

〈표 13-5〉 기업과 근로자의 보험료 부담

| 구분 | 기업 | | 근로자 | | 비고 |
|---|---|---|---|---|---|
| | 요율 | 금액(원) | 요율 | 금액(원) | |
| 계 | 18.65% | 1,307,348 | 5.30% | 296,382 | |
| 퇴직급여 | 12.50% | 946,598 | 0 | – | 추정 비용률 적용 |
| 국민연금 | 4.50% | 235,800 | 4.50% | 235,800 | 최대한도 적용 |
| 고용보험 | 1.65% | 124,951 | 0.80% | 60,582 | |

* 기준소득월액이 7,572,780원인 근로자를 기준하여 보험료율 산출

**〈표 13-6〉사용자와 피용자의 부담 비교**

| 구분 | 사용자 부담(기업 · 정부) | | 피용자 부담(근로자 · 군인) | | 피용자 대비 |
|---|---|---|---|---|---|
| | 요율 | 금액(원) | 요율 | 금액(원) | |
| 민간기업 a | 18.65% | 1,307,348 | 5.30% | 296,382 | 1.49배 |
| 군 b | 10.4% | 787,569 | 7.00% | 530,090 | 3.5~4.4배 |
| b − a | −8.25%p | −519,779 | +1.70%p | +233,712 | |
| 비율(b/a) | 55.8% | 60.2% | 132.1% | 178.9% | 민간 대비 |

용보험 0.8%, 국민연금 4.5%를 적용하여 5.3%다. 기업은 고용보험 1.65%, 국민연금 4.5%, 퇴직급여비용 12.5%를 포함하여 총 18.65% 이상을 부담하고 있다. 반면 군인은 군인연금 기여금 7%를 부담하고, 정부는 퇴직수당 3.4%, 군인연금 부담금 7%로 총 10.4%를 부담하고 있다.

〈표 13-6〉은 기업과 근로자 대비 군과 군인이 어느 정도 수준으로 부담하고 있는지 보여준다. 사용자로서 정부는 기업 대비 보험료율이 8.25%p 낮고, 금액으로는 55.8~60% 수준이다. 피용자로서 군인은 보험료율이 근로자 대비 1.7%p 높고, 금액상으로는 32~79%를 더 내고 있는 것으로 분석되었다. 지금까지 정부의 부담은 기업에 비해 매우 적었음을 보여준다.

### 3) 생애급여 형평성 비교

군인의 생애급여수준을 근로자와 비교했다. 민간 대비 87.6% 수준인 공무원의 급여수준을 반영하고, 정년이 짧은 군인의 특성을 반영하여 모델링했다. 할인율은 국민연금 누적수익률을 적용하여 분석한 결과, 군인의 총 생애급여는 민간근로자 대비 82.6% 수준으로 분석되었다. 생활비를 고려한 노후가용자금은 68.4% 수준으로 더 낮아졌다. 군인이 납입한 보험료는 근로자보다 많았으나, 피용자 납입보험료 대비 수익비는 군인이 4.79배로 근로자 5.45배에 비해 매우 낮았다. 할인율별로 수익비를 산출했을 때, 2.7% 할인율인 경우 군인과 근로자가

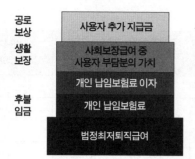

| 공로보상 | 사용자 추가 지급금 | 후불임금과 사회보장을 초과하여 지급한 급여 |
| 생활보장 | 사회보장급여 중 사용자 부담분의 가치 | 국민연금, 고용보험 등 |
| | 개인 납입보험료 이자 | 국민연금 등 개인보험료 부분 이자 또는 증액 |
| 후불임금 | 개인 납입보험료 | 개인 소득에서 납부한 보험료 순액 |
| | 법정최저퇴직급여 | 퇴직 전 3개월 평균임금×복무연수 |

〈그림 13-4〉 노후소득의 보장 수준 구분

동일한 6.03배의 수익비를 나타냈고, 그 이하에서는 군인의 수익비가, 그 이상에서는 근로자의 수익비가 높게 나타났다.

2013년의 군인연금개혁은 기여금은 더 내고 지급액은 현행유지하는 취지에서 진행한 것이었다. 급여의 과도한 차이를 없애기 위해 이행률까지 적용하여 지급액을 보정했다. 그러나 연금액은 2013년 이후 기간이 경과할수록 감액되었다. 특히, 퇴직수당과 퇴역연금일시금은 법령개정 전과 개정 후에 변경이 없었으나, 2013년 이전에 임관하고 2013년 이후에 퇴역하는 경과기에 있는 수급자만 13% 이상 감액되는 것으로 산출된다. 급하게 공무원연금개혁을 서둘러 따라가면서 발생한 오류로 판단된다.

노후소득보장체계 수준은 〈그림 13-4〉와 같이 후불임금을 기저로 하여 생활보장 공로보상으로 순차적으로 구분할 수 있다. 후불임금에는 법정퇴저퇴직급여와 개인이 납입한 보험료, 경과 이자가 포함된다. 생활보장급여에는 국민연금, 고용보험 등 국가사회보장 차원에서 받는 급여 중 사용자가 기여한 부분이라 할 수 있다. 공로보상급여는 사용자가 후불임금과 사회보장 등 법적 의무를 이행하고 난 후 피용자의 공로를 보상하여 추가로 지급하는 급여라 할 수 있다.

〈표 13-7〉은 군인연금제도가 보장하는 노후소득보장 수준을 분석한 결과를 보여준다. 33년을 근무하고 2022년 기준소득월액이 7,572,780원으로 퇴역한 군인을 기준하여 산출한 것이다. 군인연금에 의한 노후소득보장체계는 연금을 선

제4부 국방혁신 성공을 위한 분야별 개선방향

<표 13-7> 2013년 군인연금개혁 후 군인연금 보상수준 분석

(단위: 원)

| 구분 | | 연금 선택 시 | 일시금 선택 시 | 비고 |
|---|---|---|---|---|
| Ⅲ 공로보상( P - Ⅰ - Ⅱ) | | 0 | 0 | |
| 생활보장 Ⅱ | 국민연금 | 116,050,276 | 0 | 기업부담가치 139,182,504 |
| 후불임금 Ⅰ | 본인납부보험료 이자상당액 e | 146,015,971 | 1,520,770 | 146,015,971 |
| | | 108.0% | 1.1% | 연이율 5% |
| | 본인납부보험료 d | 135,175,470 | 135,175,470 | |
| | 법정최저퇴직금 c | 249,901,740 | 249,901,740 | 33년 적용 |
| 급여액 P | 퇴역연금현가액 또는 일시금액 a | 549,681,787 | 289,136,313 | 할인율 5% |
| | 퇴직수당 b | 97,461,670 | 97,461,679 | |
| | 계(a+b) | 647,143,457 | 386,597,980 | |

택하여 퇴역연금과 퇴직수당을 수령할 경우 법정최저퇴직금과 개인 납입보험료 및 이자상당액을 초과하나, 국민연금의 생활보장수준도 충족하지 못하고 있으며, 공로보상 수준에는 근접하지 못하고 있음을 확인했다. 일시금을 선택하게 되면 개인이 납입한 보험료에 대해서도 적절히 보상해주지 못하고 있어 즉각적인 개선 이 필요했다. 수차례 연금개혁으로 보험료는 대폭 증액했으나, 퇴역연금일시금은 이에 상응하여 개선하지 못한 결과다.

# 5. 연금충당부채에 대한 해소 대책

## 1) 우리나라 연금충당부채와 정부의 대응 평가

연금충당부채는 기업에서도 매년 재무보고서를 통해 제시하고 있다. 미국 공무원연금과 군인연금도 이를 보험수리적으로 산정하고 그 대책을 제시하여 수급자와 국민에게 지속가능성에 대한 신뢰를 제공해준다.

우리나라 정부는 어떻게 대응하고 있는가? 정부는 미래연금 추계치를 나랏 빚으로 보기 어려운 이유를 발표했다.

"미래연금 추계치를 나라빚으로 보기 어려운 이유"를 제시한 정부의 해명은 부채가 과도한 데 대한 국민의 걱정을 해소하는 차원으로 여겨진다. 하지만 정부 의 해명에는 몇 가지 직시해야 할 연금충당부채의 본질적 문제점을 간과하고 있 다. 이에 몇가지 반론을 제기하면 다음과 같다. 첫째, 연금충당부채는 미래에 공무 원들이 근무한 부분에 대한 퇴직급여를 반영한 것이 아니라, 이미 공무원이 근무 한 만큼의 퇴직급여분만 반영한 것이다. 가입자도 이 기간에 대한 보험료를 이미 납부한 상태다. 정부도 이에 상응하여 국가 재무제표에 발생한 비용을 이미 반영 했다. 그러나 국가의 부담비용을 기금에 납부하지 않았으므로 정부가 미지급한

**〈표 13-8〉 미래연금 지급액 추계치(연금충당부채) 증감 사유**

(단위: 조 원)

| 증감 사유 | 2021년도 증감액 | | | 비고 |
|---|---|---|---|---|
| | 계 | 공무원 | 군인 | |
| 합계 | 93.5 | 74.8 | 18.7 | |
| 실질적 요인 | 20.2 | 13.0 | 7.2 | 전체 증가분의 22% |
| 재직자 근무 기간 증가 | 39.9 | 29.6 | 10.3 | 2020년 대비 재직공무원의 근무연수 1년 증가로 예상되는 미래연금 증가 추정액 |
| 연금 지급액 제외 | △19.7 | △16.6 | △3.1 | 2020년 추계치에서 2021년 연금수급자(퇴직공 무원)에게 지급한 연금액 제외분 |
| 재무적 요인 | 73.3 | 61.8 | 11.5 | 전체 증가분의 78% |
| 할인율 하락 | 56.9 | 43.9 | 13.0 | 2.66 → 2.44%로 0.22%p 하락 |
| 현재가치 환산 효과 | 21.3 | 17.0 | 4.3 | 현재가치 환산을 위한 할인기간이 1년 단축(분모 감소)됨에 따른 증가분 |
| 임금·물가상승률 변동 | - | - | - | 2021회계연도는 2020년 장기재정전망 공통지 침 적용으로 변동 없음 |
| 기타 | △4.9 | 0.9 | △5.8 | - |

출처: 기획재정부, 「2021회계연도 국가결산 국무회의 의결」 보도자료, 2022.4.4. p. 11.

비용이며, 공무원연금기금과 군인연금기금에 갚아야 할 부채다. 둘째, 미래의 수입을 반영하지 않는 것은 과거에 납부한 보험료에 해당하는 부분만 연금충당부채로 산정한 것이므로 미래의 수입을 반영하지 않는 것은 당연하다. 셋째, OECD 국가들에 비해 GDP 대비 낮은 지출률이라는 데 대해서는 정부가 현재 부담을 적게 하고 있다는 방증이다.

회계기준은 보험수리적으로 산출한 당기근무원가와 미적립한 연금충당부채에 대한 이자를 비용으로 처리하도록 하고 있다. 다른 OECD 국가들은 이를 예산으로 반영하여 기금에 납부하고 있다. 우리나라 기업도 퇴직연금충당부채를 산정하고, 산정된 금액만큼 전액을 DB형, DC형 퇴직연금과 퇴직금 등을 사외에 의무적으로 적립하고 있다. 반면에 우리나라 정부는 당해연도 군인연금의 지출금액만 부담금과 보전금으로 납부하고 있다. 성장기에 있는 군인연금은 수급권자가 적어 지출금액이 발생하는 비용보다 적다. 2021회계연도 군인연금기금에 발생한 당기근무원가(Normal Cost)는 10조 3천억 원이다. 2021년 정부가 부담한 금액은 당기근무원가의 27.3% 수준인 2조 8천억 원이다. 우리나라 민간기업이나 미국 정부라면 이 경우 10조 3천억 원을 부담하여 군인연금기금에 보험료를 납부했어야 한다. 그러나 우리나라 정부는 이를 납부하지 않고 미래세대 군인과 국민의 부담으로 넘기고 있다. 우리나라 정부도 민간기업과 OECD 국가들이 하는 것처럼 그 책임과 역할을 높여야 함이 타당하다. 연금충당부채는 국고보전금과 연관이 깊다. 정부가 과거에 연금충당부채에 대해 미리 적립하지 않았기 때문에 지금 그리고 미래세대 정부가 그것을 납부하고 있는 것이 국고보전금이다. 국고보전금을 연금재정의 "적자"라고 표현하는 것은 타당하지 않다. 결국 군인연금의 재정안정화 문제는 군인연금의 수급비에 관한 문제가 아니라 정부의 세대 간 이전에 대한 책임과 역할에 대한 문제다.

# 6. 모수개혁의 한계와 구조개혁의 방향

## 1) 모수개혁과 구조개혁

연금개혁 유형을 모수개혁(parametric reform)과 구조개혁(structural reform)으로 나눈다. 모수개혁은 연금제도의 기본 틀엔에는 큰 변화 없이 기여율과 지급액 조정, 재정보전율과 소득대체율 조정, 수급요건, 지급개시연령 상향 등의 계수조정을 통해 더 내고 덜 받고 더 늦게 받는 쪽으로 연금재정의 지속성을 도모하는 방법이다.[37] 독일, 프랑스, 오스트리아 등이 추진해오고 있다. 구조개혁은 재정안정이나 타 공적연금과의 형평성을 위해 공무원연금 또는 군인연금 등을 국민연금과 통합하거나 다층제로의 전환을 꾀하는 방식이다. 그 과정에서 확정급여에서 확정기여로의 전환, 부과방식(pay-as-you-go)에서 적립방식(reserve-financed)으로의 재정방식 전환, 그리고 민간 퇴직연금 가입 등 연금의 기본 틀을 변화시킨다.[38] 영국, 미국, 일본이 구조적 연금개혁을 실행한 대표적인 나라다.

## 2) 군인연금의 모수개혁 한계

앞의 분석을 통해 군인연금의 재정불균형은 적게 내고 많이 받는 보험 설계상의 문제가 아니라 사용자로서 민간기업 대비 훨씬 적게 부담해왔고, 과거 부채에 대해 적절하게 상환하지 않는 정부의 책임과 역할 부재가 원인임을 확인했다. 현재 공무원연금과 같이 추가적인 개혁을 요구하는 안들을 국방부 자체적으로 평가한 결과를 볼 때, 재정안정화에는 큰 효과가 없는 것으로 평가 되었다. 급여를 더 내리거나 기여금을 올리게 되면 퇴직급여제도로서의 가치를 잃게 되고, 군인

---

**37**  이도형, 위의 글, p. 210.

**38**  이도형, 「공무원연금 개혁방향: 이론적 근거와 외국사례의 시사점을 중심으로」, 『정부학연구』 24(3), 2018, p. 209.

연금의 목적을 상실하게 된다. 따라서 세대 간 형평성 문제를 바로잡고, 군인연금 재정의 지속가능성을 위해 바로 구조적 개혁을 실시해야 한다.

### 3) 구조개혁의 방향

모수개혁은 한계에 봉착했고, 더 큰 불안을 야기한다. 따라서 〈그림 13-5〉에서 제시하는 다층적 노후소득보장체계로 구조개혁을 해야 한다.[39]

가정 현실적으로 구조개혁을 하는 방향은 현재 군인연금에서만 담당하는 기능을 국가사회보장체계 또는 다른 유사 기능으로 전환 또는 확대하는 것이다. 첫째, 퇴직수당을 국민연금으로 전환하고, 군인도 국민연금에 가입하여 보험료를 납부하게 하는 것이다. 둘째, 퇴직급여를 민간기업과 미국, 독일, 일본 등 해외국가처럼 비기여제로 하는 것이다. 이는 퇴직급여에 대한 피용자간 형평성을 이루는 근본적 조치이다. 셋째, 개혁 과정에서 감소할 수 있는 노후소득을 미국의 TSP와 일본의 신혼합식퇴직급여제도(BRS) 등과 같이 확정기여제를 부분적으로 도입

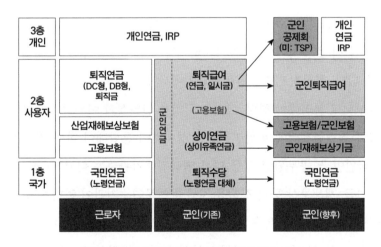

〈그림 13-5〉 군인의 노후소득보장체계 개편 모델

---

**39** 이병두(2023), 앞의 글, pp. 195-205.

하여 보완하는 것이다. 현재 군인 퇴직 시 일시금 또는 연금식으로 지급하는 군인 공제회를 IRP계정 또는 DC형 퇴직연금계정으로 활용할 것을 제안한다. 연금개혁으로 감액된 퇴직수당과 퇴직급여의 일정 금액을 기여형으로 지원하는 것이다. 넷째, 고용보험 등 다른 사회보장체계를 적극 활용하는 것이다.

군인연금 안정화 문제를 해결하기 위해서는 다른 OECD 국가들과 우리나라 민간기업이 하는 것과 같이 정부가 사용자로서 역할을 형평성 있게 높여야 한다. 우선적으로 당해연도에 발생한 당기근무원가(Normal Cost, 정상원가)를 정부는 당해연도 예산으로 기금에 납부해야 한다. 다음으로 정부는 미상환한 연금충당부채와 이자를 상환할 계획을 수립하여 법제화하고 예산화하여 이행해야 한다.

### 4) 군인연금 관리 집행조직의 전환

수급자가 10만 명을 넘어가는 군인연금의 관리 및 집행조직은 다른 공적연금기관에 비해 극히 열악하다. 집행기관인 국군재정관리단의 급여연금처는 장병 54만 명의 급여를 지급하고 있으며, 동시에 퇴직한 군인과 유족에게 연금을 지급하고 수급자를 관리하고 있다. 서로 관리 대상과 성격이 다른 분야이므로 분리하여 운용함이 더 효율적이다. 장기적으로 군인연금공단을 별도로 설립하는 것도 고려할 수 있다. 현실적으로는 급여연금처에서 연금과 퇴직급여 기능을 분리하여 퇴직연금센터로 분리해야 한다. 그리고 국방부 민원실과 이원화하여 관리하는 민원기능을 퇴직연금센터에 통합민원실을 설치하여 통합해야 한다. 무엇보다 시급한 것은 국민연금, 공무원연금 등 다른 연금집행기관과는 다르게 군인과 예비역의 급여, 연금, 재해보상 등의 정책을 지원할 전문연구기관이 없다는 것이다. 빅데이터를 분석하고 군인의 특수성을 반영하는 전문연구소를 설립하여 국방정책을 적시적으로 지원하는 군인연금연구소 등의 설립이 간절히 요구된다.

# 7. 결론

　공무원의 임금수준 결정은 시장 수급 요인이나 단체교섭이 아니다. 중앙정부의 처우에 대하여는 소관 사무와 권한을 책임지는 예산 당국의 지침에 의해 그 결정권이 위임되어 있는 '격리된(insulated)' 의사결정제도의 틀 속에서 이루어지고 있다. 지금까지 이러한 의사결정 방식은 별다른 저항이나 갈등, 숙의 과정 없이 일률적으로 적용되는 특징을 지닌다.[40]

　군인연금제도의 탄생 그리고 개혁 역시 중앙집권적인 정부가 주도하는 폐쇄적·관료적·하향적 의사결정이 특징인 관료적 의사결정의 결과로 군인의 의견과는 무관하게 탄생하게 된 것이라 할 수 있다. 군인은 누구보다 국가에 충성하는 집단이다. 헌법에 따라 집단행동뿐 아니라 단체교섭도 제한되어 있다. 군인연금에 대한 개혁을 바라보려고 한다면 나라가 어려웠던 시기에 국가재정에 기여해온 군인과 군인연금에 대한 과거의 역사를 이해해야 한다. 정부는 현재 쌓여 있는 연금충당부채의 의미를 빨리 깨닫고 현재 군인에게 부담시키거나 미래세대에 전가하는 것을 중지해야 할 것이다. 민간근로자의 노후소득보장체계와 형평성이 있도록 구조적인 개혁을 하는 것이 타당하다.

　군인연금은 과거 역사의 힘들었던 국가 재정의 부채를 지금까지 짊어져왔다. 이제는 이를 덜어내고 세계 10위의 경제대국에 걸맞은 군인의 노후소득보장체계로 다시 탄생하기를 바란다.

---

**40**　김훈·박준식, 「공무원 임금 결정 제도와 운영에 대한 비판적 고찰」, 『산업노동연구』 22(2), 2016, p. 227.

# 참고문헌

고윤성 · 김수성. 「연금회계준칙 제정에 따른 국가회계의 개선방안 연구」. 『한국회계학회 회계저널』 21(1). 2012, pp. 1-33.

공무원연금공단. 『해외주요국 공무원연금제도 2022』, 2022.

국방부. 『2021 군인연금 · 군인재해보상통계연보』, 2022.

국회예산정책처. 『4대 공적연금 장기 재정전망』, 2020.

기획재정부. 『2021회계연도 기금재무제표 I 』, 2022.

김연명. 「복지국가의 탄생, 그리고 연금개혁의 방향」. 『한국사회복지정책학회 춘계학술대회자료집』, 2022.

김완희. 「공적연금 충당부채 회계의 이해」. 『한국조세재정연구원 재정포럼』, 2014.

김용석. 「군인연금의 본질과 특성」. 『한국군사문제연구원 포럼』 29, 2019.

권혁주. 「형평성의 관점에서 공무원연금 개혁의 방향」. 국회토론회 2022.9.26..

김훈 · 박준식. 「공무원 임금 결정 제도와 운영에 대한 비판적 고찰」. 『산업노동연구』, 2016.

성혜영 · 신승희 · 유현경. 「국민연금 수급부담구조분석을 위한 가입자 및 수급자의 특성연구」. 국민연금공단 연구 보고서(2019-04), 2020.

윤석명. 「2018년 정부 연금 개편안 평가: 국민연금과 기초연금 중심으로」. 『한국재정학회 학술대회 논문집』 3, 2019.

이병두. 「군인연금제도의 보험수리적 재정추계」. 연세대학교 석사학위논문, 2000.

_____. 「군인연금에 관한 연구: 피용자간 형평성을 중심으로」. 『한국군사학논총』, 2022.

_____. 「군인연금제도 안정화 및 개선방안 연구」. 건양대학교 박사학위논문, 2023.

차경상. 「군인연금제도의 개선에 관한 공법적 연구」. 고려대학교 박사학위논문, 2016.

최재식. 「공무원연금 50년사, 성공과 실패의 경험」. 『GEPS 연금포럼』 1, 2010.

황신정. 「퇴직연금 수급권 보장에 관한 연구」. 서울대학교 박사학위논문, 2022.

FRTIB(Federal Retirement Thrift Investment Board), Thrift Savings Fund Financial Statements, 2021.

OECD, Pensions Outlook 2016, 2016.

_____, Pensions at a Glance, 2021.

U.S.A. DOD, Fiscal Year 2021 Military Retirement Fund Audited Financial Report, 2021.

# 찾아보기

국방환경과 군사혁신의 미래

# 집필진 소개

**이종호** 군사학박사

육군사관학교(이학사), 고려대학교 정책대학원(정치학 석사), 충남대학교(군사학 박사)를 졸업했다. 예비역 육군 대령, 제15사단 38보병연대장, 육군본부 교육훈련 지원과장을 지냈으며, 현재 건양대학교 군사학과 교수, (사)국방산업연구원 원장, 미래군사학회 부회장으로 있다.

저서로 『전쟁철학』(공저, 백산서당, 2009), 『군사학개론』(공저, 플래닛미디어, 2014), 『전쟁론』(공저, 플래닛미디어, 2015), 『군사혁신론』(디자인세종, 2015), 『동아시아 패권전쟁과 한반도』(디자인세종, 2016), 『국가안전보장론』(공저, 북코리아, 2016), 『군사학연구방법론』(공저, 북코리아, 2017), 『국방개혁론』(디자인세종, 2018)이 있고 주요 논문으로 「태평양전쟁 시기 미·일의 군사전략 비교연구」(『군사연구』, 2017), 「지정학적 딜레마에 빠진 한반도 전략적 전환방안」(『한국군사학논총』, 2019), 「임진왜란과 영국-스페인전쟁 개전과정 비교연구」(『한국군사학논총』, 2021)가 있다.

---

**서천규** 군사학박사

육군사관학교(문학사), 연세대학교 영어교육학과(교육학 석사), 건양대학교(군사학 박사)를 졸업했다. 건양대학교 군사학과 교수, 합동대 교수부장, 육군대학장, 제2작전사 작전처장, 대통령실 국방비서관실 행정관, 제53보병사단 125연대장을 지냈으며, 현재 국방부 군비통제검증단장으로 있다.

주요 논문으로 「임진왜란 직전 조선의 군사대응책에 관한 연구」(『한국군사학논총』, 2019), 「해안경계 임무의 해경 전환 정책발전 연구」(『한국해양경찰학회보』, 2022), 「주요 게릴라전 사례 고찰과 한반도에서의 양상 전망」(『군사발전연구』, 2022), 「베트남전쟁 중 군사교리 혁신에 관한 연구」(건양대학교 박사학위논문, 2021), 「효과적인 군사영어 교육 연구」(연세대학교 석사학위논문, 2001)가 있다.

**황의룡** 군사학 박사

육군사관학교(문학사), 경희대학교(안보정책 석사), 건양대학교(군사학 박사)를 졸업했다. 육군대학 전술학 교관, 제1야전군사령부 전투부대훈련장교, 제2작전사령부 작전장교, 수도기계화사단 제102기계화보병대대장, 수도기계화사단 작전계획장교, 제25보병사단 작전장교를 지냈으며, 현재 육군대학 전술학 교수로 있다. 저서로 『청일전쟁』(공저, 육군군사연구소, 2014)이 있고 주요 논문으로 「19세기 말 청일전쟁 시 양국의 군사전략 비교연구」(『한국군사학논총』, 2022), 「미래 기동사단 작전수행개념 연구」(『전투발전』, 2022), 「19세기 말 동아시아 패권경쟁 연구; 차등적 국력성장을 중심으로」(건양대학교 박사학위논문, 2023)가 있다.

**박헌규** 군사학 박사

육군사관학교(이학사, 전산학 전공), 미국 공군대학원(전산학 석사), 한국과학기술원(KAIST)(전산학 박사)를 졸업하고 육군 대령으로 전역하기 이전에는 육군 교육사령부 정보통신과장, 제2작전사 지휘통신참모처장, 육군본부 정보화기획참모부 정보체계관리과장, 제2작전사 전산체계과장, 육본 정보체계관리단 전산체계개발처장, 국군지휘통신사령부 정보체계관리처장, 육군 과학화전투훈련단 체계운영부장을 지냈으며, 국방부 정보화기획관실 정보체계통합과, 합동참모본부 지휘통신참모부 기술평가과, 5군단 정보체계지원실장, 전술C4I개발단 등에 근무했다. 현재 건양대학교 군사학과 교수로 있다.

주요 논문으로 「자율무기체계의 인공지능 활용 방안」(『영남국방논총』, 2023), 「무인이동체(드론) 이해와 국방분야 활용 방안」(『전투발전지』 제153호, 2017), 「NCW 구현간 상호운용성 보장 위한 기반체계 강화 방법 연구」(제11차 통신/전자학술대회, 2007), 「무기체계 소요결정간 상호운용성 평가방안 연구」(제11차 통신/전자학술대회, 2007), 「상호운용성 보장 위한 NCES 적용 방향」(제11차 통신/전자학술대회, 2007), 「합참의 NCW 구현을 위한 상호운용성 업무 추진 방향」(『합참지』 제32호, 2007), 「지상전술 C4I체계 네트워크 중심 분석 결과」(『국방과 기술』 327~329호, 2006.5~7월), 「다수 송신자 멀티캐스트 세션 내 효율적인 오류 탐색 기법」(한국과학기술원 박사학위논문, 2005), 「SOSP: An Efficient Multicast Fault Isolation Scheme for Multi-Source Sessions」(『IEEE Communications Letters』, 2003)가 있다.

**이창인** 군사학 박사

육군사관학교 #56(이학사), 국방대학교(군사전략 석사), 건양대학교(군사학 박사)을 졸업했다. 예비역 육군 소령(기갑), 5기갑여단 인사, 정보참모 · 6군단 행정실장, 37전차대대 2중대장, 22사단 전차대대 3중대장을 지냈으며, 현재 육군미래혁신연구센터 Army TIGER실 연구원, (사)국제융복합연구원 학술이사, (사)미래학회 기획이사로 있다.

저서로 『육군비전 2050』(공저, 육군미래혁신연구센터, 2019), 『미래전쟁의 패러다임 변화와 2050년 작전수행개념 연구』(육군미래혁신연구센터, 2020), 『미래군의 초장사거리 정밀 타격체계연구』(육군미래혁신연구센터, 2021), 『2040년 Army TIGER 사단 작전수행개념 연구』(육군미래혁신연구센터, 2023)가 있고, 주요 논문으로 「미 육군의 전투원 치명성 강화계획」(『국방과 기술』, 2020), 「다영역 초연결의 전쟁수행방법 연구」(건양대학교 박사학위논문, 2022), 「지상군의 국지제공권 확보가능성 연구」(『JCCT』, 2022), 「소부대 유 · 무인 복합전투체계의 전술과 요구장비」(『KADIS』, 2023), 「다영역 초연결의 전쟁수행방법으로 예측한 우크라이나–러시아 전쟁의 결과」(『미래학회지』, 2023)가 있다.

**신치범** 군사학 박사

육군사관학교(문학사), 일본방위대 종합안전대학원(국제정치 석사), 건양대학교(군사학 박사)을 졸업했다. 육군미래혁신연구센터 현역연구원, 국방부 전력지원체계설립TF 조직편성담당, 합동참모본부 비서실 정책과 작전지원분석담당, 한미연합군사령부 부사령관 전속부관을 지냈으며, 현재 5군단 작전처 통합방위작전과장, 서울사이버대학교 대우교수, (사)미래학회 기획이사로 있다.

저서로 『국방혁신 4.0의 비밀코드, 비대칭성 기반의 한국형 군사혁신(Asymmetric K- RMA)』(광문각, 2024)이 있고, 주요 논문으로 「비대칭성 기반의 한국형 군사혁신(K-RMA)에 관한 연구」(건양대학교, 2023), 「비대칭성 기반 중국의 군사혁신: 국방혁신 4.0에 주는 함의」(『한국군사학논총』, 2023), 「비대칭성 창출 기반의 군사력 건설 관점에서 본 러시아 우크라이나 전쟁」(『한국군사학논총』, 2022), 「韓日米『安保協力メカニズム』の重層性: 北朝鮮『外部化』と『內部化』と力學」(『한일군사문화연구』, 2010), 「第一次北朝鮮核危機と韓日米三國間の安保協力關係」(『한일군사문화연구』, 2009)가 있다.

**이상승** 군사학 박사

육군사관학교(공학사), 연세대학교(기계공학 석사), 건양대학교(군사학 박사)을 졸업했다. 예비역 육군 소령, 육군미래혁신연구센터 지휘부대혁신장교를 지냈으며, 현재 KAIST 을지연구소 책임연구원, (사)국제융복합연구원 학술이사(편집위원)로 있다.

저서로 『국방과학기술용어사전』(공저, 국방기술품질원, 2008)이 있고, 주요 논문으로 「국방혁신4.0구현을 위한 소요군의 기획체계 발전방안」(JCCT, 2023), 「임무공학을 적용한 운용요구서 작성방안」(한국군사과학기술학회 학술대회, 2023), 「국방혁신4.0구현을 위한 소요군의 소요기획체계 및 과학기술 활용역량 강화」(한국전력문제연구소, 2022), 「다영역작전에서 지상기반 레일건 운용개념 연구」(육군미래연, 2020), 「미래 합동우주작전 수행개념과 육군의 역할」(육군미래연, 2020), 「Spay formation by like-doublet impinging jets in low speed cross-flows」(*Journal of Mechanical Science and Technology*, 2009), 「포 발사 고체연료 램제트 탄의 설계 및 성능해석에 관한 연구」(『한국추진공학회지』, 2008), 「지능형 자탄의 벌루트형 낙하산 설계 해석 및 시험에 관한 연구」(『한국군사과학기술학회지』, 2008)가 있다.

**안용운** 군사학 박사

육군사관학교(문학사), 연세대학교(행정학 석사), 건양대학교(군사학 박사)을 졸업했다. 예비역 육군 대령, 합동군사대학교 합동교리처 합동지원교리연구관, 육군교육사령부 기획실장, 육군본부 정책조정과장 · 정책관리과장, 제51사단 참모장, 제37보병사단 111연대장을 지냈으며, 현재 육군교육사령부 교리 · 임무형지휘발전처장으로 있다.

주요 논문으로 「국가중요시설 新방호체계 구축 방안 연구」(건양대학교, 2023), 「국가중요시설의 대(對) 드론 방호시스템 구축에 관한 연구」(『한국군사학논총』, 2022)가 있다.

**이기진** 군사학박사

대전대학교(법학사), 경희대학교(경영학 석사), 건양대학교(군사학 박사)을 졸업했다. 육군교육사령부 드론봇정책발장교, 육군본부 드론봇전력지원장교 · 드론봇전력발전장교 · 드론봇계획장교, 제51보병사단 정보참모, 제32보병사단 기동대대장을 지냈으며, 현재 육군교육사령부 우주 · EMSO전력소요장교, 경찰대학교 국제대테러연구센터 전문 자문위원, KTL 안티드론 자문위원, 육군협회 CDLC 국방 자문위원으로 있다.

저서로 『다영역 동신통합작전 구현을 위한 드론봇전투체계 운영개념서 3.0』(육군본부, 2022)가 있고, 주요 논문으로 「우주 · 네트워크 · KPS · EMSO 추진방안」(『전투발전지』 제166호, 2023), 「북한 소형드론 위협에 대비한 대드론체계 발전방향」(『전투발전지』 제166호, 2023), 「군사용 드론 표준화 추진실태 분석 및 발전방안 연구」(『한국군사논총』 제12집 1권, 2023), 「드론전투체계 전력화 추진방안에 대한 고찰」(『국방과 기술』 515권, 2022), 「한국형 신속획득제도(K-RAS) 발전방안에 대한 고찰」(『국방과 기술』 522권, 2022), 「소형드론 위협을 고려한 미 국방전략과 우리군의 대응방향」(『국방과 기술』 526권, 2022), 「수소연료전지를 활용한 드론봇전투체계 발전 방향」(『국방과 기술』 518권, 2022), 「미래전장에서 무인항공기(UAV) 운용 발전방안」(『군사평론지』 제403호, 2010), 「급조폭발물(IED)에 대한 고찰과 효과적인 대응방안」(『합동군사연구지』 제20호, 2010), 「지형공간정보(GEOINT) 발전방안」(『합참지』 제42호, 2010)이 있다.

---

**김명렬** 군사학박사

금오공과대학교(공학사, ROTC 32기), 한성대학교(경영학 석사), 건양대학교(군사학 박사)를 졸업했다. 육군 소령 퇴역하고 군내 11개 부대에서 지휘관, 교관, 참모업무를 수행했으며, 현재 국립한밭대학교 학군단 군사학교수, (사)국방산업연구원 감사 및 연구위원, 건양대학교 군사과학연구소 연구위원, 육군학생군사학교 문무대연구소 연구위원, (사)미래군사학회 학술지 논문 심사위원, (사)한국해양전략연구소 학술지 논문 심사위원으로 있다.

저서로 『전문면접관: 11인의 전문면접관, 그들이 말하는 면접 노하우』(공저, 리커리어북스, 2024), 주요 논문으로 「국방관리 효율성 제고를 위한 육군 감찰제도 발전방안에 관한 연구」(한성대학교 석사학위논문, 2010), 「간접접근전략 관점에서 제4차 중동전쟁 분석」(『한국군사학논총』, 2020), 「역량기반 전략적 인적자원관리 측면의 초급장교 획득방안 연구」(건양대학교 박사학위논문, 2022), 「전략적 인적자원관리 측면의 육군 ROTC 제도 개선방안 연구」(『융합보안논문지』, 2022)가 있다.

**박종현** 군사학 박사

서경대학교(문학사), 건양대학교(군사학 석사), 건양대학교(군사학 박사)을 졸업했다. 예비역 육군 소령(육군3사관학교 31기)을 지냈으며, 현재 대전과학기술대학교 군사학과 조교수로 있다.

저서로 『군사학개론』(공저, 글로벌, 2022), 『재미있는 전쟁사』(공저, 글로벌, 2022)가 있고 주요 논문으로 「전문대학 부사관학군단(RNTC)제도에 관한 연구」(한국융합보안학회, 2020), 「국제분쟁지역에서 한국경찰의 효과적인 평화유지활동에 관한 연구」(한국융합보안학회, 2020), 「6.25전쟁 시기 한국경찰의 역할과 호국정신」(국방정신전력원, 2021), 「무형전력 확대를 위한 장병 정신전력 개선방안 연구」(한국융합보안학회, 2021), 「부사관학군단(RNTC)의 원활한 정착을 위한 발전방안 연구」(한국융합보안학회, 2022), 「예비전력의 효시 호국군의 역할에 관한 연구」(한국융합보안학회, 2022)가 있다.

**최용성** 군사학 박사

육군사관학교(이학사), 연세대학교(경영학 석사), 건양대학교(군사학 박사)을 졸업했다. 예비역 육군 준장, 수도군단 부군단장, 1군수지원사령부 사령관, 육군훈련소 참모장, 1야전군 군수처장, 육군본부 재난 · 군수운영과장, 제8기계화보병사단 16여단장 · 참모장을 지냈으며, 현재 가톨릭관동대학교 교수, 합동참모본부 지속지원선임관찰관으로 있다.

저서로 『너도 군대가니?』(공저, 징검다리, 2019)가 있고 주요 논문으로 「협상의 Frame과 정보제공이 협상의 결과에 미치는 영향」(연세대학교, 2001), 「협상상황과 정보공유가 협상성과에 미치는 영향에 관한 실증연구」(공저, 『인사조직연구』, 2002), 「육군 군무원의 정책발전에 관한 연구」(한국산학기술학회, 2021), 「육군 군무원의 직무만족 영향요인에 관한 연구」(건양대학교, 2022), 「군 단체급식의 민간위탁 방안연구」(공우Enc, 2023)가 있다.

**이병두** 군사학 박사

육군사관학교(이학사), 연세대학교(경영학 석사), 건양대학교(군사학 박사)을 졸업했다. 국군재정관리단 계획운영처장, 급여연금처장, 제6군단사령부 재정실장(CFO), 육군본부 기획관리참모부 재정회계과장, 제1군사령부 회계과장(CFO), 육군본부 정보작전참모부 예산담당관을 지냈으며, 현재 국군재정관리단 급여연금처장, 육군본부재정회계과장으로 있다.

저서로 『경리업무』(공저, 육군본부, 2004), 주요 논문으로 「군인연금제도의 보험수리적 재정추계」(연세대학교 석사학위논문, 2000), 「국방기획관리제도 개선방안: 예산의 과정을 중심으로」(『방위산업학회지』, 2017), 「군인연금에 관한 연구: 피용자간 형평성을 중심으로」(『한국군사학논총』, 2022), 「군인연금제도 안정화 및 개선방안 연구」(건양대학교 박사학위논문, 2023)가 있다.